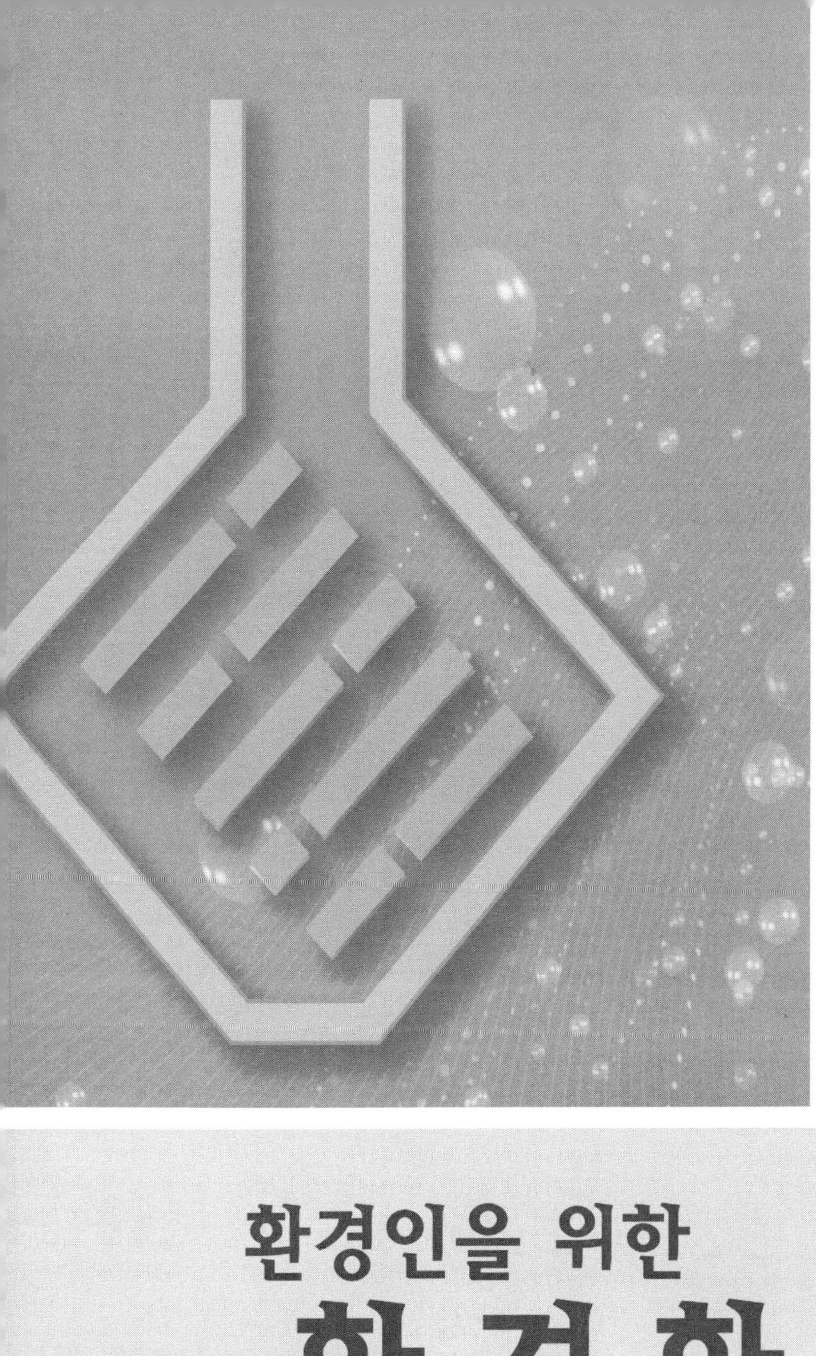

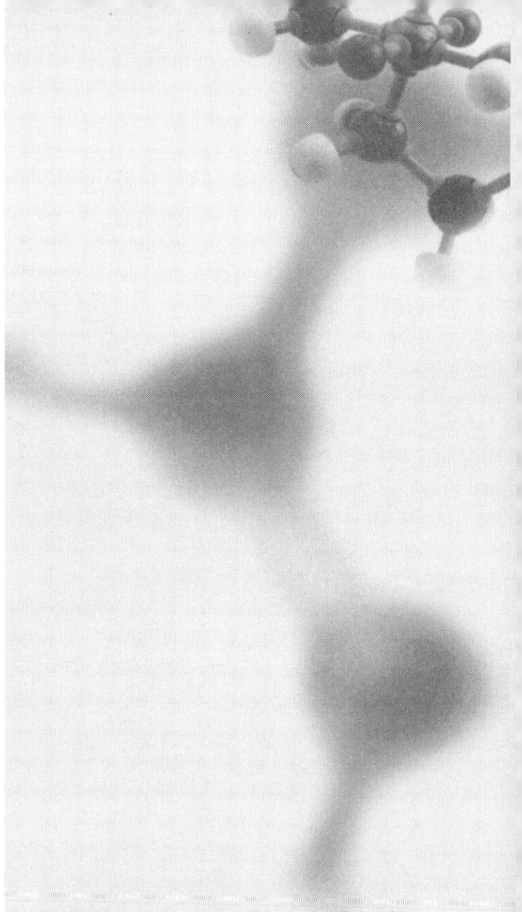

김세진 · 김동욱 · 신현상
박흥재 · 안준수 · 이규성
임학상 · 장인성 · 조웅현
홍종순 지음

환경인을 위한

환경화학

신광문화사

머리말

지구환경문제는 비단 우리나라뿐만 아니라 전 지구촌 문제로 대두되었고, 몇 년전까지만 하여도 극히 일부의 국가와 대도시, 공업도시에만 한정되었던 오염문제가 오존층의 파괴, 지구의 온난화, 산성비 문제 등으로 생태계가 크게 변화하고 있는 실정입니다.

환경오염은 그 규모와 빈도가 의외로 크고 점차 광역화되어서 급기야는 하나뿐인 지구환경문제를 해결해나가기 위해 지구촌 식구들이 환경윤리적인 측면에서 다루고자 선언한 바도 있습니다. 다시 말하면 우리 모두가 환경오염을 줄이고 물자를 절약하고 자원을 재활용하여 미래의 후손들과 함께 지구촌에서 쾌적한 환경을 유지해 살아나가자는 것입니다.

환경에 관한 학문도 이제는 점진적으로 전문화되어가고 있으며, 모든 환경오염을 규명하는 데는 환경화학이 근간이 된다고 할 수도 있습니다. 그래서 대학에도 강좌개설이 늘어나고 있으며, 환경공무원 시험시 필수선택과목으로 채택되었습니다.

시중서점을 둘러보면 최근 환경화학이라는 교재가 부쩍 늘어가고 있는 추세에 있으나 어느 책을 들추어 봐도 '환경화학이란 바로 이거다' 라는 결론을 얻기가 매우 어렵고, 저자들마다 전공분야가 다르기 때문에 접근하는 관점에 따라서 내용구성에 서로 차이가 많음을 알 수 있습니다.

그렇다고 낙심할 이유는 전혀 없습니다. 왜냐하면 환경화학이란 학문이 그동안 우리에게 잘 알려진 수학적인 공식을 배우는 학문이 아니라 지금까지 잘 알려져 있지 않은 미지의 세계에 대한 환경화학적 반응들과 그에 따른 환경변화들을 공부하는 학문의 성격이 강하기 때문입니다.

그러한 관계로 지구의 환경오염문제는 화학적으로 많이 규명되어 있는 것처럼 보이지만 아직도 밝혀지지 않은 부분이 더 많다고 볼 수가 있습니다. 예를 들어 최근 문제가 되고 있는 환경화학물질인 소각시 발생되는 다이옥신, 하천에서 검출되는 규조류인

마이크로시스티스 등이 인체에 막연히 해를 끼친다고 알려져 있지만 인체에 어떤 피해를 주는지, 얼마만큼의 농도여야 인체에 안전한 지, 어떤 화학적 메카니즘에 의해 피해를 주게 되는지 등에 대해서는 정확히 알려져 있지 않고 있습니다. 구체적인 피해사례조차도 찾아보기 힘들어 학자들마다 의견이 분분한 실정인 것들이 그러한 사실을 입증해 주고 있다고 할 수 있습니다.

이런 점에서 환경화학이라는 학문은 이를 공부하고자 하는 사람들한테 매력과 흥미를 더해주고 있다고 할 수 있으며, 앞으로 이 학문분야말로 무궁무진하게 발전해 나갈 수 있는 속성을 지닌 것입니다. 이런 속성 때문에 여러분들이 환경화학을 공부할 때 다른 학문을 대하듯 단순암기식의 접근방법만을 가짐으로는 목표달성이 매우 어렵고 지루한 학문으로만 생각될 것입니다. 그러므로 여러분들이 환경화학을 재미있게 공부하기 위해서는 어떤 한가지 환경문제에 대해 우선 기초부터 철저히 익혀놓고, 응용해가면서, 한가지 교재만 고집하지 말고, 가급적 여러 가지 교재를 비교해가며 공부하는 학자적 탐구심이 무엇보다도 필요합니다.

이 책을 처음 시중에 선보이게 되는 터라 많은 부분에서 불만족스럽거나 잘못된 부분이 있으리라고 생각됩니다만 너그러이 양해 바라옵고, 잘못된 부분을 지적하기 위하여 연락주신다면 더더욱 감사드리겠습니다. 아울러 집필진들은 이 책의 미진한 부분을 계속적으로 수정 · 보완시켜 독자들한테 더욱 만족스러운 모습으로 거듭 태어날 것임을 약속드리는 바입니다.

끝으로 본 환경화학이 출간되기까지 물심양면으로 도와주신 환경부와 서울시 동료, 제자들과 가족들에게 감사를 드리며, 신광문화사와 편집부 여러분들께도 감사를 드리는 한편 환경을 아끼는 독자 여러분의 꾸준한 지도편달을 부탁드립니다.

저자일동

Contents

chapter 1

환경화학기초

chapter 2

대기환경화학

chapter

5 토양환경화학

chapter

6 환경호르몬

chapter

7 환경화학과목 기출문제 분석

01

환경화학기초

1.1 일반화학

1.1.1 물질의 기본법칙

1) 화학변화시 기본법칙

(1) 원자에 관한 질량법칙

① 질량보존법칙(Law of mass conservation : Lavoisier 법칙)
반응전·후의 모든 물질의 질량합은 변하지 않는다.

$$C + O_2 \rightarrow CO_2 \quad (1\text{-}1)$$
$$12g + 32g = 44g$$

② 일정비례의 법칙(Law of definite proportion : Prout 법칙)
어떤 화합물이라도 그 성분 원소의 질량비는 항상 일정하다.

$$2H_2 + O_2 \rightarrow 2H_2O \quad (1\text{-}2)$$
$$4 : 32 = 36$$
$$1 : 8 = 9$$

③ 배수비례의 법칙(Law of multiple proportion : Dalton 법칙)
A, B 두 원소가 화합해 두 종류 이상의 화합물을 만들 때 A원소의 질량과 화합하는 B원소의 질량 사이에는 서로 간단한 정수비가 성립된다.

NO와 NO_2에서 O는 1 : 2의 정수비가 성립된다.

(2) 분자에 관한 부피법칙

① 기체반응의 법칙(Law of gas action : Gay-Lussac 법칙)
화학반응할 때 두 가지 이상의 기체가 관여할 때 이 기체들 부피사이에는 간단한 정수비가 성립된다(단, 고체와 액체에는 적용 안 된다).

$$N_2 + 3H_2 \rightarrow 2NH_3 \quad (1\text{-}3)$$
$$1 : 3 : 2$$

② Avogadro의 법칙(Law of Avogadro : Avogadro법칙)
모든 기체는 똑같은 온도와 압력하에서 기체의 종류에 관계없이 똑같은 부피 및 분자수를 갖는다. 예를 들어 표준상태(0℃, 1atm) 하에서 22.4L의 모든 기체는 6.023×10^{23}개의 분자가 존재하며, 이를 기체 분자수 법칙이라고도 한다.

(3) 압력, 온도가 기체의 부피에 미치는 영향

① Boyle의 법칙

일정한 온도에서 일정량의 기체가 차지하는 부피는 그 기체의 압력에 반비례한다.

$$P \cdot V = K$$

$$\therefore \quad P_1 \cdot V_1 = P_2 \cdot V_2 \qquad (1\text{-}4)$$

여기서, P는 압력, V는 부피, K는 비례상수이다.

② Charle의 법칙

압력이 일정할 때 일정량의 기체가 차지하는 부피는 온도가 1℃ 올라갈 때마다 0℃ 일 때 부피의 1/273 씩 비례해 증가한다.

$$V_2 = V_1\left(1 + \frac{t}{273}\right)$$

$$V_2 = V_1\left(\frac{273 + t}{273}\right) \qquad (1\text{-}5)$$

여기서, V는 부피 , t는 온도(℃)이다.

③ Boyle-Charle의 법칙

어떤 일정량의 기체온도가 절대온도 T_1, 압력 P_1일 때의 부피를 V_1이라 하고, 절대온도 T_2, 압력 P_2일 때의 부피를 V_2라고 하면 항상 일정하다.

$$\frac{P_1 \cdot V_1}{T_1} = \frac{P_2 \cdot V_2}{T_2} \qquad (1\text{-}6)$$

표준상태인 0℃, 1atm에서 부피 22.4L일 때 PV/T는 1g 분자인 기체라면 기체상수(R) 값은 0.08205L·atm/mole·℃이다.

④ 이상기체의 상태방정식

0℃에서 어떤 일정량의 모든 이상기체 1mole(몰)은 다음의 이상기체상태 방정식으로 된다.

$$P \cdot V = n \cdot R \cdot T \qquad \therefore\ R = \frac{P \cdot V}{n \cdot T} \qquad (1\text{-}7)$$

⑤ Dalton의 분압법칙

- 분압(partial pressure) : 혼합기체 속에 들어있는 각 성분기체가 일정한 온도에서 각각 독립으로 차지하는 압력을 그 성분기체의 분압이라고 한다.
- 달톤 분압법칙 : 혼합기체 압력은 각 성분기체가 단독으로 나타낸 분압의 합과 같다. 기체의 경우 온도와 부피가 일정하면 압력은 몰수에 비례하며, 압력과 온도를 일정하게 유지하면 부피는 몰수에 비례한다. 그러므로 혼합기체 속의 각 성분 기체 분압의 비는 몰수비 및 부피비와 똑같다.

⑥ Graham의 기체확산 법칙

· 기체들의 어떤 배출원을 통해 확산되는 속도는 각 기체의 밀도에 의해 지배되며, 분자량이 적을수록 확산속도는 빠르다. 기체의 확산속도는 그 밀도의 제곱근에 반비례한다.

$$\frac{V_1}{V_2} = \sqrt{\frac{d_2}{d_1}} = \sqrt{\frac{M_2}{M_1}} \qquad (1\text{-}8)$$

여기서, V_1, V_2는 각각 기체밀도 d_1, d_2와 분자량 M_1, M_2인 기체의 확산 속도이다.

2) 기체의 비열

① 비열(specific heat)

어떤 물질 m g을 t ℃ 만큼 상승시키는데 필요한 열량이 있다. 이때 비열(C)은 물질 1g을 1℃ 상승시키는데 필요한 열량(Q)을 말한다.

$$Q = m \cdot C \cdot \Delta t \qquad [\text{kcal/kg}] \qquad (1\text{-}9)$$

1cal는 물 1g을 온도 1℃(14.5℃에서 15.5℃)올리는데 필요한 열량이고, 1cal = 4.18 Joule이며, 1 Joule = 10^7erg이다.

② 열용량(heat capacity)

어떤 물질의 비열과 그 질량과의 곱을 열용량이라고 한다.

③ 분자열(molecular heat)

일정한 물질의 비열과 그 물질의 분자량을 곱한 것이 그 물질의 분자열 및 열용량 (cal/mole · ℃)이라고 한다.

④ 정압비열과 정용비열(specipic heat at constant pressure and at constant volume)

기체의 온도를 높이는 데는 일정한 기체압력을 유지하면서 가열하거나 기체부피를 일정하게 유지해서 가열시켜야만 한다.

a. 정압비열은 일정한 압력하에서 가열할 때의 비열을 말한다.

b. 정용비열을 일정한 부피하에서 가열할 때의 비열을 말한다.

1.1.2 원자와 분자

1) 원자량(atomic weight)

1961년 IUPAC에서 탄소(C)의 원자를 기준으로 그 무게를 12.00으로 정하고 이것과 비교한 다른 원자의 비교 질량을 원자량이라고 결정했다.

표 1.1 꼭 암기해 두어야 할 원자량

원 소	원 자 량	원 소	원 자 량
수소(H)	1	칼륨(K)	39
산소(O)	16	나트륨(Na)	23
탄소(C)	12	플루오린(F)	19
염소(Cl)	35.5	마그네슘(Mg)	24
질소(N)	14	알루미늄(Al)	27
황(S)	32	규소(Si)	28
칼슘(Ca)	40	인(P)	31

① 그램 원자량(gram atomic weight)

원자량을 g단위로 나타낸 것이 g원자이다(산소 1g 원자량 = 16g).

② 질량단위인 gram과 pound관계

pound(lb)는 영국의 질량 단위이고, 1 lb는 453.6g이다.

2) 분자량(molecular weight)

원자가 모여서 분자를 이루며, 그 분자를 구성하는 원소의 각 원자량의 합을 말한다.

(1) 그램 분자량(gram molecular weight)

분자량을 g단위로 나타낸 것이 g분자량이다. HF의 분자량은 $1\times1+19\times1=20$이며, HF 1g분자량은 20g이다.

(2) 몰(mole)과 몰농도(molarity : M 또는 mol/L)

1g 분자량을 1몰(mole)이라고 하며, 질량단위이다. 몰농도(M)는 용질 1몰(1g 분자량)이 용매에 녹아 용액 1L로 된 농도를 말하며, 이때 용매가 물인 경우 수용액이라고 한다.

(3) 표준상태에서 기체 1몰이 차지하는 부피

① 표준상태(state of standard)

표준상태는 0℃, 1 atm(760mmHg)을 표준온도, 표준압력이라고 말하며, 기체일 경우 표준상태에 있는 기체 1 m^3를 1 Sm^3라고 나타낸다. 이때 S는 Standard temperature and pressure인 0℃, 1 atm을 의미하며, Standard의 약자이다. 미국에서는 1 Nm^3와 1 Sm^3사용하며, 그때 온도는 1 Nm^3(32°F, 1 atm), 1 Sm^3(60°F, 1 atm)이며, 일본에서는 1 Nm^3만 사용하는데 0℃, 1 atm을 말하고 있다. 그러나 화학에서 "N"를 0℃, 1 atm와 상관시킨 문헌근거자료가 없어 우리나라는 "S"로 표기하기로 결정했다.

▶ 실제 부피는 am^3로 나타낸다.("a"는 actual 약자임)

② S.T.P에서 기체 1 mole이 차지하는 부피(Avogadro 법칙)

어떤 기체 1몰이 표준상태에서 차지하는 부피는 표준상태에서 기체 종류에 관계없이 22.4L이다. 그리고 1kmole은 S.T.P에서 부피가 22.4 Sm^3가 된다.

예] 표준상태에서 SO_2 1몰의 부피 = 22.4L, NO 1몰의 부피 = 22.4L, NH_3 1몰의 부피 = 22.4L, 기체 1kmole = 1,000 mole인 바 22.4L× 1,000 = 22.4kL = 22.4Sm^3

(4) 당량과 노르말 농도

① 원자가 : 원소 1원자가 수소, 산소, 염소와 화합 및 치환하는 수를 그 원소의 원자가라고 한다.

예] · HCl의 원자가 계산 : H는 +1가, Cl은 −1가 이다.

· H_2O의 원자가 계산 : H는 +1가, O는 −2가 이다.

② 원소의 당량

수소 1, 산소 8, 염소 35.5와 결합 및 치환할 수 있는 원소의 질량을 그 원소의 당량 및 화학당량(Chemical equivalent)이라고 한다.

$$당량 = \frac{원자량}{원자가} \tag{1-10}$$

예] · H_2O는 2 : 16 = 1 : x ∴ O의 당량은 8이다.

· H_2SO_4에서 1당량$= \frac{98}{2} = 49$

· ZnO에서 O = -2인 바 Zn = +2 이다. ∴ 당량$= \frac{65}{2} = 32.5$

③ 그람 당량(gram equivalent)

당량을 g단위로 나타낸 g당량으로서 질량단위이다. 주로 H 1g, O 8g, Cl 35.5g 및 표준상태에서 수소 11.2L나 염소 11.2L와 치환하는 양이다.

예] · Zn^{2+}의 1g당량은 32.5g이다.

· H_2SO_4의 1g당량은 49g이다.

④ 노르말 농도(normal concentration)

용액 1L 중에 포함된 용질의 g당량수를 말한다.

예] H_2SO_4 1N-용액은 용액 1L 속에 H_2SO_4 49g이 용매에 녹아 있는 용액이다.

⑤ 몰랄 농도 (molality) : 용매 1,000g에 녹아있는 용질의 몰수를 말한다.

factor는 농도계수 및 보정계수라고 하며 "f"로 나타낸다.

$$f = \frac{정확히\ 측정된\ 시약의\ 농도}{목적하는\ 농도} \tag{1-11}$$

(5) 용액농도 표시법

① 중량백분율(wt. % = w/w %)
용액 100g 속에 녹아있는 용질의 g수를 말한다.

② 부피 백분율(vol. % = v/v %)
용액 100mL 속에 녹아 들어있는 용질의 mL수를 말한다.

③ 중량/부피 백분율(w/v %)
액체 100mL중의 성분 질량(g) 또는 기체 100mL 중에 있는 성분 질량(g)을 말한다.

④ ppm(parts per million)
ppm은 백만분율이며, 따로 표시가 없다면 기체일 때는 v/v, 액체일 때는 w/w로서 각각 ppm_v, ppm_w로 나타낸다.

⑤ ppb(parts per billion) & pphm(parts per hundred million)
ppb는 십억분율이며, pphm은 일억분율로서 1ppm = 100pphm = 1,000ppb이다.

(6) 용액이 농도

① 혼합용액 (1 + 2), (1 + 2 + 10) 또는 (1 : 2), (1 : 2 : 10)일 경우
액체상의 성분을 각각 1용량 : 2용량 또는 1용량 : 2용량 : 10용량의 비율로 혼합한 용액이다.

② 액농도가 (1→2)일 경우
용질이 고체일 경우는 1g을, 액체일 경우는 1mL를 용매에 녹여 전량을 2mL로 혼합한 용액이다.

1.1.3 고체, 액체와 기체 반응

1) 가스상 물질을 물에 녹여 액화

① 액화조건
· 온도를 강하시켜서 분자운동에너지를 감소시킨다.
· 압력을 높여서 분자간 인력에 의해 액체로 응집시킨다.

② 증발(evaporation)
액체 표면에 있는 분자들 중에서 분자운동에너지가 큰 분자가 주위에 있는 분자들의 인력을 끊고 액체표면에서 대기공간으로 배출하여 나가는 현상을 말한다.

100℃에서 물 1g의 증발열은 539cal이다.

③ 증기압(vapor pressure)

액체가 일정한 온도에서 증발할 때 증기가 나타내는 압력을 말한다.

④ 용해도(solubility)

일정한 온도에서 용매 100g에 용해할 수 있는 어떤 용질의 양을 말한다.

a. 액체에 대한 기체 용해도(Henry 법칙) : 일정한 온도에서 일정량의 액체에 녹는 기체의 질량은 대개 용액상의 기체분압에 비 례한다. 대기오염물질 중 가스상 물질이 물과 반응하지 않는 경우만 성립된다.

b. 액체에 대한 고체 용해도 : 일정한 온도에서 용매 100g에 용해할 수 있는 고체용질의 g을 말한다.

⑤ 삼투(osmosis)

반투막은 삼투 용매만을 자유로이 통과하나 용질을 통과시키지 않는 막이다. 반투막(semipermeable membrane)에서 용매가 통과해 용액쪽으로 확산해가는 현상을 삼투라고 하며, 삼투를 막기 위해 용액에 가해주는 압력을 삼투압이라고 한다.

⑥ 재결정(recrystallization)

어떤 용액의 온도를 저하시키면 낮아진 온도만큼 용액의 용해도가 감소해서 고체로 용질이 석출된다. 이를 재결정이라고 한다.

⑦ 빛의 흡수

착색물질이 특유 파장의 빛을 흡수하는 성질을 이용하여 물질의 농도를 정확하게 신속히 측정하여 정량분석한다.

⑧ Lambert-Beer 법칙

빛의 흡수 (입사광 세기(I_0)와 투과광 세기(I)와의 비의 대수값)는 물질층(cell) 두께(l)와 농도(C)에 비례한다.

$$\ln\frac{I_0}{I} = k \cdot c \cdot l \qquad (1\text{-}12)$$

1.1.4 화학 결합(chemical Bond)

1) 원자간의 결합

① 이온결합(ionic bond)

금속원자가 전자(e^-)를 잃어 (+)이온이 되고, 비금속원소가 전자를 얻어 (−)이온이 되어서 두 이온이 정전기적 인력인 쿨롱(coulomb)힘에 의해 이루어지는 결합이다(NaCl, KCl, CaO 등).

② 공유결합(covalent bond)

비금속의 상호간이나 비금속의 단체간에 서로 전자(e^-)를 내놓아 전자쌍을 만들고 서로 이 전자쌍을 공동 소유해 각 원소의 최외각에 8개의 안정한 전자배치를 하는 결합이다(H_2, O_2, NH_3, CH_4, H_2O, N_2, Cl_2 등).

③ 배위결합(coordinate bond)

어떤 원자가 일방적으로 전자쌍을 상대방 원자에게 제공해서 공유하는 결합이다. (NH_4Cl, H_3O^+, $(C_2H_5)_4Pb$ 등)

2) 분자간 결합

① 수소결합(hydrogen bond)

수소원자와 전기음성도가 큰 원자(F, O, N 등)사이에 생기는 결합으로 수소결합 분자인 HF, H_2O, NH_3 등은 분자와 분자간의 결합력이 증대해 비점, 융점이 높아진다. 모든 반응에서 H, O 등이 있으면 제일 먼저 수소결합을 해 H_2O가 생성된다.

② van der waals 힘

무수한 공유결합으로 형성된 분자간에 작용하는 결합이나. 분사간의 거리가 가까울수록, 분자크기가 클수록 floc은 커진다. 물 속의 SS(suspended solid)는 먼저 반발력을 없애고 응집제를 투입하면 곧 바로 분자간 반데르바알스 힘 때문에 floc(훌록)이 생긴다.

3) 콜로이드(colloid)

콜로이드 용액 : 여과지를 통과하는 1～10 nm의 미립자로 하나의 상(phase) 속에 미립자가 침강하지 않고 떠있는 상태의 용액이다.

$1\mu m = 10^{-6}m$이며, $1nm = 10^{-9}m$, $1pm = 10^{-12}m$이다.

① 소수성 콜로이드(hydrophilic colloid) : 물 속에서 소량의 전해질에 의해 응석되기 쉬운 콜로이드이다.

② 친수성 콜로이드(hydrophobic colloid) : 물 속에 다량의 전해질을 가하면 물분자가 분리되어 전분, 단백질, 비누가 염석이 된다.

③ 투석(dialysis) : 이온은 통과할 수 있으나 고분자 유기물질이나 콜로이드 입자는 통과할 수 없는 막을 사용해서, 전해질(이온)을 제거하여 콜로이드를 안정화하는 방법으로 널리 사용된다.

④ 흡착(adsorption) : 콜로이드성 물질을 활성탄에 접촉시키면 가스상 물질이 활성탄의 표면에 흡착되는데 이처럼 서로 접촉한 기체와 고체의 계면에서 농도변화가 일어나

는 현상이다.

⑤ 전기이동 (electrophoresis) : 콜로이드 입자들이 전기장에 놓이게 되면, 입자들이 그 전하의 반대쪽 극으로 이동하는 현상이다..

⑥ 염석(salting out) : 친수콜로이드 입자에 알콜 및 아세톤을 가해 하전을 중화시켜서 NaCl을 가하면 응석되는 현상이다.

4) 산화와 환원

(1) 산화(oxidation)

① 산화의 정의

- 산소와 화합하거나 수소를 잃는 현상이다.
- 전자를 잃거나 원자가(원자의 산화수)가 증가되는 현상이다.

② 산화수(oxidation number)

원자가 가지는 하전수를 말하며, 원자가 결합할 때 각 원자가 잃은 전자의 수를 (+) 산화수, 얻은 전자의 수를 (−)산화수라 한다($Na^{+}Cl^{-}$, $Al_2^{3+}O_3^{2-}$, O_2^{0}, $H_2^{+}SO_4^{2-}$, $C^{4+}O_2^{-2}$ 등).

③ 산화제

화학반응에서 그 자체는 환원되는 동시에 다른 물질을 산화시키는 물질을 말한다(H_2O_2, $KMnO_4$, $K_2Cr_2O_7$, O_3, NaClO, H_2SO_4, Cl_2, Br_2, HgO 등).

(2) 환원(reduction)

① 환원의 정의

- 산소를 잃거나 수소와 화합하는 현상이다.
- 전자를 받아들이거나 원자가를 감소시키는 현상이다.

② 환원제

화학반응에서 그 자체는 산화되는 동시에 다른 물질을 환원시키는 물질을 말한다(H_2, CO, NO, H_2S, SO_2, HI, $SnCl_2$, $FeSO_4$, Na_2SO_3, $H_2C_2O_4$ 등).

(3) 산화수 계산

어떤 화학반응이든지 산화와 환원이 동시에 일어나 어느 물질이 다른 물질을 산화시키면 그 물질 자신은 환원되고, 반대로 어느 물질이 다른 물질을 환원시키면 그 물질 자신은 산화된다. 그리고 화합물 중의 각 원소의 산화수는 그 화합물 중의 H = +1, O = -2, K = +1, Cl^{-} = -1을 알고 있어야만 산화수를 계산할 수 있다.

- $KMnO_4$의 Mn산화수 계산 (중성화합물의 각 원소의 산화수 합은 0임)

$K^{+1}\ \underline{MnO_4}^{-2} \rightarrow (+1) \times 1 + x \times 1 + (-2) \times 4 = 0$ $\quad\therefore\ x = 8 - 1 = +7$

· NH_4^+의 N산화수계산 ((+)화합물인 바 각 원소의 산화수 합은 +1임)

$\underline{NH_4}^{+1} \rightarrow x \times 1 + (+1) \times 4 = 1$ $\quad\therefore\ x = 1 - 4 = -3$

· $K_2Cr_2O_7$의 Cr산화수계산

$K^{+1}{}_2\ \underline{Cr_2\ O_7}^{-2} \rightarrow (+1) \times 2 + x \times 2 + (-2) \times 7 = 0$ $\quad\therefore\ x = \frac{14-2}{2} = +6$

(4) 산화제의 노르말 농도 제조

① 노르말 농도 : 용액 1L 중에 녹아있는 산화제의 g당량수를 말한다.

② 당량계산 $MnO_4^- + 8H^+ + 5e^- \rightarrow Mn^{2+} + 4H_2O$

· $KMnO_4$의 1g분자량은 5g당량이다.

· $KMnO_4$의 분자량은 158인 바 1g당량은 31.6이다.

· 0.1N-$KMnO_4$용액 500mL를 조제하려면 $KMnO_4$ 1.58g을 정확히 칭량해 물에 녹여 용액 500mL로 조제하면 된다.

5) 산과 염기

① 산(acid)의 정의
수소(H)를 갖고 있는 수용액 속에서 수소이온(H^+)을 낼 수가 있는 물질이거나 양성자(proton)를 내놓을 수 있는 분자 및 이온을 말한다.

② 염기(base)의 정의
수용액에서 수산이온(OH^-)을 낼 수가 있는 물질이거나 양자를 받아들일 수 있는 분자 및 이온을 말한다. 특히 알칼리(alkali)는 물에 잘 용해할 수 있는 것을 말한다.

③ pH(Hydrogen ion exponent)
물은 아주 약한 전해질이며, 25℃에서 물 10^7L중에 18g이 녹는다. 즉, 물 10,000,000L 중에 H^+ 1g과 OH^- 17g이 녹아 있다. 그러므로 물 1L 중에는 H^+이 10^{-7}g 녹아 있다.

$$pH = \log\frac{1}{[H^+]} \qquad \therefore\ pH = -\log[H^+] \qquad (1\text{-}13)$$

여기서, $[H^+]$단위는 수소이온의 mol/L이다.

$[H^+] = 1.0 \times 10^{-7}$ mole/L일 때의 pH계산

$$pH = \log\frac{1}{1.0 \times 10^{-7}} = -\log(1 \times 10^{-7})$$

$$= -\{\log 1.0 + (-7)\} = 7 - \log 1.0 = 7$$

1.1.5 반응속도

1) 분류

(1) 균질반응(homogeneous reaction)

단일 상(相 : phase)의 반응을 말하며, 고체는 고체끼리, 액체는 액체끼리, 기체는 기체끼리의 반응을 말한다. 고 - 고반응, 액 - 액반응, 기 - 기반응이다.

(2) 비균질반응(heterogeneous reaction)

상이 다른 반응물 사이의 반응을 말하며, 고체는 액체와의 반응 등을 말한다. 농축조, 침전조 및 부상조는 고액분리시설이다. 그러나 응집조는 고액반응시설이다.

(3) 반응물과 생성물

반응물은 반응속도를 반응물의 감소농도로 나타낸다.

$$\frac{dc}{dt} = -k \cdot c \text{ (단위는 mol/L · sec 임)} \qquad (1\text{-}14)$$

생성물은 반응속도를 나타내며, 반응속도는 1초당 생성물의 농도증가를 말한다.

(4) 농도곡선에 대한 자료(data)로 생성물의 증가속도를 구할 때 다음 사항에 대해 도출시켜야 한다. 정해진 시간마다 농도를 측정해야 한다. 측정은 반응이 일어나므로 변하는 성질, 압력, 색, 산도(acidity), 부피의 변화를 이용해야 한다. 주어진 시간에서 반응물 및 생성물의 감소 · 증가 속도는 곡선 각 지점의 접선기울기를 구해야 한다.

(5) 반응속도에 영향을 주는 인자는 다음과 같다.

온도(∵ 충돌횟수가 증가요인이기보다는 유효충돌횟수가 증가하기 때문), 촉매, 불균일반응시 고체의 표면적, 반응물의 농도, 반응의 pH, 압력, 반응시간 등

▶ 반응속도는 주로 온도의 영향을 제일 많이 받는다.

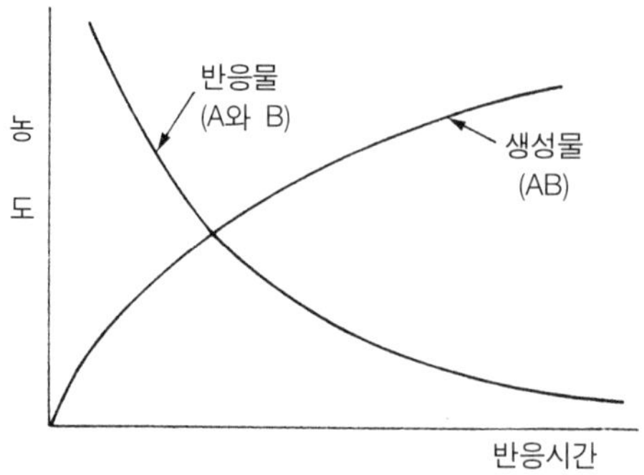

그림 1.1 A+B → AB 반응의 반응물과 생성물의 농도변화곡선

(6) 반응속도를 빠르게 할 수 있는 조건은 다음과 같다.

반응시간당 충돌횟수, 유효충돌의 비

유효충돌은 모든 충돌이 반응을 일으키는 것이 아니고 아주 작은 비율만이 실질적인 반응을 일으키는데, 이러한 충돌을 말한다.

(7) 활성화물과 활성화 에너지

① 활성화물(activated complex) : 활성화물은 성공적으로 분자가 충돌하면 생성되는 물질이 있는데 이때 생성되는 중간체를 말한다.

$$A_2 + B_2 \rightleftarrows \begin{matrix} A \cdots\cdots A \\ \vdots \quad\quad \vdots \\ B \cdots\cdots B \end{matrix} \rightarrow 2AB \tag{1-15}$$

(활성화물 : A_2B_2)

② 활성화에너지(activated energy) : 활성화에너지(E_a)는 반응물과 활성화물의 포텐셜(위치)에너지를 말한다. 그림 1.2는 활성화에너지곡선으로 E_a는 반응물, 생성물반응 A_2와 B_2의 활성화에너지이고 E_a'는 2AB의 활성화에너지이다. 그리고 ΔH는 엔탈피(enthalpy)이다.

$$\Delta H = E_a - E_a' \tag{1-16}$$

여기서, ΔH값이 음(−)이면 발열반응이고 양(+)이면 흡열반응이 된다.

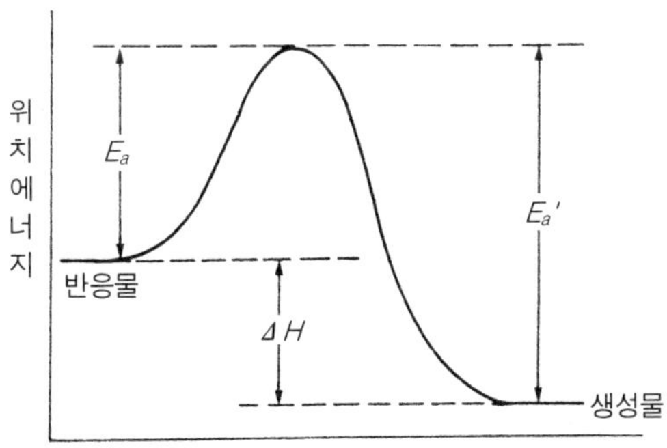

그림 1.2 ▌ 활성화 에너지 곡선

(8) 촉매(catalyst)

촉매란 자신은 소모되지 않고 반응속도만 증가시키는 물질을 말한다. 균일촉매는 반응물과 촉매가 동일한 상(相)을 말한다. 불균일촉매는 반응물과 촉매가 다른 상을 말한다. 일반적으로 불균일촉매의 대부분의 분자가 고체표면에 화학적으로 흡착된 것으로 백금(Pt), 파라듐(Pd), 니켈(Ni) 등 금속이 대부분이다. 불균일촉매의 표면적이 넓을수록, 반응시 혼합시킬수록 반응속도는 증가한다.

(9) 활성자리(activated site)

촉매의 활성은 촉매표면 전자구조와 원자배치로 결정된다. 결정의 결합과 불규칙성은 촉매의 활성자리가 된다. 그리고 촉매의 표면에 촉진제(promoter)를 첨가하면 촉매의 활성은 증대(촉진)된다. 암모니아(NH_3)를 합성할 때 미량의 칼륨(K)과 바나듐(V)을 첨가해서 반응하면 주변 철촉매의 활성을 높여준다.

$$N_2(g) + 3H_2(g) \xrightarrow{\text{Fe, K, V}} 2NH_3(g) \tag{1-17}$$

반대로 촉매의 활성을 억제하는 물질을 촉매독(catalyst poison)이라고 한다.

황산(H_2SO_4) 합성시 중간물질인 삼산화황(SO_3)을 얻기 위해 이산화황(SO_2 : 아황산가스)과 미량의 백금(Pt)를 첨가해서 반응하면 되는데 이때 비소(As)가 활성화를 떨어뜨리는 촉매독을 일으키는 물질이 된다.

$$2\,SO_2\,(g) + O_2\,(g) \xrightarrow{\text{Pt}} 2\,SO_3\,(g) \tag{1-18}$$

(10) 자동차 삼원촉매장치

표면촉매의 응용으로 일산화탄소(CO)와 탄화수소(HC)를 금속산화물의 촉매층을 통과시켜서 무해한 H_2O와 CO_2로 변환시키는 기능을 갖고 있다. 삼원촉매는 납(Pb)에 의해 촉매독을 일으켜서 활성이 파괴되기 때문에 무연 휘발유(unlead gasolin) 자동차에만 사용되어야 한다. 휘발유자동차에만 옥탄가(octane value)를 높이고, 녹킹(knocking)을 방지하기 위해서 방지제로 사에틸납($(C_2H_5)_4Pb$)과 사메틸납($(CH_3)_4Pb$)을 첨가하면 유연(有鉛)휘발유 자동차이고, 무첨가자동차를 무연(無鉛)휘발유 자동차라고 한다.

2) 농도와 반응속도

(1) 반응속도(kinetics)

반응속도는 반응물질의 농도에 의존하며, 농도가 증가하면 충돌횟수가 증가되어서 반응속도가 빨라진다. 반응차수와 반응속도식은 반응식으로부터 유도되지 않고 실험적으로만 구할 수 있으며, 반응차수는 반드시 정수가 아니고 분수나 zero(0)일 때도 있다.

① N_2O_5 반응일 경우

$$2N_2O_5\,(g) \rightarrow 4NO_2\,(g) + O_2 \tag{1-19}$$

$$\text{반응속도}\left(\frac{d[NO_2]^4}{dt}\right) = k[N_2O_5]^2$$

여기서, k는 반응속도상수이다. 반응속도상수(k)값은 온도와 반응속도식에 따라 변한다. 반응속도상수와 반응속도식은 실험을 실시해 구한다. N_2O_5의 반응속도는 농도가

2배로 되면 반응속도가 2배로 되고 5배가 되면 5배로 반응속도가 빨라진다.

② NO_2 반응일 경우

$$NO_2\,(g) + 2HCl\,(g) \rightarrow NO\,(g) + H_2O\,(g) + Cl_2\,(g) \quad (1\text{-}20)$$

$$\text{반응속도}\left(\frac{d[NO]}{dt}\right) = k[NO_2][HCl] \quad \therefore \text{ 2차반응}$$

NO_2농도가 2배가 되면 반응속도는 2배, HCl농도가 2배 되면 반응속도는 2배가 된다. NO_2와 HCl의 농도를 각각 2배하면 반응속도는 4배로 된다.

③ NO 반응일 경우

$$2NO\,(g) + 2H_2\,(g) \rightarrow N_2 + 2H_2O\,(g) \quad (1\text{-}21)$$

$$\text{반응속도}\left(\frac{d[N_2]}{dt}\right) = k[NO]^2[H_2] \quad \therefore \text{ 3차반응}$$

$[NO]^2$는 실험적으로 얻어진 반응차수(reaction order)이다.

(2) 속도상수(K)를 구하는 공식

속도상수는 온도에 좌우된다.

① Arrhenius식(1889년)

$$\log K = \log A - \frac{E_a}{2.303\,R \cdot T} \quad (1\text{-}22)$$

여기서, A는 반응의 독특한 고유상수, E_a는 반응시 활성화 에너지(J/mole), R은 기체상수(8.3143J/mole·°K)이며, T는 절대온도(°K)이다.

② E_a와 A는 두 온도에 대한 속도상수로부터 산출하고 T_1에서 속도상수가 k_1이고, T_2에서 k_2라면 상기식은 다음과 같이 된다.

$$\log k_2 = \log A - \frac{E_a}{2.303\,RT_2} \quad (1\text{-}23)$$

$$\log k_1 = \log A - \frac{E_a}{2.303\,RT_1} \quad (1\text{-}24)$$

식 (1-23)에서 식 (1-24)를 빼면 다음 식 (1-25)가 얻어진다.

$$\log k_2 - \log k_1 = -\frac{E_a}{2.303\,RT_2} + \frac{E_a}{2.303\,RT_1}$$

$$\therefore \log\left(\frac{k_2}{k_1}\right) = \frac{E_a}{2.303\,R}\left(\frac{T_2 - T_1}{T_1 \cdot T_2}\right) \quad (1\text{-}25)$$

③ 활성화 에너지(E_a) 구하는 식

$$E_a = 2.303\,R\left(\frac{T_1 \cdot T_2}{T_2 - T_1}\right)\left\{\log\left(\frac{k_2}{k_1}\right)\right\} \tag{1-26}$$

(3) 반응차수(reaction order)

① 0차(zero order) 반응

- 반응물의 농도를 무제한 증가할지라도 반응속도에는 영향을 미치지 않는 반응이다.
- 생성물과 시간의 관계는 시간이 경과해도 생성물은 직선적으로 항상 일정하다.

$$2AB \rightarrow A_2 + B_2 \tag{1-27}$$

$$\therefore \text{ 반응속도}\left(-\frac{dA}{dt}\right) = k[AB]^0 = k \qquad \therefore\ -dC = k \cdot dt$$

- 지수가 0(zero)이어서 0차 반응이다.

② 1차(first order)반응

$$2N_2O_5(g) \rightarrow 4NO_2(g) + O_2(g) \tag{1-28}$$

$$\therefore \text{ 반응속도}\left(-\frac{d[NO_2]^4}{dt}\right) = k[N_2O_3]^1 \qquad \therefore -\frac{dC}{dt} = kC$$

지수가 1차이므로 1차 반응이다. $\left(-\frac{dC}{C} = kdt \quad \text{즉, } \ln\frac{C}{C_o} = -kt\right)$

③ 2차(second order)반응

$$N_2O(g) + HCl(g) \rightarrow N_2(g) + HOCl(g) \tag{1-29}$$

$$\therefore \text{ 반응속도}\left(-\frac{d[N_2]}{dt}\right) = k[N_2O]^1[HCl]^1$$

지수합이 2이어서 2차반응이다. $\left(\frac{1}{C} = kt + \frac{1}{C_o}\right)$

표 1.2 반응속도에 관한 상관성

차수	반응속도식	농도 → 시간	반감기($t^{0.5}$)	직선관계
0	k	$C_o - C = kt$	C_o/k	$C : t$
1	$k \cdot C$	$\log\frac{C_o}{C} = \frac{k \cdot t}{2.303}$	$0.693/k$	$\log C : t$
2	$k \cdot C^2$	$\frac{1}{C} - \frac{1}{C_o} = k \cdot t$	$1/k \cdot C_o$	$1/C : t$

④ 3차(third order)반응

$$2NO(g) + 2H_2(g) \rightarrow 2H_2O(g) + N_2(g) \quad (1\text{-}30)$$

$$\therefore \text{ 반응속도}\left(-\frac{dC}{dt}\right) = k[NO_2]^2[H_2]$$

지수합이 3이어서 3차반응이다.

1.1.6 열역학(Thermodynamics)

1) 열역학의 정의

물리·화화적인 변화를 동반한 에너지변화를 다룬 학문이다. 어느 특정한 화학반응이 주어진 조건하에서 이론적으로 일어날 수 있는지의 여부를 예측하는데 이용된다. 자발적인 반응정도에 따라 평형위치를 결정하는데 열역학의 이론이 적용된다.

2) 열역학법칙

(1) 제 1 법칙

① 개요

에너지형태로 나타내면 일과 열이 있다. 한 형태의 에너지는 다른 형태의 에너지로 전환될 수가 있다. 에너지는 창조 및 파괴될 수가 없다(에너지보존법칙). 열에너지는 어떤 계(system)에서 다른 계로 열이나 일로 전달된다. 일정량의 에너지가 일(W)로 계에 전달되거나 어떤 일정량의 에너지가 열(Q)로 계에 전달되었을 때 에너지는 내부에너지(E 또는 U)를 변화시킨다.

$$\Delta U = Q + W \quad (1\text{-}31)$$

일정한 부피를 유지하면 일정량의 에너지(Q)가 전달되었을 때 부피팽창에 의한 일을 자동적으로 포함시킨 또 다른 내부에너지의 하나이다. 일정한 압력하에 있는 계에 일정량의 에너지 Q가 열로서 전달되었을 때 엔탈피의 변화량(ΔH)은 Q이다($\Delta H = Q$). 몰기화엔탈피는 액체상태의 어떤 물질 1몰이 증발할 때 발생되는 엔탈피의 변화량이다.
용융 및 몰용해 엔탈피는 고체상태의 물질 1몰이 녹을 때 발생되는 엔탈피의 변화량이며, 압력이 일정하면 녹을 때 공급되는 열에너지이다. 연소엔탈피는 어떤 시료를 완전연소시킬 때 발생되는 엔탈피의 변화량이다. 용해엔탈피는 어떤 염을 무한대로 희석해 녹일 때 발생한 엔탈피의 변화량이다. 중화엔탈피는 어떤 산을 염기로 중화시킬 때 발생한 엔탈피의 변화량이다. A-B의 평균결합엔탈피는 A-B의 결합을 갖는 일련의 화합물로부터 A-B결합을 파괴하는데 발생된 엔탈피는 평균값이다.

예] H－OH가 형성되는데 필요한 에너지가 다르며, -429 kJ/mole, -498 kJ/mole 이며, 평균 -463 kJ/mole이다.

② 열역학 기본법칙

· Hess 법칙이란 어떤 반응의 엔탈피변화는 이 반응을 이루고 있는 각종형태의 소반응에 대한 반응엔탈피의 합과 같다.

· Born-Harber순환이란 어떤 한 조의 원소들이 여러 과정을 통해 다시 이 원소들이 만들어지는데 격자엔탈피가 포함된 일련의 완전한 반응과정을 말한다.

③ 열량계법(calorimetry)

· 불꽃열량계는 반응엔탈피값을 측정하는 계기로서 압력을 일정하게 유지해서 작동되어 열량계의 열용량과 온도변화를 측정해 반응엔탈피 값을 측정한다.

· 봄베열량계는 내부에너지변화를 측정하는 계기로서 부피를 일정하게 유지해서 내부에너지변화를 직접 측정한다.

④ 열역학의 용어정의

· 계(system)는 어떤 경계 속에 포함된 자연의 일부분이다.

· 주위(surrounding)는 하나의 계를 뺀 나머지 모두이다.

· 내부에너지(E)는 한 계에서 내부에너지를 갖고 있다고 할 때 그 계에 기여하는 가능한 모든 형태의 에너지를 말한다.

· 상태함수(state function)는 내부에너지로 계의 상태는 온도, 압력, 조성으로 그 성질을 결정하며, 계의 내부에너지는 계의 상태에 의존하고 계가 그 상태에 어떻게 도달될 것인지는 상관없다.

⑤ 내부에너지(E)와 열(Q), 일(W)

초기의 내부에너지(E_i)를 가진 계는 이 계가 주위로부터 열(Q)을 흡수하면 계의 에너지는 $E_i + Q$를 가진 계로서 이 계가 주위에 대한 일(W)를 하기 위해 내부에너지의 일부를 사용한다면 최종 상태에서 계의 내부에너지(E_f)는 다음과 같다.

$$E_f = E_i + Q - W$$

$$E_f - E_i = Q - \mathrm{W} \qquad \therefore\ \Delta E = Q - W \qquad (1\text{-}32)$$

Q (+ : 계의 흡열, − : 계의 발열), W (+ : 계가 행한 일, − : 계에 가해진 일)

⑥ 열역학 함수엔탈피(H)

엔탈피	$(H) = E + P \cdot V$
엔탈피변화	$(\Delta H) = \Delta E + P \cdot \Delta V$
기체반응시	$\Delta H = \Delta E + (\Delta n)R \cdot T$ (1-33)

여기서, Δn는 기체생성몰수에서 기체반응물의 몰수를 뺀 것이고 R은 기체상수값 (8.3143J/kmole 또는 0.08205atm ·L/mole ·°K이다.)

예제 ▌ 25℃에서 $CH_4(g)$의 연소열을 Bomb열량계로서 일정한 부피에 있는 열측정한 바 -885, 389 J/mole일 때 ΔH는 얼마인가?

풀이 ▌ $CH_4(g) + 2O_2(g) \rightarrow 2H_2O(\ell) + CO_2(g)$

$\Delta n = 1-(2+1) = -2$

$T = 273 + 25 = 298°K$

$\Delta E = -885389$ J/kmole

$\Delta H = \Delta E + (\Delta n)R \cdot T$

$= (-885389 \text{ J/kmole}) + (-2 \text{ mole})(10^{-3} \text{ kmole/mole})(8.3143 \text{ J/kmole})(298°K)$

$= -892348 \text{ J} = -892.35 \text{ kJ/kmole}$

(2) 열역학 제 2 법칙

① 정의

열역학 제 2 법칙은 변화의 속도에 관한 것이 아니고 자발적인 변화의 방향에 관한 법칙이다. 그리고 모든 자발적인 변화과정에서 우주의 엔트로피는 증가한다.

② 용어의 정의

- 엔트로피(entropy)는 에너지의 분산도에 대한 척도로서 분산도가 증가하면 엔트로피는 증가한다.
- 자발적인 변화는 에너지의 분산을 증가시키는 방향과 똑같다.
- 표준몰엔트로피($\Delta\bar{S}$)는 측정온도에서 표준상태를 유지하고 있을 때 물질의 단위 몰당 엔트로피 변화를 의미한다.
- 화학반응 표준엔트로피(ΔS)는 반응이 100% 전환되어 모든 화학종들이 특정온도에서 표준상태를 유지할 때의 엔트로피변화를 말한다.

▶ 우주는 계와 그 주위를 의미한다. 엔트로피는 열량계를 이용해 측정한다. 계와 주위의 엔트로피 변화로 전체 엔트로피변화가 양(+)이면 그 과정은 자발적이다.

③ 엔트로피변화(ΔS)

반응 엔탈피가 ΔH인 화학반응이 진행될 때 주위의 엔트로피변화는 다음과 같다.

$$\Delta S = \frac{-\Delta H}{T} \tag{1-34}$$

여기서, ΔS는 주위엔트로피 변화로서 ΔS(주위)로 나타낸다.

고체 및 결정상태는 규칙적인 바 엔트로피변화가 낮고, 액체는 중간, 기체가 제일 높다. 그리고 물질이 녹거나 증발할 때는 엔트로피가 증가하며, 결정과 응축반응에서는 엔트로피변화가 감소한다. 열은 자연에서 고온으로부터 저온으로 이동하나 외부에 흔적을 남기지 않고 열을 저온부에서 고온부로 옮기는 조작은 불가능하다. 일을 열로 전환하는 현상은 비가역적이다. 한 열원에서 열을 받는 것만으로는 싸이클에 의해 외부에 일을 할 수가 없다. 마찰에 의해 열이 발생하는 현상은 비가역적 변화이다. 우주에 있어서 일에 이용되는 에너지는 점점 감소한다. 비가역적 변화가 일어나면 그에 관여하는 계와 외부와의 엔트로피 총합은 항상 증가한다.

총 엔트로피변화는 반응기내에서 일어나는 엔트로피변화와 주위에서 일어나는 엔트로피변화의 합과 같다.

$$\Delta S(\text{전체}) = \Delta S(\text{주위}) + \Delta S(\text{반응기}) = \frac{-\Delta H}{T} + \Delta S \qquad (1\text{-}35)$$

예제 ▌ 철의 산화반응시 표준 몰반응엔탈피가 -1,648.4 kJ/mole 이고, 25℃에서 주위의 표준몰엔트로피변화($\Delta S_{m(\text{주위})}$)를 구하시오

풀이 ▌ · $\Delta S_{m(\text{주위})} = \frac{(-1,648.4 \times 10^3\ \text{J/mole})}{298.15°\text{K}} = 5,529\text{J/°K} \cdot \text{mole}$

· 엔트로피가 증가하므로 철의 산화반응이 주위에 에너지를 방출하면서 일어난다.

철의 부식은 표준상태의 반응물이 완전히 생성물인 녹으로 전환시 반응이 총합엔트로피는 다음 식으로 구한다.

$$\Delta \overline{S}_{m(\text{전체})} = (+5,529\ \text{J/°K} \cdot \text{mole}) + (-549\ \ \text{J/°K} \cdot \text{mole}) = 4,980\ \ \text{J/°K} \cdot \text{mole}$$

4몰의 Fe가 2몰의 Fe_2O_3로 전환됨에 따라서 우주의 총합 엔트로피는 약 5,000 J/°K · mole 정도로 증가한다. 이는 아주 큰 값으로 반응이 거의 자발적으로 일어난다.

$$2Fe + \frac{3}{2}O_2 \rightarrow Fe_2O_3 \qquad (1\text{-}36)$$

혼동하기 쉬운 단위 정리

구 분	엔 탈 피	몰 엔탈피	엔트로피	몰 엔트로피	Gibbs 자유에너지
단 위	J	J/mole	J/。K	J/kmole	J/mole

ΔH, ΔS, ΔG의 구분

구 분	ΔH	ΔS	ΔG
자 발 적	-	+	-
비 자 발 적	+	-	+

▶ 자발적인 일은 일을 해 줄 필요없이 진행되는 과정을 말하며, 반응 속도가 빠르다는 것과는 다르다.

④ Gibbs 법칙

· 정의 : 온도가 일정할 때 Gibbs 함수변화(ΔG)는 최대 전기적인 일(W_e)과 같다.

$$\Delta G = W_{e,\max} \tag{1-37}$$

· 자발적 반응 : 어떤 비자발적인 반응에서 Gibbs함수를 많이 감소시킬 수 있는 반응이 함께 진행되면 총 ΔG값이 음(−)일 때 반응이 자발적으로 진행된다.

· Gibbs 자유에너지 : 온도가 일정할 때 Gibbs 함수변화(ΔG)는 자유에너지로 나타낸다.

$$\Delta G = \Delta H - T \cdot \Delta S \tag{1-38}$$

자유에너지(ΔG)는 반응기의 엔탈피변화(ΔH)와 주위 에너지 흡수량($-T\Delta S$)와 같다. 화학반응시 표준 Gibbs함수(ΔG_{Θ})는 반응이 100% 진행되어서 특정온도와 관련된 모든 화학종들이 표준상태일 때 일어나는 Gibbs함수변화를 말한다. 표준몰생성 Gibbs함수($\Delta G_{\Theta f,m}$)는 특정한 성분 1몰이 구성원소들로부터 생성될 때 발생된 Gibbs함수변화이다. 이 경우 모든 원소들은 특정한 온도에서 표준상태로 존재한다. 화학반응이 표준몰 Gibbs함수는 평형상수와 $\Delta G_{\Theta f,m} = R \cdot T\, \text{1nk}$가 성립된다. $\Delta G_{\Theta f,m}$의 절대값이 크고, 음(−)값일 때 화학반응 평형은 정반응이 우세하고, 생성물량이 많아진다. 반대로 양(+)값이면 역반응이 우세하고 반응물의 양이 많아진다.

▶ ΔG(Gibbs함수)가 0(zero)라는 뜻은 그 계는 평형상태에 있다.

1.1.7 핵반응(nuclear reaction)

1) α-ray, β-ray, γ-ray, x-ray

(1) 방사성 원소

가벼운 원소의 원자핵들은 거의 같은 수의 중성자와 양성자를 갖고 있으며, 그들의 중성자/양성자 비가 1일 때 안정되어 있다. 무거운 원소의 원자핵들은 양성자보다는 중성자를 최고 1.5배로 더 많이 함유하고 있다. 원자번호의 증가와 함께 조그만 핵 속에는 더 많은 양성자들이 채워지게 되며, 정전기적으로 반발력은 급속도로 증가해 이때 반발력을 감소시키기 위해 필요한 것이 중성자로 양성자가 많아질수록 중성자가 더 많이 필요하게 된다. 더 많은 중성자가 있을지라도 핵 속에 채워진 중성자수는 상한점이 있는데 가장 큰 안정한 원자핵은 ${}^{209}_{83}\text{Bi}$이다. 특히 비스무스(Bi)보다 큰 원자핵들이 존재할 때 방사성원소라고 한다. 자연계에 존재하는 거의 안정한 핵물질들은 짝수의 양성자와 중성자를 갖고 있으며, 다음 5개 원소만 홀수의 양성자와 중성자를 갖고 있다.

▶ 5개원소는 ${}^{2}_{1}\text{H}$, ${}^{6}_{3}\text{Li}$, ${}^{10}_{5}\text{B}$, ${}^{14}_{7}\text{N}$, ${}^{180}_{73}\text{Ta}$
홀수의 원자번호를 가진 상기 5개 원소들은 두 가지 이상의 안정한 핵종을 갖지 않는다.

(2) 신비수(Magic Number)

양성자 및 중성자 수가 2, 8, 20, 28, 50, 82, 126과 같은 핵물질과 관련이 있다. 상기 신비수는 영족기체의 원자번호 2, 10, 18, 26, 54, 86 등 안정 전자배치를 보여주고 있는 원소들처럼 핵껍질(nuclear kernel)을 갖고 있다. 대개 신비수와 동일한 원자번호를 갖는 원소들은 이웃 원소들보다 더 많은 수의 안정한 동위원소를 갖고 있다. 핵물질 중 ${}^{4}_{2}He$, ${}^{16}_{8}O$, ${}^{40}_{20}Ca$, ${}^{208}_{82}Pb$ 등은 중성자의 포획시 높은 안정성을 갖는 바 높은 결합에너지를 갖으며 상대적으로 많은 양이 존재한다.

- 0족 원소 : ${}^{4}_{2}He$, ${}^{20}_{10}Ne$ 등

(3) 방사능(radioactivity)

① 개요 : 방사능은 일정치 못한 원자핵이 더 안정한 원자핵 조성을 위하여 스스로 변화를 일으킨다.

② α-선 방출(alpha ray emission)

- α입자의 배출로서 α입자는 원자번호 2와 질량수 4인 ${}^{4}_{2}He$원자핵이다. α-ray는 종이 한 장의 투과 힘이다. 질량수가 209보다 크거나, 원자번호가 82보다 큰 핵물질이 α 붕괴가 일어난다(${}^{208}_{82}Pb$). α입자의 방출은 너무 많은 양성자를 갖고 있는 핵물질들이 원자핵의 조성을 안정영역쪽으로 접근시키기 위해서 일어난다.

$$ {}^{210}_{84}Po \rightarrow {}^{206}_{82}Pb^{2-} + {}^{4}_{2}He^{2+} \rightarrow {}^{206}_{82}Pb + {}^{4}_{2}He \qquad (1\text{-}39) $$

- α입자는 전자는 없이 2^{+}의 전하를 갖고 ${}^{4}_{2}He$원자핵으로 방출된다. 방출된 원자는 다른 원자로부터 전자(e)를 끌어와서 ${}^{4}_{2}He$의 중성원자로 변한다. 한편 ${}^{206}_{82}Pb$는 2개의 전자가 과잉인 상태로 남아있게 되는 바 α의 전하를 갖게 되나 이 과잉의 전자는 곧 주위 양이온 ${}^{4}_{2}He$에 전자를 잃게 된다.

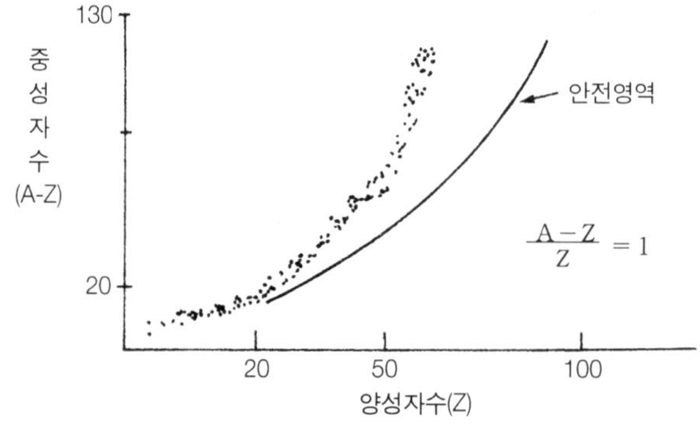

그림 1.3 중성자/양성자 비

③ γ방사선(gamma radiation ray)

· 대단히 짧은 파장의 전자복사선이다. 감마선 방출은 핵 안에서의 에너지변화에 의해서 생성된 것으로 감마선만의 방출은 질량수나 핵의 원자번호에 변화를 일으키지 않는다. γ선의 방출은 모든 방사성붕괴에서 자주 발생되며, 들뜬 원자에서 γ선형태로 에너지를 방출하면서 바닥(기저)상태로 되돌아간다.

$$^{240}_{94}\mathrm{Pu} \rightarrow [^{236}_{92}\mathrm{U}]^* + {}^{4}_{2}\mathrm{He}$$
$$[^{236}_{92}\mathrm{U}]^* \rightarrow {}^{236}_{92}\mathrm{U} + \gamma\text{선} \qquad (1\text{-}40)$$

· $^{236}_{92}$U으로부터 α입자를 생성시키는 데는 5.16 MeV 정도의 방출에너지가 소요되며, 이때 α입자는 γ방사를 발생하지 않는다. 그러나 5.12 MeV 정도의 α입자는 0.04MeV정도의 γ선을 발생해 γ선의 에너지는 $^{236}_{92}$U의 들뜬상태와 바닥상태의 에너지차가 된다.

· x-ray 및 γ-ray는 두꺼운 납(Pb)판의 투과힘을 갖고 있다.

MeV(mega electron volt)는 100만 MeV(전자볼트)이며, 1전자볼트는 전자 1개가 1 volt의 전위차를 가속하는데 필요한 에너지량이다. 1질량단위(u)에 상당하는 에너지는 931.478 MeV이며, $^{210}_{84}\mathrm{P_o}$의 α붕괴에서 방출되는 에너지는 0.0058u×931 MeV/u = 5.4 MeV이다. 다시 말하면 α입자의 운동에너지 및 원자핵의 반발에너지와 γ-ray에너지는 붕괴에너지이다.

투과력의 크기순서는 $\alpha < \beta < \gamma$ 또는 x-ray이다.
전리작용의 크기순서는 $\alpha > \beta > \gamma$ 또는 x-ray이다.

④ β 방사선(beta emission ray)

· 아주 높은 중성자/양성자의 비를 갖는 핵물질에서 방출된다. 즉, 중성자가 너무 많은 원소가 β-ray를 방출하는데 이때 중성자가 양성자로 전환한다(이때 β방출에너지는 0.16MeV이다).

$$^{186}_{73}\mathrm{Ta} \rightarrow {}^{186}_{74}\mathrm{W} + {}^{0}_{-1}\mathrm{e}$$
$$^{14}_{6}\mathrm{C} \rightarrow {}^{14}_{7}\mathrm{N} + {}^{0}_{-1}\mathrm{e} + 0.16\ \mathrm{MeV} \qquad (1\text{-}41)$$

· β입자는 전자로서 $^{0}_{-1}\mathrm{e}$기호로 나타내며, 핵중성자가 핵양성자로 전환(transfer)될 때 방출된다.

· 전자들은 핵 속에 존재하지 않으며, β-ray 방출시 실제효과는 중성자수가 1 만큼 감소하고 양성자수가 1만큼 증가한다. 그리고 중성자/양성자 비가 감소한다. 그러나 질량수는 변하지 않는다.

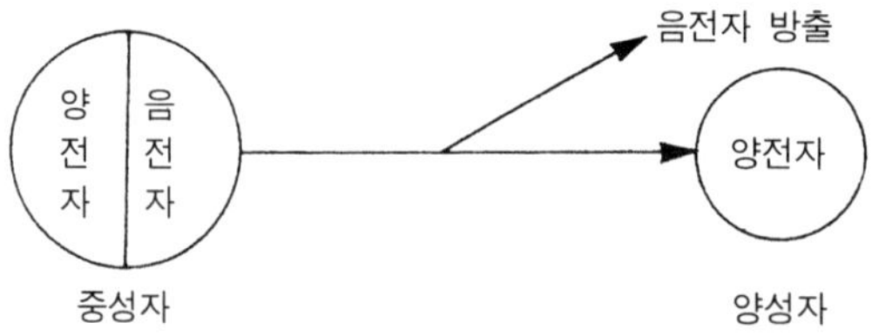

그림 1.4 β-선 붕괴

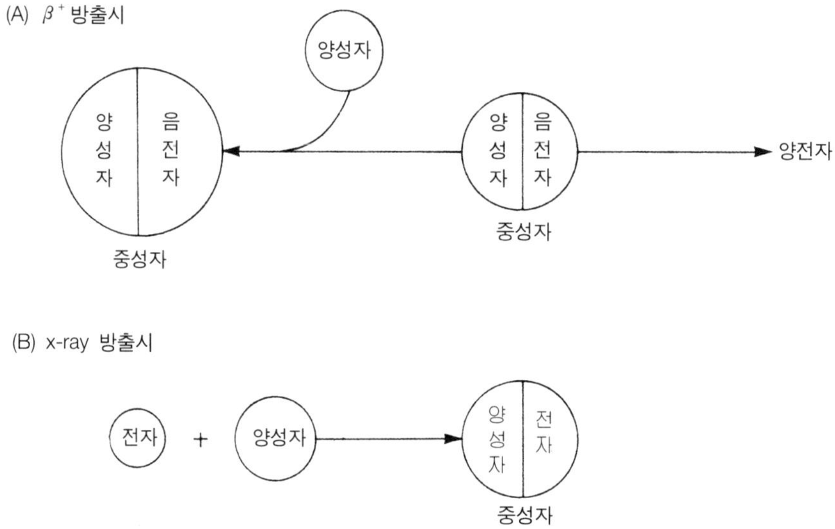

그림 1.5 β선과 x선 방출

⑤ 양전자방출(positron emission : β^+방출) 및 x-ray방출

- β-ray방출과 반대조건이며, 중성자/양성자 비가 안정성을 유지하는데 필요한 값보다 적은 불안정한 핵물질들이 중성자/양성자 비를 증가시키는 방향으로 반응이 일어날 때 양전자를 방출하거나 전자를 포획(x-선)하는 경우에 방사선이 방출된다.

$$^{15}_{8}O \rightarrow ^{15}_{7}N + ^{0}_{1}e + 1.7\,MeV\,(\beta^+\text{방출에너지}) \qquad (1\text{-}42)$$

이때 1.7MeV가 β^+방출에너지이며, 양성자 과다시 $^{0}_{1}e$ 인 양전자를 방출한다.

- β-ray는 얇은 알루미늄박지의 투과힘을 갖고 있다.

⑥ 전자포획(electron capture : x-ray 방출원인)

- 양성자가 많아서 불안정한 핵물질의 중성자/양성자 비가 증가되는 과정에서 x-ray가 방출된다. 양전자방출과 달리 전자포획은 다른 전자껍질에서 하나의 괘도함수를 포획시 이용된 전자는 핵양성자를 중성자로 변환시킨다. 이 변환은 자(子)핵물질이 모

(母)핵물질보다 양성자가 1개 부족하고 중성자가 1개 많아진 결과를 나타내므로 자핵물질의 원자번호는 모핵물질의 원자번호보다 1이 부족하다(0.23 MeV가 x-ray 방출 에너지임).

$$^{55}_{26}\mathrm{Fe} + {}^{0}_{-1}\mathrm{e} \rightarrow {}^{55}_{25}\mathrm{Mn} + 0.23\,\mathrm{MeV} \qquad (1\text{-}43)$$

· 궤도함수 전자포획은 전자배치의 K껍질이나 L껍질에 빈자리를 남기게 되는데 이때 바깥껍질의 전자가 이 빈자리에 채워지면 x-ray방출이 된다.

2) 방사선 붕괴속도

(1) 방사선 붕괴속도측정기

· Wilson 구름상자는 수증기로 포화된 공기상자를 이용한 방사선 측정장치이다.

· Geiger-müller 계수관은 Ar(아르곤)의 전자를 뺏거나 Ar^+이 되는 원리를 이용해 γ-ray 및 γ입자를 측정하는 장치이다.

· 신틸레이션 계수관은 방사능원으로부터 방출된 입자가 ZnS와 충돌될 때 발생된 섬광을 이용한 방사능계측장치이다.

(2) 반감기(Half-life : $t_{1/2}$)

방사성물질의 반이 붕괴되는 시간을 말한다.

$^{238}_{92}\mathrm{U} \rightarrow$ 45억년, $^{5}_{3}\mathrm{Li} \rightarrow 10^{-21}$ 초

예제 동위원소인 $^{60}_{27}C_o$의 반감기는 5.27년이며, 0.01g의 $^{60}_{27}C_o$이 1년 후에는 얼마나 남겠는가?

풀이 $-\log\left(\frac{N_o}{N}\right) = \frac{k \cdot T}{2.303}$

$$\text{반감기}(t_{1/2}) = \frac{0.693}{k}$$

$$k = \frac{0.093}{5.27} = 0.132/\text{년}$$

$$-\log\left(\frac{N_o}{N}\right) = \frac{(0.132/\text{년})(1\text{년})}{2.303} = 0.0573$$

$$\frac{N}{0.01} = 0.876$$

$$\therefore N = (0.01)(0.876) = 0.00876\text{g}$$

(3) 방사성원소를 이용한 연대측정

방사성 동위원소인 $^{14}_{6}C$는 대기 중에서 $^{14}_{7}N$에 우주선 중성자가 작용해 생성된다. $^{14}_{6}C$는 CO_2로 산화되고, 산화된 CO_2는 비방사선 CO_2와 혼합된다. CO_2(탄산가스)는 광합성작용에

의하며 식물에 흡수되어 살아있을 때는 대기 중의 비율과 똑같다. 그리고 죽으면 ${}^{14}_{6}C$는 방사선붕괴를 통해 소멸되어 ${}^{12}_{6}C$가 된다. β방출을 하는 ${}^{14}_{6}C$의 반감기는 5,770년이다. 목재로 만든 물건의 연대는 그 대상목재와 현재 자라고 있는 나무와의 방사성 탄소의 활성도를 비교해서 결정한다.

(4) 방사성 붕괴계열

방사성붕괴는 α, β^-, β^+, 전자포획처럼 반응과정을 통해 연쇄적으로 붕괴해 최종적으로 ${}^{206}_{82}Pb$의 안정한 핵물질로 된다. 자연계의 붕괴계열 핵물질은 ${}^{232}_{90}Th$, ${}^{238}_{92}U$, ${}^{235}_{92}U$계열이 있다.

$$ {}^{238}_{92}U\text{의 붕괴계열} \quad {}^{238}_{92}U \rightarrow {}^{206}_{82}Pb \tag{1-44}$$

- 총 14단계의 붕괴과정을 거친다.
- α붕괴 8회, β^-붕괴 8회가 일어나고 붕괴시간은 45억년 이상이다.

3) 핵분열, 핵융합

(1) 핵분열(nuclear fission)

${}^{235}_{92}U$는 자연 방사성 핵물질의 하나로 방치시켜 두면 α-ray를 내면서 반감기는 7.1억년으로 붕괴해 토륨(231)이 되나 느린 중성자를 충돌시키면 즉시 2개의 원자핵으로 분열된다.

$$ {}^{235}_{92}U + {}^{1}_{0}n \rightarrow {}^{93}_{36}Kr + {}^{140}_{56}Ba + 3\,{}^{1}_{0}n \tag{1-45}$$

$$ {}^{235}_{92}U + {}^{1}_{0}n \rightarrow {}^{90}_{38}Sr + {}^{144}_{54}Xe + 2\,{}^{1}_{0}n \tag{1-46}$$

자연계에는 우라늄(U) 238, 235, 234가 각각 99.3, 0.7, 0.0058%가 존재하며, 이중 늦은 중성자의 충돌에 의한 핵분열을 일으키는 것은 우라늄 235뿐이다. 우라늄 238은 중성자를 흡수해서 Pu 239로 되어 연쇄반응을 방해한다.

천연 우라늄 혼합물은 핵반응을 하는 바 U 235량이 너무 적어 핵반응을 일으키지 않는다. 그래서 핵발전소의 경우는 U 235농도를 높힌 농축우라늄을 이용한다.

(2) 핵융합(nuclear fusion)

융합반응은 아주 높은 에너지가 필요하기 때문에 높은 온도를 공급하기 위해서 사전에 핵분열폭탄을 이용한다.

태양에너지는 수소원자핵들이 핵융합해서 He으로 전환하는 반응에 의해 생성된다.

$$ {}^{1}_{1}H + {}^{1}_{1}H \rightarrow {}^{2}_{1}H + {}^{0}_{1}e \tag{1-47}$$

$$ {}^{2}_{1}H + {}^{1}_{1}H \rightarrow {}^{3}_{2}He + \gamma\text{선} \tag{1-48}$$

$$ {}^{3}_{2}He + {}^{3}_{2}He \rightarrow {}^{4}_{2}He + 2\,{}^{1}_{1}H \tag{1-49}$$

(3) 방사선 종류

- α-ray : 고속의 He원자핵의 흐름이다.
- β-ray : 전자흐름이다.
- γ-ray : 단파장의 전자파이다.
- x -ray : 단파장의 전자파로 인체는 투과하나 금속판이나 콘크리트판은 투과하지 못한다.

(4) 방사선 방호(radiation protection)

① 체외・체내의 양쪽 피해 방호시

- 방사선발생원을 좁은 공간화한다.
- 필요한 최소 방사선만 뽑아 사용한다.
- 방사선을 충분히 관리한다.

② 체외피해의 방호

- 방사선원과 거리를 멀리 한다.
- 방사선 강도는 거리의 제곱에 반비례하여 감소한다.
- 방사원과의 사이에 적당한 차폐재를 설치한다.
- 취급시간을 최대로 단축시킨다.

4) 핵 폐기물 처리

① 기체 핵폐기물일 경우

- 배출가스처리설비인 고성능 필터로 포획한다.
- 습식 필터일 경우는 필터로 고형폐기물을 처리하고, 세정액은 액상폐기물로 처리한다.

② 액상 핵폐기물일 경우

- 희석 또는 농축시킨다.
- 응집침전법은 대량의 저준위 방사성 폐액처리시 적당하다.
- 이온교환법은 이온교환제로 합성이온교환수지, 천연무기이온교환수지, 이온교환막 등이 사용된다.
- 증발법은 폐액중 수분을 증발시켜서 잔재를 고형화 처리한다. 단, 휘발성 핵종은 부적합하다.

③ 고형 핵폐기물일 경우

폴리에틸렌 시트를 내장한 카톤상자에 핵폐기물을 불연 및 가연으로 2원분리해서 보관해야 한다. 소각, 고형화, 보관폐기, 재이용 등으로 처리해야 한다.

5) 방사선의 각종 단위

① Curie(Ci)

1 Ci는 1초당 370억번 붕괴되는 방사능이다. 1g의 Ra(라듐)중에서 1초당 3.7×10^{10}개의 Ra원자가 분열한다. 1 Ci = 1000mCi 이며, 1 Ci = 3.7×10^{10}Bq로 3.7×10^{10}초당 1개가 붕괴하며 1PCi(10^{12} PCi = 1Ci) = 0.037Bq이다. 현장에서 가장 많이 사용되는 방사선 단위는 PCi/L와 Bq/m^3이다.

② Bq(베크렐 : Bequell)

1 Bq는 방사선 핵물질의 차이에 관계없이 1초 동안에 1개의 핵물질이 붕괴되는 양을 말한다. 그러나 핵물질의 붕괴량만으로는 방사선강도, 핵물질별 방사선 종류, 에너지량이 다르기 때문에 비판을 받는다.

③ R(렌트겐 : Roentgen : r로도 표시)

1r은 x-ray 및 γ-ray가 표준상태에서 순수한 공기 0.001283g의 공기속을 통과시 1cm^3당 1 정전단위의 이온을 생성하는 것과 같은 x-ray 및 γ-ray의 양이다. 1r은 공기 1cc 중에 2.08×10^9개의 이온대, 공기 1g 중에 1.6×10^{12}개의 이온대를 만든다. 1r은 인체 조직에서 1g당 93erg의 에너지를 준다. 치과용 x-ray는 약 1γ 정도이다.

④ Gy(Gray)

1Gy는 1kg당 1J(joule)의 에너지에 해당하는 흡수선량을 말하며, 단위량의 물질에 흡수되는 에너지량으로 β, γ-ray만 고려된다.

⑤ Sy(Syvert)

1 시버트는 1 그레이의 흡수선량에서의 선량당량으로서 인체에 대한 선량이다. 동일한 흡수선량인데도 방사선의 종류에 따라 인체에 미치는 영향이 다르다. 1 시버트는 α-ray, β-ray, γ-ray에 모두 사용된다.

▶ 1 시버트 = (1 J/kg)(radiation quality factor)

⑥ Rep(Roentgen equivalent physical : 렌트겐 물리당량)

인체조직내의 β입자, 기타 입자의 에너지 감소를 측정하는 단위이다. rep이란 1 렌트겐의 γ-ray가 공기 속에서 생긴 이온화에 상당한 이온화를 조직 1g에 대해 생성된 것과 같은 방사선을 말한다. 1 rep는 인체조직 1g 당 93 erg이다.

⑦ rem(Roentgen equivalent man : 렌트겐 인체 당량)

1 rem을 방사선의 종류에 관계없이 x-ray 1 rad과 함께 인체의 생물학적 영향을 미치는 방사선량이다. 1 rem을 1 reb(Roentgen equivalent biological)과 같으며, 1 reb은 렌트겐 생체당량이라고 한다.

표 1.3 신체에 대한 방사선영향

Rem 방사선량	인체 영향
0~25	백혈구수 감소
25~100	피로, 혈액변화, 메스꺼움
100~200	구토, 메스꺼움, 백혈구 감소
200~400	뼈가 가늘어짐, 노출자 사망가능
600이상	치료해도 치명적

⑧ rad

1 rad는 γ-ray 1렌트겐(r)을 조직에 쪼여줄 때 흡수하는 에너지량으로 1렌트겐(r)의 x-ray는 1g의 공기에 대해서 1r은 0.838 rad이다. 1 rad는 α-ray, β-ray, γ-ray, 중성자선 등 방사선을 흡수하는 물질 1g에 대해 100erg에너지를 주는 방사량이다.

1 J(joule) = 10^7erg
1 cal = 4.184 × 10^7 erg = 4.184 J
1 rad = 10^{-2}Gy = 100 erg/g = 10^{-2} J/kg
1 Gy = 1 J/kg, 1Gy = 100 rad

제1장 연습문제

문 1. 기후변화를 일으키는 온실효과기체가 아닌 것은?

ㄱ. CO_2 ㄴ. N_2O ㄷ. CFC ㄹ. CO ㅁ. H_2O

✓**해설** CO는 적외선을 흡수하는 성질이 없어 온실효과기체가 아니다.

문 2. 우리나라의 국민 1인당 CFCs 사용량은?

ㄱ. 0.1kg ㄴ. 0.3kg ㄷ. 0.5kg ㄹ. 1.0kg ㅁ. 1.3kg

✓**해설** 일본 등은 1993년부터 CFC사용을 금지했다.

문 3. 기업의 환경친화적 사고와 거리가 먼 것은?

ㄱ. 재사용 ㄴ.감량화 ㄷ. 재활용 ㄹ. 설비재배치 ㅁ.안정화

✓**해설** 3R은 reuse, reduce, recycle이며, 5R은 3R에다 redesign, reformulation이다.

문 4. 다음 중 일상생활의 적극 환경보전실천과 거리가 먼 것은?

ㄱ. 물 아껴쓰기 ㄴ. 음식물 쓰레기 줄이기 ㄷ. 대중교통이용하기
ㄹ. 일회용품 사용 자제하기 ㅁ. 밀가루로 그릇 닦기

✓**해설** 합성세제 대신 밀가루로 그릇 닦는 방법도 바람직하다. 그러나 밀가루에 의한 오염이 가중되어, 쌀뜨 물로 닦는 것이 더 환경보전적이다.

문 5. 다음 대류권에서 나타나는 기단(air massess)에 관한 설명 중 잘못된 것은?

ㄱ. 기단은 일정한 형태를 이루며 균질하다.
ㄴ. 온도와 수증기분포가 기단내에서는 일정하다.
ㄷ. 기단은 어디에서 어떻게 형성되었는지에 따라 그 특성이 결정된다.
ㄹ. 대륙성기단은 차가운 바다에서 형성된다.
ㅁ. 기단의 움직임과 그 내부상태 등이 오염물질의 반응, 영향, 분산 등에 큰 영향을 준다.

✓**해설** 대륙성기단은 차가운 대륙에서, 해양성기단은 차가운 바다에서 형성된다.

문 6. 다음중 대기의 자정작용이 아닌 것은?

ㄱ. 희석과 세정 ㄴ. 산화와 환원 ㄷ. 탄소동화작용
ㄹ. 광화학 작용 ㅁ. 살균과 확산

✓**해설** 광화학작용은 대기오염을 증가시킨다.

정 답 | 1. ㄹ 2. ㄴ 3. ㅁ 4. ㅁ 5. ㄹ 6. ㄹ

문 7. 대기권의 공기를 이동하게 하는 작용력은?

ㄱ. 관성력　ㄴ. 원심력　ㄷ. 중력　ㄹ. 저항력　ㅁ. 마찰력

해설 공기가 순환하는 것은 공기를 적도로 이동하게 작용하는 관성력인 코리올리 힘이다.

문 8. 다음 중 런던스모그 대기오염사건에 관여한 역전은?

ㄱ. 복사성 역전　ㄴ. 침강성 역전　ㄷ. 전성성 역전　ㄹ. 난류성 역전　ㅁ. 해풍성 역전

해설 Los Angeles 대기오염사건에 관여한 역전은 침강성 역전이다.

문 9. 대기 중에서의 적외선의 창이라 불리는 적외선 범위는?

ㄱ. 800～1,200nm　ㄴ. 2,000～4,000nm　ㄷ. 2,000～22,000nm
ㄹ. 80～120nm　ㅁ. 8,000～12,000nm

해설 CO_2와 H_2O는 8,000nm보다 짧고 12,000nm보다 긴 적외선 파장만을 흡수하는데, 이와같이 흡수되지 않은 영역을 적외선의 창이라 부른다.

문 10. 기체나 증기가 미립자 속에 녹아 들어가는 현상을 무엇이라고 하는가?

ㄱ. 흡수　ㄴ. 수착　ㄷ. 부착　ㄹ. 흡착　ㅁ. 응착

해설 수착(sorption)은 미립자가 분자를 잡아끄는 현상이다.

문 11. 다음 미립자(0.1～1μ)의 특성에 관한 설명 중 잘못된 것은?

ㄱ. 빛의 산란　ㄴ. 구름의 핵 형성　ㄷ. 대기화학반응의 촉매작용
ㄹ. 사람의 호흡기관영향　ㅁ. 집진시설로 제거가능

해설 미립자는 집진시설로 제거가 불가능함과 시간, 기후상태와 입경에 따라 독성이 크게 달라진다.

문 12. 대기환경기준분석을 위한 전국지도를 TM좌표로 하여 시료채취시 지도의 축척을 얼마로 해야 하나?

ㄱ. 1 : 1500　ㄴ. 1 : 2500　ㄷ. 1 : 5000　ㄹ. 1 : 10000　ㅁ. 1 : 25000

해설 지도의 간격은 2～3km, 만일 동심원은 0.3～2km이다.

문 13. 다음 중 이상기체의 조건이 아닌 것은?

ㄱ. 분자간의 힘은 없고 액화하지 않는다.
ㄴ. 보일-샤를법칙에 완전히 따른다.
ㄷ. 0°K에서의 기체부피는 0이다.
ㄹ. 분자간의 힘은 없고 분자크기만 있다.
ㅁ. 표준상태에서 모든 기체의 부피는 22.4L로 동일하다.

해설 분자크기, 즉 부피가 없어야 한다.

정 답 | 7. ㄱ　8. ㄱ　9. ㅁ　10. ㄱ　11. ㅁ　12. ㅁ　13. ㄹ

문 14. 다음 산화환원에 관한 설명 중 잘못된 것은?

ㄱ. 불용성 제이철(Fe(Ⅲ))이 용해성 제일철(Fe(Ⅱ))로 환원되면 철을 제거하기가 힘들다.

ㄴ. 암모니아성 질소(NH_3-N)는 토양에서 질산염이온(NO_3^-)으로 산화되어야만 식물이 동화작용하는데 필요한 질소를 얻을 수 있다.

ㄷ. 산화환원반응은 미생물에게 의해 촉매역할을 한다.

ㄹ. 박테리아는 산소분자가 유기물과 산화반응하는데 촉매역할을 한다.

ㅁ. 염소에 의한 소독은 높은 전자활동을 갖고 있어 환원역할을 한다.

✓**해설** 전자를 잃으면 즉, 높은 전자활동력을 갖고 있는 물은 환원이라고 한다. 염소, 차아염소산 나트륨, 오존, 이산화염소 등은 산화반응을 한다.

문 15. 다음 중 어떤 화학물질의 존재가 증가하면 물 속에서 철(Ⅱ)이 철(Ⅲ)로 산화되는 율이 감소하겠는가?

ㄱ. [Fe(Ⅱ)]　　ㄴ. pH　　ㄷ. $[H^+]$　　ㄹ. $[O_2]$　　ㅁ. $[OH^-]$

✓**해설** 반응속도식 : $-\dfrac{d[Fe(II)]}{dt} = K[pH][Fe(II)][O_2][OH\text{-}]_2$

∴ 감소율은 pH에 비례한다. 고로 pH $= \log\dfrac{1}{[H^+]}$ 인 바[H+]에 반비례한다.

문 16. 표준전극전위(E°)가 +0.789V일 때 환원 반-반응에서 pE°값을 구하시오

ㄱ. 0.789　　ㄴ. 1.58　　ㄷ. 5.59　　ㄹ. 12.67　　ㅁ. 13.35

✓**풀이** $pE° = \dfrac{E°}{0.0591}$ ……　　(공식) $pE° = \dfrac{+0.789}{0.0591} ≒ 13.3502538 ≒ 13.35$

문 17. $Cu^{2+} + 2e^- \rightleftarrows Cu$　　E° = + 0.337 V 일 때 pE°값은?

ㄱ. 0.337　　ㄴ. 1.97　　ㄷ. 2.97　　ㄹ. 4.30　　ㅁ. 5.70

✓**풀이** $pE° = \dfrac{+0.337}{0.0591} ≒ 5.7022 = 5.70$

문 18. 액체상태의 은이온이 형성되는데 필요한 자유에너지가 18.43×10^3cal/mole일 때 표준전극전위 값을 구하시오. (단, F = 23.060cal/v-eq)

ㄱ. 0.8　　ㄴ. 1.2　　ㄷ. 1.5　　ㄹ. 2.2　　ㅁ. 3.6

✓**풀이** $E° = \dfrac{\Delta G}{n \times F}$ ……　　(공식) $E° = \dfrac{18430\text{cal/mole}}{(1\text{eq/mole})(23060\text{cal/v-eq})} ≒ 0.7999219 ≒ 0.8$

문 19. 1몰의 암모늄이온을 질산화하는데 필요한 산소의 몰수는?

ㄱ. 1몰　　ㄴ. 2몰　　ㄷ. 3몰　　ㄹ. 4몰　　ㅁ. 5몰

정 답 | 14. ㅁ　15. ㄷ　16. ㅁ　17. ㅁ　18. ㄱ　19. ㄴ

✓해설 (질산화반응식) $NH_4^+ + 2O_2 \rightleftarrows NO_3^- + 2H^+ + H_2O$

∴ 1몰 NH_4^+은 $O_2 : NO_3 : H^+ : H_2O = 2 : 1 : 2 : 1$몰이다.

문 20. Fe(Ⅱ)가 Fe(Ⅲ)로 되는 반응에서 1전자-몰로 옳게 표현된 산화환원반응식은?

ㄱ. $Fe^{2+} + \frac{1}{4}O_2 + \frac{5}{2}H_2O \rightleftarrows Fe(OH)_3 + 2H^+$

ㄴ. $4Fe^{2+} + O_2 + 10H_2O \rightleftarrows 4Fe(OH)_3 + 8H^+$

ㄷ. $2Fe^{2+} + \frac{1}{2}O_2 + 5H_2O \rightleftarrows 2Fe(OH)_3 + 4H^+$

ㄹ. $Fe^{3+} + \frac{1}{4}O_2 + \frac{5}{2}H_2O \rightleftarrows Fe(OH)_2 + 3H^+$

ㅁ. $4Fe^{3+} + O_2 + 10H_2O \rightleftarrows 4Fe(OH)_2 + 12H^+$

✓해설 이 문제의 중요 요점은 Fe(Ⅱ)는 2가의 Fe, 즉 제1철이라는 것과 1전자-몰인 바 반드시 Fe^{2+}은 1몰 반응식이어야만 한다.

문 21. 다음 전자활동도에 관한 설명 중 틀린 것은?

ㄱ. 수용액에 존재하는 수소이온의 활동도를 나타낸 것이다.

ㄴ. 수용액에 존재하는 전자의 활동도를 나타낸 것이다.

ㄷ. 전자활동도는 그 크기가 20차원 이상으로 변한다.

ㄹ. 전자활동도가 10만큼 증가하면 전자활동도는 10이 되고, pE값은 -0.1이다.

ㅁ. 수소이온농도로 1×10^{-7}M이면 수용액중의 전자활동도는 1.0이며, pE값은 0이다.

✓해설 수소이온의 활동도는 pH, 전자의 활동도는 pE로 나타낸다. pE는 전자활동도에 음의 대수를 취한 값이다.

문 22. 다음 자유에너지에 관한 설명 중 잘못된 것은?

ㄱ. 반응시 모든 원소들이 단위활동을 하고 있을 때의 자유에너지변화는 0이다.

ㄴ. 자유에너지는 일정한 온도와 압력하에서 자발적인 반응시 발생된다.

ㄷ. 자유에너지 변화가 0인 공정을 평형상태라고 한다.

ㄹ. 수중에 있는 모든 이온물질은 자유에너지변화로 산화환원반응이 일어난다.

ㅁ. 이온강도가 10인 25℃의 순수중에 수소이온 농도는 1×10^7mole/L이다.

✓해설 이온강도가 0인 25℃에서 순수중 $[H^+]$는 1×10^{-7}M이다.

문 23. 다음 중 표면장력을 나타내는 단위를 고르시오.

ㄱ. dyne/cm ㄴ. dyne ㄷ. kg/cm^2 ㄹ. $kg \cdot m/sec^2$ ㅁ. $kg/m \cdot sec$

✓해설 표면장력은 순수일 경우 71.8dyne/cm, 비누가 함유된 물일 경우 30dyne/cm이다.

정 답 | 20. ㄱ 21. ㄱ 22. ㅁ 23. ㄱ

문 24. A + B ⇄ C + D 반응에서 A와 B의 반응물질이 각각 1mole/L이고, C와 D의 생성물질이 0.5mole/L일 때 평형상수값(K)을 구하시오.

ㄱ. 0.25　　ㄴ. 0.5　　ㄷ. 0.75　　ㄹ. 1.0　　ㅁ. 1.5

✓**해설** ① $K = \frac{[생성물질]}{[반응물질]} = \frac{\alpha^2}{[1-\alpha][1-\alpha]} = \frac{(0.5)^2}{(1-0.5)^2}$

② A + B ⇄ C + D

1-α　1-α　α　α

문 25. A + B ⇄ x + y 반응에서 A와 B가 각각 1 M이고, x와 y가 각각 0.5 M일 때 반응속도는 얼마나 감소했는가?

ㄱ. 5%　　ㄴ. 15%　　ㄷ. 25%　　ㄹ. 50%　　ㅁ. 75%

✓**해설** ① $K_1 \times 1 \times 1 = K_2 \times 0.5 \times 0.5 \therefore K_1 = 0.25K_2$

② K_1과 0.25 K_2가 평형인 바 75% 감소했다.

문 26. 밀폐용기에 HI를 넣었더니 HI가 20% 분해한 후 평형에 도달했을 때 평형상수(K)를 구하시오.

ㄱ. 0.0625　　ㄴ. 0.0875　　ㄷ. 0.125　　ㄹ. 0.250　　ㅁ. 0.455

✓**해설** ① $2HI \rightleftarrows H_2 + I_2$

1-0.2　0.2　0.2

② $K = \frac{(0.2)(0.2)}{(1-0.2)^2} = \frac{0.04}{0.64} = 0.0625$

문 27. 어떤 물질이 생성되는 동안에 그 물질 속에 축적된 열에너지를 무엇이라고 하는가?

ㄱ. 엔탈피　　ㄴ. 엔트로피　　ㄷ. 내부에너지　　ㄹ. 총열량　　ㅁ. 열용량

✓**해설** enthalphy는 압력이 일정할 때 흡수한 열량($\Delta H = C_p \cdot \Delta T$)이다.

문 28. 다음 그림에 대한 설명이 잘못된 것은?

ㄱ. 발열반응

ㄴ. a는 활성화에너지

ㄷ. 흡열반응

ㄹ. b는 반응열

ㅁ. a-b는 생성열

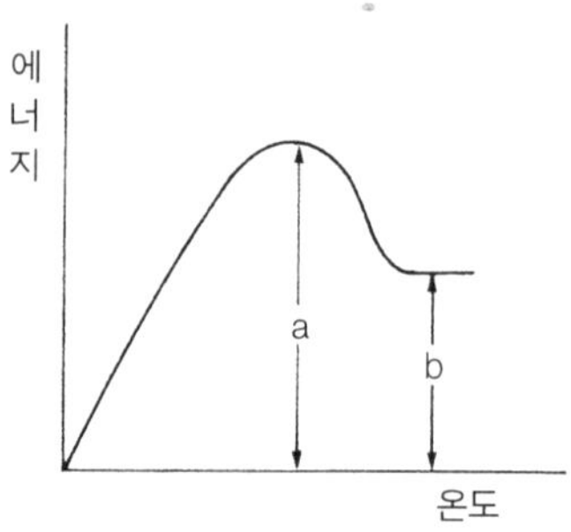

✓**해설** b > a 면 발열반응이다.

정 답 | 24. ㄹ　25. ㅁ　26. ㄱ　27. ㄱ　28. ㄱ

문 29. 묽은 황산 용액 속에 가장 많이 존재하는 물질은?

ㄱ. H^+　　ㄴ. HSO_4^-　　ㄷ. H_3O^+　　ㄹ. SO_4^{2-}　　ㅁ. HSO_3^-

해설 ① $H_2SO_4 \rightarrow H^+ + HSO_4^-$ (진한 황산반응)

$HSO_4^- \rightarrow H^+ + SO_4^{2-}$

② 실제 H_3O^+가 제일 많이 존재하고 이외에도 $H_6O_4^+$, $H_8O_5^+$이다.

문 30. 다음 화학반응이 잘못된 것을 고르시오.

ㄱ. $NaCl + CH_3COOH \rightarrow CH_3COONa + HCl$

ㄴ. $HCl + NaOH \rightarrow H_2O + NaCl$

ㄷ. $2HF + Ca(OH)_2 \rightarrow 2H_2O + CaF_2$

ㄹ. $NH_3 + HNO_3 \rightarrow NH_4NO_3$

ㅁ. $NO_2 + H_2O \rightarrow HNO_3$

해설 약산이 강산을 만들 수 없어 역반응만 일어난다.

$CH_3COONa + HCl \rightarrow CH_3COOH + NaCl$

문 31. 다음 중 수용액에서 산성염이 아닌 것은?

ㄱ. $NaHSO_4$　　ㄴ. $Ca(HSO_4)_2$　　ㄷ. Na_2HPO_4　　ㄹ. NaH_2PO_4　　ㅁ. $Ca(H_2PO_4)_2$

해설 Na_2HPO_4, Na_3PO_4는 알칼리성이다(Na수가 H보다 많기 때문).

문 32. 다음 중 복염을 고르시오.

ㄱ. $K_4Fe(CN)_6$　　ㄴ. $KAl(SO_4)_2 \cdot 12H_2O$　　ㄷ. $Cu(NH_3)_4Cl_2$

ㄹ. $KAg(CN)_2$　　ㅁ. $Ag(NH_3)_4Cl$

해설 복염은 물에 녹아서 각 성분이온이 각각 전리되는 물질로서 강산 + 약염기, 약산 + 강염기 화합물들은 물에 녹아 원래의 산과 염기로 되돌아가는 것은 가수분해이다.

문 33. 다음 중에서 가수분해되지 않는 물질은?

ㄱ. $NaCl$　　ㄴ. $CaSO_4$　　ㄷ. Na_2S　　ㄹ. $(NH_4)_2SO_4$　　ㅁ. Na_2SO_4

해설 강산 + 강염기로 생성된 염(NaCl 등)은 물에 녹으나 가수분해는 안 된다(원래 성질로 되돌아가는 것이 가수분해다).

$NaCl \rightarrow Na^+ + Cl^-$

문 34. 0.1M-HCl로 암모니아수용액을 적정할 때 가장 좋은 지시약은 어느 것인가?

ㄱ. Methyl Orange　　ㄴ. Litmus　　ㄷ. Phenolophthalein

ㄹ. Starch　　ㅁ. Methyl Blue

해설 중화액이 약산성인 바 산성범위 변색지시약을 사용해야 한다.

$HCl + NH_3 \rightarrow NH_4Cl$(약산성)

정 답 | 29. ㄷ　30. ㄱ　31. ㄷ　32. ㄴ　33. ㄱ　34. ㄱ

문 35. 다음 설명 중 잘못된 것을 고르시오.

ㄱ. 산성염, 염기성염, 정염의 분류는 액성에 의한 것이 아니고 조성에 따라 분류한다.
ㄴ. 가수분해는 물에 녹아 원래의 산과 염기로 되돌아가는 것이다.
ㄷ. 복염은 물에 녹아 성분이온이 각각 전리되어 나온다.
ㄹ. 전리도는 농도가 아주 묽고 온도가 저하되지 않을수록 감소한다.
ㅁ. 소금물을 전기분해하면 (-)극에서 H_2발생, Cl^-은 OCl^- 및 Cl_2로 된다.

해설 중성순수의 전리도가 제일 크며, 온도가 일정하면 전리도는 커진다.

문 36. 다음 중 산화-환원 반응과 무관한 것은?

ㄱ. $CH_3OH + \frac{1}{2}O_2 \rightarrow H_2O + HCHO$

ㄴ. $CH_3CHO + \frac{1}{2}O_2 \rightarrow H_2O + HCHO$

ㄷ. $KI + \frac{1}{2}Cl_2 \rightarrow KCl + \frac{1}{2}I_2$

ㄹ. $C_6H_5OH + \frac{15}{2}O_2 \rightarrow 3H_2O + 6CO_2$

ㅁ. $HCl + H_2O \rightarrow H_3O^+ + Cl^-$

해설 $HCl + H_2O \rightarrow H_3O^+ + Cl^-$반응에서 산화수 변화없이 산화 및 환원이다.

문 37. 0.2M-$KMnO_4$ 100mL로 0.5M-$FeSO_4$용액 몇 mL를 산화시킬 수 있는지 산출하시오.

ㄱ. 50　ㄴ. 100　ㄷ. 200　ㄹ. 300　ㅁ. 500

해설 ① $KMnO_4$용액은 1M은 5N이다.　$\therefore 0.2 \times 5 = 1N$

② $Fe^{2+} \xrightarrow[\text{산화}]{+1} Fe^{3+}$ 따라서 $FeSO_4$ 1M은 1N이다.　$\therefore 0.5 \times 1 = 0.5N$

③ $N \cdot V = N' \cdot V'$　$\therefore V' = \frac{1 \times 100}{0.5} = 200mL$

문 38. 전류 1암페아(A)가 1초동안 통했을 때의 전기량은?

ㄱ. 1 Coulomb　ㄴ. 1 Farady　ㄷ. 1 Volt　ㄹ. 1 kW　ㅁ. 1Ω-cm

해설 1 F(Farady)는 96,500 coulomb(쿨롱)으로 전자 6.023×10^{23}개가 갖는 전기량이다.

문 39. 다음은 축전지의 어떤 반응식인가?

$$PbSO_4 + 2e^- \rightarrow Pb + SO_4^{2-}$$

ㄱ. 음극반응　ㄴ. 양극반응　ㄷ. 방전반응　ㄹ. 충전반응　ㅁ. 산화반응

해설 음극의 방전반응식 : $Pb + SO_4^{2-} \rightarrow PbSO_4 + 2e^-$

정 답 | 35. ㄹ　36. ㅁ　37. ㄷ　38. ㄱ　39. ㄹ

문 40. 다음과 같은 반응시 HNO_3 1몰은 몇 g당량인가?

$$2HNO_3 \rightarrow H_2O + 2NO + \frac{3}{2}O_2$$

ㄱ. 1　　ㄴ. 2　　ㄷ. 3　　ㄹ.4　　ㅁ. 5

✓**해설** ① HNO_3의 N산화수 : $1 + N + (-2) \times 3 = 0$　　∴ $N = +5$
② NO의 N산화수 : $N + (-2) \times 1 = 0$　　∴ $N = +2$
③ $+5-(+2) = 3$g당량

문 41. 다음 중 KI를 I_2으로 유리해 푸른 보라색을 나타내는 산화제가 아닌 것은?

ㄱ. H_2O_2　　ㄴ. O_3　　ㄷ. Cl_2　　ㄹ. Br_2　　ㅁ. SO_2

✓**해설** $KMnO_4$의 붉은 보라색을 H_2O_2, SO_2, Fe^+로 환원(탈색)시킨다.

문 42. 다음 중 동일 전기량으로 전기분해시 석출되는 금속무게가 가장 큰 것은?

ㄱ. $ZnCl_2$　　ㄴ. $CuSO_4$　　ㄷ. $AgNO_3$　　ㄹ. $Pb(NO_3)_2$　　ㅁ. $HgCl_2$

✓**해설** ① 1 Farady의 전기량은 Ag^+ 1g당량(107g), Zn^{2+}, Cu^{2+}, Hg^{2+}, Pb^{2+}는 $\frac{1}{2}$ g당량으로 석출량은 Ag가 제일 크다.
② $Pb = \frac{207}{2} = 103.5$, $Cu = \frac{64}{2} = 32$, $Hg = \frac{201}{2} = 100.5$

문 43. 다음 화학적인 반응에 관한 설명 중 잘못된 것은?

ㄱ. 에탄과 에텐의 구별법은 브로민에 가해진 수로 결정한다.
ㄴ. 산과 알콜이 반응하면 에스테르반응이 얻어진다.
ㄷ. 비누와 합성세제는 가수분해여부로 결정한다.
ㄹ. 알콜류를 산화시키면 케톤류가 된다.
ㅁ. 발색단은 아민기를 갖는다.

✓**해설** 발색단은 아조기(-N＝N-)를 갖고 있다.

문 44. 다음 중 녹는점이 가장 낮은 화합물은?

ㄱ. CH_4　　ㄴ. CH_3OH　　ㄷ. CH_3Cl　　ㄹ. CCl_4　　ㅁ. C_2H_5OH

✓**해설** CH_3OH, CH_3Cl, C_2H_5OH처럼 극성을 내면 분자간 인력으로 녹는점이 높아지며, CH_4보다 CCl_4가 분자량이 커서 녹는점이 높다.

문 45. 페놀수용액의 액성은?

ㄱ. 중성　　ㄴ. 약산성　　ㄷ. 약알칼리성　　ㄹ. 강산성　　ㅁ. 강알칼리성

✓**해설** C_6H_5OH(페놀)수용액은 약산이며, $FeCl_3$와 정색반응을 한다.

정 답 | 40. ㄷ　41. ㅁ　42. ㄷ　43. ㅁ　44. ㄱ　45. ㄴ

문 46. 다음 중 염산에 잘 녹는 유기화합물은?

ㄱ. 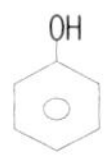
ㄴ. 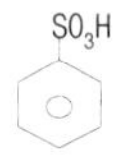
ㄷ. 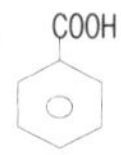
ㄹ. 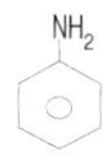
ㅁ. 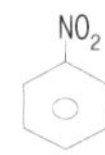

✓**해설** 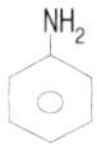는 염기성인 바 산성인 HCl에 잘 녹는다.

문 47. 중금속분석시 함유된 유기물을 분해할 때 가하는 약품들은?

ㄱ. $HCl + HNO_3$　　ㄴ. $HCl + H_2SO_4$　　ㄷ. $HNO_3 + H_2O_2$
ㄹ. $HNO_3 + H_2SO_4$　　ㅁ. $HF + H_2O_2$

✓**해설** 산농도는 1.8～3N 용액 사용한다.

문 48. 알칼리용융 유기물분해시 사용하면 안 되는 용기는?

ㄱ. 유리접시　　ㄴ. 니켈접시　　ㄷ. 백금접시　　ㄹ. 실리카접시　　ㅁ. 은접시

✓**해설** 알칼리용융시 유리접시가 깨진다.

문 49. 다음 중 흡광광도분석계로 분석이 불가능한 항목은?

ㄱ. 색도　　ㄴ. NH_3-N　　ㄷ. 유기성 질소　　ㄹ. 용해성 철　　ㅁ. 구리

✓**해설**

구분	자외선부	가시광선부	근적외선부
파장(nm)	100～400	400～600	600～800
흡수셀	석영	유리	플라스틱

문 50. 원자흡광광도법으로 분석시 공존 방해물질이 아닌 것은?

ㄱ. Cl_2　　ㄴ. Na　　ㄷ. K　　ㄹ. Al　　ㅁ. Mg

✓**해설** 할로겐족 분자와 알칼리족 금속이 방해물질이다.

문 51. 다음 중 ICP분석용 가스와 관련 없는 것은?

ㄱ. 아르곤가스　　ㄴ. 플라스마가스　　ㄷ. 운반가스　　ㄹ. 연료가스

✓**해설** ICP에 의해 분석시 연료가스는 필요없다.

문 52. 다음 중 이온 크로마토그래피법으로 분석 불가능한 항목은?

ㄱ. CN^-, NO_2^-　　ㄴ. F^-, Cl^-
ㄷ. SO_4^{2-}, PO_4^{3-}　　ㄹ. NO_2^-, NO_3^-　　ㅁ. Br^-, CH_3COO^-

✓**해설** 이온 크로마토그래피(IC)법에 의해 브로민(Br)화합물과 초산화합물(CH_3COO^-)의 분석은 불가능하다.

정 답 | 46. ㄹ　47. ㄹ　48. ㄱ　49. ㄷ　50. ㅁ　51. ㄹ　52. ㅁ

문 53. 다음 중 무질서도가 증가하는 것은?

ㄱ. 소금의 용해　　ㄴ. 기체요오드의 승화　　ㄷ. 수증기의 액화
ㄹ. 암모니아의 용해　　ㅁ. 알콜의 용해

✓해설 소금 중 나트륨(Na)은 물에 녹으면서 무질서도가 증가한다.

문 54. 18%의 소금물 400g을 증발해 320g으로 농축한 용액의 %농도는?

ㄱ. 10　　ㄴ. 15.2　　ㄷ. 17　　ㄹ. 22.5　　ㅁ. 27.5

✓해설 ① 소금량 $= 400 \times \frac{18}{100} = 72g$

② %농도 $= \frac{72}{320} \times 100 = 22.5\%$

문 55. 다음 중 이온 결합가능한 물질이 아닌 것은?

ㄱ. HCl　　ㄴ. NaCl　　ㄷ. KBr　　ㄹ. Na_2S　　ㅁ. NH_4OH

✓해설 HCl은 공유결합을 한다.

문 56. 다음 설명 중 잘못된 것은?

ㄱ. 은(Ag)이 할로겐족과 만나면 불용성 침전물이 생성된다.
ㄴ. 알데하이드기(R-CHO)화합물은 은거울반응, 펠링환원반응을 한다.
ㄷ. 염화제이철($FeCl_3$)과 페놀(C_6H_5OH)은 정색반응을 한다.
ㄹ. 지방산을 제외한 산소가 있는 유기물은 거의 요오드포름반응을 한다.
ㅁ. 염소는 환원반응을 한다.

✓해설 염소(Cl_2)는 산화작용을 한다.

$H_2O + Cl_2 \rightarrow HOCl + HCl$

$HOCl \rightarrow HCl + O$(산화작용)

문 57. 다음 중 $K_2Cr_2O_7$의 황산성용액에서 반응하는 것은?

ㄱ. HCHO　　ㄴ. R-COOH　　ㄷ. $CH_3CH_2CH_3$
ㄹ. R-O-R　　ㅁ. CH_3COOH

✓해설 ① HCHO가 산화되면 HCOOH가 된다.

② H_2S, CH_3COOH는 약산이다.

문 58. 다음 중 수용액이 산성이며 환원성 성질이 있는 것은?

ㄱ. CH_3OH　　ㄴ. HCOOH　　ㄷ. CH_3CHO
ㄹ. R-COOH　　ㅁ. C_6H_5OH

✓해설 페놀은 염기성이다. 그러나 아닐린($C_6H_5NH_2$)과 에스테르(R-COOR')는 물에 녹지 않는다.

정 답 | 53. ㄱ　54. ㄹ　55. ㄱ　56. ㅁ　57. ㄱ　58. ㄴ

문 59. NH_4Cl수용액 중에 가장 많이 존재하는 이온?

ㄱ. NH_4^+　　ㄴ. Cl^-　　ㄷ. H_3O^+　　ㄹ. OH^-　　ㅁ. H^+

해설 $NH_4Cl + H_2O \rightleftarrows NH_4OH + H^+ + Cl^-$

문 60. 대기의 자정작용과 거리가 먼 것은? 대기 환경

ㄱ. 희석　　ㄴ. 산화　　ㄷ. 탄소동화　　ㄹ. 광화학　　ㅁ. 세정

해설 광화학적 작용은 오히려 대기질을 악화시킨다.

문 61. 인체의 조혈기능장해를 일으키는 대기오염물질과 거리가 먼 것은?

ㄱ. Benzene, Phenol　　ㄴ. SO_2, NO_2　　ㄷ. HCl, Pb

ㄹ. Toluene, Aniline　　ㅁ. Hg, Cd

해설 ① 피를 만드는 기능을 벤젠, 페놀, 톨루엔이 저하시킨다.
② 적혈구 장해는 Pb이다.

문 62. 다음 스모그에 의한 식물피해가 아닌 것은?

ㄱ. 엽록 파괴　　ㄴ. 동화작용억제　　ㄷ. 생장억제

ㄹ. 효소작용저해　　ㅁ. 규소가루용해

해설 규소가루용해는 HF영향이다.

문 63. 다음 엘니뇨증후근이 잘못 설명된 것은?

ㄱ. 여름은 시원하고 비가 많다.

ㄴ. 겨울은 따뜻하고 비가 많다.

ㄷ. 장마기간이 짧다.

ㄹ. 태풍이 줄어든다.

ㅁ. 수온상승과 따뜻해진 대기가 단열상승해 일어난다.

해설 장마기간이 길어진다.

문 64. 70% HNO_3을 사용해 5% HNO_3를 조제하려면 HNO_3와 H_2O의 혼합비율은?

ㄱ. 14 : 1　　ㄴ. 13 : 1　　ㄷ. 12 : 1　　ㄹ. 11 : 1　　ㅁ. 10 : 1

해설
70 ↘ ↗ 5 - 0 = 5 ⋯ 물　　∴ $HNO_3 : H_2O = 65 : 5 = 13 : 1$
　　5
0 ↗ ↘ 70 - 5 = 65 ⋯ HNO_3

문 65. 다음 중 CFC-11은?

ㄱ. CCl_4　　ㄴ. $CHCl_3$　　ㄷ. CCl_3F　　ㄹ. $CHCl_2F$　　ㅁ. CHF_3

정 답 | 59. ㄴ　60. ㄹ　61. ㄱ　62. ㅁ　63. ㄷ　64. ㄴ　65. ㄷ

✓해설 ① CFC는 chloro fluoro carbon의 약자이며, 백의 자리 = 숫자C - 1, 십의 자리숫자 = H + 1, 일의 자리숫자 = F = 1

∴ CFC ⇒ C = 1, F = 1, H = O ∴ CCl_3F

② Halon - 2 4 0 2 0 ∴ $C_2Br_2F_4$

↓ ↓ ↓ ↓ ↓

C F Cl Br I

문 66. 다음 중 대기의 영역 중 이온층의 주요구성물질이 아닌 것은?

ㄱ. O_2^+ ㄴ. O^+ ㄷ. NO^+ ㄹ. e ㅁ. N_2

✓해설 고도 85km 이상의 열권, 즉 이온층에 주로 존재하는 물질은 O_2^+, O, O^+, NO^+, e 등이다. N_2는 200nm 이하의 자외선에 산화된 상태로 존재한다.

문 67. 다음 중 대기내 질소산화물의 측정방법이 아닌 것은?

ㄱ. 화학발광법 ㄴ. 수동살츠만법 ㄷ. 자동살츠만법

ㄹ. 야콥스-호흐 하이저법 ㅁ. 요오드화 칼륨법

✓해설 “ㅁ"은 오존측정법이다.

문 68. 다음 질소산화물의 측정에 영향을 미치는 인자로 볼 수 없는 것?

ㄱ. 흡수액의 조성과 흡수액량 ㄴ. 시약조성(NO_2^-/NO_2 비) ㄷ. 측정기의 정도

ㄹ. 흡수액의 증발 ㅁ. 시료의 채취기 성능

✓해설 NO_x 측정시 검체(sample)채취기의 성능과는 무관하다.

문 69. 대기 중에 있는 오염물질의 측정방법이 잘못 짝지워진 것은?

ㄱ. 일산화탄소의 자동연속측정법에는 비분산 적외선 분석법, 수동측정법에서는 비분산적외선분석법과 수소염이온화 검출기법이 있다.

ㄴ. 부유먼지의 측정은 하이볼륨 에어샘플러법, 로우볼륨 에어샘플러법, 광산란법, 광투과법이 있다.

ㄷ. 질소산화물의 측정은 화학발광법, 살츠만법, 야콥스 호흐하이저법이 있다.

ㄹ. 아황산가스의 측정은 파라로자닐린법, 산란법, 용액전도율법, 불꽃광도법, 자외선 형광법이 있다.

ㅁ. 오존의 측정은 윙클러아지드, 기체크로마토그래피법이 있다.

✓해설 오존은 자동연속측정법인 화학발광법과 중성 요오드화칼륨법이 있고, 수동측정방법인 중성 요오드칼륨법과 알칼리성 요오드화칼륨법이 있다.

문 70. 대기 중의 아황산가스를 측정하는 방법이 아닌 것은?

ㄱ. 파라로자닐린법 ㄴ. 산정량수동법 ㄷ. 용액전도율법

정 답 | 66. ㅁ 67. ㅁ 68. ㅁ 69. ㅁ 70. ㅁ

ㄹ. 불꽃광도법　　　　ㅁ. 화학발광법

✓해설 이 외에도 산정량반자동법, 자외선 형광법 등이 있으며, 화학발광법은 오존질소산화물측정법이다.

문 71. C_3H_8 1 Sm^3을 공기비 1.15로 완전연소시 발생되는 연소가스량은?

ㄱ. 32.94　ㄴ. 29.37　ㄷ. 25.8　ㄹ. 22.8　ㅁ. 21.82

✓해설 ① $C_3H_8 + 5O_2 + 5 \times 3.76N_2 \rightarrow 3CO_2 + 4H_2O + 5 \times 3.76N_2 + 0.15 \times \frac{5}{0.21}$

∴ 연소가스량 = 3 + 4 + 0.8 + 3.57 = 29.37 Sm^3

② m = 1.15인 바 과잉공기량 0.15에 대한 배출공기량(3.57Sm^3)을 계산한다.

③ 총 연소가스량은 = 29.37 + 3.57 = 32.94Sm^3

문 72. 광화학 스모그발생물질의 일 중 변화관계에서 개시반응에 의해 가장 먼저 peak가 상승하는 물질은?

ㄱ. NO　ㄴ. HC　ㄷ. NO_2　ㄹ. NMHC　ㅁ. O_3

✓해설 광화학 스모그의 개시반응을 햇빛에 의해 NO_2가 NO와 O로 분해되면서 NO농도가 가장 먼저 높은 peak를 나타낸다.

주요 peak의 출현 순서 : NO > NO_2 > HC > NMHC > O_3 순이다

문 73. 다음 중 용액에서 염기(base)가 아닌 것은?

ㄱ. NaOH　ㄴ. $Ca(OH)_2$　ㄷ. KOH　ㄹ. $CaSO_4$　ㅁ. NH_3

✓해설 염기는 OH^-를 갖거나 물에 녹으면 OH^-를 만든다.

문 74. 물 4L에 가성소다(NaOH) 0.8g을 용해시킬 경우 이 수용액의 pH는?

ㄱ. 2.7　ㄴ. 3.5　ㄷ. 6.5　ㄹ. 10　ㅁ. 10.7

✓해설 ① $[NaOH] = \frac{0.8g \ / \ 10g/mole}{4L} = 0.005moel/L$

② $[H^+] = \frac{10^{-14}}{5 \times 10^{-3}} = 2 \times 10^{-12}$ mole/L

③ pH = 11 − 0.3 = 10.7

문 75. 물의 경도(hardness)를 증가시키는 이온들로 짝지워진 것은?

ㄱ. Ca^{2+}, Mg^{2+}, Fe^{2+}　ㄴ. K^+, Na^+, Fe^{3+}　ㄷ. Al^{3+}, Pb^{2+}, Hg^+

ㄹ. Cl^-, NH^{4+}, CO_3^{2-}　ㅁ. Ni^{2+}, Mn^{5+}, Hg^+

✓해설 경도는 물 속에 함유된 2가의 금속원소들에 의해 지배된다.

정 답 | 71. ㄱ　72. ㄱ　73. ㄹ　74. ㅁ　75. ㄱ

02

대기환경화학

2.1 지구환경문제

2.1.1 인간과 환경

1) 인간

인간은 누구나 쾌적한 환경과 풍족한 생활조건에서 인간다운 생활을 누릴 권리가 있다. 현행 환경관련법에서도 총량규제를 규정해 놓고 지금까지의 농도규제와 함께 환경오염을 미리 예방함으로써 자연은 스스로를 아름답게 하는 나름대로의 순환과정과 파괴에 대한 일정한 한도의 치유능력인 환경친화력을 보유하고 있다. 그러나 자연의 이용과 개발의 범위를 넘은 인간의 환경파괴 행위는 급기야 생활터전마저 위태롭게 하였고, 환경위기의식을 팽배시키기에 이르렀다.

2) 환경

환경은 자연환경과 생활환경으로 나누어지며, 자연환경이란 지하 · 지표(해양 포함) 및 지상의 모든 생물과 이들을 둘러싸고 있는 비생물적인 것을 포함한 자연의 생태계를 말한다. 또한 생활환경이란 대기, 물, 폐기물, 소음 · 진동, 악취, 토양 등 사람의 일상생활과 관계되는 환경을 말한다.

3) 환경오염

환경오염은 사업활동, 기타 사람의 활동에 따라 발생되는 대기오염, 수질오염, 토양오염, 해양오염, 방사능오염, 소음 · 진동, 악취 등으로 사람의 건강이나 환경에 피해를 주는 상태를 말한다.

4) 환경보전

환경보전은 환경오염으로부터 환경을 보호하고 보존하기 위해 오염된 환경을 개선함과 동시에 쾌적한 환경의 상태를 유지 · 조성하기 위한 행위이다.

5) 환경권

환경권은 국민이 쾌적한 환경을 향유할 권리이며 공기, 물, 햇빛, 자연경관 등을 새로운 자원으로 취급하여 자유재로서 공공소유의 대상으로 한 근대 최초 시민법상 권리인 소유권이다. 따라서 인간은 이 권리를 향유할 자유가 있다.

6) 지구환경

우리의 환경문제를 세계와 연관시켜 그 중요성을 깨닫는 일은 의미있는 일이다. 예를 들면 먼저 공해규제가 그렇게 엄하지 않았던 이유로 개발도상국에 공장을 이전시킨다면 자연파괴나 공해를 확산하는 일도 되고 그 나라는 물론 세계 전체로 볼 때 바람직한 일은 아니다. 선진국의 산업이나 자동차로부터 발생한 대기오염에 의해 Green Land의 얼음에도 유해물질이 있다고 하는 것처럼 어떤 곳의 활동이 멀리 떨어진 다른 곳에도 영향을 준다. 지구가 태양계에서 생겨난 것은 45억년 전이라고 한다.

'하나뿐인 지구'라는 말이 있다. 인류의 생존 터전으로서 이 지구를 지켜야만 한다. 지금부터의 환경문제는 어느 한 국가에 국한된 문제가 아니라 전 인류가 어떻게 지구를 이용하고, 어떻게 지켜 가는지 모두 합심하여 해결해야 할 과제인 것이다. 지구의 나이는 약 45억 년이고, 인간은 200만 년 전에 출현했다고 한다. 그리고 생물권은 육지의 최대높이가 9km, 바다의 최대 깊이는 10km정도이다.

① 대기 (Air)

대기는 지구 위에 존재하는 기체상태의 가스인데, 주로 표준상태에서 산소 20.9%, 질소 78.1%, 기타(CO_2, Ar, He 등)로 구성되어 있다. 특히 공기 중의 질소는 인체에 직접적인 영향을 주지 않으나, 산소는 우리 인간을 비롯해 동물, 식물의 호흡작용에 절대적으로 있어야 할 물질이다. 공기 중 산소는 지금부터 35억 년 전에 생겼다고 한다.

우리들이 1회 호흡할 때마다 4～5%의 산소를 소비하고 탄산가스를 배출하는데, 성인일 경우 안정된 상태일 때 1일 2,500L에서 3,000L(15kg)의 산소를 필요로 한다. 산소는 생리적으로 영양소를 산화시켜서 에너지를 얻는데 사용되며, 식물의 동화작용과 공기의 이동에 의해 보충되게 된다. 다시 말하면 식물이 산소공장인 셈이다.

우리 인간의 육체를 형성하는데 있어서 절대로 없어서는 안 될 물질들은 공기, 물, 영양소 등이다. 그러므로 우리 모두는 좀더 맑은 공기, 깨끗한 물과 정온하길 원하고 있다.

② 대기오염

우리나라는 1960년대 초반부터 실시된 경제개발 5개년 계획에 의한 급진적인 발전과 공업화에 따른 압축경제성장으로 폭발적인 대도시의 인구급증과 산업시설의 대형화에 따른 에너지 대량소비 및 교통량 증가로 대기오염문제가 크게 심화되어 가고 있다.

환경오염이란 우리 국토인 자연환경이 국토의 환경용량과 자정작용을 초과해 우리의 건강, 재산, 동·식물에 피해를 주거나, 줄 우려가 있는 오염물질에 의해 환경친화력을 점점 상실한 상태를 말한다.

지구촌 식구 모두는 풍요함을 위한 경제활동에 수반되는 환경오염이란 기형발생을 크게 뉘우치고 있다. 왜냐하면 과학과 기술발전에 따른 경제성장으로 인한 인구팽창이 결국은 천연자원의 고갈과 식량부족이란 생태론적인 위기를 가속화하기 때문이다. 이러한 위기의식 속에 1972년 스웨덴의 스톡홀름(Stockholm)에서 '하나뿐인 지구'를 살려야만 한다는 위기의식을 시발점으로 세계 국민 각자들도 자연사랑에 대한 책임성을 크게 느끼고, 우리가 자발적으로 환경친화력을 향상시키기 위한 행동과 지금부터라도 생명의 공기를 지키겠다는 노력이 있어야만 한다.

③ 인간과 환경 친화

환경은 전 우주를 형성하고 있는 요소들의 총합을 말하며, 자연환경, 생활환경, 사회환경으로 구분된다. 우리 인류는 물질적 풍요만을 추구하다가, 산업혁명 이후 환경오염문제는 날로 심각해져 환경파괴 생존권에 위협을 느끼게 되었고 따라서 환경과 개발이 조화 및 친화된 지구환경관리에 서둘러 손을 쓰기에 이르렀다.

7) 인간과 환경

인간이 환경을 어떤 대상으로 보느냐는 대단히 중요하다. 왜냐하면 환경과 인간의 관계 형성에 직접적인 영향을 미칠 수 있기 때문이다. 오늘날 환경문제가 심각하게 된 환경관에 대해 알아보면 다음 4가지로 요약할 수 있다.

첫째, 환경결정론적인 생각이다. 이것은 1900년대 초기에 조성되었다가 1930년 이후 사라졌는데 인간의 생활양식이 근본적으로 자연환경의 영향을 받아 인류의 역사발전과 사회의 변천이 기후 조건에 지배받는다는 것이다. 다시 말하면 기후조건이 좋은 곳에서는 고도의 문화가 발달한다. 즉 인간을 비롯한 모든 생물은 절대적으로 환경의 영향을 받는다는 것이다. 그러므로 환경결정론적 사고는 인간의 기능과 능력에 비해서 인간 외에 생태계의 영향을 중요시하여 자연환경의 중요성을 강조함으로써 환경관리측면에서 볼 때 결과적으로 긍정적인 효과를 가져왔다.

둘째, 목적론적인 생각이다. 이것은 인간이 자연환경의 우위에 있어, 즉 모든 자연이 인간을 위해 존재하고 제어할 수 있는 능력을 갖고 있으므로 함부로 자연을 훼손해 각종 생활환경의 편리함을 얻는다는 생각이다. 그러므로 환경문제는 심각한 위기의식을 느끼게 되었으며, 자연은 점점 황폐화되고 있다.

셋째, 경제결정론적인 생각이다. 이것은 인간과 자연화경과의 관계는 근본적으로 경제원칙에 의해 결정될 수밖에 없다는 것이다. 인간과 자연환경과의 관계에서 인간의 사회적 전통이나 습관이 경제 요소에 의해서 조성되고 경제와 과학이 발전되면 될수록 인간이 자연을 효과적으로 제어할 수 있어 경제발전 과정에 따른 환경오염문제가 급속도로 가속될 수도 있다.

넷째, 생태론적인 생각이다. 이 생각은 인간을 자연환경의 한 구성요소로 보고, 인간과 자연환경이 서로 공생하면서 살기 때문에 인간은 자연을 보호하고 적절한 환경관리를 해야만 한다는 것이다. 그리고 환경과 인간의 관계를 대등하게 봄으로써 환경문제를 최대로 막을 수 있다는 가장 바람직한 환경관이어서 1970년 이후에 많은 호응을 받고 있다.

이처럼 인간과 환경과는 최근에 와서 국가나 개인을 막론하고 윤리적인 측면에서 환경에 관한 관심이 고조되어 모든 방법과 수단을 총망라해 지구 환경오염문제를 해결하려는 의지가 높다. 그러한 환경위기에 대해 인간이 공감한 것은 각종 공해현상을 발견하게 되었다는 것이고 이는 인구증가, 산업발달, 과소비, 기온상승 등으로 환경영향에 의한 생태계 파괴로 지구가 중병을 앓고 있다고 생각했기 때문이다. 따라서 사회적 · 정치적 · 경제적인 요소의 복잡한 혼합으로 환경문제를 하루 빨리 해결하려면 경제발전만이 인간행복의 근본이 아님을 깨닫고, 자연환경과 잘 어우러져 우리 후손들에게 물려줄 금수강산을 잘 보전함과 동시에 인간이 환경을 사랑하고 환경은 인간에게 필요한 자원을 공급하여 인간의 자유와 권위를 보존해 나가야 할 것이다. 그래서 환경학적으로 건전하고 지속가능한 개발이 이루어져 건강하고 쾌적한 생활환경이 유지되어야만 한다.

8) 지구 환경 문제

최근 지구 환경문제는 프레온(Freon)에 의한 오존층의 파괴, 산성 배출가스에 의한 산성비, 지구의 온난화, 사막화, 열대우림의 감소 등 여러 가지 있으나, 그 중에서도 그 영향이 가장 광범위하면서도 대책수립의 가능성이 보여지지 않는 것이 지구 온난화문제이다.

2.1.2 대기권과 오존층파괴

1) 지구의 대기권과 오존층

(1) 대기영역과 태양광선

· 지표대기 중에 존재하는 오존은 건조한 공기상태에서 부피비로 0.025ppm 정도이다.
· 대기권은 고도에 따라서 태양광선의 흡수 및 온도변화 경향으로 그림 2.1처럼 조성되었다.

(2) 태양광선

자외선은 100～400nm의 단파장이다. 원자외선은 파장이 100～200nm이고, 근자외선은 300nm 이상이다. 자외선 중 A영역은 320～400nm, B영역은 280～320nm, C영역은 200～280nm이며, Dono-ray는 자외선의 B영역을 말한다.

(3) 오존층의 형성과 자외선

햇빛의 전자파에너지는 파장이 짧을수록 높기 때문에 높은 에너지를 가진 자외선은 여러 화학물질과 작용해 변화를 일으키는데 단파장의 자외선은 기체분자와 충돌해 흡수되어 광화학반응을 일으킨다. 열권에서는 원자외선(200nm 이하)에 의해 N_2 및 O_2 분자가 각

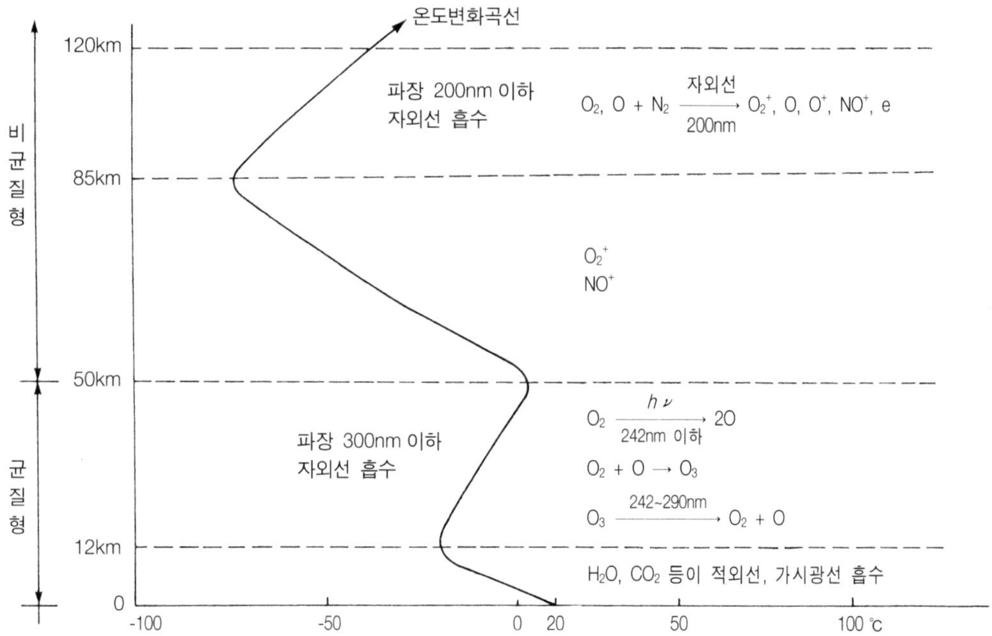

그림 2.1 대기의 영역과 온도변화, 자외선의 흡수반응물질

종 이온종류인 O_2^+, O^-, NO^+, O, e^- 등으로 변화되어 햇빛 중 원자외선이 이들 영역에서 흡수된다. 열권에서 흡수가 덜된 자외선을 재흡수하는 물질은 성층권의 O_2와 O_3이며, O_2는 240nm 이하의 자외선을, O_3는 360nm 이하의 자외선을 흡수한다.

$$O_2 \xrightarrow[240\text{nm 이하}]{h\nu} 2O$$

$$O_2 + O + M \longrightarrow O_3 + M \qquad (2\text{-}1)$$

여기서, M은 N_2, O_2 등이다.

오존(O_3)은 산소(O_2)보다 장파장을 흡수해서 O_2분자와 O원자로 해리하나 생성된 원자가 다시 상기 반응에 의해 O_3를 재생하고, 이 반응은 발열반응으로 성층권의 열원이 된다. 성층권의 오존은 상당량의 적외선을 흡수해서 지구온난화를 막기도 한다.

$$O_3 \xrightarrow[242\sim290\text{nm}]{h\nu} O_2 + O \qquad (2\text{-}2)$$

성층권의 오존층은 고도 10~40km 부근에 존재하며, O_3 농도가 가장 높은 곳은 고도 20~30km로서 농도는 10ppm 정도로 오존농도가 가장 높은 영역을 오존층이라고 한다.
오존농도는 위도와 계절에 따라 차이가 있는데 적도부근의 약 260 Dobson, 북극은 450 Dobson, 남극은 380 Dobson이다. 1 Dobson은 표준온도와 압력조건(0℃, 1기압)하에서 지상을 덮고 있는 오존 0.01mm두께에 상당하는 오존량을 말한다. 지구전체의 평균 오존량은 두께로 3mm, 300 Dobson이다. 오존은 태양광선의 파장이 300nm 이하 자외선을 차단해 지상생물을 유해한 자외선으로부터 보호해준다.

Dobson unit(돕슨 단위)은 대기 중의 오존의 양을 측정하는 단위

2) 오존층 파괴시 자외선의 증가로 생물에 미치는 영향

① ozone hole(오존층 구멍)

성층권의 오존층이 지상의 CFC 등에 의해 파괴된다.

$$Cl^- + O_3 \longrightarrow OCl^- + O_2 \qquad (2\text{-}3)$$

오존층의 5~10%가 구멍나면 지상의 자외선강도는 10~20% 증가해 피해를 주며, 오존층이 20% 파괴되면 지상의 자외선강도는 50%로 증대한다.

② 자외선 증가시 인체 영향

피부암이 증가하고, 피부의 노화촉진 및 그을음이 증가한다.

유전자본체인 DNA분자를 변화시켜서 기형아 및 암을 유발한다.

③ 자외선 증가시 동·식물 영향

생육장애로 농수산물의 수확량이 감소된다.

물 속의 동식물성 플랑크톤에 작용해서 생육저하로 생태계가 크게 파괴된다.

④ CFC(chloro fluoro carbon)의 성층권에서 기능

CFC는 무해하지만 공기의 확산(擴散)에 의해 밀려 올라가게 되는데 10년 가까이 걸리기도 한다. 프레온가스가 성층권까지 도달하면 이곳에 존재하는 오존을 프레온가스가 파괴하게 되는데, 염소원자 1개가 10만개의 오존을 파괴한다. 그래서 현재 10년 전에 비해 오존층의 오존량이 크게 줄어 1인당 연간 사용량을 0.3kg으로 규정하기에 이르렀다. 성층권에는 태양광선 에너지가 아주 높다. 그 중에서 많은 유해한 단파장의 자외선에 의해 프레온이 파괴되어 먼저 염소원자가 방출하는데, 이 염소원자가 오존과 빨리 반응하여 오존층을 파괴시킨다.

3) 오존층 파괴의 개념

(1) 오존층 파괴

오존층은 태양에서 나온 유해한 자외선을 흡수하기 때문에 지구상의 생물은 자외선으로부터의 피해를 막을 수가 있는데, 이 오존층이 파괴되어서 오존층 구멍(ozone hole)이 생기면 자외선이 지구상에 많이 쪼여 사람이 옛부터 경험하지 못했던 각종 질환이 발생하고 생태계가 붕괴된다. 지구는 지면에서 15km이내를 대류권, 15~50km를 성층권이라 한다. 성층권은 안정하여 공기가 빨리 섞이지 않는 층으로, 오존층이 존재한다.

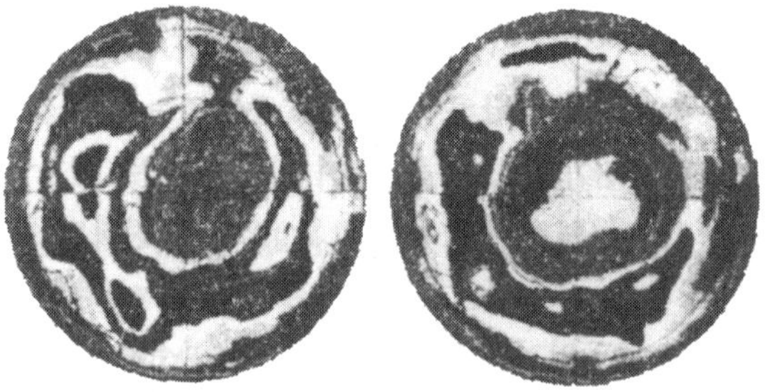

1980년
(파괴되기 전 오존층)

1987
(파괴된 후 오존층 구멍)

그림 2.2▌ O_3층 파괴 전 · 후의 모습

모든 자외선이 다 인체에 유해한 것이 아니라, 파장이 긴 β파 자외선을 쪼이면 피부의 비타민B_2의 합성을 촉진하고, 뼈조직의 성장과 유지에 도움이 된다. 그러나 파장이 짧은 자외선을 쪼이면 지표면의 생태계에 악영향을 주며, 피부암을 일으킨다. 그리고 유전자나 세포에 돌연변이 등 각종 질병을 일으키기도 한다.

대개 자외선의 흡수는 오존층의 농도에 의해 결정되나 오존층의 농도가 1% 감소하면, 지표에 도달한 자외선량은 1.4～2.5%(평균 2%) 증가한다. 그리고 자외선량이 지표에 1% 증가하면 피부암 발생률은 0.7～5%(평균 2%)인 24만 명이 증가한다. 그래서 자외선을 보호하는 피부를 가진 흑인이나 황인종보다도 백인종이 피부암에 걸리기 쉽다. 그리고 백내장이나 각막염 등 시력장애를 일으키며, 콩수확량이 20% 감소하고 멸치의 5%가 죽게 된다는 보고가 있다.

따라서 환경문제전문국제기관인 UNEP(Environment program of united nation : 유엔환경계획)가 중심이 되어서 프레온 생산과 사용량을 단계적으로 줄여가고 있으며, 1985년을 기준으로 10년 후인 1995년에는 오존층의 파괴능력이 높은 CFC-11, CFC-12, CFC-113, CFC-114, CFC-115를 50% 줄이자고 하였다. 그리고 1989년 3월 5일 오존층 보호에 관한 런던회의와 몬트리올의정서 등 국제회의에서 CFC를 20세기 중에 생산중단 시키자는 방침을 세운 바도 있다.

성층권에서는 태양광선에너지가 아주 높고, 그 중에서 많은 유해한 단파장인 자외선에 프레온이 닿으면 대류권에서는 안정한 상태로 존재하던 프레온이 점점 분해되면서 파괴되어 먼저 염소원자가 방출하는데, 이 염소원자가 오존과 쉽게 반응하여 오존층을 파괴시킨다.

① 국제 협약(오존층보호)

프레온에 의해 성층권의 오존층이 파괴되면 지상에 도달하는 자외선량이 증가하여 피부암 발생이 증가하고, 피부의 노화가 촉진된다거나 생태계가 변화해서 농산물의 생산량이 저하되고 지구가 온난화되는 등 많은 문제점들이 나타나게 되었다. 이 때문에 1985년 3월 오존층의 보호를 위한 비인조약이 채택되었으며, 1987년 9월에는 오존층을 파괴하는 물질에 관한 몬트리올의정서가 채택되었다.

② Freon Gas 및 Hallon Gas 명명

프레온은 유기할로겐 화합물이며, CH_4나 C_2H_6, C_3H_8의 수소(H) 중 1개 이상을 플루오린(F)로 치환한 화합물을 말하고, 일의 자리 숫자는 분자중의 플루오린(F)수이고, 십의 자리 숫자는 분자중의 수소(H) 수에다 1을 더한 수이며, 백의 자리 숫자는 분자중의 탄소(C) 수에 1을 뺀 것이다. 그리고 맨 뒤의 a, b, c는 에탄(C_2H_6)계 프로판(C_3H_8)계의 프레온이성체의 비대칭 정도를 나타내고 있다. 그래서 수소의 전부가 플루오린과 염소로 치환된 것을 CFC(ChloroFluoroCarbon), 수소를 함유한 것을 HCFC (Hydro CFC), 염소를 함유하지 않은 것을 HFC(HydroFluoroCarbon)이라고 한다. 현재 가장 많이 사용되고 있는 프레온은 CFC-11, CFC-12, HCFC-22, CFC-113의 4종류이다. 이들은 저독성, 난연성, 난폭발성이며, 오일 등을 적절히 용해하며, 금속이나 각종 플라스틱과 작용을 안 한다. 끓는점이 상온부근이어서 쉽게 기화 및 액화한다. 프레온 종류별 물리적 특성은 표 2.1과 같다.

㉠ Freon-114의 명명법

Freon	- 0	1	1	4
	↑	↑	↑	↑
	이중결합수	탄소수-1	수소수+1	플루오린수

· 이중결합수는 없고 탄소수는 2개인 C_2H_6계이다.

· 수소가 0인 바 H는 모두 Cl와 F원자로 치환되었다.

표 2.1 Freon별 물리적 성질

구 분	분자식	응고점(℃)	비 중	화학명
CFC-11	CCl_3F	-111	1.476@25℃	trichlorofluoromethane
CFC-12	CCl_2F_2	-158	1.311@25℃	dichlorodifluoromethane
CFC-13	$CClF_3$	-181	1.298@-30℃	chlorotrifluoromethane
HCFC-21	$CHCl_2F$	-135	1.366@25℃	dichlorofluoromethane
HCFC-22	$CHClF_2$	-160	1.194@25℃	chlorodifluoromethane
HCFC-123	CF_3CHCl_2	-107	1.426@25℃	dichlorotrifluoroethane
HCFC-161	CH_3CH_2F	-108	1.258@26℃	tetrafluoroethane
CFC-142b	CH_3CClF_2	-130.8	-	chlorodifluoroethane
CFC-112	CCl_2CCl_2F	-26	1.634@30℃	tetrachloroethane
CFC-113	CCl_2FCClF_2	-35	1.565@25℃	trichlorotrifluoroethane
CFC-114	$CClF_2CClF_2$	-94	1.456@25℃	dichlorotetrafluoroethane

▌표 2.2 각종 유기할로겐화합물의 오존층파괴기여율

물 질	분 자 식	오존층파괴기여율(%)
CFC-11	CCl_3F	25.8
CFC-12	CCl_2F_2	44.7
4염화탄소	CCl_4	7.6
CFC-113	$C_2Cl_3F_3$	11.7
메틸클로로폼	CH_3CCl_3	5.1
Halon-1301	CF_3Br	3.7
Halon-1211	CF_2ClBr	0.9
CFC-22	CHF_2Cl	0.4

㉡ Halon-2402의 명명법

Halon Gas는 Freon Gas와 다른 성분을 갖는다. 다시 말하면 수소대신에 브로민(Br)과 요오드(I)원소를 갖고 있다. 할론가스는 주로 소화제(消火劑)로 사용된다. 그리고 명명법은 프레온가스와는 다르다.

Halon	-	2	4	0	2	0	
		↑	↑	↑	↑	↑	∴ $C_2F_4Br_2$
		C수	F수	Cl수	Br수	I수	

· Halon-1301은 C = 1, F = 3, Cl = 0, Br = 1, I = 0인 바 분자식은 CF_3Br이다.

· Halon-1211은 C = 1, F = 2, Cl = 1, Br = 1, I = 0인 바 분자식은 CF_2ClBr이다.

(2) Freon Gas 및 Halon Gas

① Freon Gas

프레온(Freon)은 메탄(CH_4), 에탄(C_2H_6) 및 프로판(C_3H_8) 등의 수소원자일부나 전부가 할로겐(Hallogen)원소로 치환된 염화플루오린화탄소이다. 세계적으로 프레온을 구성한 원소의 종류에 의해 CFC(ChloroFluoroCarbon : 염소, 플루오린, 탄소로 구성), HCFC(HydrogenatedChloroFluoroCarbon : 수소, 염소, 플루오린, 탄소로 구성) HFC(HydrogenatedFluoroCabon : 수소, 플루오린, 탄소로 구성) 등으로 구분된다.

② Halon Gas

할론(Halon)은 메탄, 에탄 및 프로판의 수소원자 전부가 브로민(Br)과 플루오린(F)원소로 치환된 브로민화플루오린화탄소이다.

③ Freon Gas의 특성

프레온은 열에 대한 안전성, 불연성 금속에 대해 부식성이 없고 뛰어난 용해성, 전기 절연성을 가진 반면, 인체에 대한 독성이 낮다. 이러한 특성을 이용해서 반도체 식각

과 정밀부품의 세정, 냉장고의 냉매, 플라스틱의 발포제, 에어로졸 등의 분사제 등 여러 분야에 사용되고 있다. 프레온은 1928년 미국에서 합성된 것이 최초이지만 최근에는 전 세계적으로 연간 110만 톤이 소비되고 있다. 프레온은 47% 이상이 세정용으로 소비되며, 발포용으로 24%, 냉매용으로 18%, 에어로졸용으로 9%, 기타 2%가 사용되고 있다.

프레온은 기계 · 금속부품이나 시계 · 전자기계부품 등의 탈지 · 세정제, 세탁세정제나 용제로 이용되며, CFC-113이 제일 많이 사용된다. 백화점, 병원, 호텔, 사무소 빌딩, 극장 등의 대규모 냉방과 가정이나 자동차 등의 소규모 냉방, 냉장창고나 가정용 전기냉장고 등의 냉매로는 CFC-11, CFC-12, HCFC-22 등이 사용된다. 그리고 polyurethane, polystyrene, polyethylene 등의 plastic form의 발포제로는 CFC-11, CFC-12 등이 사용된다. 기계 · 금속부품이나 전자부품의 탈지 · 세정에는 CFC-113 외에도 CFC-113에 알코올, 아세톤, 염화메틸이나 계면활성제 등을 혼합한 세제액이 사용되고 있다.

특히 aerosol spray에는 연소, 폭발의 위험이 없어야 하는데, 프레온가스가 최적조건으로서 각종 살충제, 모발용 무스인 화장품 등에 CFC-11이나 CFC-12가 사용되고 있다.

④ Freon 대체개발

대기 중의 방출량을 감소하고, 프레온문제를 개선하기 위해서는 Freon 대체품의 개발과 이용, 사용기기의 밀폐화와 사용방법의 적정화 등으로 프레온의 배출억제, 배출가스나 폐액으로부너의 프레온 회수와 배출가스 및 폐액 속의 프레온 파괴이다. 다시 말하면 대체품개발, 배출제어기술, 회수기술과 분해기술이다.

최근 프레온의 대체품은 기계 · 금속부품이나 전자기계부품의 탈지 · 세정용으로 정밀도를 필요로 하지 않은 대형부품 등의 세정시에는 계면활성제 수용액이나 순수 등으로 대체시켰다. 그러나 정밀도를 필요로 하는 부품의 세정시는 1,1,1-trichloroethane이나 propyl alcohol의 혼합물, CFC-113과 메탄올(CH_3OH)의 혼합물 등이 사용되기도 했으나 완전히 CFC-113를 능가할 세정효능을 갖춘 대체품은 나오지 않았다.

이외에도 세탁(dry cleaning)용으로 지금까지 사용되어온 벤젠(C_6H_6), 테트라클로로에틸렌(TCE) 등으로 대체하는 기술도 개발되었으나 이 TCE도 발암성 물질로 문제가 제기되어서 1,1,1-trichloroethane으로 대체시킨 바 있다. 냉매용으로 암모니아(NH_3) 등을 사용할 경우, 프레온에 비하면 세정성능이나 금속부식성, 인체독성 등의 여러 가지 문제가 많았다.

미국에서는 He(헬륨)을 냉동차의 냉각기에 사용하였으나, 특수한 고압장치가 필요해서 HCFC-22, HFC-134a가 지금까지의 유일한 대체품이다. 그래서 현재 건축물 등의 냉방이나 냉동기용으로 HCFC-22를 사용하기도 하는데 HCFC-22는 끓는점이 약

-41℃이고, 상온에서 압력이 높고 분자량이 작아서 고무호스부분에서 배출되기 쉬워서 자동차 에어컨용으로 사용하기가 어렵다. 이 때문에 끓는점이 약 -26℃인 HFC-134a가 개발되어 각광을 받게 되었다. 그러나 HFC-134a는 자동차 에어컨의 냉매에 필요한 펌프의 윤활유와의 상용성이 낮아서 윤활유에 첨가제 폴리에틸렌글리콜을 가해 상용성을 개선하는 일들이 필요하며, HCFC-133a에 KF를 반응시켜서 HFC-134a를 제조하기도 하는데 그 반응식은 다음과 같다.

$$CF_3CH_2Cl + KF \rightarrow CF_3CH_2F + KCl \quad (2\text{-}4)$$

$$CCl_2FCClF_2 \rightarrow CClFCF_2 + Cl_2 \quad (2\text{-}5)$$

$$CClFCF_2 + H_2 \rightarrow CHFCF_2 + HCl \quad (2\text{-}6)$$

$$CHFCF_2 + HF \rightarrow CH_2FCF_3 \quad (2\text{-}7)$$

HCFC 및 HFC가 개발되었다. 수소는 음성이 강한 할로겐 원자에 비해 이온이나 라디칼(기)과 반응하기 쉽고 대류권에서 쉽게 분해하여 성층권까지 도달하지 않기 때문에 오존층 파괴의 위험이 없다. 그리고 염소도 수소도 함유하지 않은 FC(fluoro carbon)는 오존층을 파괴하지는 않을지라도 거의 난분해로 온난화 등의 문제가 되는 것으로 밝혀졌다. 앞으로 지구환경에 유해성이 낮은 프레온으로 가장 유력시되는 제품은 HCFC-22, HFC-134a, HCFC-123이다. 이들 프레온이 대류권에서 H_2O, OH에 의해 분해되는 과정은 다음과 같다.

$$CHClF_2 + H_2O \rightarrow CHF_2OH + HCl \quad (2\text{-}8)$$

$$CHF_2OH + H_2O \rightarrow HCO_2H + 2HF \quad (2\text{-}9)$$

$$CHClF_2 + OH \rightarrow CClF_2 + H_2O \quad (2\text{-}10)$$

$$CClF_2 + 2H_2O \rightarrow HCO_2 + HCl + HF \quad (2\text{-}11)$$

4) 오존층파괴 물질(Freon Gas : Halon Gas)

(1) Freon Gas

특성은 끓는점(boilng point)이 낮고, 인체의 독성이 거의 없으며 무색·무취·불연성·비폭발성 물질이다. 그리고 산 및 알칼리에 안정하고 기름에 잘 녹으며 표면장력이 작다. 성층권(지상으로부터 12～50km)에 도달은 확산 때문이며, 오존층을 파괴한다. 평균수명은 70～550년이다. 용도는 냉매, 소화제(消火劑), 발포제, 세정제, 화장품spray제 등이다. ODP(오존파괴능력)은 Halon가스가 크며, Freon가스 중에서는 CFC(ChloroFluoroCarbon : 염화플루오린화 탄소)가 가장 높다.

ODP는 Freon-11을 1.0으로 했을 때 CFC 중량당 오존(O_3)층 파괴능력으로 몬트리올의정서에 의거해서 정한다.

▌표 2.3 Freon 및 Halon 가스의 수명 및 ODP(ozone depletion potential)

물질명	끓는점(b.p)	수명(년)	ODP
CFC-11(CCl_3F)	24	71	1.0
CFC-12(CCl_2F_2)	-30	150	1.0
CFC-113(CCl_2FCClF_2)	48	117	0.8
CFC-114($CClF_2CClF_2$)	4	320	1.0
CFC-115($CClF_2CF_3$)	-39	550	0.6
Halon-1211(CF_2ClBr)	-	-	2.2~2.7
Halon-1301(CF_3Br)	-	-	11.4~13.2
Halon-2402(CF_2BrCF_2Br)	-	-	6.2
사염화탄소(CCl_4)	77	-	1.1~1.2
메틸클로로폼(CH_3CCl_3)	74	-	0.1~0.18

ODP크기순서는 $CF_3Br > CF_2BrCF_2Br > CF_2ClBr > CCl_3F > CCl_2FCClF_2$

Freon 가스는 1928년 T. Midgely가 NH_3 및 SO_2를 대신해 개발하여 1930년 Dupon회사에서 제조 및 판매하기 시작했다.

(2) Freon가스 이외의 오존층 파괴 물질

① Halon Gas

Halon 가스는 Freon 가스의 염소(Cl) 대신에 Br(브로민)이 함유되어 있는데 염소보다도 오존층 파괴력이 높다. 할론가스도 안정되고 불연성 등의 뛰어난 특성이 있어 소화제(消火劑)로 사용된다.

② 기타 물질

사염화탄소, 메틸클로로폼(CH_3CCl_3), 삼염화에틸렌($CHCl=CCl_2$), 사염화에틸렌($Cl_2C=CCl_2$) 등도 ODP가 높은 오존층파괴물질이다.

(3) 오존층 파괴 문제

① Freon Gas에 의한 오존층파괴 예측

· 프레온가스는 대류권에서 물 및 토양에 흡수되지 않으나 성층권에 확산되면 그곳의 자외선에 의해 염소원자가 방출되면서 O_3와 반응되어 파괴된다(미국 F.S.Rowland 학설).

$$CCl_3F \xrightarrow[\text{UV-c}]{\text{232nm이하}} CCl_2F + Cl\cdot \tag{2-12}$$

$$Cl\cdot + O_3 \rightarrow ClO\cdot + O_2 \tag{2-13}$$

$$ClO\cdot + \cdot O \rightarrow Cl\cdot + O_2 \tag{2-14}$$

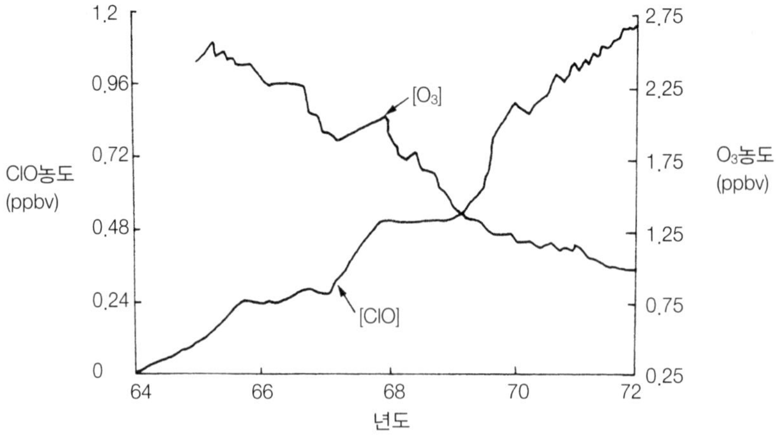

그림 2.3 ▌ O_3과 ClO농도 변화

i . 염소(Cl_2) 농도는 자연계에 0.6ppb(10^{-9}), 자연과 인위계에 4ppb(10^{-9}) 정도로 존재하고 있으며, 염소원자 1개는 약 1만개~10만개의 O_3분자를 파괴한다.

ii . 초음속 항공기의 비행에 따른 NO_x, HC에 의해 오존층이 파괴되는 것은 크게 영향이 없다고 밝혀졌다.

iii . 오존의 알짜반응 : $O + O_3 \rightarrow 2O_2$

· 남극의 오존량분포변화는 1979년 300 Dobson이던 오존이 1989년 최대 130 Dobson으로 떨어졌다. 남극에서만 주로 심한 것은 남극의 성층권은 여름철 220°K정도로서 거의 일정하나 동절기 때는 태양광선이 도달되지 20km부근에서 북극온도는 남극보다 더 따뜻해져서 어는점이 아주 일시적으로 생기며, 북극은 남극처럼 회오리바람이 정규적이질 않고 대륙풍 때문에 비정규적으로 생긴다. 그래서 190°K까지 온도가 하강하는 남극특유현상이 일어나서 수증기가 포화되어 빙적(氷滴)을 만들며, 이 빙적 중에 질산 3수화물($HNO_3 \cdot 3H_2O$)이 함유된 구름이 형성되게 된다. 이에 따라 남극의 겨울동안에는 프레온가스로부터 생성된 오존을 파괴하는 염소원자 등은 HCl이나 질산염소($ClNO_3$)와 같이 일시적으로 인정한 형태로 축적되었다가, 봄이 되어 태양광이 되돌아오면 급격하게 활성종(Cl · 라디칼)이 증가되기 때문이다.

② 오존층 파괴의 Mechanism

염소원자가 떨어져 나오는 반응기구는 다음과 같다.

$$CCl_3F \xrightarrow{232nm} CCl_2F + Cl\cdot \qquad (2\text{-}15)$$

Halon Gas와 Bromine(Br)원자가 떨어져 나오는 것은 장파장의 자외선으로도 가능해 고도가 낮은 곳에서도 다음 반응이 일어난다.

$$CF_3Br \xrightarrow{\text{장파장}} CF_3\cdot + Br\cdot \quad (2\text{-}16)$$

· 활성종이 수명을 다하면서 파괴되는 반응기구는 다음과 같다.

$$OH + NO_2 + M \rightarrow HNO_3 + M \quad (2\text{-}17)$$

$$CH_4 + Cl\cdot \rightarrow HCl + CH_3\cdot \quad (2\text{-}18)$$

$$NO_2 + ClO\cdot + M \rightarrow ClNO_3 + M \quad (2\text{-}19)$$

$$NO_2 + BrO + M \rightarrow BrNO_3 + M \quad (2\text{-}20)$$

· 상기 반응에서 OH, CH_4, NO_2는 오존층파괴물질을 제거하는 물질이며, HNO_3, HCl, $ClNO_3$, $BrNO_3$는 더 이상 오존층을 파괴하지 않고 하부층으로 확산해 대류권의 비에 씻겨서 지상으로 떨어진다. 그리고 성층권에 잔존한 일부 비활성물질은 열 및 자외선에 의해 다시 활성물질로 방출할 수 있는 활성종 저장물질로 존재한다.

· 메탄(CH_4)은 오존층보호물질이며, 성층권에서 메탄증기는 염소와 반응하기 때문에 오존농도를 일정하게 유지할 수가 있다.

$$CH_4 + Cl\cdot \rightarrow CH_3\cdot + HCl\downarrow \quad (2\text{-}21)$$

· 다음 반응은 중·저위도에서 일어나는 반응으로 중·저위도에서도 오존층이 파괴될 수 있음을 보여주고 있다.

$$HNO_3 \xrightarrow{\text{자외선}} \cdot OH + NO_2 \quad (2\text{-}22)$$

$$\cdot OH + HNO_3 \rightarrow H_2O + NO_3 \quad (2\text{-}23)$$

$$\cdot OH + HCl \rightarrow H_2O + Cl\cdot \quad (2\text{-}24)$$

$$ClNO_3 \xrightarrow{\text{자외선}} Cl\cdot + NO_3\cdot \quad (2\text{-}25)$$

$$BrNO_3 \xrightarrow{\text{자외선}} Br\cdot + NO_3\cdot \quad (2\text{-}26)$$

(4) 오존층 파괴 대책

① 대체 Freon Gas 개발

CFC 및 Halon 가스를 HFC 및 HCFC로 대체시키는데 이들은 수소를 포함하고 있어서 대류권에서 분해가능하고, 염소원소가 없이 HFC는 오존층을 파괴하지 않는다.

· HFC(Hydro Fluoro Carbon)는 CH_2F_2, CHF_2CF_3, CHF_2CHF_2 등이다.

· HCFC(Hydro Chloro Fluoro Carbon)는 $CHClF_2$, $CHCl_2F_3$, $CHCl_2F_3$, $CHClFCF_3$ 등이다.

프레온가스를 완전회수 및 재이용 가능한 폐쇄시스템개발, 순환재이용기술개발 등을 한다.

▶ HCFC는 대류권에서 쉽게 분해되어 ODP(ozone depletion potential)가 CFC-11보다 0.1~0.05 정도이다.

② HFC 및 HCFC의 개발시 문제점

NO_x, CH_4보다 온실효과를 적게 나타내지만 온실효과기체로 작용한다. CFC-12가 온실효과지수(GHP : green house potential)를 1.0으로 할 때 HCFC는 0.1~0.3 정도 이상이다(HFC는 0임). HF를 생성하면 HF는 Si(규소)의 부식성이 강해서 문제를 일으킨다. 가열성인 바 연소시 HF, HCl, $COCl_2$ 등 유독성 가스를 발생시킬 가능성이 있다. 대기 중에서 다른 오염물질과 2차 반응에 의해 새로운 독성물질을 생성한다. 오존층 파괴능력은 작지만 대량사용시 또다시 오존층파괴문제로 대두될 수 있다.

(5) 오존층보호

① 최대 오존층파괴 물질인 N_2O를 완전 폐쇄한다.

N_2O(일산화이질소)는 미생물에 의한 유기물분해시 발생된다. N_2O의 NO_x 촉매역할로 O_3를 분해하는 실측값은 성층권의 이론적인 오존값의 최대 절반값이다. N_2O와 NO_2는 산소원자를 소비해 NO를 만들고 NO는 O_3를 분해하는 촉매제로 작용한다. NO_x는 줄지 않고 오존만 감소하게 된다.

$$N_2O + O_2 \rightarrow 2NO + O\cdot \qquad (2\text{-}27)$$

$$NO + O_3 \rightarrow NO_2 + O_2 \qquad (2\text{-}28)$$

성층권의 NO 및 NO_x는 수산기($\cdot$OH)와 작용해 HNO_2와 HNO_3로서 제거되나 미생물 분해로 자동차, 자연계 등에서 계속 N_2O를 공급해 준다.

② 대류권의 오존

대류권(지상으로부터 12 km 이하)의 오존은 수산기(또는 히드록시라디칼 : -OH)를 생성한다.

표 2.4 대체 Freon의 구조와 환경 영향

구 분	구 조 식	끓는점(℃)	ODP	GHP
HCFC-22	$CHClF_2$	-40.8	0.05	0.07
HCFC-123	$CHCl_2CF_3$	27.5	0.05 이상	0.1 이상
HCFC-124	$CHClFCF_3$	-12	0.05 이상	0.1 이상
HCFC-132b	$CH_2ClCClF_2$	46.8	0.05 이상	0.1 이상
HCFC-133a	CH_2ClCF_3	6.1	0.05 이상	0.1 이상
HFC-134a	CH_2FCF_3	-26.3	0	0.3 이상
HCFC-141a	CH_3CCl_2F	32	0.05 이상	0.1 이상
HCFC-142a	CH_3CClF_2	-9.2	0.05 이상	0.2 이상
HFC-152a	CH_3CHF_2	-24.9	0	0.1 이상
HCFC-225ca	$CF_3CF_2CHCl_2$	51.1	0.1 이상	-
HCFC-225cb	$CClF_2CF_2CHClF$	56.1	0.1 이상	-
HFC-255	$CF_3CF_2CH_2OH$	80.1	0	-

O_3 + 자외선($h\nu$) → O_2 + O · (2-29)

H_2O + O · → 2HO · (2-30)

상기 OH · 라디칼은 CH_4, CO의 방출로 제거되는 OH · 라디칼을 보충해 주는 중요한 역할을 한다. 즉, 대기 중 HO · 라디칼의 결핍은 대기자정능력을 감소시키기 때문이다.

③ 성층권(지상으로부터 12～50km)하부의 오존

비교적 높은 농도의 오존은 태양에서 나온 복사선보다 대기를 떠다니는 복사선을 상대적으로 더 많이 흡수하는 경향이 있는데, 오존층의 오존이 파괴되면 결국 온실효과가 감소될 수도 있다. 지상으로부터 30km 정도의 오존농도 실측값은 이론값의 절반 정도이다. 플루오린(F)원자는 오존과 반응하지 않는다. 왜냐하면 HF와 FCO(플루오린화 카르보닐)로 되기 쉬워 이들 물질은 안정해서 분해되지 않기 때문에 오존층 파괴에 관여하지 않는다.

지상의 자연림 성장감퇴는 오존층파괴로 인한 자외선 UV-B가 증가해 대류권의 유해성 오존이 증가하기 때문이다.

(6) ODP와 GHP

CFC-11를 1.0으로 한 오존층 파괴력의 질량당 추정값을 ODP(ozone depletion potential)라 하며, CFC-12를 1.0으로 한 온실효과의 질량당 추정값을 GHP(green house potential)이라고 한다. 각 프레온 물질별 ODP와 GHP를 표 2.4에 나타냈다.

2.1.3 지구온난화(Global Warming)

1) 온실효과(green house effect)

지구는 춥지도 덥지도 않아 사람이 거주하기에 알맞다. 생명유지가 가능한 최적온도를 유지하는 이유는 대기(air)라고 하는 아주 우수한 온도조절기능을 갖는 CO_2 층이 지표를 보호하고 있기 때문이다.

태양에서 지구에 비추는 빛은 적외선, 가시광선, 자외선 등이며 짧은 파장의 빛과 도중에 구름 등에 의해 반사되는 것을 제외하면 그 절반 이상이 대기층을 통과해 지표에 도달한다. 지상은 이 빛에 의해 따뜻해지고, 적외선은 방사열이 되어서 우주로 나간다. 그러나 거의 대부분은 수증기가 흡수해서 우주에 나가기 전에 대기층 내에 남는다. 지구의 온도는 태양열로 지구에 들어오는 열과 방사열로 나가는 열과의 균형에 의해 결정된다.

지구와 태양 사이의 대기권에 의해 우주로의 장파방사가 감소하는 것을 온실화라고 말한다. 온실화에 의해 지표의 장파방사 일부가 물, CO_2, 눈 등에 흡수되며, 지표면의 아래

쪽에 재방사되는 것에 의해서 지표면은 아주 높은 온도를 유지할 수 있다. 온실효과로 인하여 지구와 대기는 함께 동일량의 방사량을 우주에 방출하여서 지구의 평균 지표온도는 온실처럼 높아진다.

(1) 지구온난화와 온실효과

지구온난화(Global Warming)는 인간의 활동에 유래한 온실효과가스가 대기 중에 급격히 증가하여 이들 가스가 적외선을 잘 흡수해서 그 결과 온실효과에 의한 지표온도 상승으로 된다. 이 결과로 인하여 인류가 지구환경 전체의 변동을 위기상태로 몰아가고 있다. 지구온난화에 직접 영향을 미치는 성분으로 중요한 것은 탄산가스(CO_2), 메탄(CH_4), 염화플루오린화탄소(CFCs), 일산화이질소(N_2O), 오존(O_3) 등이다. 지금까지 인류의 활동에 의한 온실효과가스(greenhouse effect gas) 중에서 CO_2 농도는 산업혁명 이전에 비해 약 50% 증가했으며, 2050년에는 약 두 배가 될 것으로 예상하고 있다.

지구의 온난화는 온실효과(greenhouse effect)에 의한 것이다. 지구의 온난화는 우주로 나오는 방사열이 적어서 온도가 상승하는 현상을 말한다. 즉 우주로 방출되지 않고 대기 내에 갇혀진 열에 의해 지구가 따뜻하게 되는 현상을 온실효과라고 한다.

(2) 지구온난화 유발물질

지구 온난화에 직접 기여하는 대기오염물질성분은 CO_2, CH_4, SF_6, HFC, CFCs, N_2O 등이다. CO_2는 산업혁명 이전에 비해 약 50% 증가했고, 2050년에는 약 두배가 될 것으로 예상되고 있다.

1990년 IPCC 보고서에 의하면 지구온난화에 대한 온실효과가스의 기여도는 CO_2 49%, CH_4 18%, N_2O 6%, CFC-11와 CFC-12 14%와 기타 13%이다. 그리고 CO_2에 발생원별 배출량은 86%(고체 36%, 액체 36%, 천연가스 14%)가 석유 · 석탄 · 천연가스인 화석에너지의 연소시 발생한 것으로 지구 온난화는 에너지와 밀접한 관계가 있다.

그리고 최근 우리들에게 경각심을 가져다 준 온실효과가스 영향은 다음과 같다.

- 인간의 활동에 유래하고 있는 온실효과가스가 대기 중에서 최근 현저하게 증가했다.
- 온실효과가스가 많아지면 적외선을 잘 흡수해서 그 결과 온실효과에 의한 지표온도의 상승이 예상된다.
- 인류가 당장 지구환경 전체의 변동으로 위협당하고 있다는 것 등이다.

(3) 온실효과 기여물질

온실효과가스 중에 크게 기여하는 물질은 CO_2로서 기여도는 1880~1980년 동안 대기 중의 CO_2 농도 증가로 지구온난화에 70%정도 기여했고, 1980~1990년까지 온난화의 약 50%를 기여했다고 미국의 정부간행물에 보고된 바 있다.

메탄은 온실효과 기여도 2위 물질로 대기중 농도는 1.2~1.7ppm(10^{-6})이다. 기여도는 1880~1980년 동안 15%, 1980~1990년까지는 약 19%이다. 이외에도 온실효과가스인 N_2O와 CFCs, HFC의 할로겐탄화수소가 있는데 N_2O의 기여율은 3%에서 5%, CFCs는 14%에서 18%로 증가되었다. 에너지 소비에 의한 온실가스의 농도가 산업혁명 이후 수준으로 증가된다면 평균기온은 10년간 약 0.3℃씩 상승하고, 2050년까지는 현재보다 약 1℃, 21C 말까지는 약 3℃상승, 바닷물 수위는 10년간 약 6cm씩의 속도로 상승하고 2030년에는 약 20cm, 21세기말에는 약 65cm 상승된다고 예측하고 있다. 그러나 최근 온실효과가스농도를 현재 수준으로 안정화시키기 때문에 이러한 상승효과는 달라질 수도 있다. 따라서 온실효과를 증대시키는 가스가 대기권에 증가한다면 이 균형이 붕괴될 수 있다. 이러한 기체를 온실효과가스라고 하며, 온실효과가스의 대기권 농도가 높게 되면, 방사에너지의 균형이 변화하고 이것이 지표와 저대기권의 온도를 상승시킴과 동시에 높은 대기권의 온도를 저하시키는 원인이 된다. 도시는 포장도로처럼 열을 함유한 구조물들이 많고, 각종 연료사용 등으로 열방출량이 많기 때문에 농촌에 비해 기온이 높기 마련이다. 이처럼 도심지가 교외보다 기온차가 1~2℃, 최대 6~7℃로 고온지대가 형성되는 현상을 열섬효과(heat island effect)라고 한다. 난방 열에 의한 인공열이 더해지는 겨울철의 밤에는 주변 교외지역과 더 큰 기온차가 나타난다. 이러한 도시열심은 여름절에 특히 발생하며 심한 불쾌함과 도시 스모그 현상을 가중시킨다.

온실효과현상을 촉진하는 데는 탄산가스(CO_2), 프레온가스(CFCs)가 최근 주목을 받게 되었다. 특히 탄산가스는 적외선을 흡수하는 일을 하여서 열이 우주로 방출되는 것을 막으므로 대기온도가 상승할 수밖에 없다. 마치 온실의 유리와 흡사한 양상을 갖고 있으며, 이때 탄산가스를 온실효과가스라고 한다.

온실효과가스의 주범은 탄산가스인데 주로, 인간의 경제활동시 발생되며, 탄산가스는 일단 대기 중에 방출되면 얼마 안 가서 식물의 광합성이나 지표수, 해수 중에 흡수 용해되어 소멸되기도 한다. 겨울철에 낙엽이 떨어져 부패하거나 식물 및 삼림도 야간에는 탄산가스를 방출하므로 지구상의 탄산가스는 자연순화, 즉 방출과 흡수의 균형을 유지한다.

최근 인간활동에 의한 탄산가스 방출량이 가속적으로 상승해서 자연생태계가 파괴됐다고 하는데, 그 이유는 원시림과 대규모 열대우림이 파괴되면서 탄산가스의 흡수원이 줄어들었기 때문이다. 온실효과가스의 대기권 농도가 높게 되면 방사에너지의 균형이 변화하여 이것이 지표와 저대기권의 온도를 상승시킴과 동시에 고대기권의 온도를 저하시킨다.

탄산가스농도가 산업혁명 이전의 농도값에 두 배가 될 경우, 지구연간 평균지표온도를 1.5~4.5℃ 상승시켜 방사에너지의 이동에 의해 온도변화를 증폭시키거나 축소시키는 기후시스템에 중요한 피드백(feed back) 효과에 불확실성이 나타난다.

(4) 지구온난화의 영향

지구온난화가스 증가에 의한 영향은 기온의 상승에 따른 기후변동, 해면상승 등으로 지구환경에 커다란 변화를 초래한다. 기후변동과 인구 증가에 따른 식량문제 등 개발도상국에는 사회경제적 영향이 클 것으로 예상된다. 그리고 기온변동의 영향은 인구의 증대로 이미 많은 문제점을 안고 있는 개발도상국에서 가장 심각하다. 온실효과가스의 배출량 증대, 기후변동, 환경상의 영향, 사회경제적 영향에는 시간적 제약이 있으나, 이것이 짧을수록 대응이 곤란해 사회경제에 미치는 영향은 막대할 것으로 본다.

지구온난화 유발물질인 탄산가스(CO_2) 이외에도 프레온가스(CFCs), 대류권가스인 광학스모그, 메탄(CH_4), 일산화이질소(N_2O) 등이 합하면 탄산가스와 똑같은 온도상승을 일으킨다고 발표했다. 또한 지구의 평균온도가 1.5～4.5℃ 상승한다면 지구상에 대변화가 일어난다. 왜냐하면 온난화로 남극이나 북극의 얼음이 녹아서 해면이 올라가기 때문이다. 즉, 해수가 팽창하면 바닷물의 수면이 260～1650 mm로 상승된다.

만일 지구의 평균온도가 상승하게 되면 지구사에는 다음과 같은 변혁이 일어난다. 빙하가 녹아서 바닷물 수면이 올라가면 남태평양의 섬나라들이 수몰된다. 그리고 농경작지대의 이동으로 농산무역이 두드러진 새로운 국제 다자간 마찰분쟁이 생길 가능성도 배제할 수 없다. 또 이상기상으로 온난화에 의한 기온이나 바닷물의 온도상승에 의해 대기와 바다의 균형이 깨져 수분의 증발량이나 기류에 영향을 주어 또 다른 이상기상을 야기시킨다. 그리고 해충과 질병의 발생, 지구 평균온도의 상승에 의해 병충해의 월동이 용이하게 되나 반대로 농작물이나 인간·동물의 월동이 용이하지 않고 농작물이나 인간·동물의 질병발생건수도 증가되게 된다.

CO_2 농도 증가에 따른 지구온난화현상은 지구의 기상이변, 강수량 변화, 바닷물 수면상승, 농작물피해, 사막화 등 여러 가지 문제점을 일으킨다.

① 탄소세 제도

탄소세(carbon charge)는 화석연료 사용에 따른 CO_2 배출에 과세하고, 경제적 가격을 부담시켜서 CO_2의 배출억제를 실현하고자 한다. 실질적인 억제효과를 갖기 위해서는 세율을 어느 정도 높여 설정할 필요가 있으며, 한 나라 단독으로 도입한 경우는 산업의 국제경쟁력이 저하하는 등 문제로 지적되고 있다. 그러나 직접규제조치에 비해 경제적인 악영향이 적으며, 배출억제대책을 추진하기 위한 재원을 확보하는 등 장점을 갖고 있다.

구주 각국이 탄소세 도입시기, 과세대상 및 세율을 재검토하고 있다. 가장 세율이 높은 스웨덴의 경우 가솔린(gasoline)의 탄소가스 배출량 1kg당 약 57원 정도의 과세액을 부담하고 있다. 탄소세는 궁극적으로 총탄소배출량을 줄여 환경오염을 사전에 방지하자는 것이다. 탄소세 도입의 과제는 다음과 같다.

- 현재 과세에 대한 잘못된 문제이다. 각종 세금도입과 새로운 세제를 추가해도 만족할 만한 인센티브가 있어야만 한다. 일본의 경우 화석연료에 대한 현행 과세를 탄소세로 환산하고 석유로서 탄소 1 ton당 6,000원이지만 석탄은 0이다.
- 소득배분의 영향이다. 탄소세는 제반 저소득 계층에 과중부담을 준다. Poterba분석에 의하면 탄소 1 ton당 100불을 과세했을 경우 미국의 부유한 계층은 소득의 1～2% 정도 부담으로 가볍지만 빈곤계층에서는 10% 정도로 높게 부담됨을 알 수가 있다.
- 세금의 환수문제이다. 탄소세에 의한 세수는 증가될 가능성이 있고, 이 세원의 용도에는 신중한 검토를 요한다. 예를 들면 유럽 국가들은 원유환산 1배럴당 800원으로 책정해 두고 있으며, 일본의 경우도 탄소 1톤당 8,000원, 즉 가솔린 1L당 72원 정도인 탄소세로 GNP의 1% 이상인 환수가 예상된다.

② 탄산가스 제어기술

- 최근 장래 CO_2 예측 결과가 나타내고 있듯이 CO_2 배출량의 억제를 위해서 산업별 탄소배출원 단위를 줄이는 것이 가장 중요하다. 그리고 CO_2를 회수하는 기술이나 부산물로서 생산하는 이론적인 방법이 개발되고 있다. 그리고 현재 논의되고 있는 방법을 실제 적용하는 데는 엄청난 비용이 들게 되어 비경제적인 수준으로 남게 될지도 모른다. 그러나 장기적인 관점에서 보면 미래의 지구온난화를 근본적으로 해결하기 위해서는 CO_2배출저감을 위한 혁신적인 기술개발에 착수해야만 한다.
- 현재 내규모적인 CO_2회수와 제어하는 기술제안 중 한국전력회사에서 관심이 높은 것은 화력발전소에서 CO_2를 아민(amine)으로 회수하는 것이다. 이것은 단순히 배출가스를 아민용제에 통과시켜 저온에서 흡수해 회수한다. 그리고 CO_2를 가압액화하고 바다에 돌려보내는 방법이다. 1984년에 발표된 최초 기술이며, 액화한 CO_2를 깊이 500m 정도의 깊은 바다에 폐기하다가 현재는 3,000m 정도 깊이에 폐기하는 안이 검토되고 있다.
- 아민 회수공법에는 이외에도 흡착 CO_2 회수 안으로 화석연료의 연소로부터 배출된 가스 중 CO_2를 분리해 회수할 때 대량의 에너지를 필요로 한다.

(5) 지구온난화의 방지대책

온난화의 방지대책으로는 온실효과가스 중 가장 영향력이 큰 탄산가스의 발생을 억제하는 것이다. 탄산가스는 연료를 태우면 배출되므로 에너지의 생산이나 이용효율을 높이는 일이나 똑같은 열량이라도 탄산가스를 다량으로 배출하는 석탄의 사용을 금지하고, 탄산가스의 발생이 적은 천연가스 등의 청정연료로 하루 속히 대체하여야 한다.

그리고 탄산가스의 총배출량을 감소하기 위해 수력발전소, 원자력발전소의 비율을 증대시켜 나가야만 하겠다.

지구온난화대책은 국제적 동향으로 볼 때 경제적 수단의 적극적인 정책으로 탄소세, 부과세의 과징금제도, 보조금제도와 오염권의 판매제도가 있다.

과징금제도는 과세제도로서 오염물질의 증가에 의한 환경파괴 등 외부비용 증가에 따른 상당금액을 과징금으로 부과시킨다. 이처럼 기업은 생산비용을 최소화시키기 위해 오염물질의 배출량을 삭감시키는 생산요소의 대체, 오염물질 배출방지를 위한 투자나 기술개발을 촉진해야 한다. 과징금에 의해 단기적으로 기업의 한계비용은 상승하는데 산업 전체의 생산량은 감소하고, 다시 장기적으로는 기업의 평균비용이 상승하기 때문에 이윤을 높일 수 없는 기업은 산업장에서 배출될 수밖에 없는 전반적인 오염물질의 총배출량을 감소시킬 수 없게 되었기에 과징금으로 대체.

① 보조금제도

보조금제도는 기업에서 배출된 환경오염물질을 감소시키기 위해 정부가 일량단위의 부하량 삭감에 의한 외부비용의 감소분에 상당한 금액을 보조금으로 지급한다. 단기적으로는 과징금과 똑같은 효과가 있으나 장기적으로는 신규기업의 참여로 산업 전체의 오염물질 총배출량이 증가할 가능성과 보조금의 재원조달문제도 있다.

② 오염 물질 배출권 제도

오염물질 배출권 제도는 eco-right system이라고도 말하며, 지구환경문제에 대처할 신선한 방법으로서 CO_2 등 오염물질의 최적배출량을 구해 이 값에 대응한 배출권을 발행한다. 그래서 배출권 시장을 창설해서 일정한 기간 오염물질을 배출하는 권리를 판매한다. 기업은 구입한 배출권의 범위내에서 오염물질을 배출하는 권리를 부여받는다. 국제기관이나 각국 정부는 배출권의 발행규모를 조작해서 오염물질량을 총량적으로 억제하도록 함으로써 전 지구적인 환경친화력을 증대시키자는 것이다. 그리고 대기업에게 환경권을 많이 분배하고 배출량을 일정한 수준으로 억제한다면 가장 효율적으로 오염물질을 줄일 수 있는 제도이며, 경제주체에 따른 오염물질 배출권의 분배가 이루어지게 된다.

2) 지구온난화 가스

(1) 개요

지구온난화가스는 가시광선을 투과하나 적외선을 잘 흡수하는 광화학적인 성질을 가진 기체이다. CO_2, CH_4, Freon Gas, Halon Gas, N_2O, CO, NO_2, SO_2 등이 지구온난화 및 생태계파괴의 원인물질이다. CO_2가 최대 지구온난화 유발 물질이고 CO_2 최대배출원은 해양, 식물호흡순이며, 그 순서는 다음과 같다.

- 배출원순위는 해양 및 용액으로부터 기화 > Biomass 호흡 > 화석연료의 연소
- CO_2 배출구 순위는 해양 (100) > 광합성(35)

▶ 공기 중의 N_2, O_2, Ar 등은 적외선을 흡수하는 성질이 없어 온실효과기체가 아니다.

(2) 온실기체(GHG : green house gas)의 주배출시설

CH_4는 호수, 늪, 논, 하천 등 물 속의 유기물발효, 동물의 장내 발효 등에 의해서 증가되는가 하면 폐기물, 농축산물의 증가도 원인이 된다(대류권의 CH_4농도 : 1.7ppm 정도).

N_2O는 바다, 토양 속 미생물의 시체나 배출물이 분해될 때 발생하며, 질소 비료를 대량 사용할 때도 발생된다(대류권의 N_2O농도 : 3ppm).

CO_2는 현 370ppm에서 600ppm으로 증가시 기온상승 및 강수량 변화는 다음과 같다.

- 기온은 지구 전체가 평균 4～5.2℃로 상승한다.
- 강우량이 10% 정도로 증가한다.
- 해면이 20～120cm 상승한다.
- 온실효과 유발율은 수증기 > CO_2(55%) > 프레온가스 (20%) > CH_4(15%) > N_2O(6%) > 기타(4%)

CO_2가 12～18μm의 장파장적외선을 흡수한다. CO_2와 H_2O(수증기)는 8,000nm보다 짧고 12,000μm보다 긴 적외선을 흡수한다. 최근 오존층파괴 물질인 HCFCs와 지구온난화 유발물질인 O_3, CH_4, N_2O가 대기의 창을 가로막는 역할을 담당하고 있어 지구온난화를 가속시키고 있다.

- 대기의 창 : CO_2와 수증기는 8,000nm보다 짧고, 12,000nm보다 긴 적외선 파장만을 흡수하는데 CO_2와 수증기가 흡수하지 못하는 파장영역(8,000~12,000nm)을 대기의 창이라 하며, 회로 CH_4, N_2O, HCFCs 등이 대기의 창의 파장을 흡수하는 물질로 분류하고 있다.

- CFM(Chloro Fluoro Methane)은 $CFCl_3$, CF_2Cl_2가 대표적이며, 이 물질들을 대기창(air window)의 적외선을 흡수한다. CFM 2ppm이면 지구온도는 1℃ 상승한다.

(3) CH_4(메탄)영향

직접적인 영향은 대류권에서 적외선을 직접 흡수한다. 간접적인 영향은 CH_4이 HO · 인자유라디칼의 개시반응에 의해서 대기 중으로부터 제거되면서 또 다른 온실기체인 CO_2와 수증기를 만든다.

(4) GCM(General Circulation Model : 기후 일반순환모델)

GCM은 온실가스의 증가에 따른 기후변화로서 장차 발생될 지구기후에 대한 경향을 나타낸 모델이다. 피드백(Feed back) 효과는 대기 중에 온실가스 누적 속도가 증가해 예상되는 기온 상승효과이며, 다음과 같은 현상이 예측된다.

- 온도상승으로 더 많은 수증기가 발생한다.
- 툰드라지대의 토양에 얼어 있던 CH_4가 방출한다.

· 고온 바닷물에서 CO_2 용해도가 감소한다.
· 토양미생물의 활동증가로 빠른 유기물질분해에 따른 CO_2방출량이 증가한다.

따라서 지구온난화가 개시되면 기후변화속도가 외부 영향 없이도 가속화될 수 있다는 가설이다.

3) 엘니뇨(El niño)현상

(1) 엘니뇨의 정의

엘니뇨는 태평양 적도부근의 해수면 온도가 비정상적으로 상승하면서 주변지역에 가뭄, 홍수, 폭풍, 이상기온을 몰고 오는 현상을 말한다. 이때 해수면온도는 평균 2~3℃, 최고 8~10℃가 급상승하여 적도의 해수면과 불안정한 대기가 상호 작용하여서 발생하게 된다. 이 외에도 해저 화산폭발이나 태양의 흑점설도 있지만 가능성이 적다. 일반적으로 엘니뇨는 9월부터 다음해 3월까지 계속되며, 적도 부근의 해류 방향은 물론 지구 전체의 기후변화를 일으킨다. 엘니뇨가 나타나는 주기는 약 3~4년이며, 주로 호주, 인도네시아 등이며, 태평양 서쪽에는 가뭄을, 미국 서부지역에는 폭우를 나타내고, 동북아시아지역에는 여름철 저온, 겨울철 온난화 현상을 나타낼 수도 있다.

(2) 엘니뇨의 피해

엘니뇨가 심해지면 간접적 및 직접적인 피해가 심하다. 주로 기상이변과 농수산물파동, 국제시장의 농수산물 가격상승으로 식량의 수입에 따른 경제가 전반적으로 막대한 영향을 받는다. 엘니뇨는 농작물의 수확뿐만 아니라 해양생태계에도 영향을 미쳐서 근해어업에 큰 타격을 주게 된다. 그리고 단기간의 장마 및 습한 날씨를 만들어 모기나 뱀이 극성을 부릴 수도 있으며, 반대로 건조한 날씨 때문에 산불이 발생될 수도 있다. 엘니뇨의 징조는 이미 지구촌 곳곳에서 나타나고 있는데 알아보면 8월부터 미시시피강과 북부 로키산맥에는 이상저온현상이 발생했으며, 우리나라의 서해 해수면온도가 예년보다 2~3℃증가, 동해북부는 1~2℃ 높아졌다. 북한은 예년 평균 강우량 200mm인데 99년 7월에는 한달내내 비가 오지 않는 가뭄과 37℃의 무더운 날씨로 620개 저수지의 저수량이 10~20% 감소 및 말라버렸다고 한다.

(3) 라니냐 현상

엘니뇨의 반대로 적도부근의 해수면 온도가 정상온도보다 낮아지는 현상을 라니냐(La Niña)현상이라고 한다. 최근 1988년부터 1995년 동안 발생했던 대서양의 허리케인을 주로 라니냐 현상에 의해 일어난 것이다.

2.1.4 산성비(Acid rain)

1) 산성강하물질

대기 중에 존재하는 주요한 산성강하물질은 황산, 질산, 염산, 유기산인데, 이들 물질의 전구체인 황화합물, 질소화합물, 탄화수소 등의 방출원은 인공발생원과 자연발생원이 있다.

산성강하물질은 대기 중에 방출된 그대로 지상에 강하한 것, 또는 비에 녹아서 강하한 것을 말한다. 이들은 대부분 대기 중의 산성미립자, 즉 에어로졸(aerosol)이 중력침강하거나 물체와의 충돌, 흡착 등에 의해 지상에 강하하거나 건성침착과 가스상 물질이나 미립자가 구름, 비, 안개, 속에 들어 있다가 강하해 습성침착한 것들이 산성비가 된다. 그러나 건성침착에 의해 물체에 부착하고 있는 동안 물에 녹으면 산성비와 똑같은 작용을 하게 된다. 산성물질은 지표부근에서 풀, 나무, 토양, 건물 등에 침착한다. SO_2, NO_2, HCl, HNO_3 등의 가스상 물질은 이들에 잘 흡착, 흡수되며, 황산미스트(H_2SO_4 mist)의 입자상 물질이 확산, 관성충돌, 중력낙하 등에 의해 침착하는 현상을 건성침착이라고 한다. 그 양은 습성침착에 비례할 정도로 많다.

(1) 산성비의 정이

오염되지 않고서 내리는 비의 산성도는 pH 5.6이며, 대기 중의 이산화탄소농도가 약 340ppm이 물에 녹아서 탄산(H_2CO_3)으로 되고, pH 5.6은 비가 0℃, 1기압인 표준상태에서 탄산의 포화용액이 되어 있을 때의 값이 된다. 다시 말하면 pH 5.6을 기준으로 이보다 낮은 pH 5.5 이하 값으로 나타낸 비를 산성비(acid rain)라고 한다. 실제로 천연에 공급된 산성물질인 NO_x, SO_x, HCl, HF 등이 대기 중에 있다가 비에 녹아내려 초우시 pH 5.5 이하의 산성비가 된다.

(2) 산성비의 발생과정

산성비의 발생 메커니즘은 NO_x, SO_x, HCl 등의 산성가스나 황산미스트가 대기 중에 방출되면 이들은 대기 중에서 황산이나 질산으로 변환되어 다시 지상의 물체에 침착된다.

대기 중에서 아황산가스(SO_2), 질소화합물(NO_x)이 황산(H_2SO_4)이나 질산(HNO_3)으로 변화되는데는 기상 · 액상 즉, 빗물이나 에어로졸처럼 고체미립자의 표면에서 행해진다. 기상인 SO_2의 H_2SO_4로 변환하는데 수산라디칼(OH ·)이 가장 중요한 역할을 한다.

① H_2SO_4 생성반응과정

$$SO_2 + OH\cdot + M \rightarrow HOSO_2 + M \text{(M은 } N_2, O_2 \text{ 등)}$$

$$HOSO_2 + H_2O \rightarrow HOSO_2\cdot OH_2$$

$$HOSO_2\cdot OH_2 + O_2 \rightarrow H_2SO_4 + HO_2 \quad (2\text{-}31)$$

② HNO_3 생성반응과정

NO_2나 NO_3에 오존(O_3)이 관여해서 생성되는 NO_3, N_2O_5는 주로 다음과 같은 반응에 의해서 질산(HNO_3)이 된다.

NO_2 + OH· + M → HNO_3 + M (M은 N_2 또는 O_2 등으로서 촉매역할)

NO_3 + RCHO → HNO_3 · RCO(R은 H또는 CH_3)

$$N_2O_5 + H_2O \rightarrow 2HNO_3 \quad (2\text{-}32)$$

③ 액상 중에서의 HNO_3 생성반응 과정

액상 중에서 SO_2가 H_2SO_4로 변화하는 과정을 SO_2가 물에 녹기 때문에 pH 3.5에서 5.5 사이일 경우 90% 이상이 HSO_3^-라고 하는 음이온형태로 되며, 이때 과산화수소(H_2O_2)와 H^+(수소이온)이 관여해 황산이 생성된다. 그리고 오존(O_3)도 황산(H_2SO_4) 생성에 큰 역할을 한다.

④ NO_2의 액상 중에서 질산(HNO_3)의 생성반응과정은 방출된 NO_2와 NO가 O_2, O_3, H_2O_2와 반응해서 HNO_3가 된다.

$$NO + NO_2 + H_2O \rightleftarrows 2H^+ + 2NO_2^-$$

$$2NO_2^- + H_2O \rightleftarrows 2H^+ + NO_3^- + NO_2^-$$

$$3NO_2^- + H_2O \rightleftarrows 2H^+ + 2NO_3 + NO \quad (2\text{-}33)$$

2) 산성비의 피해

산성비의 공통피해 증상은 생장량의 급속한 감소 등 생육쇠퇴증상, 가지의 탈락이나 이상한 수관 형상(樹冠形狀) 등 이상 생육증상과 수체(樹體)의 물수지(water balance)의 이상을 일으키는데 활엽수보다 침엽수에 그 피해도가 높게 나타나고 있다. 특히 삼림피해가 현저히 나타난 곳의 토양 pH는 3에서 3.4일 때 크게 산성화가 일어난다. 산성비가 내리면 오염노출시 황화현상(黃化現狀), 마그네슘 이탈, 침엽손상 등이 나타난다.

산성강하물은 양이온을 용탈시킨다. 토양입자가 음(-)하전을 띄고 있어 양이온(+)을 흡착하는 성질을 갖지만 H^+(수소이온)은 다른 양이온과 함께 토양 입자와의 흡착력이 상승되게 되는데 산성비에 함유된 H^+는 토양입자의 표면에 흡착되어 염기성 이온의 교환반응에 의해 식물의 중요한 영양분인 Ca^{2+}, Mg^{2+}, K^+, NH_4^+ 등의 양이온을 용탈시킨다.

낙엽은 수많은 미생물, 토양의 작은 동물에 의해서 분해되는데 토양이 산성화되면 이들 미생물이 사멸되어 지표 깊이 50cm까지 영향을 미치게 된다. 그리고 과수원에서는 잎의 반점, 식물체의 생육량이나 수확량의 저하, 과일의 맛이나 당도, 형상 · 껍질의 손상 등으로 상품가치가 크게 떨어진다. 산성비는 콘크리트 구조물을 부식시키고, 토양과 수자원을 오염시키며, 생태계를 파괴하는 등 큰 영향을 미치거나 황산화물(SO_x) 등의 대기오염물질은 대기 중에서 확산이 잘 되고, 기상조건에 따라 아주 먼 거리까지 이동할 수 있으므로 때로는 국경을 넘어 인접 국가에까지 영향을 주게 된다. 특히 우리나라는 편서풍의 영향으로 중국 공업화에 따른 산성비의 영향이 높아질 것으로 예상된다.

3) 산성비 대책

산성강하물의 발생량을 줄이는 것이 가장 시급한 문제이며, 각종 배출시설별 탈황장치, 탈질장치 등을 설비해야 하고, 청정연료를 개발하거나 오염물질의 회수시스템을 개발해야 한다. 그리고 오염물질의 흐름을 예측하는 simulation model을 이용해서 생태계에 미치는 영향을 확실히 파악해 두어야 하며, 국제적인 협조체제와 1인당 배출량을 결정한 후 상호 이해와 협력 속에서 체계적인 대책을 수립 · 추진해나가야 할 것이다. 그리고 지방자치시대를 맞은 우리나라에서도 지역간 협력을 적극적으로 추진해야 하고 국가간 · 지역간의 정보교환과 기술 협력도 병행 추진해야 한다.

4) 산성비 피해양상

(1) 용탈현상

pH 5.6 미만의 산성비가 내리면 토양이 산성화되어서 토양중 및 암석중의 알루미늄(Al)을 녹여낸다. 토양 및 암석에 칼슘(Ca) 및 마그네슘(Mg)이 다량 함유된 바 석회암지대에서는 Ca, Mg의 용출이 일어나기도 하고, 비석회질 지역에서는 화강암이 산성화되기 쉬워서 Al이 용출된다.

스칸디나비아반도의 비석회질 지역의 눈 녹는 시기의 하천수 pH와 Al농도 변화는 다음과 같다.

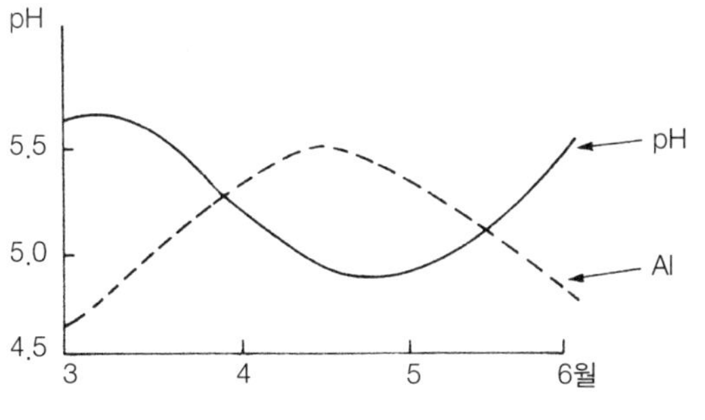

그림 2.4 계절별 pH와 Al의 상관성

물 속의 Al증가는 물고기의 Ca대사방해와 아가미 투과성 조절방해, 아가미의 근육운동을 저해시켜 호흡작용방해 등으로 생태계를 파괴시킨다.

식물에 있어서도 토양의 Al 및 Ca, Hg, Zn 등의 유해중금속이 식물의 뿌리를 통해 흡수되어 잎 및 열매에 함유된 다음, 낙엽으로 떨어져서 흙 표면으로 되돌아가면 산성비에 씻겨서 담수계로 들어가게 해서 지표부근의 중금속오염을 증대시킨다. 산성화진행으로 먹이사슬(food chain)을 통해 인간도 Al 및 중금속이 인체에 흡수되어져 OH를 일으킨다.

$$Al(OH)_3 + 3H^+ \rightarrow Al^{3+} + 3H_2O$$
$$Al^{3+} + 2H_2O \rightarrow [Al(OH)]^{2+} + H_3O^+ \quad (2\text{-}34)$$

(2) 산성비 특성

① SO_2의 산화속도가 겨울철은 시간마다 0.8%, 여름철은 3.7%로 높은데 이는 여름철의 수산라디칼(OH·)이 많기 때문이다(OH·의 대기농도는 야간이나 겨울철에 크게 감소하나 여름철 맑은 날 낮에는 9×10^9mole/cm^{3}이고, 겨울철 맑은 날 낮에는 2×10^6mole/cm^{3}이다).

② 물질강하(rain out)와 씻김(wash out)의 특징은 다음과 같다.

- 물질강하는 구름 속에서 SO_4^{2-} 등이 세정되어 빗방울로 떨어진 것이다.
- 씻김은 구름 밑에 있는 SO_4^{2-} 등이 세정되어 빗방울로 떨어진 것이다.

③ 빗물 속에 함유된 질소화합물(NO_x)과 인산염(PO_4^{3-})은 하천과 호수의 부영양화를 야기시킨다. 토양 내 Ca^{2+}, Mg^{2+}, K^+ 등의 염기를 서서히 용해하여 토양의 염기도를 떨어뜨리고 산성화시킨다. 호수가 산성화되면 플랑크톤(plankton)에 피해를 주며, 피해양상은 처음에는 저서생물이 감소하다가 계속되면 사멸하고 pH 5.0 이하가 되면 모든 어류의 부화생식이 곤란해진다. 효소의 pH가 5.0 이하가 되면 종속영양세균의 분해 및 활성이 저하되어 호소바닥(저질)에 많은 퇴적물이 생겨서 부식물질이 녹아 나와 호소가 갈색으로 변한다.

④ 대기 중에 떠있는 아연(Zn) 및 망가니즈(Mn)의 고체입자는 London Smog처럼 안개방울의 핵으로 작용해서 SO_2 산화반응의 촉매역할을 한다.

⑤ 물 속의 Al증가는 물고기의 Ca대사방해와 아가미 투과성 조절방해, 아가미 근육운동을 저해시켜 호흡작용방해 등으로 생태계를 파괴시킨다.

산성비의 농도순서(음이온이 산성비의 주원인임)
- 양이온일 경우 : $H^+ > NH_4^+ > Ca^{2+} > Na^+ > Mg^{2+} > K^+$
- 음이온일 경우 : $SO_4^{2-} > NO_3^- > Cl^-$

(3) 산성비 피해 특징

① SO_2 및 SO_4^{2-} 혼합물의 대기 중에서 평균 수명은 2~6일 정도이며, 최대 4,000 km까지 이동한다.

② 산성비 요인물질은 다음 두 가지로 소멸된다.

- 건식퇴적(dry deposition)은 주로 초목, 토양, 젖은 건물, 습한 표면에 부착되는 것

· 습식퇴적(wet deposition)은 비나 눈에 의해서 제거되는 것

③ 굴뚝의 고공화는 SO_x, NO_x를 더 넓게 분산 및 확산시켜서 국지적인 고농도 오염지역은 줄일 수 있지만, 기온역전 등으로 축적시 광범위하게 오염이 증대될 수 있다.

④ 양이온교환능력(cation-exchange capacity)을 다음처럼 떨어뜨린다.

· 토양 속의 점토광물과 유기물 속에는 금속이온이 H^+과 치환되어 금속이온으로 용탈할 수 있는 활성자리를 갖고 있다. 따라서 토양의 양이온교환능력은 한정되었으며, 자유탄산염광물의 존재, 즉 알칼리도의 많고 적음이 중요하다.

· 알칼리도가 낮을수록 산성비에 민감도가 크며, 알칼리도는 유입된 산성비로부터 자연수계를 보호해주는 완충능력을 결정짓는데 중요한 역할을 한다. 대개 토양표면으로부터 250mm이내는 다음 표 2.5와 같은 특성이 있다.

표 2.5 토양의 양이온 교환능력 특성

양이온교환능력(meq/100g)	특 성
15.4 이상	불감(자유탄산열 있고, 잦은 침수)
6.2～15.4	보통 불감(자유탄산열 없고, 가끔 침수)
6.2 이하	민감(자유탄산염 없고, 침수안 됨)

▶ 양이온교환 능력은 산침전물에 대한 토양의 저항능력을 말한다.

⑤ 산을 중화시킬 수 있는 암석의 능력에 따른 분류는 다음 표 2.6의 특성이 있다. 겨울철 눈 속에 갇혀있던 산성성분은 눈이 녹으면서 급격히 물에 유입되면서 물고기가 대량 폐사되기도 하는데, 그 원인은 물의 pH하강으로 물고기아가미의 Na(나트륨)을 잃어서 체내 평형이 깨지게 되어 사멸하는 원인이 된다.

표 2.6 암석의 완충용량 특성

완충용량	특성(산성화)	분 류
낮음	민감	화강암, 석영사암, 화강편마암, 정장암
비교적 낮음	연못만 한정	사암, 혈암, 편마암, 고등급변성암, 편마암
비교적 높음	무관	저등급 변성암, 유기질 화산암, 약간의 유기질함유암석
무한대로 큼	무관	석회암, 백운석, 화석 다량 함유 침전물

▶ 암석에 Ca, Mg와 결합된 탄산염의 비율이 높을수록 산에 대한 중화능력이 크다.

2.1.5 광화학 스모그(Photo-chemical smog)

1) 스모그(smog)의 정의

스모그(smog)는 연기(smoke)와 안개(fog)의 합성어로서 1801년 영국 엘리자베스 여왕 때부터 사용되어 왔다. 스모그는 대기에 버스, 트럭, 승합차 등 디젤(경유) 자동차가 내뿜는 매연 등이 햇빛 있는 청명한 낮에 마치 안개가 낀 것처럼 공터에 떠있는 대기오염 현상이다.

2) 서울 스모그

서울 스모그의 원인물질 중 탄소입자가 53.8%를 차지하며, 탄소입자의 발생원은 경유의 연소과정에서 발생하는 원소탄소(elemental carbon)와 유기탄소(organic carbon)가 30～59%이고 공장, 가정 등의 일반 연소 2차 오염물질인 황산화성 미세미스트(sulfate)와 질산화성 미세미스트(nitrate)가 각각 15.2%, 9.5%이며, 하수구 등에서 발생하는 암모늄(NH_4^+) 입자가 3% 정도로 알려졌다.

표 2.7 서울 스모그 원인물질

원인물질	유기탄소	원소탄소	황산성미스트	질산화성미스트	기체산란	기체흡수	기타
비율(%)	39.2	14.6	15.2	9.5	3.6	3.5	14.4

3) 광화학 스모그

Stephens, Harnt와 Doerr 등은 NO_2와 각종 탄화수소의 광화학 반응물에 대해 자외선 흡수를 조사하는 중에 5.4, 5.75, 7.7, 8.6 및 12.6[μ]에 흡수를 갖는 알지 못하는 물질을 찾았다. 이 물질은 아질산알킬의 단독 화학반응과 비슷한 스펙트럼을 갖는다. 5.75μ의 흡수는 N-O의 신축진동에 의한 것과 일치하고, 7.7μ는 질산알킬 흡수에 가깝고, 12.7μ의 흡수는 아질산알킬 흡수와 비슷하다.

Biacetyl($CH_3-\overset{O}{\overset{\|}{C}}-\overset{O}{\overset{\|}{C}}-CH_3$)과 NO_2의 광화학 반응에 의해서도 동일물질을 얻어 질량분석을 실시해 CH_3CO-group과 -NO가 있는 것이 추정되었으며, 이 알려지지 않은 물질은 CH_3-$COOONO_2$(peroxy-acetyl nitrate)이다. 이 PAN을 열분해하면, 질산메틸과 CO_2, 소량 니트로메탄을 생성한다. 그리고 생성물 중 분자 내에 산소가 5개 있는 것이 판명되었다.

① PAN(peroxy acetyl nitrate)

PAN은 아주 강력한 눈에 대한 자극성을 나타내고 아크로레인의 10배 이상 피해를 준다. 광화학 스모그에 의한 인체의 눈 자극성은 주로 peroxy-benzoil nitrate (C_6H_5-C-$OOONO_2$)에 의한 것으로 알려졌으나 최근 광화학 반응에 의해 생성되었는지가 불분명하다는 학설도 있다.

② 옥시단트(oxidant)

광화학 스모그(photochemical smog)의 특징은 산화성 물질을 함유하고 있어 여러 가지 화학 반응에 의해 오존(O_3)이나 과산화물이 생성된다. 이러한 산화성 물질을 옥시단트(oxidant)라고 말한다.

③ NO_2(nitrogen dioxide)

질소산화물은 광화학 반응에 중요한 역할을 차지함과 동시에 그 자체 독성을 갖고 있어 고농도 NO_2는 호흡촉진, 기침, 불면증 등의 영향을 일으켜 중증이 되면 폐수종으로 사망한다. 그리고 NO는 Hb(헤모글로빈)과 결합해서 nitrosohemoglobine으로 되고, CO(일산화탄소)보다 산소 운반을 장해하는 기능이 더 높은 것으로 밝혀졌다. WHO(세계보건기구)에 의하면 인간에 나쁜 영향을 주는 NO_2 농도가 0.5ppm인 점을 감안할 때 3～5배의 안전율을 고려한다면 0.1～0.17ppm이어야만 쾌적한 생활환경이 된다.

④ 비메탄계 탄화소수(non Methane Hydro-Carbon)

메탄은 인위적 오염보다는 자연적으로 발생하며, 대기 중의 총탄화수소(THC) 중 아주 큰 비율을 차지한다. 메탄은 광화학 반응적으로는 불활성이므로, 광화학 스모그 제반현상을 검토하기 위해서는 비메탄계탄화수소(NMHC)와 올레핀(olefin)계 탄화수소를 조사해야 한다. 광화학 스모그 발생에 직접적으로 영향을 미치는 것을 알려면 이른 아침에 측정해야 하며, 비메탄계탄화수소 농도를 측정하기 위해서는 오전 6시～9시 사이가 가장 바람직하다. 1971년 미국의 환경기준 값은 오전 6시~9시 사이의 탄화수소 농도가 높게 설정되었고, 이것이 광화학 반응을 하므로 일조량이 가장 강한 오후 1시～2시 사이에 제일 높게 광화학 스모그를 나타냈다.

4) 오존경보제

① 오존(Ozone : O_3)

오존은 주로 자동차 배출가스 등의 대기오염물질인 탄화수소(HC), 질소산화물(NO_x) 등이 햇빛에 의해 산화반응을 일으켜 발생하는 자극성 물질로서 눈, 코 와 호흡기에 강력한 자극을 주며, 심할 경우에는 기침, 흉부압박, 호흡곤란 등을 일으킨다.

② 오존경보제

여름철 햇빛의 양 증대와 자동차의 배출가스, 휘발성 유기화합물 등에 의해 대기 중의 오존농도가 일정한 기준치 이상으로 높게 나타났을 때 신속히 알려서 인체 및 생활환경의 피해를 줄이고, 대기오염에 대한 관심과 환경의식수준을 높이기 위해 1995년 7월 1일부터 서울지역을 비롯해서 수도권과 전국 대도시를 중심으로 실시되고 있다.

▌표 2.8 발령단계별 행동요령

구분	농도(ppm)	피해	행 동 요 령
오존 주의보	0.12 이상	호흡기 자극증상	· 주민의 실외운동 삼가 요청 · 불필요한 자동차 사용자제 · 대중교통이용 · 노약자, 유아, 환자 등 실외활동자제
오존 경보	0.30 이상	운동중 폐기능감소	· 주민의 실외 신체적 활동제한 요청 · 자동차 당해지역 우회통과 및 사용자제 요청 · 인근 유치원, 학교등 실외활동제한 및 억제 · 사업장의 연료사용량 감축권고
오존중대 경보	0.50 이상	마른 기침 흉부 불안	· 주민의 실외 신체적 활동억제 및 금지 요청 · 당해지역 차량진입 억제 및 통행금지 · 당해지역 인근학교, 유치원 휴교 · 사업장의 조업시간 단축명령

2.1.6 자동차 공해

1) Auto Engine과 Diesel Engine

(1) 엔진의 작동원리 차이점

① 오토엔진일 경우

· 이상적인 오토사이클은 압축과 팽창이 가역적 · 단열적인 등(等)엔트로피상태이다.

· 오토사이클의 열효율 압축비에 따라 결정되며, 열효율(η)식은 다음 (2-35)과 같다.

$$\eta = 1 - \frac{1}{r(k-1)} \qquad (2\text{-}35)$$

여기서, r는 압축비, k는 비열비값(1.4)이다.

· 오토사이클은 불꽃점화 신속연소체계로 피스톤이 상사점(TDC : top dead center)에서 흡입밸브가 열리면서 연료와 공기가 흡입되고, 하사점(BDC : bottom dead center)에서 가스가 압축되는 4행정인 흡입 → 압축 → 폭발 → 배기 과정을 거친다.

▶ 동일 압축비에서 열효율은 디젤엔진이 오토엔진보다 높다.

② 디젤엔진일 경우

· 디젤엔진은 압축비 및 팽창비에 따라서 다르다.

· 디젤사이클은 정압사이클이며, 저속압축점화기관에 적용된다.

▶ 오토사이클은 정적사이클이며, 고속압축 점화기관에 적용된다.

· 디젤사이클은 미리 공기만을 흡입하며 단열압축시킨 다음 연료인 중유를 분사한다.
· 디젤사이클의 열효율식은 다음과 같다(실제효율은 32~40%).

$$\eta = 1 - \frac{1}{r(k-1)}\left[\frac{6k-1}{k(\sigma-1)}\right] \tag{2-36}$$

여기서, σ는 차단비(cut off ratio), k는 비열비(1.3), r는 압축비이다.

(2) 이상적인 cycle 구조

① Carnot cycle
고열원(T_1), 저열원(T_2)사이의 열효율을 구하는 식은 다음과 같다.

$$\eta = \frac{Q_1 - Q_2}{Q_1} = \frac{T_1 - T_2}{T_1} \tag{2-37}$$

$$\left(\frac{Q_2}{Q_1}\right) = \left(\frac{T_2}{T_1}\right)$$

· 이상적일 경우 $\quad \frac{Q_1}{T_1} - \frac{Q_2}{T_2} = 0$ (2-38)

· 실제 비가역적(Clausius)일 경우 $\quad \frac{Q_1}{T_1} - \frac{Q_2}{T_2} < 0$ (2-39)

② Carnot 등온 · 단열 cycle

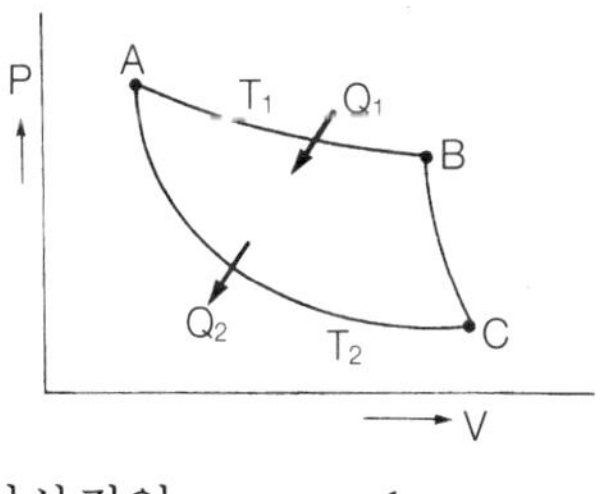

A → B 는 등온팽창상태
B → C 는 단열팽창상태
C → D 는 등온압축상태
D → A 는 단열압축상태

③ 이상적인 auto cycle

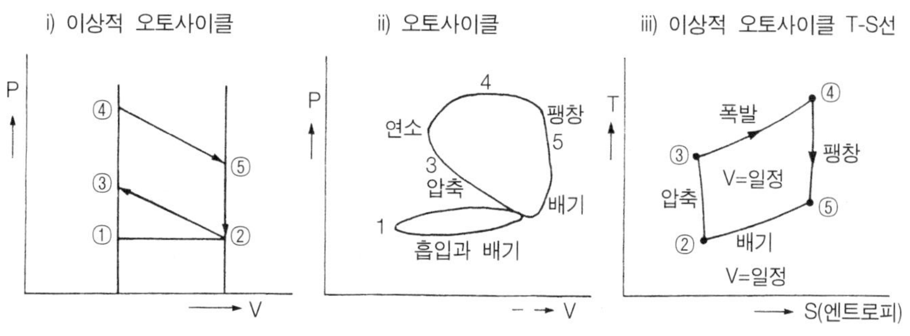

· 정압흡입과정은 1 → 2
· 정적방열과정은 5 → 2
· 단열팽창과정은 4 → 5
· 정적가열과정은 3 → 4
· 단열압축과정은 2 → 3
· 정압배기과정은 2 → 1

그림 2.5 Auto Carnot Cycle

④ Diesel cycle

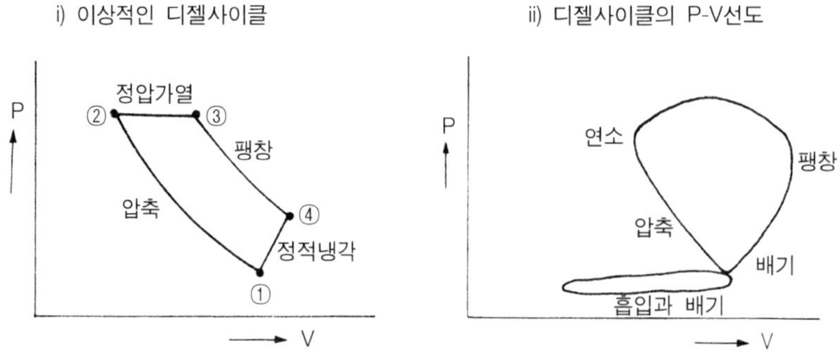

그림 2.6 Diesel Carnot Cycle

2) 가솔린엔진의 배출가스 특성

Quenching(담금질)효과는 휘발유엔진의 연소실에서 점화된 불꽃이 piston과 cylinder head로 형성된 연소실로 퍼져나가 cylinder head에 가까워지면서 온도는 내려가는 현상이며 연소실내벽부근은 냉각효과 때문에 연소되지 않고 Hydrocarbon (HC)이 그대로 배출된다. 이때 배기행정이 끝나면서 piston이 상승해 연소실가스를 밀어내면 HC 농도가 갑자기 상승한다. 방지책은 연소실내벽의 면적이 연소실 용적에 비해서 적을수록 좋다. 냉각수온도를 높여 연소실의 내벽온도를 올리면 좋으나 일정한 온도이상에서는 효과가 없다.

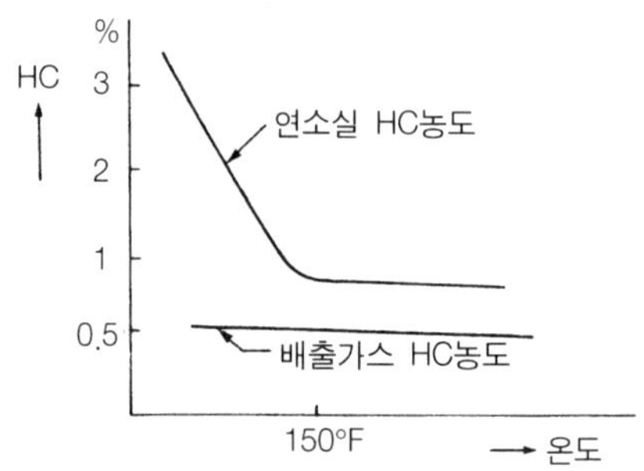

그림 2.7 연소실 온도별 탄화수소농도변화

LPG(liquified petroleum gas : 액화석유가스)는 휘발유(gasoline)보다 HC와 CO가 적으면, 감속시 약간 높아지는 경향이 있다. 디젤엔진은 HC농도는 역시 낮으나 아이들링(idling)과 감속시는 휘발유엔진의 25~10% 정도이다.

3) 옥탄가(octane value)와 TEL(TetraEthyl Lead)

옥탄가는 연료에 의해 녹킹(knocking)이 일어나기 어려운 성질인 antiknocking성을 나타내는 척도이다. 자기착화는 실린더안의 연소에 의해 엔진이 과열되거나 압축비가 커서 압축혼합가스의 온도가 높아지면 정상적인 점화이전에 비연소 혼합가스온도가 착화온도이상으로 올라가서 스스로 착화되는 현상이다. 이러한 현상은 압력과 온도가 급격히 상승해 진동 및 소음을 일으키고 출력을 저하시켜서 이상 폭발을 일으킨다. 이러한 현상을 녹킹이라고 말한다. 녹킹은 연료의 성질에 크게 영향을 받으며, 자기 착화온도가 낮은 연료는 녹킹이 일어나기가 쉽다.

옥탄가는 탄화수소(HC)연료인 이소옥탄(iso-octane : C_8H_{18})의 antiknocking을 100으로 하고, 반대로 knocking하기 쉬운 성질을 갖는 n-heptane(C_7H_{16})을 0(zero)로 하여 두 연료의 혼합상태를 부피비로 나타낸다.

① TEL(사에틸납 : $Pb(C_2H_5)_4$)

· 휘발유의 옥탄가를 높이는 효과로 저압축비로 작동하는 오토사이클엔진에서 옥탄가의 한계값 93 이상으로 해주기 위해 87의 옥탄가 휘발유 1 gallon(3.8L)당 2.5～4g의 사에틸납을 첨가해 옥탄가 93의 regular TEL첨가 휘발유를 zero로 하고, premium gasoline은 옥탄가 93의 휘발유에 TEL를 가해서 옥탄가를 98～99로 만든다.

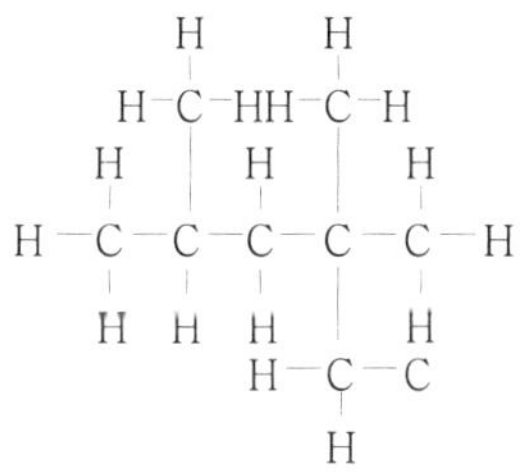

iso-octane

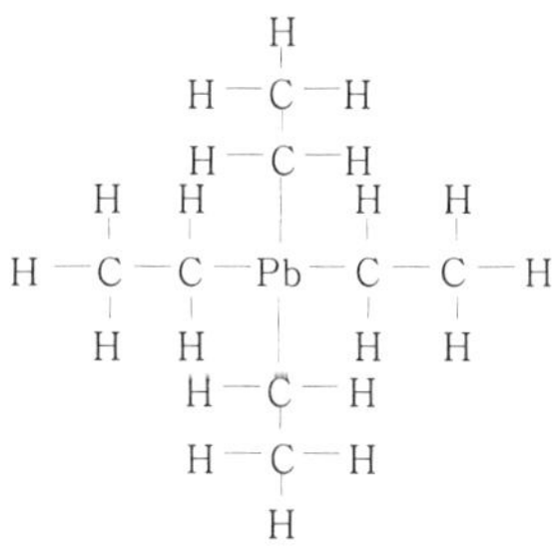

tetraethyl lead

그림 2.8 옥탄과 TEL구조

· TEL사용시 연소과정에서 분해된 납과 산화납이 엔진내벽에 부착하므로 이를 제거하기 위해 제거제로 디클로로에탄(dichloroethane)과 디브로모에탄(dibromoethane)을 첨가해야 하며, 이것들을 납과 반응해 $PbCl_2$, PbBrCl, $PbBr_2$가 되는데 이것들을 융점, 비등점이 낮아져서 엔진의 열로 배기가스 중에 쉽게 휘발된다.

4) 디젤엔진의 배출가스

① 배출가스의 특성

· 완전연소시 생성물은 SO_2, SO_3, H_2O, CO_2이다.

· 불완전연소시 생성물은 CO, H_2, HC, 매연, 알데하이드이다.

· 혼입 공기에 관한 생성물은 NO_x, N_2, 과잉 O_2이다.

② 매연의 발생

· 고온 불꽃에서 탄화수소연료가 열분해 및 탈수소반응을 받아서 이중결합으로 탄소입자단을 형성하며, 그것이 팽창응집한 것이다. 공기와 연료의 혼합상태가 좋지 않

거나 연소실 내벽의 영향으로 인해 연소 중단시에도 매연발생량이 많아진다.
- 공연비가 낮을 때는 매연이 높아지며, 저부하시는 매연이 줄어든다.
- 공연비가 18 이하나 공기과잉률이 1.1 이하일 때는 매연이 증가한다.

③ 디젤엔진은 공기과잉상태로 운전되므로 배출가스의 HC, CO 농도는 낮으나 3, 4 -Benzopyrene(벤조피렌) 등의 유해성분 및 악취원인이 되고 자극성분인 포름알데하이드 (HCHO)가 함유되어 있다.

5) 자동차 배출가스 대책

(1) 엔진에서 유해가스의 억제대책

① 감속시 배출가스를 억제한다. 감속하면 CO(일산화탄소)와 HC(탄화수소)가 증가되는 바 감속시 CO와 HC감소방법은 다음과 같다.
- 흡기관 부압의 상승을 억제하는 방법
- 연료를 차단하는 방법
- 감속시 트롯트 밸브(valve)가 급격히 닫히지 못하도록 하여 부압상승억제 방법

② 점화시기를 빨리 조정한다. 농도가 아주 낮은 혼합가스는 연소속도가 느려서 엔진의 열효율감소 및 배출가스오염문제가 있어 연소점화시기를 빨리해 자동차 배출가스 오염을 줄인다. 점화플러그(plug)의 연소온도를 조절한다. 혼합가스 농도가 너무 낮아지면 낮은 온도의 점화플러그 점화가 어려워지는 바, 도시에서는 온도를 올리기가 용이한 열가가 높은 점화플러그가 필요하고 고속도로에서는 낮은 점화플러그가 필요하다. 다음과 같은 CAP(Cleaner Air Package)방식을 적용한다.

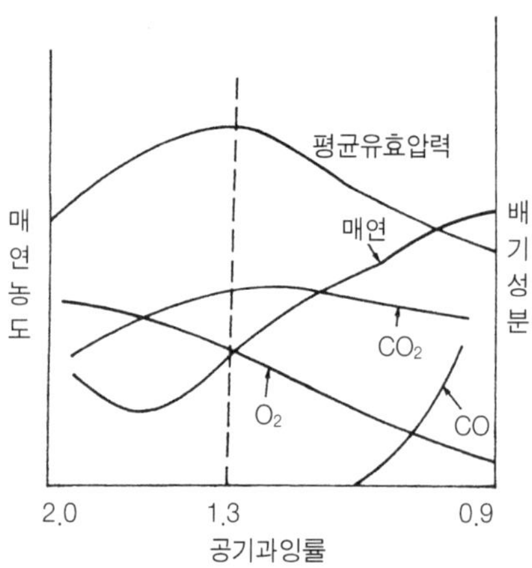

그림 2.9 공기과잉률별 디젤엔진의 매연

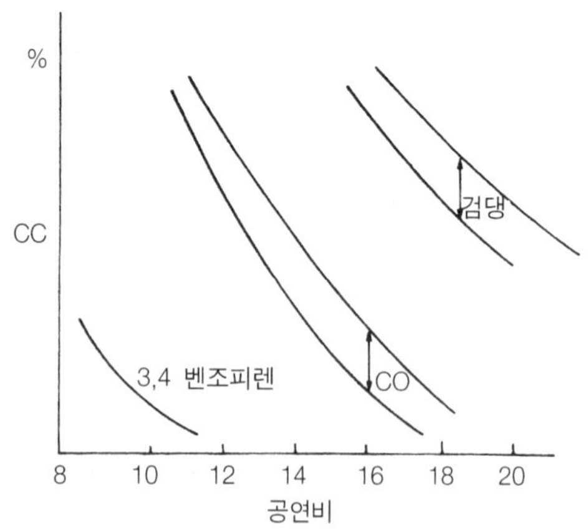

그림 2.10 공연비별 디젤엔진 배출가스

· CAP은 CO, HC의 배출가스억제를 위해 기관 각 부분의 최적 설계를 시도한 계량흡기장치이다.

· sensing valve에 의해 기화기는 아이들링(idling) 및 저속운전시 저농도된 혼합가스가 되도록 점화시기를 재조정한다.

· 아이들링 정상상태에서 흡입공기량 및 엔진회전수를 높여서 연소가 원활하게 되도록 한다.

③ 연소실 개선은 다음과 같이 실시한다.

· 가솔린엔진은 연소실 용적에 비해 표면적이 큰 바 Quenching문제가 발생되어서 연소실의 표면적(S)과 용적(V)의 비, 즉 S/V비를 조정한다.

· S/V비는 CO에는 크게 영향 없지만 HC에는 민감하다. 즉 S/V값이 크면 HC농도가 증가되고 S/V값이 작으면 출력에 영향을 준다.

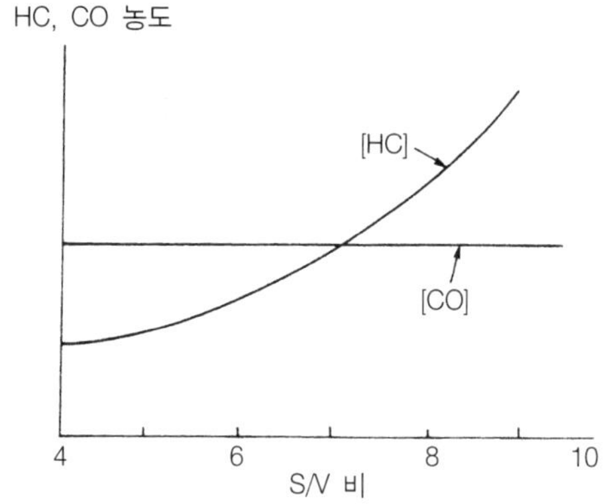

그림 2.11 S/V비와 HC, CO농도

④ 연소실의 연소방법을 statified charge engine, cvcc engine, FCP 등으로 개선한다.

(2) 자동차 배출가스 처리방법

① Direct flame after burner

· 공기펌프에 의해서 공급되는 이차공기와 배출가스의 일부를 연소실로 유도한 다음 after burner로 재연소해서 CO 및 HC를 CO_2, H_2O로 완전연소시킨다.

· 고온에서 처리되어야 하는 바 열교환기와 보조연료를 별도로 공급해 주어야 한다.

· 이 방법의 단점은 보조연료를 공급해야 하는 바 비경제적이고, 장치도 커지고 NOx제거는 안 된다.

② 촉매변환기(catalitic converter)

· 열교환기와 점화장치가 불필요하며, CO, HC, NO_x 제거에 바람직하다.

· 촉매는 낮은 온도에서 활성이 크며, 진동에 강도가 높고 배출가스중의 납(Pb) 등 촉매독이 없고 내열성이 높고 가격이 싸야 한다.

· 주로 촉매는 백금(Pt), 코발트(Co)촉매가 사용되며, 이외에도 Ni, Cu, Fe, Mo-Cr 등의 산화물촉매가 사용된다.

· 촉매는 알루미나, 실리카, 산화마그네슘(MgO) 등 내열성산화물을 담체로 해서 제조하기도 한다.

· 촉매장치의 필수적인 공통점은 1단계에서 NO_x는 환원촉매(Pt, Pa촉매)로 NH_3, N_2

로 전환시키고 2단계에서는 1단계를 통과한 다음 공기를 주입시켜서 CO와 HC를 CO_2, H_2O로 산화시킨다.

(3) 연료의 개선 방법

휘발성 성분의 탄화수소류로 전환시킨다. 이때 연료특성은 다음과 같다.

- 반응성이 작은 파라핀(paraffin)계 탄화수소, 아세틸렌(Acetylene)계이어야 한다.
- 반응성이 큰 올레핀(olleffine)계 탄화수소이어야 한다.

> 반응성이란 탄화수소가 자외선의 영향으로 대기 중 NOx와 반응해서 광화학 옥시던트(oxydantant)를 생성하는 정도를 말한다.

- TEL은 메탈올(methanol)로 대체시키거나 에탄올(ethanol)을 첨가해 옥탄가를 향상시켜야 한다.
- 매연배출방지에 효과가 있는 바륨(Ba : 원자번호 56, 원자량 137.3)화합물을 첨가한다.

(4) 기타 개선방법

① NO_x를 방지한다.

- NO_x의 생성은 연소온도와 지수함수관계가 있다.
- 배출가스의 일부를 재순환시키거나 CO_2 등 불활성가스를 재순환시켜 연소온도를 낮춘다.

② Blow by gas를 방지한다.

- Blow by gas(블로우 바이 가스)는 기관과 연소실과 크랑크 케이스(crankcase)사이를 피스톤 링으로 차단유지하나 압축, 폭발행정시 약간의 CO와 HC가 크랑크 케이스쪽으로 새어나가 배출되는 가스이다.
- 블로우 바이 가스의 구성성분은 미연가스가 80～85%, 연소가스가 15～20%이다. 이 중 문제되는 HC는 배출가스와 블로우 바이 가스를 흡기관의 부압을 이용해 연소실로 보내서 연소시킴과 동시에 크랑크 케이스의 환기도 동시에 하는 방법이며, 이 방법을 PCB(positive crankcase ventilation)이라고 하고 EU(구미)에서 실용화되고 있다.

③ 증발가스(VOC : 휘발성 유기화합물)를 방지한다. 자동차를 운전 후 엔진정지상태에서 기화기로부터 연료의 증발을 Hot Soak Loss라고 하며, 이를 활성탄에 의한 연료증기의 흡착 및 탈착성을 이용해서 증발가스의 누출을 효과적으로 방지한다.

④ 새로운 엔진을 개발한다.

- 로타리(Rotary)엔진은 한 개의 방에 삼각형 회전자가 있어 이 회전자가 piston운동이 아닌 일정한 방향의 회전운동을 하도록 해서 만든 엔진이다.
- 스터링(stiring)엔진은 연료가 엔진내부에서 연소하는 것이 아니고, 외부에서 소위 작

업매체라고 하는 He가스를 가열해 팽창과 압축을 이용해 동력을 얻는다. 이때 실린더에 두 개의 피스톤이 있는데 He가스가 이 피스톤을 밀도록 해서 만든 엔진이다.

2.2 대기환경화학

2.2.1 대기화학기초

1) 대기오염(Air pollution)

(1) 대기환경화학용어

① fog는 습도 70% 이상의 시정거리 1km 이하인 안개이다.
② haze는 습도 70% 이하의 시정거리 1km 이상인 박무 및 연무이다.
③ aerosol은 0.001～1,000㎛의 입자로서 smoke, fume, mist, fog, soot, haze, dust, particulatd 등의 연무제라고도 한다.
④ fume은 기체가 응축할 때 형성된 고체입자루 1㎛ 이하이며, Brown운동을 한다.
⑤ mist는 입자핵주위에 액체가 응축해 구형으로 된 회백색 부유 액체이다.

(2) 기초 대기환경화학

헨리(Henry)법칙의 저용순위는 $N_2O > NO > CO > O_2$이다.
금속과 물의 반응경향은 다음과 같다.

· 찬물과 반응하는 원소는 Li, K, Ba, Ca, Na이다.
· 수증기와 반응하는 원소는 Mg, Al, Zn, Fe, Ni이다.
· 물과 반응하지 않는 원소는 Sn, Pb, H, Cu, Hg, Ag, Pt, Au이다.

상온에서 액체인 유해물질 중 금속은 수은(Hg), 비금속은 브로민(Br_2)이다. 석탄연소시 배출가스 중 SO_2/SO_3비는 40～80배이다(단, 고온연소시는 더 SO_2/SO_3비가 높아진다). 대기 중 황(S)화합물의 존재형태는 84%가 H_2S이다.

황의 산화온도는 157.2℃가 임계온도이다.

Anderson Sampler법은 입자상물질의 입경분포별 조성성분 분석을 위한 시료채취해 9개의 포집판을 0.01mg까지 측정해 입경분포별로 조성을 분석한다.
O_3(오존)은 요오드화칼륨(KI) 녹말종이를 푸른색으로 변화시킨다.

$$\underset{\text{무색}}{\underline{2K^{+} + 2I^{-}}} + H_2O + O_3 \rightarrow 2KOH + \underset{\text{푸른색}}{\underline{I_2}} + O_2 \tag{2-40}$$

페놀가스발생업종은 Tar(타르)공업, 도장공업, 화약약품업 등이다.

아연광배소로는 산화카드뮴(CdO)먼지, 알루미늄용해로는 플루오린화수소(HF), 코우크스제조업은 사이아나이드화수소(HCN), 유리제조업은 HF, 펄프공업은 H_2S이다. 염소(Cl_2) 및 염화수소(HCl)의 배출원은 소다제조업, 합성수지제조업, 활성탄제조업, 티탄금속제조업 등이다. all or none현상은 사람이 SO_2에 노출된 경우 처음 5분 동안은 피해가 증대되지만 10분 후부터는 자극을 주어도 크게 피해가 없는 현상이다. 폐(lung)에 침착률이 높은 입자상 물질의 크기는 0.5～5μm이다. 인체의 발열을 일으키는 물질은 Mn(망가니즈), Zn(아연)이며, 육종의 발생물질은 Be(베릴륨)이다. CO(일산화탄소)의 지표동물은 카나리아이며, 식물의 피해는 없으나 토마토에만 피해가 있다.

(3) SO_2의 식물감수성 공식

① O, Gara공식

$$k = (C - C_o)\,t \tag{2-41}$$

k는 상수, C는 SO_2농도, C_o는 식물체에 피해를 일으키는 농도이고 t는 접촉시간이다.

② Gatery공식

$$t = \frac{b(1 + 0.5c)}{c(c - a)} \tag{2-42}$$

③ John 공식

$$t = \frac{b(1 + 0.5c)}{c(c - a)} \tag{2-43}$$

(4) 아황산가스(SO_2)의 식물피해

잎맥사이에 반점을 일으킨다. 대개 식물잎의 앞뒤로 표피 및 세포파괴로 잎맥간 황갈색반점(chlorosis현상) 및 회백색반점(necrosis현상)이 생긴다. 기공이 열린 낮에 밤보다 피해가 높고, 습도가 높을 때 피해가 더 크다. 피해가 제일 큰 식물순서는 알팔파(Alfalpa) > 보리 > 메밀 > 크로바 > 목화 > 담배 > 사루비아 > 코스모스 > 고구마 > 시금치 > 침엽수(소나무), 협죽도 > 글라디오라스, 장미, 감자, 양파, 양배추 > 수랍목 등이다.

(5) 플루오린(F)화합물

동물보다 식물에 피해가 크다. 잎선단이 갈색으로 변한다. 식물세포막에 침입해서 원형질 및 엽록소(chlorophyl)를 분해시켜서 산소동화작용을 저해한다. 잎선단 및 엽록부에 침입해서 상아색 및 갈색으로 변색된다. 기공이 열린 낮과 어린잎에 피해가 높다.

약한 식물은 글라디올라스, 살구, 복숭아, 소나무, 진달래, 옥수수, 메밀이다. 강한 식물은 자주개나리, 장미, 라일락, 콩, 토마토, 시금치, 민들레 등이다.

(6) 오존(O_3)

잎 뒷면에 회백색 및 백색 반점을 일으킨다. 오존단독으로 피해를 주기보다는 올레핀계 탄화수소(3, 4-벤조피렌) 및 과산화물과 공통으로 피해를 일으킨다. 잎의 책상세포 및 표피상 면이 침해당하여 회백색 및 갈색의 반점(necrosis)이 균일하게 확대되어 엽록소의 파괴와 동화작용을 억제시킨다. 어린잎보다는 고엽에 영향이 크며, 기공의 폐쇄 및 증산작용의 크기와 관련 있다.

약한 식물은 담배, 파, 시금치, 포도, 밀감, 자주개나리이다. 강한 식물은 사과, 복숭아, 아카시아, 귤, 국화, 양배추, 제비꽃이다.

(7) 광화학 스모그(smog)

잎 표면에 은색, 청동색, 백색반점을 일으킨다. 잎 표피하의 세포파괴현상이 나타난 후 전면에 확대되어 백색 반점 및 은색이 잎 표면에 나타난다. 어린잎과 고엽보다는 성숙한 잎에 감수성이 크며, 생육감퇴, 기공폐쇄, 증산저하, 중량감소 등을 일으킨다. 약한 식물은 강낭콩, 시금치, 상추, 장미이다. 강한 식물은 사과, 벚꽃, 밀감, 옥수수, 무 등이다.

(8) 염소(Cl_2) 및 염소화합물(Cl^-)

잎이 담황색 및 갈색으로 퇴색된다. 식물의 독성은 아황산가스(SO_2)에 비해 3배 정도로 높고, 잎 표면이 탄 것처럼 담황색 및 갈색으로 변한다. 피해는 무, 장미, 메밀, 복숭아 등이다.

(9) 질소화합물

NO_2는 O_3, SO_2의 영향과 피해양상이 비슷하며, 약한 식물은 강남콩, 양상치, 감, 담배, 해바라기, 진달래이고 강한 식물은 아스파라거스, 명아주 등이다. NH_3는 잎 전체에 갈색으로 변화시키며, 약한 식물은 토마토, 해바라기 등이다.

2) 대기오염화학물질

(1) 가스상 물질

① NH_3(암모니아)

청정 대기 중에는 NH_3가 없다. 그러므로 대기 중에 존재하는 경우는 누출사고 때문이다. 대기 중의 NH_3는 H_2SO_4 aerosol과 반응해 암모늄염을 만든다.

$$NH_3 + H_2SO_4 \rightarrow NH_4HSO_4 \quad (2\text{-}44)$$

② Cl_2(염소)

· 인체의 점액막을 자극시키는 물질로 화학적 반응성이 크며 강력한 산화제로 수증기와 반응해 HCl과 HClO가 된다.

$$Cl_2 + H_2O \rightarrow HCl + HClO \quad (2\text{-}45)$$

· 연소시 석탄 속의 염소는 HCl로 생성된다.

· 1974년 미국의 시카고시에서 액체 4염화실리콘이 탱크에 누출되어서 염산방울의 질식성 안개가 인근 주민에게 피해를 주었다.

$$SiCl_4 + 2H_2O \rightarrow SiO_2 + 4HCl \quad (2\text{-}46)$$

③ HF, F_2, 휘발성 플루오린(F)화합물

· 비료공장, 인산공장, 알루미늄 제조공장 등에서 형석, 빙정석, 인회석 등 원료로 사용할 때 불순물로 배출된다.

$$Ca_5F(PO_4)_3 + 5H_2SO_4 + 2H_2O \rightarrow 5CaSO_4 \cdot 2H_2O + HF + 3H_3PO_4 \quad (2\text{-}47)$$

· HF는 신체 각 부위의 조직과 호흡기에 심한 자극을 주며, 0.1ppm(10^{-6})에 폭로되어도 치명적인 피해를 준다. F_2가 HF보다 독성이 더 강하며, 치아(teeth)를 반점 및 반상되게 하는 fluorosis(플루오린염)을 일으킨다. 식물잎의 기공을 통해 침투되면 식물내 축적으로 잎이 백화현상, 잎 가장자리 끝이 불에 탄 것처럼 변함과 솔잎 끝이 적갈색으로 괴사한다. 형석(CaF_2)과 SiO_2가 반응하면 가스상의 SiF_4가 발생된다.

$$2CaF_2 + 3SiO_2 \rightarrow 2CaSiO_3 + SiF_4\uparrow \quad (2\text{-}48)$$

④ H_2S(황화수소)

· 1950년 맥시코의 포자리카에서 H_2S 누출사고로 22명이 질식사했다. 기관지염자극과 중추신경마비를 일으킨다. 납함유 페인트건물을 검게($2PbCO_3 \cdot Pb(OH)_2$)변색시킨다.

· H_2S와 Ag(은)이 반응해서 가지색(AgS)이 된다.

$$H_2S + Ag \rightarrow AgS + H_2 \quad (2\text{-}49)$$

· H_2S와 구리금속에 폭로되면 검정색(CuS)이 되었다가 $CuSO_4$로 된 후 녹색($CuSO_4 \cdot Cu(OH)_2$)으로 된다. 이 청색은 녹청이 되어 부식에 대한 저항력이 상실되고 전기제품으로의 기능이 저하된다.

⑤ 다이옥신(Dioxin)의 특성

· 다이옥신은 염소화된 유기화합물로서 1,000℃ 이하 소각시 배출가스가 250～450℃로 되면 생성된다. PCDD(polychlorinated dibenzo-*p*-dioxin)계는 75개와 PCDF (poly chlorinated dibenzofuran)계 135계가 있다. 가장 유독한 다이옥신은 2, 3, 7, 8

(a) PCD계 (b) PCDD계

그림 2.12▌ Dioxin구조

위치에 4개의 염소염자가 치환된 TCDD(2,3,7,8-tetrachloro dibenzo-*p*-dioxin)이다. 염소가 1～3개인 치환화합물의 TCDD보다 덜 유해하다.

- 다이옥신은 발암성 물질이며, 기형아를 유발한다. 1976년 이탈리아의 세베소화학 공장에서 폭발시 발생된 다이옥신에 의해 동물이 거의 다 죽었는데 인명피해는 36,000명중 193명만 심한 피부질환을 일으켜서 10년간 고통받았으나 건강상 중대 피해는 없었다.

▶ Dioxin의 LD_{50} = 0.6μg/kg이다(LD : lethal dose).

⑥ 다이옥신의 피해

- TCDD는 어린이에게 피부질환을 일으킨다.
- 인간의 지방 속에 TCDD가 1kg당 0～20pg존재한다.

▶ 세베소 어린이는 22,000pg이었다.

- 다이옥신의 반감기는 인체내 7년, 토양속 100년이며, 우유와 고기를 섭취시 98%가 흡수된다.
- 고엽제인 2,4,5-T, 2,4-D도 가열분해하면 Dioxin이 생성된다.

▶ 소각장에서의 Dioxin은 1~7.5ng/kg이며, PCB보다 독성이 강하다.

- PCDD와 PCDF는 무색의 고체로서 높은 녹는점과 낮은 휘발성을 갖고 있어서 지방조직내에 존재하면 잘 용해한다.

▶ TEQ(toxic equivalent)값
- 다이옥신 각각의 노출량에 상대적인 TEF값을 곱해 구한다.
- 다이옥신 중 가장 유독한 2,3,7,8-TCDD의 TEF(toxic equivalent factor)값을 1.0으로 하고 다른 화합물과 상대적인 독성에 따라서 TEF값을 부여한다.

$$\text{TEQ} = \Sigma\text{노출량} \times \text{상대적 TEF} \qquad (2\text{-}50)$$

예제▌ 1g의 2,3,7,8-TCDD와 4g의 PeCDD의 TEQ를 구하시오

풀이▌ TEQ = (1 × 1) + (4 × 0) = 1g/day(∵ PeCDD에는 염소가 1개도 치환되어 있지 않기 때문)

고엽제(Agent orange)의 피해사건

1. 월남전때 살포된 고엽제는 2,4,5-T의 제초제이다. 2,4,5-T고엽제 속에는 PCDD가 약 0.1ppm 정도가 함유되어 있었다고 한다. 실제로 2,4,5-T는 독성이 그리 크지 않다.
   ⇨ 2,800년된 미이라에서는 조직내에 PCDD 및 PCDF가 검출되지 않고 있다.
2. Missouri의 Times해변가 TCDD오염사건
   미조리, 베로나 공장증류기 바닥에 TCDD가 33ppm 함유된 폐유를 먼지조절용으로 경마장과 도로에 뿌렸는데 많은 경주마가 떼죽음을 당하였으며, 그 결과 인근 주민들을 강제격리시킨 바 있는 사건이다.
   ⇨ 염소로 종이 표백시 리그닌 성분과 결합하여 TCDD가 생성될 수 있으므로 기저귀, 백상지, 커피 1회용 컵, 복사지, 위생패드 등의 사용량을 감소시켜야 한다. 나무스토브가 TCDD를 더 많이 생성한다.

⑦ 다이옥신 처리공법

· 환원적 광 탈염소화법
자외선으로 분자 중 C-Cl 결합을 절단하고 알킬 자유라디칼에 의해서 연속적으로 탈염소화 반응시켜서 무해화한다.

· 10kW에서 수은 아크램프로 자외선을 조사해서 99.94%(343ppm을 0.2ppm으로)의 다이옥신을 처리한다.

$$ArCl \xrightarrow{h\nu} Ar\cdot + Cl\cdot$$
$$Ar\cdot + R\text{-}H \rightarrow ArH + R\cdot$$
$$Cl\cdot + R\text{-}H \rightarrow HCl + R\cdot \quad (2\text{-}51)$$

(2) 입자상물질

① 석면(Asbestos)

a. 석면의 주성분은 백석면($Mg_6Si_4O_{10}(OH)_8$)이고, 청석면($Na_2(Fe^{3+})2Fe^{2+}$, $Si_8O_{22}(OH)_2$: 제일 문제시됨), 갈석면(amosite)이 있다. 석면의 섬유소가 대단히 안정해 서로 결합하지 않으며, 침강치 않아 대기 중에 확산한다. 화공약품의 저항성이 크고, 전기저항성이 뛰어나며, 마찰력, 단열성, 내화성이 강하다.(건축재, 소음·화재방지재, 자동차의 브레이크 등)

b. 석면폐증(asbestosis), 폐암(lung cancer), 중피종(mesotherioma)을 일으킨다. 작업장내 석면단위는 개/cc 또는 개/mL로 나타낸다. 그리고 독성크기순서는 다음과 같다. (Chrysotile(백선면) < Amosite(갈석면) < Crocidolite(청석면)).

표 2.9 Rn별 반감기

구 분	$^{222}_{86}Rn$	$^{220}_{86}Rn$	$^{219}_{86}Rn$
반감기	3.82일	55.6초	3.96초

② 라돈(Rn)

a. 라돈은 비활성 및 희유가스로서 공기보다 밀도가 8배 크며, 무색・무취의 기체이다. 라돈은 3개의 불안정한 동위원소를 갖고 있으며, 이들은 반감기가 모두 다르다. 반감기가 길수록 안정한데 라돈의 안정성 크기 순서는 표 2.9와 같다.

b. Rn의 어미핵종은 1602년 반감기를 가진 ${}^{226}_{88}Ra$(라듐)으로 긴 수명을 가졌고, ${}^{238}_{92}U$계열로 암석, 침전토, 토양 속에 널리 분포되어 있다. Rn은 Ra원자의 방사성붕괴에 의해서 라돈기체가 생성되며, 암석 및 토양을 통해서 대기 속에 분산된다.

c. 건축물의 Rn특성

- 퇴적층위에 건물이 세워졌을 경우 점토벽돌은 블록벽돌보다 5배정도 더 많은 방사성 기체를 통과시킨다.
- 지하층 방이 1층 방보다 약 50%더 Rn이 많다.
- 바닥은 폴리우레탄(polyurethane)을 깔고 벽은 틈을 막아야 한다.
- Rn이 대기 중에 확산되면 라돈과 라돈 딸핵종은 호흡에 의해 인체속에 흡입되는데, 고체상태 방사능입자는 폐속에 갇히며, 기체상태는 호흡시 다시 밖으로 나온다.
- 따라서 중요한 점은 라돈흡입시 라돈 자체가 위험하다고 보기보다는 라돈의 딸핵종들이 문제가 된다.
- α입자(He핵)는 α입자의 방출자가 살아있는 조직과 접촉했을 때만 건강에 피해를 준다.

d. 라돈 동위원소별 방사선 붕괴계열

${}^{238}_{92}U$계열 $\quad {}^{238}_{92}U \cdots \rightarrow Th \rightarrow {}^{226}_{88}Ra \rightarrow {}^{222}_{86}Rn \cdots \rightarrow {}^{206}_{82}Pb$ (2-52)

${}^{232}_{90}Th$계열 $\quad {}^{232}_{90}Th \cdots \rightarrow Ra \rightarrow {}^{220}_{86}Rn \cdots \rightarrow {}^{208}_{82}Pb$ (2-53)

${}^{235}_{92}U$계열 $\quad {}^{235}_{92}U \cdots \rightarrow {}^{219}_{86}Rn \cdots \rightarrow {}^{207}_{82}Pb$ (2-54)

- 모핵종(parent nuclide)은 방사성붕괴를 진행하는 원래의 불안정한 핵종이다.
- 딸핵종(daughter nuclide)은 붕괴결과로 생성된 최종생성물로, 딸핵종이 또 다시 붕괴해 그 다음 핵종이 되고 원래 딸핵종은 어미 핵종이 된다.

3) 대기환경화학 요점

(1) 지표식물

여러 식물 중에서 특별히 해당 대기오염물질에 피해가 예민하게 나타내는 식물을 말한다.

- 아황산가스(SO_2) : 알팔파(자주개나리), 참깨
- 오존(O_3) : 담배
- 플루오린(F^-) : 글라디올러스, 메밀

· 광화학 스모그에 의한 PAN(Peroxy Acetyl Nitrate)은 강낭콩, 나팔꽃

식물에 피해를 주는 대기오염물질의 크기순서

$$HF > Cl_2 > SO_2 > HCl$$

▶ 양잠지대에 가장 피해를 크게 주는 대기오염물질은 플루오린화합물이다.

(2) 대기오염물질 특징

염소가스의 육안 식별 가능한 농도는 1～2ppm으로 황갈색기체이다.

대기오염물질 배출업소의 피해지점 허용농도 분류는 다음과 같다.

· 최고작업장농도는 MAK(maximum area concentration)
· 최대지상농도는 MIK(maximum indication concentration)
· 최대배출농도는 MEK(maximum emission concentration)로 나타낸다.

대기오염물질의 확산모델에서 σ_y, σ_z가 가장 큰 경우는 낮에 하늘이 맑고 풍속이 작을 때이며, σ_y는 풍속이 클수록 작고 σ_z는 온도차가 클수록 불안정해 커진다. 난류는 진동수가 1시간당 2싸이클 이상인 바람의 운동을 말한다. 혼합고의 측정장비는 radiosonde로서 기온감율을 이용한 기기가 제일 많이 사용된다. 고도에 따른 풍속의 변화식은 다음과 같다.

$$\frac{u_2}{u_1} = \left(\frac{z_2}{z_1}\right)^P \tag{2-55}$$

여기서, u_1은 고도 z_1에서의 풍속이고, u_2는 고도 z_2에서의 풍속을 말하며, P는 대기안정지수(안정한 상태일 경우는 1/3, 불안정한 상태일 경우는 1/9)이다.

보우엔비(B_o)

$$B_o = \frac{H}{L \cdot E} \tag{2-56}$$

여기서, H는 현열, $L \cdot E$는 기화잠열이며, B_o가 0.7 이상이면 건조지역이고 0.1이면 넓은 수면이다.

단열감율은 고도 100m상승마다 약 0.98℃씩, 환경감율은 약 0.65℃씩 온도가 감소함을 말한다. Föhn현상은 습윤 바람일지라도 산을 넘으면 온도가 상승해서 건조해지는 현상을 말한다. Ekman층은 지표와 대류의 마찰경계층을 말하며, 대개평야 및 해양은 0～500m, 보통 지형은 600m 이하이고 산악지형은 1,000m 이하이다. 미산란효과(Mie scattering)는 태양광선이 대기중에서 대기오염물질에 의해 산란되어 뿌옇게 흐려지는 현상이다. 대기오염물질의 시료채취 높이는 지상으로부터 가스상 물질일 경우 1.5～10m, 입자상 물질일 경우 3～10m이다.

▶ EGR(exit gas reflux)은 자동차 배출가스의 재순환 방식을 말한다.

(3) Plume Type

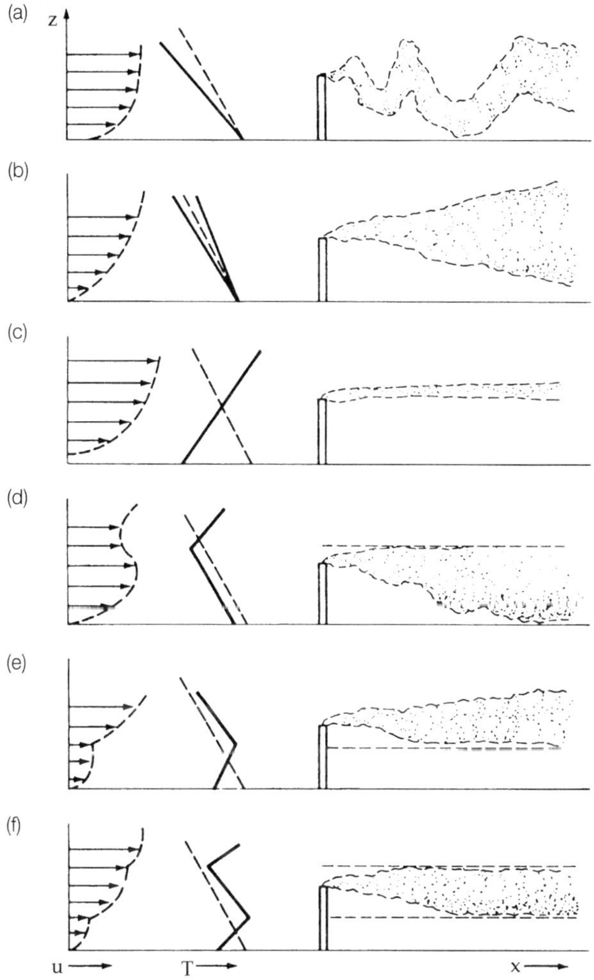

환상형(looping) : 강불안정

원추형(conning) : 중립

부채형(fanning) : 지표역전

훈증형(fumigation) : 상공역전

지붕형(lofting) : 굴뚝 아래부분에 생긴 역전

구속형(trapping) : 굴뚝 위와 아래부분에 생긴 역전

(점선 : 건조단열선, 실선 : 환경감율선)

2.2.2 연소공학

1) 가스상 물질

(1) 중유 연소시 보일러설치 피해

고온부식은 중유에 함유된 바나듐(V)이 산화해 오산화바나듐(V_2O_5)으로 되어 전열면에 융착해서 그 부분을 부식시킨다. 150℃ 정도의 저온부식은 중유에 함유된 황(S)이 산화해 아황산가스(SO_2) 및 삼산화황(SO_3)이 되어서 급수 예열기, 절단기 등을 부식시킨다.

(2) Le chatelier법칙에 따른 혼합가스의 폭발한계

$$\frac{100}{L} = \frac{V_1}{L_1} + \frac{V_2}{L_2} + \frac{V_3}{L_3} + \cdots\cdots + \frac{V_n}{L_n} \quad (2\text{-}57)$$

여기서, L은 혼합가스의 폭발환계치(%)이며, V는 각 성분의 용적(%)으로 혼합가스는 폭발하는 바 여유있게 취급해야 한다.

가스의 위험식(H)은 다음과 같이 나타낸다.

$$H = \frac{L_2 - L_1}{L_1} \quad (2\text{-}58)$$

여기서, L_1은 폭발하한치(%), L_2는 폭발상한치(%)이다.

공기비는 boiler의 정격 부하시 이론적인 공기비로 정(靜)특성인 반면에, 턴 다운비(Turn down ratio)는 부하가 변동될 때마다 다르게 적용되는 공기비로 동(動)특성이다.

(3) snow smat

연료속의 황(S)이 연소돼 SO_2가 되고 과잉의 O_2에 의해서 SO_3가 되고 이는 수증기와 결합해 H_2SO_4가 되어서 노점(dew point)을 저하시킨다. 배출가스가 노점이하로 되면 H_2SO_4가 응결되고 이 응결된 입자에 그을음 등이 흡착되어서 덩어리가 되는데 이를 snow smat라고 한다.

snow smat 및 acid smat는 저온부식을 촉진해 전열을 방해하고 굴뚝으로부터 배출되면 주변환경을 오염시키며 금속제품을 부식시킨다. 대책은 저공기비연소로 운영관리해야 한다.

(4) Orsat 분석기

연소시 배출가스 중의 CO_2, O_2, CO의 가스상 물질을 분석하는데 이용되는 분석이며, 배출가스온도는 16~20℃가 최적온도이다.

- CO_2(탄산가스)의 흡수액은 KOH 30%수용액으로 1mL당 CO_2 40mL를 흡수한다.
- O_2(산소)의 흡수액은 알칼리성용액으로 1mL당 O_2 8cc를 흡수한다.
- CO(일산화탄소)의 흡수액은 NH_3, $CuCl_2$용액 및 생성 $CuCl_2$용액이 있다.
- $N_2 = 100 - (CO_2 + O_2 + CO)$ [%]

(5) 발열량

저위발열량(low heat capacity : H_L)은 기화시 잠열을 제외한 열량을 말하며, 연소계산시 사용된다.

- 저위(진)발열량의 계산공식은 다음과 같다.

$$H_L = H_h - 600(9H + W) \ \text{[kcal/kg]} \quad (2\text{-}59)$$

· 고위발열량과 저위발열량의 차이는 연료성분의 수소(H)와 수분(W) 때문이다.
고위발열량(high heat capacity : H_h)은 고체, 액체연료의 연소시 최대발열량이며, 연소계산시 사용된다.

$$H_h = 8{,}100\ \mathrm{C} + 34{,}000\left(\mathrm{H} - \frac{\mathrm{O}}{8}\right) + 2{,}500\ \mathrm{S}\ \ [\mathrm{kcal/kg}] \tag{2-60}$$

여기서, C는 연료 성분의 탄소, H는 수소, O는 산소, S는 황이다. 상기식에 (H - O/8)항은 유효수소로서 연료 속에 함유된 산소가 수소와 수소결합에 의해 결합 후 남은 수소이다.

▶ 중유가 석탄보다 발열량이 큰 이유는 수소성분이 많기 때문이다.

(6) 액체연료의 연소방식

일반적으로 액체연료는 증발연소이며, 중질유는 분해연소를 말한다. 그리고 공업용 액체연료일 경우는 분무화 연소방식이다. 매연을 발생시키기 쉬운 성분은 회분 > 고정탄소 > 수분 > 휘발분이다.

▶ · 고체연료는 표면연소이고, 석탄의 초기연소는 분해연소이다.

· 연료비 = $\dfrac{\text{고정탄소}}{\text{휘발분}}$

(단, 연료비는 액체연료에는 해당없고 고체연료만 해당되며, 무연탄이 제일 높다.)
그리고 연료비의 순서는 무연탄(7) 〉 역청탄(1~7) 〉 갈탄, 이탄(1 이하)이다.

· 탄화도는 휘발성분인 CO_2, O_2, H_2O 가스 등이 함유된 비율 및 C/H비가 얼마인지를 아는 척도이다.

[검댕이 많이 발생하는 이유]

· 연소시 고휘발성분보다 저휘발성분이 많기 때문이다.

· 연소실에서 열발생율값 이상으로 중유를 연소시키기 때문이다.

중유에 첨가하는 회분개질제는 회분의 융점을 높여 고온부식을 억제하여야 한다. 배연탈질법 중에서 NO와 NO_2를 동시에 흡수가능한 물질은 Na_2CO_3와 Na_2SO_3이며, $FeSO_4$는 NO만 제거, NaOH는 NO_2만 제거한다.

▶ 염소가스제거법은 흡수법($Ca(OH)_2$)이 가장 효율적이다.

촉매를 이용해서 80% 이상의 황산을 회수하려면 배연탈황법 중에서 산화법을 이용해야 한다. 이때 실리카담체에 V_2O_5, K_2SO_4 등의 촉매를 사용해서 SO_2는 H_2SO_4로 90% 이상 회수가능한 촉매산화법이 효과적이다. 반응온도가 가장 높은 탈황법은 석회석 분말건식 흡수법이다.

▶ 석탄중에는 S성분이 1~3% 함유되어 있으며, 중유중 S성분 분석법은 범브(Bomb)법, 아이소트(Isote)법, 연소관식 연소법이 있다. 고체연료 중 S성분 분석법은 애슈가법이 있다.

Bunker-A, B, C, 즉 중유의 분류기준은 점도로 방카 A유는 20cst 이하, 방카 B유는 50 이하, 방카 C유는 400 이하이다. 중유의 KS규격에는 인화점, 동점도, 유동점, 잔류탄소분, 수분, 회분, 황분 등이 있다. 금속의 기화온도 크기는 Fe(3,200℃) > Pb(1,750℃) > Cd(760℃)이다. 상온, 상압에서 NH_3와 반응하는 물질은 Cs_2, CO_2, C_6H_6, C_5H_5N과는 반응하지 않는다. 그리고 흡수제 NH_3로 사용 후 재생가능한 담체는 MnO_2이다.

① 등가비(Equivalence ratio : ϕ)

$$\text{등가비} = \frac{(\text{실제연료량/산화제})\text{의 비}}{(\text{완전연소를 위한 이상적인 연료량/산화제})\text{의 비}}$$

$$= a \times \frac{\text{실연료량}}{O_2\ \text{량}} \qquad (2\text{-}61)$$

$\phi > 1$ 경우는 연료과잉으로 불완전연소시 CO와 매연발생한다.

$\phi = 1$ 경우는 완전연소로 연료와 산화제의 혼합이 이상적이다.

$\phi < 1$ 경우는 공기과잉으로 NO 등이 발생한다.

② 최대 CO_2농도($[CO_2]_{max}$)와 공기비(m)

완전연소할 경우

$$[CO_2]_{max} = \frac{21\,[CO_2]}{21 - [O_2]}\ [\%] \qquad (2\text{-}62)$$

불완전연소할 경우

$$[CO_2]_{max} = \frac{21\,[CO_2] + [CO]}{21 - [O_2] + 0.395\,[CO]}\ [\%] \qquad (2\text{-}63)$$

공기비(m)

$$m = \frac{[CO_2]_{max}}{[CO_2]} \qquad (2\text{-}64)$$

③ 굴뚝의 연기색깔변화

· 보라색 연기일 경우는 NaCl, NaOH, C_2HCl_3, C_2Cl_4, Na_2CO_3의 혼입이며 NO, NO_2, SO_2는 아니다.

· 백연원인은 NaCl, Na_2SO_4, Na_2CO_3의 혼입이며, H_2SO_3는 아니다.

이론연소가스량과 이론공기량의 차가 큰 순서는 다음과 같다.

· 단일결합 > 이중결합 > 삼중결합

· LNG(CH_4) > LPG > 등유 > 불포화탄화수소

연료연소시 NO가스의 생성률 순서는 고체 〉 액체 〉 기체 연료인데 이는 과잉 공기량이 적고 접촉시간이 짧기 때문이다.

2) 입자상물질

(1) 먼지의 입경분포

① Rosin-Rammler식

먼지입자 분포가 체(mesh)걸름분포에 의해 적산분포 및 빈도분포곡선식이 유도된다. 로진-람러는 이를 직선화하기 위해 공식을 개발했다.

$$R = 100\exp(-\beta \cdot \chi^{n}) \qquad (2\text{-}65)$$

상기 로진-람러 분포공식에서 R은 임의 입경 x보다 큰 입자가 전체중에 차지하는 비율이다. 상기식 (2-65)을 자연대수를 취하면 다음 식 (2-66)이 된다.

$$\log(\ln 100 - \ln R) = n \log x + \log\beta \qquad (2\text{-}66)$$

상기식에서 $\log x$를 가로(횡)축, log (ln 100 - ln R)을 세로(종)축에 취해 직선으로 만든다. 그리고 β(베타)가 클수록 직선은 좌측으로 이동하고 입경은 작아지며, 지수 n 값이 커질수록 직선은 직립하며 입경분포범위가 좁아진다.

② 입경분포에 따른 응집성

함진가스 속의 먼지는 Brown운동을 하기 때문에 응집시 입경차가 비슷하면, 즉 입경분포폭이 좁으면 Brown(브라운) 운동성향이 비슷해 응집이 잘 안된다. 입경이 작을수록 난류영향으로 응집이 잘 되며, 입자크기가 다양해야만 상호충돌해 응집효과가 크게 된다.

③ 먼지의 겉보기비중(S_B)

먼지의 겉보기 비중이 작을수록, 즉 공극률이 클수록 비산하기 쉬워서 이들 분리포집이 곤란하다. S_B는 진비중에서 공극률 비중값을 뺀 값으로 $S_B = (1-\varepsilon)S$이며, ε는 공극율이다. 진비중(S)과 겉보기비중(S_B)의 비, S/S_B 비의 값이 큰 순서는 검댕(carbon black)(76) > 중유연소재(9) > 제강용권로먼지(7)이다. 대기 중에 불규칙적으로 운동해 빛을 분산시키지 않는 먼지크기는 0.1μm 이하이며, 0.1μm 이상은 빛을 분산시킨다. 비표면적(S_v)은 먼지의 표면적을 먼지의 용적으로 나눈 값이다. 여기서 d는 입경이다.

$$S_V = \frac{4\pi r^2}{\frac{4}{3}\pi r^3} = \frac{6}{d}\ [\mu m^{-1}] \qquad (2\text{-}67)$$

먼지의 전기저항값은 $10^4 \sim 10^{11}\Omega$-cm가 최적 집진효율이 높다.

- 전기집진기의 먼지 겉보기 전기저항과 집진율
- 재비산방지는 습식 전기집진기 및 여과집진기를 설치한다.

· 역전리방지는 물 및 증기를 투입해 조습하거나 함진가스온도를 낮추어서 전기저항치를 10^{10} 이하로 유지해야 한다. 그러나 조습하는 방법이 가장 최선방법이다.

(2) 대기오염방지시설

① cyclone일 경우

· Blow down효과 싸이클론의 집진율 향상방안으로 cyclone의 dust box 및 multiple cyclone의 hopper로부터 함진 처리가스량의 5～10%를 흡인해 cyclone 내의 선회기류 흐트러짐방지를 위해서나 먼지의 재비산을 방지하기 위해서 실시한다.

· 분리계수(S)는 cyclone내에서 원심력(F_e)을 중력(F_g)으로 나눈 값으로, 분리계수가 1보다 작으면 먼지제거가 잘 된다.

$$S = \frac{F_e}{F_g} = \frac{U_\theta^2}{r \cdot g} \tag{2-68}$$

여기서, r은 cyclone 내의 반지름(m)이고, g는 중력가속도(9.8m/sec^2)이며 U_θ는 먼지입자의 접선방향 유속(m/sec)이다.

입경 44μm 이상의 먼지입경측정방법은 체거름법에 의한 입경측정법이다.

② Electronic Precipitator(EP)일 경우

· 전기집진기내의 SO_3가스에 장치가 부식되는 바 부식방지를 위해 NH_3를 투입해서 방지하나 $(NH_4)_2SO_4$(유안)을 부산물로 생성한다. 단, NH_4Cl, H_2 등 주입은 최선책이 아니다.

· 정전하가 각각 q_1, q_2의 쿨롱(Coulombs)인 두 입자가 x만큼 떨어져 있을 때 작용하는 인력 F는 다음 식으로 구한다.

$$F = \frac{D \cdot q_1 \cdot q_2}{x^2} \tag{2-69}$$

여기서, D는 Dielectric 상수로서 진공시 1.0, 공기시 1.006이다.

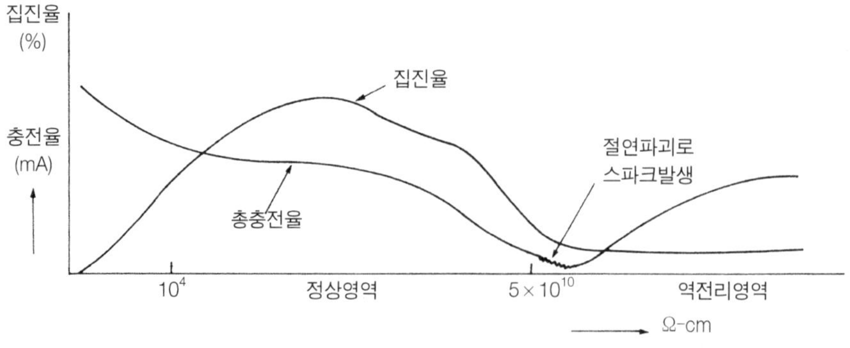

그림 2.13 전기저항값에 따른 집진율

2.2.3 대기오염물질의 분석방법

1) 가스상 물질

분석방법에는 배출허용기준의 측정분석과 환경기준의 측정분석법으로 구분되며, 환경부고시의 대기오염공정시험방법을 따른다.

배출허용기준 항목별 분석법

① 암모니아(NH_3) : 인도페놀법(주시험법), 중화적정법
② 염화수소(HCl) : 질산은법(주시험법), 티오사이아나이드산 제2수은법
③ 염소(Cl_2) : 오르토톨리딘법(주시험법)
④ SO_x(황산화물) : 아르세나조 Ⅲ법(주사험법), 중화적정법
⑤ NO_x(질소산화물) : 페놀디술폰산법(주시험법), 아연환원 나프틸에틸렌디아민법
⑥ 이황화탄소(CS_2) : 흡광광도법(주시험법), 기체크로마토그래피법(FPD)
⑦ 폼알데하이드(HCHO) : 크로모트로핀산법, 아세틸아세톤법(주시험법)
⑧ 황화수소(H_2S) : 흡광광도법(주시험법), 메틸렌블루법
⑨ 플루오린(F)화합물 : 란탄 알리자린 콤플렉손법(주시험법)
⑩ 사이아나이드화수소(HCN) : 피리딘 피라졸론법(주시험법)

환경기준측정분석법

환경기준 측정분석법에는 시료의 채취방식에 따라 수동식, 반자동식, 자동식으로 대별되며 대기오염에서 수동식의 대표적 예는 PbO_2 Candle method로 대기중의 SO_2의 거동을 연간 측정하는 방법이다. 또한 반자동식에는 포집병에 일정시간 대기를 포집하여 대기의 상태를 실험실 조작으로 농도를 환산하는 방법도 있으며 각 방법의 선택은 각각의 데이터의 용도에 따라 선택된다. 현재 우리나라의 국공립 연구기관에서는 주로 인력과 시간상을 이유로 자동측정방식을 채택하고 있다.

자동측정법

- SO_x일 경우
  - 용액전도율법의 방해물질은 HCl, NH_3, NO_2이다.
  - 적외선 흡수법은 7,300nm 부근의 적외선 흡수원리를 이용하며, 방해물질은 H_2O, CO_2이다.
  - 자외선 흡수법은 280~320nm 부근의 자외선 흡수원리를 이용하며, 방해물질은 NO_2이다.
  - 불꽃광도법은 394nm 부근의 발광원리를 이용하며, 방해물질은 H_2S이다.
  - 정전위전해법은 가스투과성 격막분리전해를 이용하며, 방해물질은 H_2S, NO_2이다.
- NO_x일 경우
  - 화학발광법은 $NO + O_3 \rightarrow NO_2 + O_2$ 때 발광하는 광도를 590~875nm 부근에서 측정하며, 방해물질은 CO_2이다.

- 적외선 흡수법은 5,300nm의 적외선 흡수원리를 이용하며, 방해물질은 H_2S, CO_2이다.
- 자외선 흡수법은 NO 195~230nm, NO_2 350~450nm의 자외선을 흡수한 양변화로 측정하며, 방해물질은 SO_2이다.
- 이 외에도 살츠만법과 야콥스호흐하이저법 등이 있다.

- CO일 경우
- 비분산적외선 흡수법(NDIR)은 적외선 흡수량의 변화로 측정한다.
- 기체크로마토그래피법의 검출기는 FID이용한다.

2) 배출 허용기준의 입자상물질

① 강하먼지(fall dust) : 반자동식 채취기에 의한 방법과 수동식(dust jar ; 조립) 채취기에 의한 방법이 있다.

② 비산먼지(PM-10) : High volume air sampler 법과 불투명도법이 있다.

③ 카드뮴(Cd)화합물 : 원자 흡광광도법(파장 : 228.8nm)과 흡광도법(파장 : 520nm)이 있다.

④ 납(Pb)화합물 : 원자흡광광도법(파장 : 217nm 또는 383.3nm)과 흡광광도법(파장 : 520nm)이 있다.

⑤ 크로뮴(Cr)화합물 : 원자흡광광도법(파장 : 357.9nm)와 흡광광도법(파장 : 540nm)이 있다.

⑥ 구리(Cu)화합물 : 원자흡광광도법(파장 : 324.8nm)과 흡광광도법(파장 : 400nm)이 있다.

⑦ 니켈(Ni)화합물 : 원자흡광광도법(파장 : 232nm)과 흡광광도법(파장 : 450nm)이 있다.

⑧ 아연(Zn)화합물 : 원자흡광광도법(파장 : 213.8nm)과 흡광광도법(파장 : 535nm)이 있다.

⑨ 수은(Hg)화합물 : 환원기화 원자흡광광도법(파장 : 253.7nm)과 흡광광도법(디티존법 : 파장490nm)

중금속시료 전처리 방법

- 타르(tar), 기타 소량의 유기물을 함유한 시료는 질산(HNO_3) + 염산(HCl)법 또는 HNO_3 + 과산화수소(H_2O_2)법으로 전처리한다.
- 유기물을 함유하지 않은 시료는 HNO_3법을 전처리한다.
- 다량의 유기물 유리탄소함유 및 셀룰로오스 섬유제여과지를 사용한 시료는 저온회화법으로 전처리한다.

3) 환경기준상 대기오염물질항목의 분석

① 비산먼지(TSP)측정법

- High Volume Air Sampler(HVAS)법
- Low Volume Air Sampler(LVAS)법
- 광산란법
- 광투과법
- 베타(β)선법

· Anderson Air Sampler법

Piezo balance(압전결정진동법)는 고유진동수 약 5MHz로 발진시켜서 먼지를 포집해 측정하는 계기이다.

② 옥시던트(O_x)측정법

· 자동연속 측정법 : 화학발광법, 중성 요오드화 칼륨법, 자외선 광도법

· 수동측정법 : 중성 요오드화 칼륨법, 알칼리성 요오드화 칼륨법

③ 아황가스(SO_2)측정법

· 수동 및 반자동측정법 : 파라로자닐린법, 산정량 수동법, 산정량 반자동법

· 자동 연속측정법 : 용액 전도율법, 불꽃 광도법, 자외선 형광법

④ 일산화탄소(CO)측정법

· 자동연속측정법 : 비분산적외선(NDIR)분석법

· 수동측정법 : 비분산적외선분석법, 수소불꽃이온화검출기(FID)법 (G.C)법

⑤ 질소산화물(NO_x)측정법

· 자동연속측정방법 : 화학발광법, 살츠만법(살츠만-야곱스 호흐하이저법) (파장 : 545nm)

⑥ 납(Pb)측정법

· 원자흡광광도법(파장 : 217nm 및 283.3nm)

· 흡광광도법(디티존법 : 파장은 520nm)

2.2.4 보일러 배출가스중 탈질기술(굴뚝에서의 제거)

1) 탈질제어기술의 종류

(1) 배연탈질공법

① 건식법에는 다음과 같은 기술이 있다.

· 접촉환원법(선택법, 비선택법이 있다.)

· 전자선 조사법

· 이외에도 접촉분해법, 흡착법, 흡습법(용해열법)

② 습식법에는 다음과 같은 기술이 있다.

· 흡수법(알칼리법, 황산법)

· 산화흡수법(과염소산나트륨법, 과망가니즈산칼륨법, 오존산화법)

· 착염생성흡수법

(2) 질소산화물(NO_x)제어기술

· 연소개선은 운전조건개선 및 연료 장치의 개조이다.

· 연료개선은 연료의 탈질 및 연료운전법의 개선이다.

(3) 접촉환원법

① 환원제에는 NH_3, CH_4, CO, H_2가 있다.

② 암모니아(NH_3)에 의한 NO, NO_2환원법(선택접촉환원법)

a. 반응과정

$$6NO + 4NH_3 \rightarrow 6H_2O + 5N_2$$

$$6NO_2 + 8NH_3 \rightarrow 12H_2O + 7N_2 \qquad (2\text{-}70)$$

상기 방응식에서 NO와 NH_3의 비는 6 : 4이지만 실제로는 NH_3/NO비는 1.5이다.

b. 반응온도가 높으면 NH_3가 산화되어서 NO가 생성되는 바 탈질율이 오히려 떨어진다.

$$4NH_3 + 5O_2 \rightarrow 6H_2O + 4NO \qquad (2\text{-}71)$$

NH_3는 O_2와 반응해서 N_2가 되기도 한다.

$$4NH_3 + 3O_2 \rightarrow 6H_2O + 2N_2 \qquad (2\text{-}72)$$

반응온도가 너무 높으면 NH_3의 산화반응이 활발히 진행되어 NO_X제거율이 감소한다.

c. 온도가 낮을 경우에는 NO_X 제거율이 저하되는 것뿐만 아니라 미반응된 NH_3가 황산암모늄($(NH_4)_2SO_4$)을 생성하여 반응기 후단에 부식 · 배관폐쇄 등의 문제를 일으킨다.

d. 배출가스 중 NO_x보다 O_2분율이 훨씬 많은 바 첨가된 환원제가 O_2와 반응하여도 좋은 선택환원제인 촉매를 잘 선택해야 하며, 탈질 위해 적절한 NH_3주입조건을 유지해야만 다음 반응이 일어난다.

$$4NO + 4NH_3 + O_2 \rightarrow 6H_2O + 4N_2 \qquad (2\text{-}73)$$

e. 탈질반응을 유효하게 진행시키기 위해서는 촉매가 필요하며, 그 특징은 다음과 같다.

· 백금(Pt)촉매는 200~300℃에서 높은 활성을 갖고 있으나 값이 비싸고 SO_x와 공존시 촉매의 활성이 떨어진다.

· Cr_2O_3, Fe_2O_3, V_2O_5, TiO_2의 촉매는 SO_x가 있어도 활성이 오래 지속되며 열에 안정하고, 부반응에 의해 유해성분이 발생되며 촉매성분시 비산되지 않고 가격이 싸다.

· V_2O_5, TiO_2를 짝지워 Al_2O_3 등 표면적이 큰 물질에 분산시켜서 사용한다. 그러면

300~400℃에서 시간당 3.000~10.000배의 배출가스처리가 가능하고 탈질율도 90% 정도이다.

③ CH_4환원법

· NO_2를 NO로 환원시킨 후 다시 N_2로 처리하는 환원방법으로 CH_4를 충분히 공급해서 반응하되 이때 모두 발열반응을 하는 바 배출가스는 O_2 1%당 약 130℃로 상승한다. 그러므로 배출가스 중 NO_x함유량이 적은 배연처리에 이 공법은 적정하다.

$$CH_4 + 4NO_2 \rightarrow 2H_2O + 4NO + CO_2$$
$$CH_4 + 4NO \rightarrow 2H_2O + 2N_2 + CO_2 \quad (2\text{-}74)$$

· 부반응은 다음과 같다.

$$CH_4 + 2O_2 \rightarrow 2H_2O + CO_2 \quad (2\text{-}75)$$

(4) 전자식 조사법

NO_x와 SO_2가 공존해야만 적용되는 공법이며, 배연탈질공정 중 SO_2가 있어야 처리효율이 향상된다. 전자식은 2MeV, 2mV로 배출가스에 조사해 NO_x와 SO_2가 반응해 아황산염을 만들어 침전시키는 공법이다.

$$NO_x + SO_2 + H_2O \rightarrow SO_2(NO_x)_n(OH)_m \quad (2\text{-}76)$$

(5) 흡수법

물 및 알칼리에 흡수시켜서 NO_x를 제거하는 공법이다. NO는 거의 물에 녹지 않는다(용해도는 50℃에서 물 100g당 3.76ng임). NO_2는 물 및 알칼리에 잘 녹는다. NO가 빠르게 NO_2로 산화되면 흡수속도도 빠르고, 특히 NO/NO_x비가 1일 때 흡수속도가 빠르다. NO와 물 및 알칼리(MOH)와는 반응하지 않지만 NO_2 및 N_2O_5는 물 및 알칼리와 반응해 HNO_3 및 MNO_3가 생성된다(단, 여기서 M은 Na^+, K^+, NH_4^+이다).

(6) 산화흡수법

산화제는 O_3, ClO_2 등을 사용한다. 산화제를 흡수탑에 첨가해 NO를 통과시키면 수초(sec)내에 NO_2 및 N_2O_5로 산화된 후 물 및 알칼리용액에 흡수되거나 $KMnO_4$ 및 HClO수용액에 산화흡수된다.

$$3NO + 2O_3 + H_2O \rightarrow NO_2 + O_2 + 2HNO_3$$
$$NO_2 + Na_2SO_3 \rightarrow \tfrac{1}{2}N_2 + Na_2SO_4$$
$$NO + ClO_2 + H_2O \rightarrow HNO_3 + HCl + O_2 \quad (2\text{-}77)$$

2.2.5 보일러 배출가스중 탈황기술

1) 개요

① 발생원

주발생원(SO_2)은 황함유연료의 연소시 발생되며, SO_2가 불꽃중에서 산화해 SO_3가 된다.

② 피해

SO_2는 물 1L당 25℃에서 94g 정도가 녹는다. 사람이 SO_2흡입시 거의 상기도에서 흡수되며, 하기도에서는 아주 적다. SO_2는 잎맥간 옅은 백색 및 갈색의 반점을 일으키고, 소나무 끝이 갈색으로 변한다. 피해는 야간보다 주간에 탄소동화작용에 의한 기공이 열려 피해가 크다.

2) 탈황공법

(1) 탈황법의 분류

건식법은 활성탄흡착법, 활성산화망가니즈법, 알칼리 알루미나법, 석회법, 촉매에 의한 접촉산화법(V_2O_5), 금속산화물흡수법 등이 있다.

습식법은 아황산소다흡수법, 수산화암모늄흡수법, 석회흡수법, 산화마그네슘흡수법 등이 있다.

(2) 건식(dry type)법

① 활성탄흡착법

물리적인 흡착법은 O_2, H_2O 공존시 SO_2의 흡수효율이 증대된다. 활성탄에 흡착된 SO_2는 활성탄의 촉매작용으로 O_2 및 H_2O와 반응해서 H_2SO_4로 된다.

$$SO_2 + \frac{1}{2}O_2 + H_2O \rightarrow H_2SO_4 \text{ mist} \quad (2\text{-}78)$$

② 활성망가니즈법

활성망가니즈의 분자식은 $MnO_x \cdot nH_2O$(x : 1.5～1.8, n : 0.3～1.0)이다. Mn $O_{1.88}$는 흡수능력이 뛰어나서 SO_2와 반응해서 $MnSO_4$가 되고, 재생을 위해 NH_3 첨가하면 활성망가니즈와 황산암모늄(유안)이 생성된다.

$$MnO_2 \cdot nH_2O + SO_2 + O_2 \rightarrow MnSO_4 + nH_2O$$
$$MnSO_4 + 2NH_3 + O_2 + 2H_2O \rightarrow MnO_2 \cdot 2H_2O + (NH_4)_2SO_4 \quad (2\text{-}79)$$

표 2.10 탈황의 건식 · 습식 특성

건 식 법	습 식 법
· 대량 배출가스처리가 가능 · 굴뚝주변에 mist발생없음 · 온도강하적음 · 반응속도 느려 탈황효율 낮음	· 탈황효율 높음 · 건설비 · 부지면적 적음 · 폐수발생함 · 온도저하로 백연 및 확산효과 나쁨

③ 알칼리 알루미나법

· 알칼리 알루미나의 분자식은 $Na_2O \cdot Al_2O_3$이다.

· SO_2와의 반응식은 다음과 같다.

$$SO_2 + O_2 + Na_2O \cdot Al_2O_3 \rightarrow Na_2SO_4 \cdot Al_2O_3 \qquad (2\text{-}80)$$

· 재생은 수성가스(CO와 H_2)로 650℃에서 재생시킨다.

$$Na_2SO_4 \cdot Al_2O_3 + CO + H_2 + H_2O \rightarrow Na_2O \cdot Al_2O_3 + CO_2 + H_2S$$

$$2H_2S + O_2 \rightarrow 2H_2O + 2S \qquad (2\text{-}81)$$

④ 석회법

고온에서 CaO가 SO_2, O_2와 반응해 $CaSO_4$가 되는 반응을 이용해 보일러안에 석회석($CaCO_3$)분말을 불어 넣으면 열분해로 SO_2와 반응해서 $CaSO_4$가 되고, 이때 배출된 먼지는 집진기로 회수한다 상기 반응은 800~1,250℃의 온도에서 이루어지며, 보일러의 체류시간은 1~3sec이므로 탈황율이 약간 낮다.

$$CaCO_3 \rightarrow CaO + CO_2$$

$$SO_2 + CaO + \frac{1}{2}O_2 \rightarrow CaSO_4 \qquad (2\text{-}82)$$

(3) 습식법

① 아황산소다흡수법

반응조건은 알칼리성 및 중성이어야 한다. $NaOH$가 SO_2를 흡수해서 Na_2SO_3가 되고, 다시 SO_2를 흡수해 Na_2SO_3로 제거된다. $NaOH$를 사용하면 pH가 높아져서 CO_2흡수로 $NaOH$손실이 큰 바 중성부근(pH 7 이하)에서 Na_2SO_3로 가능한 운전해야 한다.

$$CaCO_3 + SO_2 + H_2O \rightarrow CaSO_3 \cdot \frac{1}{2}H_2O + CO_2 + \frac{1}{2}H_2O \qquad (2\text{-}83)$$

상기 반응식에서 $CaSO_3 \cdot \frac{1}{2}H_2O$는 배출가스 중의 O_2와 반응해서 $CaSO_4 \cdot 2H_2O$(석고)가 된다. 이 석고는 회수해서 재이용할 수가 있다.

② 산화마그네슘(MgO)흡수법

MgO는 scale 생성문제로 현탁액을 사용해야 한다.

탈황공정은 반응 → 건조 → 재생 시스템으로 이루어졌다.

· 반응공정

$$SO_2 + MgO + 6H_2O \rightarrow MgSO_3 \cdot 6H_2O$$
$$SO_3 + MgO + 7H_2O \rightarrow MgSO_4 \cdot 7H_2O \quad (2\text{-}84)$$

· 건조공정

$$MgSO_4 \cdot 7H_2O \rightarrow MgSO_4 + 7H_2O \quad (2\text{-}85)$$

· 재생공정(회수공정)

$$2MgSO_4 + C \xrightarrow[\triangle]{} 2MgO + 2SO_2 + CO_2 \quad (2\text{-}86)$$

MgO공법은 가열공정이 있어 운전비가 비싸다.

2.3 대기화학

2.3.1 대기권과 대기오염

1) 개요

(1) 대기권 개요

① 공기중의 H_2O는 1～3%(평균1%)존재한다.

② 대기온도는 -138～1,700℃이다.

③ 대기압은 바다 · 육지위가 1기압, 상공 100km는 3×10^{-7}기압이다.

④ 대기권의 분류

a. 성층권은 지상 10～50km까지이고, 지상으로부터 50km까지를 균질권이라 한다.

b. 지상 50km이상은 중간권과 열권으로 비균질권이다.

c. 대류권은 15～-56℃로 고도 0～11km이며, N_2, O_2 ,CO_2, H_2O로 구성되었다.

d. 성층권은 -56～-2℃로 고도 11～50km이며, 주로 O_3가 존재한다.

e. 중간권은 -2～-92℃로 고도 50～85km이며, O_2^+, NO^+가 존재한다.

f. 열권은 -92～1.200℃로 고도 85～500km이며, O_2^+, O^+, NO^+가 존재한다.

g. 성층권의 특성

- 대류권의 최상단에 위치해 매우 온도가 낮아 물이 얼음입자로 응축된다.
- 응축된 물은 더 높은 고도로 올라가 강한 자외선작용에 의한 광분해를 방지하는 작용을 한다.
- 만약, 이러한 응축이 없으면 광분해에 의한 수소가 대류권을 빠져나간다.
- 즉, 성층권은 대류권에 있는 수소가 순손실되는 물의 광분해반응을 억제하는 역할을 한다.

h. 성층권의 중간지역 25km에서 오존부피농도는 10ppm 정도이다.

i. 수직으로 받는 태양에너지의 총량은 19.2 kcal/m^2 · 분 = 1.34 × 10^3 watts = 1.34 kW/분 · m^2이다.

j. 복사(radiation)는 진공속에서도 에너지를 전달할 수 있기 때문에 에너지를 지구에서 완전히 없어지게 하는 유일한 기전이다.

k. 대류는 분자들의 운동에너지로 나타내는 잠열(latent heat)을 이동시킬 뿐만 아니라 응축되는 경우에 방출될 수 있는 수증기형태의 잠열도 이송시킨다.

l. 대기권의 수증기와 탄산가스는 다음처럼 적외선을 흡수하며, CO_2에 의해서는 12～16 μm 에서 강하게 적외선이 흡수된다. 적외선영역의 빛은 화학결합을 끊을 수 있는 정도의 에너지가 아니며, 진동 · 회전에너지만을 얻어서 열을 발산해 지구온도를 높인다.

$$7\mu m \xleftrightarrow{\text{흡수대}} 8.5\mu m \xleftrightarrow{\text{대기의 창}} 11\mu m \xleftrightarrow{\text{흡수대}} 14\mu m$$

상기 파장에서 CO_2, 수증기에 의한 적외선 흡수가 없다면 지구온도는 -40℃가 되었을 것이다.

⑤ 비(rain)의 핵은 다음과 같은 특징을 갖고 있다.
- 흡수성 물질이어야 한다.
- 염류, 삼산화황(SO_3), 유기물질, 박테리아, 결정성 염류이다.
- 인공비는 AgI(요오드화 은)을 핵으로 만든 비이다.

⑥ 대기화학실험의 어려운 점
- 아주 낮은 농도이어서 취급, 분석 및 검출이 어렵다.
- 고공과 비슷한 압력을 유지하기 위해 내부물질을 뽑아내야 하는데 동일 유사한 상태로 제작하기가 어렵다.
- 제 3물체들이 아주 미량으로 존재하는 고공에서는 반응이 천천히 진행되지만 반응기내에서는 에너지를 신속히 흡수해 반응이 빨리 일어난다.
- 반응기벽체가 촉매역할하거나 반응물질을 흡수하기도 한다.

⑦ 대기 중에 존재하는 반응성이 강하고 불안정한 물질은 ㉠ 들뜬(여기)상태, ㉡ 자유라디칼, ㉢ 이온화원자 또는 이온화분자이다.

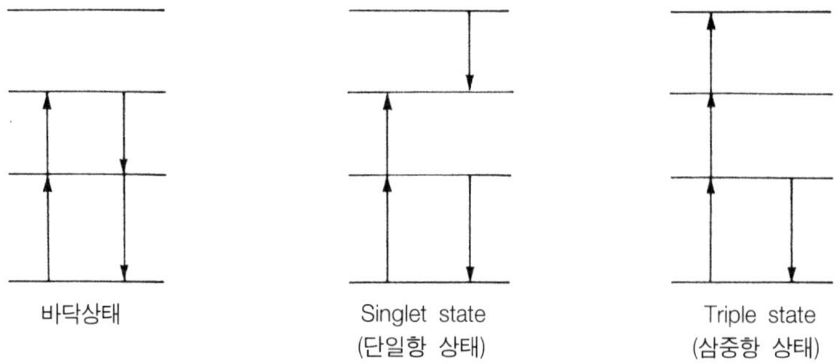

그림 2.14 광화학 반응과정

- 들뜬상태는 바닥상태의 전자가 가시광선이나 자외선을 받아 에너지준위가 높은 비어있는 궤도(orbital)로 전자가 이동하는 것이다.
- 단일항 상태는 높은 에너지 준위로 올라가긴 했으나 아직까지 반대방향의 스핀을 하고 있다. 삼중항 상태는 단일항 상태의 스핀이 동일한 방향으로 된다.

⑧ 흡수한 빛이 가시광선영역이면 색깔을 띠게 되는데 NO_2의 경우는 적갈색을 띤다.

⑨ 물리적 소광반응(physical quenching)은 다음과 같다.

$$O_2^* + M \rightarrow O_2 + M^* \qquad (2\text{-}87)$$

상기 반응에서 O_2처럼 들뜬 화학종은 물리적인 소광반응에 의해서 M으로 나타낸 다른 분자 및 원자에 에너지를 준다. 여기서 M은 물리적 소광 반응에 의해 에너지를 얻게 되어서 결국은 에너지가 열로 전환되어서 주위로 확산된다.

⑩ 지상 85km 이상의 열층에 산소원자(O)가 많이 존재하는 것은 들뜬 화학종인 O_2^*가 분해되어서 많은 에너지를 발생하기 때문이다.

$$O_2^* \rightarrow O + O \qquad (2\text{-}88)$$

⑪ 형광(fluorescence)은 전자기 복사선을 흡수한 다음에 얻게 된 에너지를 즉시 빛으로 재방출하는 것이다. (단, $h\nu$는 빛이다.)

$$NO_2^* \rightarrow NO_2 + h\nu \qquad (2\text{-}89)$$

⑫ 인광(phosporescence)은 전자기 복사선을 흡수한 다음에 얻게 된 에너지를 늦게 빛으로 재방출하는 것이다.

⑬ 화학발광(chemiluminescence)은 들뜬 화학종이 화학반응을 하면서 방출하는 빛이다.

⑭ 대기광(airglow)은 하늘에서 발견되는 희미한 대기광선으로 수산라디칼(OH·)이 화학발광하면서 나타낸다.

$$O_3 + H \rightarrow OH\cdot + O_2$$

$$OH\cdot \rightarrow OH + h\nu \qquad (2\text{-}90)$$

(2) 이온층

① 감광반응(photosensitized reaction)은 들뜬 화학종이 다른 화학종으로 에너지를 전이할 때 전이받은 분자가 발광하는 반응으로서 대개 대기광(빛)이 다음처럼 발생한다.

$$O_2\cdot + Na \rightarrow O_2 + Na\cdot$$
$$Na\cdot \rightarrow Na + h\nu \qquad (2\text{-}91)$$

② 광이온화(photoionization)는 복사선($h\nu$)을 흡수해 전자가 떨어져 나가는 반응이다.

$$N_2 + h\nu \rightarrow N_2^+ + e \qquad (2\text{-}92)$$

③ 지상 50km 이상의 이온층특성
전파가 통과하지 않고 반사되는 전파전달기능만 갖는다. 자외선 때문에 이온이 많게 존재한다. 밤과 겨울철동안 이온층에 자외선이 들어오지 않거나 적어서 양성자이온들은 자유전자와 천천히 결합해 이온층 하부한계를 더 높은 곳으로 끌어올린다. 이 반응은 이온층 하부로부터 점차적으로 상부로 진행된다. 그래서 밤과 겨울철동안 전파가 더 멀리 전달된다. 이온층은 두 개의 띠(belt)로 구성(van Allen belts)되었는데, 내부벨트는 양자로 된 높은 에너지로 이온화된 복사선이고, 외부 벨트는 전자로 구성되어 있다.

④ 연쇄종결반응
반응성이 아주 큰 자유라디칼이 다른 물질과 반응해 생성물 라디칼을 만들고 다시 생성된 라디칼과 반응해서 반응이 종결되는 현상이다.

$$CH_3-\overset{\overset{\Large O}{\|}}{C}-H \xrightarrow{h\nu} CH_3\cdot + HCO$$
$$CH_3\cdot + CH_3\cdot \rightarrow C_2H_6 \qquad (2\text{-}93)$$

자유라디칼은 반응성이 강해 생존기간이 짧으나 높은 고도에서 수분간 존재가능하다. 열권에서 산소원자(O)가 안정하게 존재하는 것은 삼체충돌(three body collisions) 물질이 없기 때문이다.

(3) 성층권에서 오존 존재이유

① 산소(O_2)가 242nm 정도의 자외선에 의해서 산소(O)원자로 분리된 후 삼체반응에 의해서 생성된다.

$$O_2 + h\nu \rightarrow O + O$$

$$O_2 + O + M \rightarrow O_3 + M \quad (2\text{-}94)$$

여기서, M은 삼체(三体)라고 하며, N_2, O_2와 같은 물질로 반응시 생성된 에너지를 흡수해서 오존(O_3)분자가 존재할 수 있도록 해준다.

② 오존은 220~330nm의 자외선을 잘 흡수한다. 오존이 적은 성층권의 상부 경계선온도가 제일 높은 -2℃가 되는 이유는 오존이 자외선을 흡수하는 정도가 너무 커서 온도상승은 자외선량에 비례하여 온도 상승을 가져온다. 그리고 고도가 낮을수록 자외선량이 감소해 결국은 지표면에 소량만 도달한다. 오존층의 두께는 겨울과 봄철이 여름과 가을철에 비해 두꺼운데 이유는 햇빛이 많은 여름철에 오존을 파괴하는 NO가 태양복사선에 의해서 대량 생성되어 O_3층을 파괴하기 때문이다.

$$NO_2 + O \rightarrow NO + O_2 \quad (2\text{-}95)$$

$$NO_2 + O \rightarrow NO_3$$

$$N_2 \xrightarrow{h\nu} 2N \xrightarrow{+O_2} NO + O$$

$$O_3 + NO \rightarrow NO_2 + O_2 \quad (2\text{-}96)$$

실제로 여름철과 가을철에 오존층하부가 지상 9km까지 올라갔다가 겨울과 봄철에는 7.3km까지 내려간다. 그리고 남극상공은 봄철에 오존층 두께가 제일 얇다.

2.3.2 대기 중에서의 물질순환

1) 탄소(carbon)

· 삼림의 유기체와 토양유기물 속의 탄소는 대기 속의 탄소농도보다 높다.

· CO_2농도는 1800년 292ppm이었는데 2030년에는 375ppm 정도로 지구온도를 0.5℃정도상승시킨다. 지구촌의 기온을 1℃ 상승시키는데 약 1만년 걸렸으나 20세기동안 0.5℃정도가 상승됨을 보더라고 CO_2배출이 엄청나게 증가했다. 온도가 상승되면 구름이 많아져서 구름밀도가 1%정도로 증가해 기온이 0.5℃하강하여서 구름형성이 온도상승의 주요 완충작용을 한다는 보고도 있다.

2) 탄소순환(Carbon circulation)

(1) CO(carbon mono-oxide)

① CO의 특성

· 고온에서 푸른 빛 연소를 하고, 공기와의 폭발성 한계는 12.5%의 CO혼합가스이다.

· 일산화탄소는 다음 3가지 공명구조의 형태를 갖는다.

$$:C:\ddot{\underset{..}{O}}: \rightleftharpoons :C::\ddot{\underset{..}{O}} \rightleftharpoons :C:::O: \quad (2\text{-}97)$$

· Hb-CO의 결합력이 O_2보다 210～270배 높다.

· CO와 CO_2의 50 : 50 발생조건은 900～1,300℃일 경우이다. 그리고 고온일수록 CO의 발생율은 증가한다.

$$4C + 3O_2 \rightarrow 2CO + 2CO_2 \quad (2\text{-}98)$$

· CO와 CO_2의 2 : 1 발생조건은 1,500℃ 이상일 경우이다. 그러나 실제반응은 너무 고온이어서 이차연소에 의한 CO발생량이 적어진다.

$$3C + 2O_2 \rightarrow 2CO_2 + CO_2 \quad (2\text{-}99)$$

② CO의 이중작용(double action)

· 산소운반 장해작용 : CO가 혈액속에 많을수록 Hb-O_2는 감소되어져서 저산소증으로 산소운반의 장해작용을 한다.

· 산소해리 저해작용 : 혈색소의 Hemoglobin이 4개의 산소(O_2) 및 CO와 결합할 수가 있으나 CO는 Hemoglobin과의 결합력을 강화시켜서 결국은 산소해리를 방해한다.

③ 대기 중에서 CO제거기전의 순위는 다음과 같다.

HO · 라디칸 > HOO · 라디칸 > O_2, O_3, 토양미생물

④ 자동차의 CO저감대책은 다음과 같다.

· 공연비를 상승시킨다(AFR 16 이상).

· 촉매산화법을 적용한다.

2) 황순환(Sulfur Circulation)

(1) SO_2의 대기 중 화학반응

① 광화학반응(photo-chemical reaction)

저층 대기에서는 SO_2를 광분해한 만큼 강력한 자외선이 도달되지 않기 때문에 광분해반응은 일어나지 않는다. 384nm복사선에 의해서 삼중항 들뜬상태인 $^3SO_2^*$와 294nm복사선에 의해 단일항 들뜬상태 $^1SO_2^*$가 되어서 산소와 물이 만나 H_2SO_4가 생성되어 지표면으로 떨어진다.

$$\cdot\ SO_2 + \frac{1}{2}O_2 + H_2O \rightarrow H_2SO_4 \downarrow \quad (2\text{-}100)$$

② NO_x, HC oleffine 등의 존재시 광화학반응 및 화학반응

NO_x, HC 특히 올레핀계 탄화수소 존재시 SO_2산화율이 크게 증가해서 광화학스모그의 원인이 된다. 오존은 광화학스모그로 생성되나 SO_2와의 반응은 너무 느려서 그렇게 중요하지 않지만 수산(HO ·)라디칼은 SO_2 및 NO와 강하게 결합한다.

③ 대기 중 입자상물질인 Fe, Mn, Cu 등 금속촉매 존재시 햇빛과의 반응

$$SO_2 + \frac{1}{2}O_2 \xrightarrow[\text{금속촉매}]{h\nu} SO_3 \quad (2\text{-}101)$$

④ 대기 중 촉매인 ROO·, RO·, N_2O_5, NO_2, O·,HO·, O_3 등에 의해서 SO_2는 다음과 같은 반응으로 가속화된다.

$$HO\cdot + SO_2 \rightarrow HOSO_2\cdot x \quad (2\text{-}102)$$

$$HOSO_2\cdot + O_2 \rightarrow HOSO_2O_2\cdot \quad (2\text{-}103)$$

⑤ 금속염과 암모니아(NH_3)를 함유한 물방울 존재시 화학반응

· NH_3가 촉매역할을 하여 산화반응이 빨라진다.

$$NH_3 + SO_2 + H_2O \rightarrow NH_4^+ + HSO_3^-$$

$$NH_3 + HSO_3^- \rightarrow NH_4^+ + SO_3^{2-} \quad (2\text{-}104)$$

· 상기와 같은 반응에 의해 물방울속으로 NH_3 및 SO_2가 확산되게 된다.

· 금속촉매제로서 망가니즈(Mn)이 가장 중요한 역할을 한다.

▶ 금속촉매제로는 Mn^{2+}, Fe^{2+}, Fe^{3+}, Ni^{2+}, Cu^{2+} 등이 있다.

⑥ SO_2는 대기 중에서 고체입자인 검댕, Al, Ca, Cr, Fe, Pb, V 등과 불균질 반응을 하기도 한다.

⑦ 자연에서 방출된 H_2S(황화수소)는 신속히 SO_2로 되나, 아직까지 어떤 촉매에 의해 반응하는지 등 자세한 메카니즘은 밝혀지지 않고 있다.

$$2H_2S + 3O_2 \rightarrow 2SO_2 + 2H_2O \quad (2\text{-}105)$$

⑧ SO_2가 식물에 미치는 영향

잎이 가장자리와 잎맥간에 큰 손상을 주는 백화현상(Necrosis)으로 잎의 녹색이 탈색 및 황갈색이 된다. 낮에 열려진 엽공(stomata)으로 아황산가스가 침입해서 피해를 준다. 가장 피해가 큰 농작물은 밀, 보리이다. 저농도에서 장기간 폭로가 고농도의 단기간 폭로시 보다 피해가 크다. 백화현상 외에 군열(foliage)의 손상과 클로로필(chloropyl)의 감소, 잎위에 작은 반점이 생겨서 손상된다.

▶ 대기 중의 SO_2와 H_2SO_4입자의 80%는 0.1～1μm 범위로 가시거리에 영향을 준다.

(2) 배출가스중 H_2S제어기술

H_2S에 $Fe(OH)_3$를 첨가해 Fe_2S_3로 침강 분리시켜 처리한다.

$$3H_2S + 2Fe(OH)_3 \rightarrow 6H_2O + Fe_2S_3 \quad (2\text{-}106)$$

(3) 황 제어공법

① 석회 및 석회석 현탁액 세척공법(최근 제일 많이 사용되는 공법임)

- SO_2의 산-염기 반응을 이용하는 공법

· Henry법칙 적용

$$SO_2(g) \xrightarrow{H_2O} SO_2(a) \quad (2\text{-}107)$$

$$SO_2(a) + H_2O \rightarrow H^+ + HSO_3^-$$

$$HSO_3^- \rightarrow H^+ + SO_3^{2-}$$

$$CaCO_3 + CO_2 + H_2O \rightarrow Ca^{2+} + 2HCO_3^- \quad (2\text{-}108)$$

$$2Ca^{2+} + 2SO_3^{2-} + H_2O \rightarrow 2CaSO_3 \cdot H_2O \downarrow \text{(불용성 아황산칼슘염)} \quad (2\text{-}109)$$

· 세척공정에서 아황산염이 산화되어 Ca^{2+}과 반응해 석고가 되기도 한다.

$$SO_3^{2-} + \frac{1}{2}O_2 \rightarrow SO_4^{2-}$$

$$SO_4^{2-} + Ca^{2+} + 2H_2O \rightarrow CaSO_4 \cdot 2H_2O \quad (2\text{-}110)$$

단점으로는 5ton의 석탄 사용시 약 1ton의 석회암이 필요하며, 엄청난 슬러지량이 발생된다.

② 물리적 분리방법

석탄을 잘게 분쇄시켜서 황석철광형태의 황(S)을 제거한다.

③ 유동층연소방법

석탄연소시 잘게 분쇄한 분체상 석회석 및 백운석을 내장시켜서 석회석($CaCO_3$)을 열에 의하여 석회분체로 만들고, 석회분체와 SO_2가 반응시켜 석고로 만든다.

$$SO_2 + CaO + \frac{1}{2}O_2 \rightarrow CaSO_4 \quad (2\text{-}111)$$

3) 대기 중에서 질소순환

(1) 대기 중 NO_x 존재형태

① N_2O(일산화이질소)는 비오염지역에서는 Nitrosomonas균에 의해 0.25ppm이 존재하며, 대기하층에서는 반응성이 약하다. 주로 마취제로 쓰인다.

② NO(일산화질소)는 고온에서 안정하며, 무색·무취의 기체로 대기 중에 폭로된 대부분의 NO_x는 NO형태로 존재한다.

③ NO_2(이산화질소)는 저온에서 안정하며, 자극성 적갈색 기체로 수분과 반응해 HNO_3가 된다.

④ 기타로 암모니아(NH_3)로 존재하거나 질산염(NO_3^-), 아질산염(NO_2^-), 암모늄염(NH_4^+) 이온 등과 염화물형태로 존재하기도 한다.

(2) NO_x의 생성반응기구

① 고온 연소시 $N_2 + O_2 \rightarrow 2NO$의 발생기구는 매우 복잡하나 중요하게 관여하는 것은 아주 높은 에너지를 지닌 삼체(third body)인 M이다.

O–O 결합파괴 $O_2 + M \rightarrow O\cdot + O\cdot + M - 118\ kcal/mole$ (2-112)

N–N 결합파괴 $N_2 + M \rightarrow N\cdot + N\cdot + M - 225\ kcal/mole$ (2-113)

② 반응형태

· 흡열반응

$N_2 + O \rightarrow NO + N$

$N + O_2 \rightarrow NO + O$ (2-114)

· 발열반응

$NO + \frac{1}{2}O_2 \rightarrow NO_2$ (2-115)

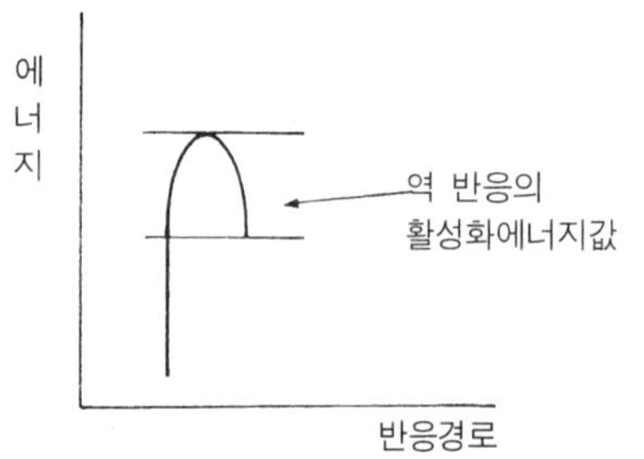

그림 2.15 NOx 생성시 흡열반응

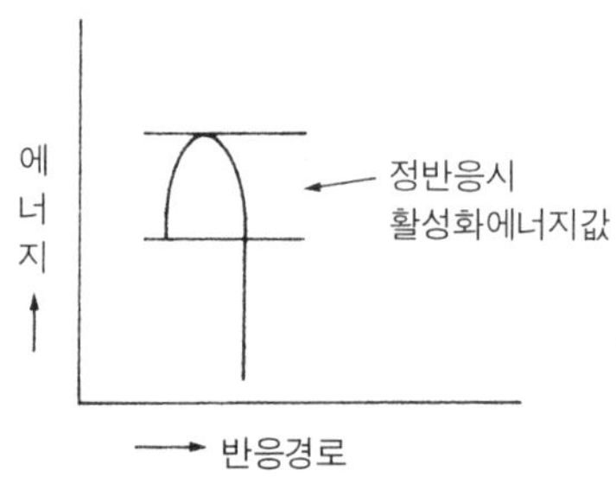

그림 2.16 NO_x 생성시 발열반응

③ 수산(HO·)라디칼도 NO생성에 참여한다.

$N + HO\cdot \rightarrow NO + H\cdot$ (2-116)

④ 탄화수소(HC)도 산소원자대신 공기중 N_2와 반응해 NO를 생성하기도 한다(이런 이유로 자동차배출가스에서 이론적으로 생성될 수 있는 NO량보다 더 많은 NO가 생성되는 원인으로 작용한다).

⑤ 질소가 함유된 석탄이나 석유 연소시에도 NO를 생성하기도 한다.
이것들은 저온에서도 NO를 생성한다(예, shail oil 등).

(3) NO가 NO_2로의 생성반응기구

① 실제로는 아주 복잡한 반응과정을 갖는다.

② 오존(O_3), 산소원자(O), 삼체반응공정으로 온도에 따라 반응속도가 결정된다.

18℃ 미만의 삼체반응(매우 느림) $NO + O + M \rightarrow NO_2 + M$ (2-117)

18℃ 이상의 삼체반응(매우 빠름) $NO + O_3 \xrightarrow{18℃} NO_2 + O_2$ (2-118)

(4) NO_2의 대류권내 활동

① 398nm 이하의 복사선을 흡수하고 광분해되면서 바닥상태의 산소원자 및 삼중항 산소원자를 생성한다.

$$NO_2 + h\nu \rightarrow NO + O \quad (2\text{-}119)$$

② 430nm의 복사선을 흡수해 활성화분자가 된다.

$$NO_2 + h\nu \rightarrow NO_2^{*} \quad (2\text{-}120)$$

③ NO_2가 대기 중에서 소멸되는 출구는 HNO_3, 질산염 또는 유기질소로 변해서 강우 등에 의해 지표로 침강하여 그 수명을 다하게 된다.

(5) 성층권의 NO_2

① NO_2가 HO· 라디칼과 반응해서 HNO_3가 생성된다.

② HNO_3는 HO· 및 광화학 반응에 의해서 다시 파괴되어 성층권에서 NO_2의 일시적인 저장소 역할을 한다.

③ NO_x는 성층권에서 O_3을 파괴시킨다.

$$NO + O_3 \rightarrow NO_2 + O_2$$
$$NO_2 + O \rightarrow NO + O_2$$
$$\therefore O_3 + O \rightarrow O_2 + O_2 \quad (2\text{-}121)$$

(6) NO_x 피해

① 인체 영향

NO는 NO_2에 비해 생화학적인 반응성도 약하고 독성도 떨어진다. NO는 Hb와 결합해서 산소운반효율을 감소시키나 대기 중에서는 아주 미량이기 때문에 헤모글로빈(Hb)의 영향도 NO_2보다 낮다. 축산·낙농업의 목초(木草)를 발효하기 위한 싸이로(silo)에서의 발생가스인 NO_2에 의한 silo filler's diease를 일으키게 되는데 NO_x 50~100ppm에서 1시간 폭로노출시 폐조직의 염증, 150~200ppm에서 섬유성·폐쇄성 기관지염 및 500ppm 이상에서 2~10일간 폭로시 사망하는 유해 가스이다.

② 식물피해

잎에 반점을 생기게 하고, 식물의 조직을 파괴하여 광합성을 감소시킨다.

③ 재산상 피해

옷감의 색깔을 퇴색시킨다. 건조기내에서 불꽃에 의해 생성된 NO_x에 의해서 세탁물이 탈색된다(탈색 NO_x는 NO_3^-, HNO_3임).

(7) NO_x 발생원으로부터 제어기술

① 2단계 연소법

- 1단계 연소는 공기를 이론적인 계산량보다 약 90~95%로 적게 공급해 비교적 높은 온도로 연소시키면 공기량이 적어 NO가 적게 생성된다.
- 2단계 연소는 1단계 연소시 발생된 가스를 낮은 온도로 유지해 공기를 충분히 공급해서 연소시킨다.

② 촉매환원법

- 촉매환원제는 CH_4, NH_3, CO이다.

$$4NO + CH_4 \rightarrow 2H_2O + CO_2 + 2N_2$$
$$6NO + 4NH_3 \rightarrow 6H_2O + 5N_2$$
$$2NO + 2CO \rightarrow 2CO_2 + N_2 \qquad (2\text{-}122)$$

- 부산물로 독성가스인, 카르보닐황화합물(COS)이 생성된다.

$$SO_2 + 3CO \rightarrow 2CO_2 + COS \qquad (2\text{-}123)$$

③ 흡착법

- $Ca(OH)_2$ 및 $Mg(OH)_2$로 NO_x와 SO_x를 동시에 제거한다.
- NO_2를 닥트에 주입시켜 NO와 반응해 N_2O_3를 생성한 후 $Mg(OH)_2$, $Ca(OH)_2$ 주입으로 흡수한다면 NO_x가 효과적으로 제거된다.

$$NO + NO_2 \rightarrow N_2O_3 \qquad (2\text{-}124)$$

- 위 원리에 NO_2와 H_2SO_4, HNO_3를 재순환하는 방법을 고안해 가미한 처리법을 일명 TYCO변형 황산세척공정이라 한다.

자동차 엔진을 먼저 점화시키는 방법

- 가장 효율적 연료 연소법으로 NO_x배출량을 1/5까지 감소시킬 수 있다.
- 두 개의 촉매반응실을 설치해 촉매환원실에서는 NO_x를 환원시켜 제거하고, 촉매산화실에서는 CO 및 HC를 산화시켜 제거한다.

4) 대기로 탄화수소의 방출

(1) 자연발생원

① 나무에서 발생된 terpenes, α-pinene, iso-prene이 주와 HC(탄소화수소 : Hydrocarbon) 발생원이다.

② 상기 HC물질은 무성한 산림에서 푸른 실안개를 일으키는 물질이다.

③ 미생물과 가축에서도 CH_4가 발생되는데 이것도 HC 발생원이 된다.

④ CH_4는 대기 중에서 약 3~7년간 체류해 산화되는데 주 제거반응은 수산라디칼(HO·)에 의한 산화반응이며, 이 산화반응에서 CO가 발생하게 되는데, 이 반응이 주요 CO 배출원이 된다.

⑤ 미국 LA시의 대기 중에서 HC농도분포의 순서는 다음과 같다.

CH_4(2.4ppm) > C_2H_6과 C_2H_4(102ppb) > C_2H_2와 C_3H_8(76ppb) > n-C_4H_{10}(46ppb) > iso-C_5H_{12} > $C_6H_5CH_3$

⑥ 교통량이 증가할지라도 증가되지 않는 주 HC는 CH_4, C_2H_6, C_3H_8으로서, 자연 발생량이 너무 많기 때문이다.

(2) 인위직인 HC 말생원

① 인위적 주발생원은 자동차이다.

② 대기 중에 HC농도분포의 순서는 다음과 같다.

배출가스(65%) > 크랑크 케이스(20%) > 연료탱크 및 캬브레타(15%)

③ crankcase에서는 윤활유에서 형성된 작은 mist들과 piston의 가장 자리를 통해 배출가스가 누출(blow by gas)되어 존재하게 된 배출가스와 불연소화합물이 존재했다가 방출된다.

④ 연료탱크에서는 낮에는 가열되었다가 밤에 냉각되는 현상이 반복적으로 일어나거됨으로서 휘발유 fume이 배출된다.

연료탱크의 휘발유증발을 방지하기 위해 carbon canister를 설치해 증발연료를 포집하여 정화한 다음 재차 연료로 사용하게 된다.

(3) 자동차엔진의 특징

연소가스를 7 : 1로 압축시켜서 연소하고 있으나, 이보다 높은 압축비로 연소할 경우에는 열효율이 높고 탄화수소를 완전연소시킬 수 있으나 고온 및 조기연소로 다량의 NO가 생성되는 문제가 발생된다. 연소실에서는 폭발온도가 2,500℃로 급속히 상승되었다가 수백만분의 1초내에 급속 냉각되는 관계로 NO가 N_2와 O_2로 분해될 시간여유가 없어서 NO로 배출되게 된다. 배출가스의 주성분은 N_2와 CO_2이고, 그외 성분은 CO, NO, HC, O_2이다.

(4) Blow by gas

주성분은 미연소가스 85%, 연소가스 15%로 구성되어 있으며, 총 HC의 40%가 blow by gas에 의해 발생되고, 총 휘발유소모량의 2~3% 정도이다. 블로우 바이 가스는 기관실, 연소실과 크랑크 케이스 사이에 피스텔 링으로 차단유지되어 있으나 압축행정 및 폭발행정시 약간의 HC와 CO가 크랑크 케이스쪽으로 새어나가는 가스를 말한다.

(5) 가솔린 자동차의 HC발생원

벽냉각(wall quench)시 HC가 발생된다. 즉, 내연기관의 연소실벽은 약간 차가워서 벽위 수천분의 1인치안의 불꽃을 냉각시켜 HC를 불연소시켜서 발생된다.

(6) 자동차 HC제어기술

① 연소실 용적에 대한 표면적비를 감소시키는 방법

벽체 냉각부위를 최소화시키기 위한 방법으로 압축비감소, 연소실구형화(球形化), 실린더내 피스톤 이동횟수증가와 실린더당 배기량을 증가시키는 방법 등이 있다.

② 점화를 지연시키는 이유

내연기관은 piston이 압축행정종료 지점에 도달하기 직전에 점화되어서 폭발하지만 압축행정이 종료된 후 피스톤이 도달한 후에 폭발하면 HC배출량이 감소된다. 그 이유는 첫째 연소실의 부피에 대한 표면적비가 효과적으로 감소되고, 벽냉각이 감소되기 때문이며, 둘째로 연소 후 곧 바로 배출가스가 실린더를 빠져나오면서 배기관을 뜨겁게 가열해 이 배기관을 통과하는 HC가 통과 도중 전부 연소되기 때문이다.

③ 공연비(AFR : Air/Fuel ratio)의 증가

이론적인 공연비보다 약간 적게 하면 벽체 냉각층이 두꺼워져 HC발생량이 증가된다. 즉 공연비를 높여 냉각층을 얇게 유지하면 HC발생량이 크게 감소한다. 공연비를 높이면 O_2농도가 높고 실린더온도가 상승해 모든 HC가 연소되어 감소되지만 NO는 증가되는 단점이 있다.

④ CO와 HC의 저감법

최근 thermactor를 개조한 「열배기 반응조」는 배기통로를 여러 갈래로 개량해 절연체를 가미해서 배출가스가 이곳을 통과시 신선한 공기를 주입시킴과 동시에 고온유지로 CO는 CO_2, HC는 H_2O와 CO_2로 완전산화되도록 한다.

⑤ 2단 촉매법

원리는 환원촉매로 NO를 제거한 다음 산화촉매로 HC와 CO를 제거한다. HC와 CO는 산화시키기 위한 산화촉매제로 귀금속촉매 Pt(백금), Pd(팔라듐), Ru(루비듐)와 격자 속 산소촉매 Fe_2O_3, CoO, Cr_2O_7가 있다.

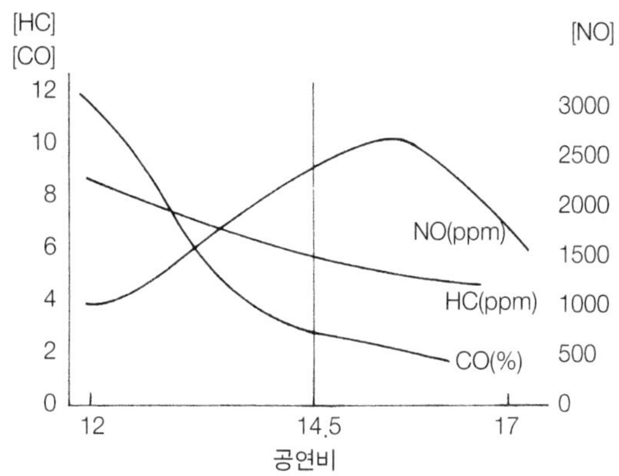

그림 2.17 공연비와 자동차 배출가스

환원촉매제는 귀금속촉매 Pt, Pd, Ru와 금속염촉매 C_o, Ni, Cu, CuO, CaCrO. 가스촉매 CO가 있다. 가스촉매에 의한 NO_x제어반응은 다음과 같다.

$$2NO + CO \rightarrow N_2O + CO_2$$

$$N_2O + CO \rightarrow N_2 + CO_2$$

$$\therefore\ 2NO + 2CO \rightarrow N_2 + 2CO_2 \quad (2\text{-}125)$$

(5) 디젤엔진과 가솔린엔진의 차이점

디젤엔진은 고압력비로 운전되므로 고효율을 얻을 수 있다. 그리고 연료비가 싸고 화재 위험이 없으며, HC를 적게 배출한다. 그러나 디젤엔진이 가솔린엔진보다 NO_x가 많이 배출된다.

2.3.3 연료화학

1) 석유계 연료

① 석유 크래킹(craking)은 중유(C_{19} 이하), 경유(C_{12}~C_{22}), 등유(C_{10}~C_{16}), 휘발유(C_5~C_{12})의 증류공정을 말한다. 석유계 연료의 큰 타격은 지구온난화, 산성비, 휘발성 유기화합물 유발물질이어서 장차 전망이 어둡다.

② 메탄올(SNG : synthetic natural gas)연료제조 공정

$$CO + 2H_2 \xrightarrow[\text{고온, 고압}]{\text{촉매}} CH_3OH \quad (2\text{-}126)$$

메탄올은 탄소 중량을 높게 함유하고 있어 소량의 공기만 있어도 연소가능하며, NO_x생성이 거의 없고, 증발잠열은 연료 중에 H(수소)성분이 많이 함유되어 석유계의 3배이다.

③ 기체연료

a. 도시가스(Town gas)란 석탄계와 석유계 가스가 있다.

· 도시가스의 종류는 석유가스, 유연탄의 발생로가스, 코크스(cokes)의 수성가스, 중유가스, 원유가스, 천연가스가 있다.

· 주성분은 H_2, CH_4, CO, CO_2, N_2, O_2, C_nH_m이다.

· 제조조건에 따라 CO가 50% 함유되어 있다(석유가스, 수성가스, 중유가스).

b. LPG(Liquified Petroleum Gas : 액화석유가스)는 원유정제시 얻어진 가스연료로 Pro- 프로판(C_3H_8)과 부탄(C_4H_{10})가스가 주성분이며, 연소시 공기를 다량으로 필요한 바 열량이 낮고 열효율도 SNG, LNG, CNG에 비하면 크게 낮다.

$$C_3H_8 + 5O_2 \rightarrow 4H_2O + 3CO_2$$

· 비중이 LPG는 공기의 1.5배이며, 착화온도는 440～480℃이다.

c. 천연가스(NG : natural gas)는 석유매장가스 및 바이오(bio)가스로 주성분은 CH_4이다.

d. LNG(액화천연가스)는 주성분이 CH_4, C_2H_6이며, 그 외에 C_3H_8, C_4H_{10}, C_5H_{12}, CO_2, N_2, H_2S, CO, Ar, He 등이 함유되었고 발열량은 9,000～12,000 kcal/Sm^3이다. LNG는 유전(혼성, 건조)가스, 수용성가스, 탄전가스가 있다.

e. 합성천연가스(SNG : synthetic natural gas)는 메탄올(CH_3OH)가스를 인공적으로 제조한 연료이며, 석유계 · 납사 · LPG · 원유 · 중질유, 기름 및 석탄을 사용해 조제한다. C/H비를 CH_4에 가깝도록 하기 위하여 수소(H_2)기체를 첨가하여서 SNG를 합성한다.

수성가스는 H_2와 CO의 혼합연료이고, 고로가스와 발생로가스의 주성분은 CO와 N_2이다.

2) 연료전지(Fuel cell)

① 연료전지의 구성성분은 H_2, O_2, NH_3, CH_3OH이며, 열효율이 70～80%로 제일 높다.

화력 발전소는 40%, 원자력발전소는 42%의 열효율을 갖는다.

② 재(ash) 등 폐기물의 발생이 없고 소용량 전지로서 인공위성의 연료 및 소규모 지역에 설치가능하다.

③ 촉매는 백금(Pt) 및 은(Ag)을 사용한다.

④ 원료는 H_2-O_2, NH_3-O_2, CH_3OH-O_2이다.

⑤ 전해질 용액은 KOH이다.

⑥ 원리는 H_2와 O_2를 이용해 양극에서 전자교환이 일어나도록 하여서 전기발생하고, 이 반응은 자유에너지 감소량을 100% 전기에너지로 변환가능하며, 촉매사용시 300 ℃ 이하의 저온에서도 반응이 가능하다.

음극(−)반응 $$H_2 + 2OH^- \rightarrow 2H_2O + 2e^- \quad (2\text{-}127)$$

양극(+)반응 $H_2O + \frac{1}{2}O_2 + 2e^- \rightarrow 2OH^-$ (2-128)

3) 건전지(Dry cell)

(1) 갈바니 전지(Galvanic cell)

원리는 (+)극과 (−)극이 아무런 상관성 없다. 산화가 일어나는 이온화경향이 큰 금속은 전자(e^-)를 내어놓는 음극이며, 양극은 반대가 된다.

(−)극 금속	전해질	(+)극 금속

① 이온화경향은 (−)극이 (+)극 금속보다 크다.
② 전자방출은 (−)극에서 (+)극으로 일어난다.
③ 산화반응은 (+)극에서 (−)극으로 일어나고 이에 의해서 전류가 생긴다.

이온화 경향이 큰 순서
Li, K, Ba, Ca, Na, Mg, Al, Mn, Zn, Fe, Cd, Ni, Sn, Pb, (H), Cu, Hg, Ag, Pt, Au

(2) 전극전지

① 기전력(volt)은 A, B두 전지의 전극간 전위차이며, (+)극의 전위는 높고, (−)극의 전위는 낮아 두 전극의 금속 이온화 경향차가 클수록 기전력이 커진다.

$H^+ \mid H_2(g) \mid Pt$

② 표준전극전위는 표준 수소전극과 연결시켜서 측정한 반전리의 전위를 말하며, 25℃, 1 mole/L, 1기압에서 "O(zero)"이다.

$$H^+(a) + e^- \rightarrow \frac{1}{2}H_2(g) \qquad \therefore E° = 0 \text{ volt} \qquad (2\text{-}129)$$

③ 자발적인 산화와 환원반응의 방향은 전체반응의 표준전극전위값(E°)이 +(정)이면 정반응, −(부)이면 역반응이 일어난다. Cu와 Zn의 이온반응은 다음과 같다.

$$Cu(s) \rightarrow Cu^{2+}(a) + 2e^- \qquad E° = -0.4 \text{ volt}$$
$$Zn^{2+}(a) + 2e^- \rightarrow Zn(s) \qquad E° = -0.76 \text{ volt}$$
$$\therefore Cu(s) + Zn^{2+}(a) \rightarrow Cu^{2+}(a) + Zn(s) \qquad E° = -1.1 \text{ volt} \qquad (2\text{-}130)$$

상기 반응에서 전체 반응의 E°값이 (−)값이므로, 역반응이 발생한다.

(3) 볼트전지(volt cell)

① 구리(Cu)와 아연(Zn)을 황산(H_2SO_4)에 넣고 도선으로 연결전지이다.

$$(-)\text{극} \quad Zn(s) \rightarrow Zn^{2+}(a) + 2e^-(\text{산화})$$

$$(+)\text{극} \quad 2H^+(a) + 2e^- \rightarrow H_2(g)(\text{환원}) \qquad \therefore E° = 1.3 \text{ volt} \qquad (2\text{-}131)$$

② 상기 반응에서 Zn(s)는 산화반응, $H^+(a)$는 환원반응에 참여했으며 양극인 구리판은 전자(e^-)가 흘러나오고, H^+은 구리판 표면에 이끌려서 수소(H_2)로 된다.

③ 분극은 (+)극에서 발생된 H_2는 H^+로 되면서 반대로 (+)극에 전자(e^-)를 제공해 0.4 volt까지 감소하는 현상을 말한다.

④ 소극은 분극현상을 막기 위해서 산화제로 H_2를 산화시켜서 H_2O로 변화시켜야 한다. 이때 사용되는 산화제를 소극제 또는 감극제라고 한다. 소극제에는 MnO_2, HNO_3, $K_2Cr_2O_7$, PbO_2 등이 있다.

(4) 다니엘 전지(Daniel cell)

① H_2가 발생되지 않아서 분극현상이 없으므로 소극제가 필요없고, Zn판은 점차 감소하나 Cu판은 계속 두껍게 된다.

② 다니엘전지의 구성은 다음과 같다.

(-) Zn전극	$ZnSO_4$포화용액	$CuSO_4$포화용액	Cu전극 (+)

③ (-)극과 (+)극의 $ZnSO_4$, $CuSO_4$의 포화용액이 1N이라면 E°는 약 1.5 volt가 발생한다.

$$(-)\text{극의 반응(산화)} \qquad Zn \rightarrow Zn^{2+} + 2e^- \qquad (2\text{-}132)$$

$$(+)\text{극의 반응(환원)} \qquad Cu^{2+} + 2e^- \rightarrow Cu \qquad (2\text{-}133)$$

(5) 건전지(dry cell)

① 구성

(−) Zn껍질	염화암모늄에 적신솜	흑연, MnO_2, NH_4Cl포화용액	중앙 탄소막대

② 반응

$$(-)\text{극} \quad Zn(s) \rightarrow Zn^{2+} + 2e^-(\text{산화})$$

$$(+)\text{극} \quad 2MnO_2 + 2NH_4^+ + 2e^- \rightarrow 2MnO(OH) + 2NH_3(\text{환원})$$

③ (+)극에서 발생된 Zn^{2+}는 (−)극에서 발생된 NH_3와 반응을 일으켜 $Zn(NH_3)_4^{2+}$, $Zn(NH_3)_2(H_2O)_2^{2+}$ 등의 착이온이 생성되므로 $ZnCl_2$의 생성에 의한 분극 현상이 일어나지 않는다.

표 2.11 전기분해와 전지와의 차이점

구 분	(−)극 반응	(+)극 반응	에너지 변화
전 지	전자방출(산화)	전자흡수(환원)	화학에너지를 전기에너지로 변화
전기 분해	전자흡수(환원)	전자방출(산화)	전기에너지를 화학에너지로 변화

(6) 납축전지

① 충전가능한 2차전지이다.

② 납축전지의 구성은 다음과 같다.

(−) Pb전극	H_2SO_4 포화용액	PbO_2 전극(+)

③ (-)극과 (+)극의 H_2SO_4포화용액이 1N 이라면 E°는 약 1.8 volt가 발생한다.

(−)극의 반응(산화) $Pb + SO_4^{2-} \rightarrow PbSO_4 + 2e^-$ (2-134)

(+)양극의 반응(환원) $PbO_2 + 4H^+ + SO_4^{2-} + 2e^- \rightarrow PbSO_4 + 2H_2O$ (2-135)

④ 방전반응시 두전극의 무게가 증가하는 것은 $PbSO_4$가 도금되기 때문이다. 그리고 충전반응시 두전극의 무게가 감소하는 것은 $PbSO_4$가 용액으로 용탈되기 때문이다.

수용액 속에서 이온화경향이 큰 이온과 몇 가지 원자단은 방전되기가 어려운 이온이다. 이들 이온들은 용액에 그대로 있고, 그 대신 미량으로 존재한 H^+ 및 OH^-를 대신 방전시켜서 각각 H_2 및 O_2를 발생시키게 된다. 그리고 1A, 2A 금속원소들인 K^+, Cu^{2+}, Na^+, Mg^{2+} 등은 (−)극에서 H_2를 발생하는 환원반응을 하며, 3B족은 F^-와 산소를 포함한 음이온인 SO_4^{2-}, NO_3^-, PO_4^{3-}, CO_3^{2-}, F^- 등은 (+)극에서 O_2를 발생하는 산화반응을 한다.

(7) 건전지의 유해성

① 1차전지는 재충전이 되지 않아 환경오염 요인으로 작용한다.
음극은 Li전지를 제외한 모든 전지에서 아연 포장을 사용해 그 속에 Hg, Pb, Cd이 충진되며, 양극은 Mn, Hg, Ag과 같은 중금속이 충진된다.

Li전지는 Zn, Hg, Pb, Cd 등이 충진되어 있지 않았기 때문에 고가이다.

② 2차 전지는 재충전이 가능하여 환경오염을 덜시키는 장점이 있다.
종류 : 납축전지, Ni-Cd전지

③ 알칼리-망가니즈전지에 Hg이 특히 많은 이유(은전지도 같은 원리임)
Mn전지에서는 음극이 판상(건전지 껍질)으로 되어 표면만 아말감처리 하면되나, 알칼리-망가니즈전지와 은전지는 Zn이 분말로 되어있어 Zn의 표면적이 상대적으로 큰 만큼 Hg아말감량도 그만큼 많이 필요하게 되어 수은량이 많은 것이다.

표 2.12 전지중 수은 농도

(단위 : ppm)

전 지	망가니즈전지	알칼리-망가니즈전지	은 전지	수은 전지
수은농도	45	8,500	8,000	260,000

④ 건전지의 아연포장이 부식되지 않는 이유는 수은 아말감을 형성해 부식되지 않아 약 5년간 보전된다(아연만이라면 3개월 정도면 부식됨).

⑤ 알칼리 1차전지의 특징은 다음과 같다.

- 전해액은 강알칼리인 KOH, NaOH를 사용한다.
- 종류는 알칼리-망가니즈전지, 수은전지, 은전지가 있다.
- 강알칼리 전해액은 기전용량이 크고, 급속기전과 저온에서의 기전특성이 우수하며, 수은전지에 사용된 산화수은이 환원되어 수은으로 되고, 수은은 방전특성이 일정해 전압이 1.35volt가 지속유지된다. 또한 자기 방전은 적어서 보존성이 우수하다.
  아연표면의 아말감반응은 다음과 같다.

$$nZn + HgCl_2 \rightarrow (n-1)Zn\text{-}Hg + ZnCl_2 \qquad (2\text{-}136)$$

2.3.4 광화학스모그 발생기구(mechanism)

1) 광화학 스모그 발생의 4가지 요인

① 탄화수소(HC)

② 질소산화물(NO_x)

③ 햇빛 중 자외선

④ 약 18℃ 이상의 대기온도

2) VOC(Volatile Organic Compounds : 휘발성 유기화합물질)

① VOC의 정의

VOC는 0.02 psi 이상의 증기압을 갖거나 끓는점이 100℃ 미만인 유기화합물이다. 주로 지방족·방향족 탄화수소류, 비균질 알데하이드, 케톤 및 알콜 등의 탄화수소류와 이들이 혼합된 탄화수소류이다. 대기오염과 관련해 NO_x와 광화학반응해 O_3 및 광화학산화물(PAN, PAB)을 형성하는 전구물질이다.

② 광화학 스모그형성의 전구물질을 다음과 같다.

가장 효율적인 오존생성 전구물질은 ethene, acrolein이다. 중간 오존생성 전구물질은 aromatic, alkane, ether, higher alkene이다. 약한 오존생성 전구물질은 alcohol, ketone이다.

LPG, CH_4, C_2H_6 등은 광화학 반응성이 낮은 물질이다.

3) 광화학스모그의 개시반응

(1) NO_2가 햇빛에 의해 NO와 O·로 광화학분해되는데, 초기단계반응이 매우 중요하다.

① 광화학반응

$$NO_2 \xrightarrow[\text{400nm 이하}]{h\nu} NO + O\cdot \tag{2-137}$$

② 삼체반응

$$O\cdot + O_2 + M \rightarrow O_3 + M \tag{2-138}$$

$$O_3 \xrightarrow[\text{320nm 이하}]{h\nu} O_2 + O\cdot$$

$$O^* + H_2O \rightarrow 2HO\cdot$$

③ 18℃ 이상의 열적진행

$$NO + O_3 \rightarrow NO_2 + O_2 \tag{2-139}$$

(2) O_2는 바닥상태인 단일항상태에서 햇빛을 받으면 들뜬상태의 삼중항상태가 된다

(3) NO_2가 광분해에 의해서 NO와 O·로 되는데 대기 중에는 NO_2가 증가되고 NO가 감소하는 이유는 NO와 O_3가 반응하여 NO_2와 O_2가 되는 반응이 매우 빠르게 일어나므로 O_3가 생성되자마자 NO와 결합하여 NO_2를 생성함으로써 NO와 O_3는 낮은 농도로 존재하게 된다.

(4) 아침 Rush Hour때 자동차배출가스에서 방출된 NO와 연소되지 않은 HC농도는 증가한다. 그러다가 해가 하늘 높이 올라감에 따라 NO는 NO_2로 전환되게 되고, 그 결과 O_3와 알데하이드 등이 증가된다.

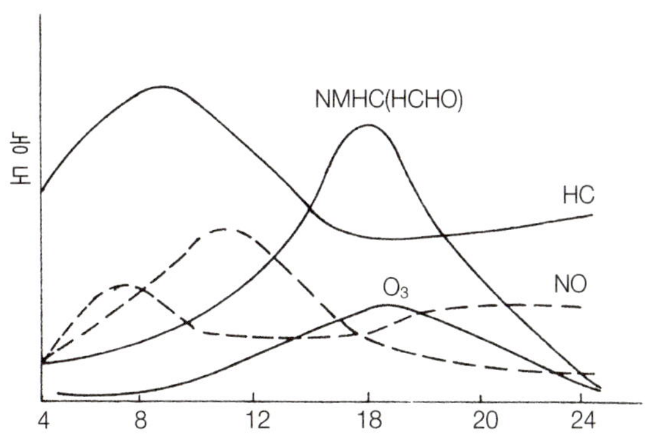

그림 2.18 1일간 광화학스모그물질의 변화

(5) 그림 2.18에서 NO_x농도가 오전 10시경에 최대가 된 후 하강해 저녁 퇴근 때까지 증가하지 않는 것은 자유라디칼의 연쇄반응들이 이미 오전에 완전히 진행되었기 때문이다. 그리고 NO_2농도가 오후들어 계속 줄어드는 이유는 NO_2가 햇빛에 의해 광분해되며, 이때 광자의 강도가 증가되면 더 빠르게 진행되면서 지표면의 오존이 형성되고 광분해로 HO·라디칼이 형성되어서 NO_x는 빠르게 PAN, HNO_3, HNO_2 등으로 변환되기 때문이다.

$$NO_2 + \cdot OH \xrightarrow{M} HNO_3 \xrightarrow{h\nu} NO_2 + HO\cdot$$

$$NO_2 + O_3 \rightarrow NO_3 + O_2$$

$$NO_3 + NO_2 \rightarrow N_2O_5$$

$$N_2O_5 + H_2O \rightarrow 2HNO_3\downarrow \qquad (2\text{-}140a)$$

$$R\overset{\overset{\displaystyle O}{\|}}{C}OO\cdot + NO_2 \rightarrow R\overset{\overset{\displaystyle O}{\|}}{C}OONO_2\ (PAN) \qquad (2\text{-}140b)$$

$$RO\cdot + NO_2 \rightarrow RONO_2 \qquad (2\text{-}140c)$$

$$RO\cdot + NO \rightarrow RONO \qquad (2\text{-}140d)$$

$$C_6H_5\text{-}\overset{\overset{\displaystyle O}{\|}}{C}OO\cdot + NO_2 \rightarrow C_6H_5\text{-}\overset{\overset{\displaystyle O}{\|}}{C}OONO_2\ (PBN) \qquad (2\text{-}140e)$$

PAN은 peroxy acetyl nitrate이고, PBN은 peroxy benzoyl nitrate이다.

(6) 자동차의 HC배출은 HO·와 반응할 유기물을 제공하며, 이 유기물이 최종적으로 CO_2와 H_2O로 산화되게 되는데 문제는 반응중간체 및 부산물인 알데하이드류 및 유기질산염을 생성해 자극성 스모그성분으로 작용한다는데 있다. 그리고 중간생성물이 연쇄반응에 다시 참여하거나 수분 및 고체물질과 결합반응해서 지표면에 침적하는 바 습도 의존성이 대단히 높다. 특히 HC와 HO·라디칼 반응은 온도의존성(18℃ 이상)이 높아 광화학스모그는 날씨가 무더운 여름철에 농도가 현저하게 증가한다. 대기 중에 HO·농도는 $2\times10^5 \sim 1\times10^6$라디칼/$cm^3$ 정도 있다.

(7) 광화학 스모그형성과정은 다음과 같다.

HO·가 HC와 반응으로부터 시작

↓

HOO·(과산화수소라디칼) 반응에 참여해 가속화

↓

O_3가 참가해 스모그형성

(8) 대기오염척도로서의 오존 관심도

· 최근 대기오염척도는 SO_2가 아니라 O_3가 되었다.

· 청정대기에서의 O_3농도는 20～50ppb로서 자연발생되거나 성층권으로부터 유입되기도 한다. 특히 성층권의 오존층파괴는 자외선을 대기로 더욱 길게 침투시켜 대류권 오존농도를 증가시킬 수 있다.

· 오존오염도는 비교적 측정하기가 쉽고, 광화학스모그의 심각한 정도와 좋은 상관관계를 갖고 있어 오존농도를 공기오염 척도로 사용된다.

미국은 특정대기오염물질로 O_3, CO, SO_2, NO_2, Pb, NMHC, TSP 등 7개 항목을 규정했지만 O_3이 가장 감소하기 어려운 물질로 분류하고 있다.

(9) 광화학 산화물의 산화력 측정 가능 조건

· I^-을 I_2로 산화시킬 수 있는 물질이어야 한다.

· O가 2개 이상 결합된 물질이어야 한다(예 : O_3, H_2O_2, ROOR', ROOH, $RCOOONO_2$ 등).

대기 중 SO_2의 존재는 매우 중요한 역할을 하는데 그 이유는 SO_2가 많아질수록 산화제인 O_3를 소비하여 결국 산화제의 절대량을 감소시키는 역할을 한다. 청명한 대기권에서 SO_2는 SO_4^{2-}으로 산화되는 속도가 1시간당 1%이나 광화학스모그상태에서는 5~6%로 빨라진다.

(10) 광화학 스모그의 소멸

· N_2O_5가 물과 반응하거나 NO_2가 HO · 라디칼과 반응해서 대기속 NH_3와 반응해 암모늄질산염(NH_4NO_3)을 생성하여 지표면에 떨어지기도 한다.

$$NH_3 + HNO_3 \rightarrow NH_4NO_3 \downarrow \qquad (2\text{-}141)$$

· aerosol에 NO, NO_2가 흡수되어서 산화질산염이 생성되기도 한다.

· 생성된 질산이나 질산염은 마지막 소멸단계에서도 사람의 건강피해, 건축물 등을 부식시키며, 특히 전기시설의 노화, 스위치 스피링 파손 등의 피해를 주고 사라지게 된다.

(11) [NMHC] / [NO_x]비의 조절기능

· 최대 오존농도비는 5이며, 광화학스모그 조건하에서는 10이다.

· NMHC(non-methan hydro carbon)의 하나만 감소시켜서 대도시 대기질을 개선할 수가 없기 때문에 NO_2농도도 줄여야 한다. NO_2는 O_3을 만드는 전구물질이다.

$$RO_2\cdot + NO \rightarrow RO\cdot + NO_2 \qquad (2\text{-}142)$$

· 광화학 스모그물질의 1일 변화에서 O_3가 NO_x보다 늦게 최대로 되는 이유와 도시인근 지역에서 O_3가 도심지보다 증가되는 이유는 NO_2가 개시반응에 의해 생성된 O_3는 두 개의 OH · 라디칼을 만들어 NO_2를 HNO_3로 제거시키게 되는데 이 반응은 NO_2가 거의 없어질 때까지 진행된다. 그러므로 초기의 O_3농도는 매우 적다가 NO_2가 소멸되는 시점부터 증가되기 때문이다.

$$NO_2 + O_2 \underset{\text{열적}}{\overset{h\nu}{\rightleftarrows}} NO + O_3$$

$$O_3 + H_2O \rightarrow O_2 + 2HO\cdot \qquad (2\text{-}143)$$

또한 O_3 생성요인이 감소함에도 O_3가 증가되는 원인은 1개의 O_3가 2개의 HO·라디칼을 생성하면서 1개의 HO·라디칼은 1개의 NO_2를 붙잡아 주기 때문에 결국 1개씩 남은 O_3가 점점 증가되기 때문이다. 결국 O_3농도는 늦게까지 남게 되고 바람에 의해 인근지역까지 이동되어 인근지역 O_3농도가 높아지게 되는 것이다. 한편, NO_2는 배출구(HNO_3 또는 질산염)가 있는 반면 O_3는 적당한 배출구가 없다.

(12) NO_x농도가 높으면 HO·농도가 낮은 이유

· HO·라디칼과 주로 반응하는 물질은 CO 70%, CH_4 15%이지만, 오염지역에는 NO_x가 HO·와 반응하기 때문이다.

· HO·농도는 NO_2가 제거될 때까지 낮다가 이후 증가한다. O_3농도는 증가된다.

(13) 광화학 스모그의 중간생성물인 유기산화물생성

· 자동차에서 배출된 HC가 HO·(hydroxy)라디칼에 의해 산화로 알데하이드(RCHO)가 생성된다. 오존은 알켄(alkene)과 반응해 과산화물을 생성한다.

$$HO\cdot + CH_3\text{-}CH{=}CH_2 \rightarrow CH_3\text{-}\dot{C}\text{-}CH_2OH$$

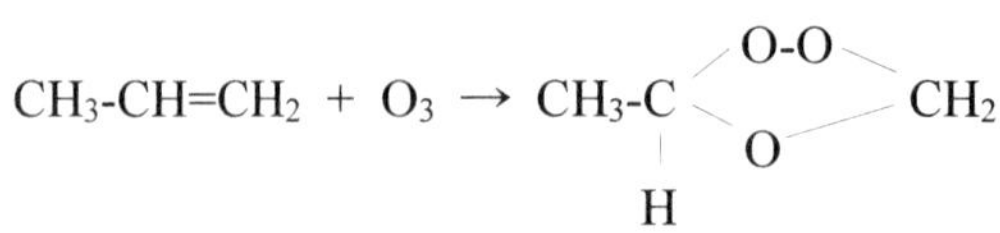

(2-144)

· 올레핀(olefine)이 가장 중요하며, 기타 유기화합물과 NO_x가 광화학반응을 거쳐서 알데하이드와 반응하여 PAN, PBN이 된다.

· 아세트 알데하이드로부터 생성된 PAN은 발암물질이어서 NO_x에 대한 일시적인 배출구로 작용하지만 열적으로 불안정해 NO_2와 과산화아세틸 라디칼로 전환되어서 HC의 자유라디칼 산화반응을 재개시한다. 이때 일부는 침적 제거되면서 식물 및 인체에 피해를 준다.

· PAN을 함유한 대기가 빨리 냉각되면 PAN은 멀리까지 이동되며, 단백질의 -SH기는 PAN의 작용을 받아 손상된다. PAN은 산화제 및 아세틸화 작용제로 활동한다.

(14) N_2O도 인위적 연소 부산물로 생성되기도 한다. 대류권에서 비활성인 N_2O가 연소 생성물중 $NO_x : N_2O = 5 : 1$정도의 비율로 배출한다.

(15) 광화학 스모그의 중간 생성물인 PAN, PBN, PBzN 등은 점점 소멸되면서 최종적으로 CO_2, H_2O가 된다.

4) Hydroxy radical(HO·)

(1) HO·특성

대류권에서 핵심적인 청소부역할을 담당하는 HO·는 전하가 없어서 화학적인 수산이온(OH^-)과 구분된다. HO·는 반응성이 너무 커서 대류권에서 반감기가 아주 짧다. HO·라디칼은 용액내에서도 반응성이 너무 커서 유해물질로도 작용하며, 수용액내에서도 HO·은 이온화시킬 수 있는 복사선이 물에 쪼여질 때 생성된다. HO·라디칼은 탈수소반응과 첨가반응을 한다.

① 탈수소반응

$$HO\cdot + CH_4 \rightarrow CH_3\cdot + H_2O(g) \tag{2-145}$$

② 불포화된 반응에 첨가반응

$$HO\cdot + NO_2 + M \rightarrow HNO_3(g) + M \tag{2-146}$$

HO·라디칼의 반응성은 탄소수가 많을수록, 이중결합이 많을수록 반응이 높다.

> CH_4를 반응성 1.0으로 하면 CO 18, 에탄 100, 벤젠, 프로판, *n* 부탄 1,000, *p*-자일렌 5,000이다. CFC(chloro fluoro carbon)는 HO·라디칼과 반응하지 않는다. 그러한 이유로 CFC가 성층권까지 확산되어 올라가는 이유이다.

(2) 주요 HO·라디칼의 생성기구

① 제 1 순위로 생성(대류권에서의 주반응)

$$NO_2 \xrightarrow[\text{400nm 이하}]{h\nu} NO + O$$

$$O + O_2 + M \rightarrow O_3 + M$$

$$O_3 \xrightarrow[\text{320nm 이하}]{h\nu} O_2^* + O^*$$

$$O^* + H_2O \rightarrow 2HO\cdot \tag{2-147}$$

② 제 2 순위로 생성(해뜰무렵 대류권에서의 반응)으로서 HO·농도가 대류권에서 거의 일정한 농도로 유지되게 하는 근원적인 반응이다.)

$$NO + HO_2(\text{또는 } RO_2) \rightarrow NO_2 + HO\cdot(\text{또는 } RO\cdot) \tag{2-148}$$

③ 제 3 순위로 생성(반응속도가 느림)

$$HNO_2(\text{또는 } HNO_3) \xrightarrow{h\nu} NO(\text{또는 } NO_2) + HO\cdot \tag{2-149}$$

④ 제 4 순위로 생성

$$O^* + CH_4 \rightarrow CH_3\cdot + HO\cdot \quad (2\text{-}150)$$

⑤ 제 5 순위로 생성

$$H_2O_2 \xrightarrow{h\nu} 2HO\cdot \quad (2\text{-}151a)$$

⑥ 제 6 순위로 생성

$$HO_2 + SO_2 \rightarrow SO_3 + HO\cdot \quad (2\text{-}151b)$$

지구의 평균 HO농도는 7.7×10^5 radical/cm^3이다.

(3) HO·의 CO 산화

① CO는 자연적으로 0.1ppm이 대류권에 존재하나 인위적 오염에 의해 도심지에서는 2~20ppm까지 존재한다.

② CO는 두 개의 배출구를 가지는데 하나는 토양에 흡수되어 미생물이 CO_2로 산화시키는 것이고, 또 하나는 대류권의 유일한 배출구인 HO·와 반응하는 것이다.

$$HO\cdot + CO \rightarrow H + CO_2 \quad k = 2.7 \times 10^{-13}(300°K) \quad (2\text{-}151c)$$

③ 위 반응에서 얻어진 H는 과산화수소라디칼($HO_2\cdot$)의 전구물질이다. 여기서 $HO_2\cdot$는 NO 또는 SO_2 등을 산화시키거나 H_2O_2로 되기도 한다.

$$HO_2 + NO \rightarrow NO_2 + HO\cdot$$
$$2HO_2 \rightarrow H_2O_2 + O_2$$
$$HO_2 + SO_2 + M \rightarrow SO_3 + HO\cdot + M \quad (2\text{-}151d)$$

④ 오존층에서 $HO_2\cdot$라디칼은 Cl·와 결합하여 Cl의 제거제 또는 저장소 역할을 한다.

$$HO_2\cdot + Cl\cdot \rightarrow HCl + O_2 \quad (2\text{-}152)$$

오염되지 않은 지역의 대류권에서는 HO·라디칼의 제거순위는 CO 〉 CH_4 〉 기타이다.

(4) HO·의 CH_4 산화

최종적으로 CO_2, H_2O를 생성하나 알짜반응은 다음과 같다.

$$HO\cdot + CH_4 \rightarrow CH_3\cdot + H_2O$$
$$CH_3\cdot + O_2 + M \rightarrow CH_3OO\cdot + M$$
$$CH_3COO\cdot + HO_2\cdot \rightarrow CH_3COOH + O_2 \quad (2\text{-}153)$$
$$CH_3COOH + 2O_2 \rightarrow 2H_2O + 2CO_2 \quad (2\text{-}154)$$

(5) HO·와 NO_2의 산화반응기구

$$HO\cdot + NO_2 + M \rightarrow HNO_3 + M \quad (2\text{-}155)$$

(6) HO·와 SO_2, H_2S, HC, HFC의 산화반응기구

① SO_2산화반응

$$HO\cdot + SO_2 + M \rightarrow HSO_3\cdot + M$$
$$HSO_3 + O_2 \rightarrow HO_2\cdot + SO_3\downarrow$$
$$SO_3 + H_2O \rightarrow H_2SO_4\downarrow \quad (2\text{-}156)$$

② H_2S산화반응

$$HO\cdot + H_2S \rightarrow H_2O + SH$$
$$SH + HO\cdot \rightarrow H_2O + S \quad (2\text{-}157)$$

③ Olefin산화반응

$$HO\cdot + \text{Olefin탄화수소} \rightarrow \text{알데하이드} \xrightarrow{\cdot OH} \text{PAN 등 과산화물중간생성물}$$
$$\rightarrow RO\cdot + HO\cdot \rightarrow H_2O + HCO \quad (2\text{-}158)$$
$$HCO + O_2 \rightarrow CO + HO_2\cdot$$
$$HO\cdot + CO \rightarrow H + CO_2$$

④ HCFC 산화반응

$$CF_3CH_2F + HO\cdot \rightarrow CF_3CHF + H_2O \quad (2\text{-}159)$$

(7) 밤에는 HO· 대신에 NO_2가 산화작용하는데 그 반응기구

① NO_3는 전하는 갖지 않는 자유라디칼로서 수용액의 질산이온(NO_3^-)과는 다르다. 질산염(NO_3)는 밤 및 낮에 생성되며, 낮에는 빠른 광분해 때문에 농도가 아주 낮다.

- 낮에 생성된 NO_3는 광분해로 즉시 NO_2가 된다.

$$NO_3 \xrightarrow[\text{670nm이하}]{h\nu} NO_2 + O \quad (2\text{-}160)$$

- NO_2가 O_3과 반응해 NO_3가 생성된다.

$$NO_2 + O_3 \rightarrow NO_3 + O_2 \quad (2\text{-}161)$$

- NO_3 일부는 NO_2와 반응해 N_2O_5가 된다. N_2O_5는 상대습도가 높으면 점점 감소된다.

$$NO_3 + NO_2 \rightarrow N_2O_5$$
$$N_2O_5 + H_2O \rightarrow 2HNO_3 \quad (2\text{-}162)$$

② 밤에 NO_3는 HC를 산화시킨다.

$$RH + NO_3 \rightarrow HNO_3 + R\cdot$$
$$R\cdot + O_2 \rightarrow ROO\cdot \quad (2\text{-}163)$$

2.3.5 악취공해

1) 악취의 개요

① 악취(Odour)정의

악취는 자극성 가스상 물질이며, 악취는 사람의 후각을 자극시켜서 불쾌감과 혐오감을 주는 냄새이다.

② 인체의 피해

사람의 정신 및 신경계 등을 자극시켜서 정서생활 및 건강에 피해를 준다.

③ 냄새의 특성

대기 중에서 휘산 및 희석되는 전파성이 있다. 사람의 감각량에 따라서 코에 감지되는 악취의 강도차이가 있다. 냄새감지시간은 0.2～0.5초, 순응시간은 15～30초이다. 각 화학성분마다 고유한 냄새를 갖고 있다. 분자량이 일반적으로 20 이하이다(단, 분자량이 300 이상이면 불휘발성 및 불용성의 냄새가 있다). 코감지의 감수성은 기상조건, 건강상태, 피로, 정신력 요건에 따라 지배된다. 냄새의 영향은 기온 26～30℃, 상대습도 60～80%일 때 최대이다.

악취판정은 관능법으로 2도 이하이며, 건강한 남녀 5인 이상이 측정한다.

표 2.13 악취판정기준

악취	판정기준
0도	냄새를 전혀 감지 못함(none)
1도	약간 냄새를 감지함(threshold)
2도	보통 정도의 냄새감지함(moderate)
3도	심한 냄새감지함(strong)
4도	너무 지독한 냄새감지함(very strong)
5도	견딜 수 없을 정도의 냄새감지함(over strong)

(4) 생활악취 규제 대상시설

- 도축장 및 축산업
- 농수산물의 공판장 및 유통도매시장
- 세탁업 및 고물상

· 출판사 및 인쇄소
· 생활 · 사업장 · 지정 폐기물의 보관시설
· 가죽의 제조업 및 보관업
· 섬유사, 직물 호부시설의 직조업
· 부산물 및 비료제조업
· 공중변소, 분뇨처리시설 및 수질오염방지시설

2) 악취제어기술

(1) 악취물질의 특성

아세트알데하이드(CH_3CHO), 아세톤(CH_3COCH_3), 에틸아민($C_2H_5NH_2$)과 메틸아민(CH_3NH_2)은 물에 잘 녹는다. 에틸메르캅탄(C_2H_5SH)은 물에 난용성이고, *p*-자일렌($C_3H_4CH_3$)은 불용성이다. 세정수와 악취성가스상 물질의 온도차가 10℃ 이하이어야 한다. 제거할 악취성 가스상 물질의 가스압이 높아야 한다.

(2) 악취제어기술

물리적인 처리공법 : 수세법, 흡착법
화학적인 처리공법 : 약액세정법, 산화제에 의한 산화법, 직접연소법, 방향제 마스킹법
생물학적 처리공법 : 활성오니법, 접촉산화법 등

(3) 화학적 탈취기술

① 산성 악취물질일 경우

$$H_2S + 2NaOH \rightarrow 2H_2O + Na_2S$$
$$CH_3SH + NaOH \rightarrow H_2O + CH_3SNa \quad (2\text{-}164)$$

② 알칼리성 악취물질일 경우

$$2NH_3 + H_2SO_4 \rightarrow (NH_4)_2SO_4$$
$$(CH_3)_3N + H_2SO_4 \rightarrow (CH_3)_3N \cdot H_2SO_4 \quad (2\text{-}165)$$

③ 중성 악취물질일 경우

$$(CH_3)_2S + 3NaOCl \rightarrow (CH_3)_2SO_3 + 3NaCl$$
$$CH_3CHO + NaOCl \rightarrow CH_3COOH + NaCl \quad (2\text{-}166)$$

④ 악취물질이 혼합될 경우(NaOCl 주입한다)

$$H_2S + NaOCl \rightarrow H_2O + S + NaCl$$

$$CH_3SH + 3NaOCl \rightarrow CH_3SO_3H + 3NaCl$$
$$2NH_3 + 3NaOCl \rightarrow 3H_2O + 3NaCl + N_2$$
$$(CH_3)_2S_2 + 6NaOCl \rightarrow 2CH_3SO_3 + 6NaCl \quad (2\text{-}167)$$

2.3.6 VOCs(Volatile Organic Compounds)

(1) 휘발성유기화합물질(VOCs)의 정의

일반적으로 0.02psi(pound/in^2) 이상의 증기압을 갖거나 끓는점(boiling point : b.p)이 100 ℃ 미만인 유기화합물을 말한다. 대기오염의 질소산화물(NO_2)과 광화학반응에 의해 오존(O_3) 및 광화학산화물을 형성하는 전구물질을 말한다.

(2) VOC의 환경에 미치는 영향

다양한 형태로 환경에 영향을 초래한다. 유해대기오염물질, 악취의 원인물질이다. 광화학스모그(오존)형성의 전구물질이다. 지구 온난화, 성층권의 오존층파괴 원인물질이다.

(3) 광화학스모그형성의 전구물질

가장 효율적인 오존생성 전구물질은 Ethylene, Acroleins이다. 중간의 오존생성의 전구물질은 Aromatics(방향족 화합물), Alkanes, Higher, Ethers이다. 약한 오존생성 전구물질은 염소화 화합물, Alcohols, Ketones이다.

(4) 규제대상 VOCs 물질

① 미국

벤젠(C_6H_6), 톨루엔($C_6H_5CH_3$), 프로판(C_3H_8), 부탄(C_4H_{18}), 헥세인(C_6H_{14}) 등 광화학반응성이 에탄(C_2H_6)보다 큰 318종과 이들 물질이 포함된 진증기압(TVP : true vapor pressure)이 1.5 psi 이상인 석유화학제품 및 유기용제 등으로 원유, 가솔린, 납사, 젯트기연료, 벤젠 등이 대상으로 된다.

② 유럽

레이드 증기압(RVP : Reid vapor pressure)이 10.3 kPa(1.5 psia)이상인 석유류제품으로(단, 액화석유가스 (LPG : liquified petroleum gas)는 제외) 대상을 VOC control council directive 94/63/EC에서 정의했다.

③ 일본

탄소화합물 중 CO, CO_2, H_2CO_3 등 연류를 제외한 유기화합물(단, CH_4는 제외)로 원유, 가솔린, 납사 및 항공 터빈연료유 4호(JP-4)인 원유 등의 석유제품과 상기 물질 이외의 단일물질인 경우는 끓는점이 1기압에서 150℃ 이하, 혼합물일 경우는 1기압에서 5% 유출점이 150℃ 이하인 물질들이 대상이다.

④ 한국

탄화수소류 중 레이드 증기압(RVP : 100°F에서 측정한 증기압)이 4.01psia 이상인 물질로서 지방족 탄화수소류, 방향족 탄화수소류, 비균일 탄화수소류인 알데하이드, 케톤 및 알콜 등, 상기 물질이 혼합되어 있는 탄화수소류이다(단, LPG, 메탄, 에탄 등 광화학반응성이 낮은 물질로서 환경부장관이 고시한 물질은 제외함).

(5) VOC규제대상시설

- 자동차운행 관련 부문(배기관, 증발배출원, 주유소)
- 도장산업, 인쇄시설, 세탁시설, 유류저장시설.
- 아스팔트 도로포장, 유류출하시설.

(6) VOC 규제대상 업종별 배출시설 규모(2003년 실시)

석유정제 및 석유화학제품제조시설의 모든 원유정제・출하시설과 저장용량이 40m^3 이상인 저장시설, 저유소의 저장용량 20m^3 이상의 저장시설과 모든 출하시설, 유기용제 및 페인트 제조업체의 반응시설 3m^3, 저장용량 10m^3 이상의 유기용제 저장시설 및 50m^3 이상의 페인트 저장시설・세탁작업의 세탁시설.

자동차 제조업의 모든 도장시설과 선박제조업의 5m^3 이상인 도장시설과 자동차 및 선박 제조업의 10m^3 이상의 저장시설, 대형철구조물제조업의 모든 유기용제 사용시설과 저장용량 10m^3 이상의 용제저장시설, 기타로 지정폐기물처리시설, 자동차 정비업의 도장시설 5m^3 이상.

법률에 의하면 VOC규제지역은 특별대책지역, 대기환경규제지역이다.

(7) VOC규제관리방안

휘발유 자동차에 삼원촉매장치의 장착을 확대하며, 연료질을 개선해 가솔린의 함산소기준을 2.5～1.5 vol.%, 벤젠함량기준은 1～3 vol.% 이하, 방향족화합물 30 vol.%이라고 제한한다. 도장산업은 유기용제 기술개발로 코팅넓이당 배출량으로 규정하고, 저장시설은 이중 밀폐지붕을 한다. 주유소는 탱크로리에서 주요소저장탱크로 하역과 자동차급유시 발생되는 VOC를 회수하는 장치를 장착하도록 한다. 유조차 등 출하시설은 탱크와 loading line을 밀폐화한 후 증기는 회수한다. 인쇄시설은 1회 인쇄 평균시간동안 최저 배출되도록 한다. 세탁시설은 perchloroethylene(PCE)을 회수 및 흡착시킨다.

제2장 연습문제

문 1. 다음 중 환경화학과 거리가 먼 것은?

ㄱ. 환경학적 현상　　ㄴ. 화학적 현상　　ㄷ. 화학물질현상
ㄹ. 인간활동 영향　　ㅁ. 고전화학반응현상

✓**해설** 환경화학은 고전화학인 순수화학과는 근본적으로 다르다.

문 2. 다음 중 환경화학과 거리가 먼 것은?

ㄱ. 산성비에 의해 대리석 건물이 침적된다.
ㄴ. 농작물에 뿌린 비료가 하천, 호소 등을 오염시킨다.
ㄷ. 농약에 의해 생태계에 큰 위험을 초래한다.
ㄹ. 물, 토양, 대기처럼 생활환경대상이 되어 단순하다.
ㅁ. 환경에 존재하는 특정 오염물질의 농도와 특성을 알아야만 한다.

✓**해설** 환경화학은 자연환경인 물, 토양, 대기에 있는 오염물질을 대상으로 하는 바 애매하고 복잡한 문제들이 많다.

문 3. 다음 중 환경화학에 속하지 않는 것은?

ㄱ. 수계　　ㄴ. 대기계　　ㄷ. 토양계　　ㄹ. 생물계　　ㅁ. 유기물계

✓**해설** ㄱ. 수　계 : 바닷물 호수, 시냇물, 눈, 빗물, 빙하, 북극설, 지하수 등
ㄴ. 토양계 : 암석권이 지표면의 광물, 토양구성체인 무기물 · 유기물, 수분, 공기 등
ㄷ. 대기계 : 대기화학의 고도, 태양복사선의 폭로, 대기공간의 오염물질부하량 등
ㄹ. 생물계 : 살아있는 유기체

문 4. 다음 중에서 인간의 건강을 유지하는데 가장 중요한 요소로 작용하는 것은?

ㄱ. 물　　ㄴ. 공기　　ㄷ. 음식물　　ㄹ. 유기물　　ㅁ. 무기물

✓**해설** 생명을 유지하는 데는 공기가 제일 주요하다. 인간은 5분 동안 공기가 없거나 5일 동안 물을 안 먹거나 5주간 음식물을 안 먹으면 생명을 잃는다. 인체의 무게 중 60～70%가 물로 구성되었다.

문 5. 인간이 생명을 유지하는데 필요한 성인 1인이 1일 마시는 공기량은?

ㄱ. 1.5kL　　ㄴ. 2.5kL　　ㄷ. 5kL　　ㄹ. 8kL　　ㅁ. 13kL

✓**해설** 성인 1인의 1일 필요한 공기는 13kL, 물 2.5L, 음식물 1.5kg이다.

정 답 | 1. ㅁ　2. ㄹ　3. ㅁ　4. ㄴ　5. ㅁ

문 6. 비교적 더운 공기나 가까운 공기 덩어리의 움직임을 무엇이라고 말하는가?

ㄱ. 복사　　ㄴ. 대류　　ㄷ. 흑사　　ㄹ. 방사　　ㅁ. 역전

✓**해설** 대류는 차가운 공기덩어리가 옆으로 이동했을 때 따뜻한 공기 덩어리가 이곳을 채우는 현상이다.

문 7. 다음 기상학에 관한 설명 중 잘못된 것을 고르시오?

ㄱ. 로스엔젤레스에서 발생한 대기오염사건은 탄화수소와 이산화질소가 많이 함유된 스모그에 태양광선이 강하게 비추어서 기상조건이 불리하게 되었다.

ㄴ. 대기상태가 짧은 기간에 변하는 상태를 일기라고 한다.

ㄷ. 차가운 공기는 따뜻한 공기보다 수분을 많이 함유하고 있다.

ㄹ. 따뜻한 공기는 밀도가 적기 때문에 상승하며, 고기압지역을 벗어나고자 하기 때문에 바람이 형성된다.

ㅁ. 지구는 밤에 복사열을 빼앗기어 온도가 내려간다.

✓**해설** 차가운 공기(대기)가 수분이 적다.

문 8. 다음중 공기가 수평으로 움직이는 것을 무엇이라고 하는가?

ㄱ. 기류　　ㄴ. 바람　　ㄷ. 권운　　ㄹ. 구름　　ㅁ. 안개

✓**해설** 대류는 공기가 수직으로 움직이는 것을 말한다.

문 9. 대기가 대기권으로 상승하면서 단열적으로 냉각된 공기가 더 이상 수증기를 잡고 있을 수 없을 때 일반적으로 형성되는 것은?

ㄱ. 안개　　ㄴ. 비　　ㄷ. 이슬　　ㄹ. 구름　　ㅁ. 눈

✓**해설** ① 권운 : 새털구름으로 높은 상공에서 발생된다(cirrus cloud).
② 적운 : 뭉개구름으로 밑이 평평하고 꼭대기가 둥글다(cumulus cloud).
③ 층운 : 지평선과 나란하게 깔린 구름이다(stratu cloud).

문 10. 다음 구름에 관한 설명 중 잘못된 것을 하나 고르시오.

ㄱ. 복사열에 대한 중요한 흡수제이며, 반사체로 작용한다.

ㄴ. 구름은 수증기가 응축되어 형성되었으며, 공기가 이슬점 이상으로 존재해야 한다.

ㄷ. 대기오염물질인 SO_3, Salt(염류), 유기물질(CH_3O) 등이 응축 핵이 된다.

ㄹ. 박테리아는 친수성 콜로이드입자로써 수증기와 결합해 응축핵 역할을 한다.

ㅁ. 구름을 이룬 물·얼음입자들이 응축되는데는 1분 이상이 필요하다.

✓**해설** ① 구름은 수증기가 응축된 방울집합체이나 공기가 이슬점이하로 존재해야 한다.
② 구름 입자크기는 0.04～0.2mm, 비 입자크기는 0.5～4mm 정도이다.

정 답 | 6. ㄴ　7. ㄷ　8. ㄱ　9. ㄹ　10. ㄴ

문 11. 일정한 부피의 공기 속에 들어있는 수증기의 무게를 측정한 값을 백분율로 나타낸 값을 무엇이라고 하는가?

ㄱ. specific humidity ㄴ. absolute humidity ㄷ. saturated humidity
ㄹ. total humidity ㅁ. relative humidity

✓**해설** specific humidity는 습한 공기 1kg당 수증기의 g수로 나타낸 값으로 온도와 압력이 변해도 이 값은 동일하다.

문 12. 다음중 일기(weather)의 요소로 나타낼 수 없는 것은?

ㄱ. 온도 ㄴ. 구름 ㄷ. 바람 ㄹ. 습도 ㅁ. 역전

✓**해설** 이외에도 대기압, 수평시정, 강수의 형태와 양 등이 있다.

문 13. 수증기가 응축될 수 있을 만큼 낮게된 상태의 온도를 무엇이라고 하는가?

ㄱ. 녹는점 ㄴ. 끓는점 ㄷ. 이슬점 ㄹ. 증발점 ㅁ. 초임계점

✓**해설** 물의 초임계 온도는 374℃, 압력은 218atm이며, 이 조건의 물이 임계수이다.

문 14. 다음중 대기의 기능과 거리가 먼 것을 고르시오.

ㄱ. 지구상의 온도를 일정하게 유지하는 역할을 한다.
ㄴ. 태양에서 방출되는 자외선을 흡수하고, 적외선 형태로 지구에서 다시 방출하는 에너지를 흡수한다.
ㄷ. 온도가 심하게 변동하는 것을 방지하여 준다.
ㄹ. 지구대기의 열평형을 유지하여 준다.
ㅁ. 대기 중 SO_2, 에어로졸, 먼지 등이 혼합되어 있어도 자정력으로 대기고유의 성질을 변화시키지 않는다.

✓**해설** 대기 오염물질에 의해 대기의 고유성질이 변화되어가고 있다.

문 15. 다음 대기의 질에 관한 설명 중 잘못된 것은?

ㄱ. 어떤 물질이라도 정상적인 공기의 함량보다 더 많이 존재하게 되면 대기오염물질이다.
ㄴ. 대기오염물질은 자연현상과 인간활동에 의해서 발생되는 유기성 가스, 무기성가스와 에어로졸로 구분된다.
ㄷ. 에어로졸은 유기·무기물로서 액체 및 기체상태로 매우 작은 입자가 대기 중에 분산되어 있는 상태이다.
ㄹ. 보건상에 대한 피해기준으로 제1차 대기질 기준이다.
ㅁ. 태양광중 8000nm 이하의 단파장을 자외선이라 한다.

✓**해설** 자외선은 400nm 이하의 단파장은 말한다.

정 답 | 11. ㄱ 12. ㅁ 13. ㄷ 14. ㅁ 15. ㅁ

문 16. 다음 중 오존층 파괴 가능성이 적은 물질은?

ㄱ. CCl_3F ㄴ. CCl_2F_2 ㄷ. CF_2ClBr ㄹ. CHF_2CF_3 ㅁ. CF_3Br

✓ **해설** CHF_2CF_3는 대체 프레온가스물질로 오존층을 파괴하지 않기 위해 개발된 물질이다.

문 17. 런던스모그의 대기오염사건에 관여한 역전은?

ㄱ. 침강성역전 ㄴ. 복사성역전 ㄷ. 전선성역전 ㄹ. 이류성역전 ㅁ. 난류역전

✓ **해설** 겨울날씨는 주로 난류역전이 일어나지만, London smog는 복사성역전이다.

문 18. 로스엔젤레스의 대기오염사건에 관여한 역전은?

ㄱ. 침강성역전 ㄴ. 복사성역전 ㄷ. 전선성역전 ㄹ. 이류성역전 ㅁ. 난류역전

✓ **해설** 여름날씨는 주로 전선성역전이나, LA smog는 침강성역전이다.

문 19. 대기 중 이온층은 어느 정도의 고도에 존재하는가?

ㄱ. 10km이상 ㄴ. 20km이상 ㄷ. 30km이상 ㄹ. 40km이상 ㅁ. 50km이상

✓ **해설** 대기의 상층에는 양의 전자(e^+)와 양성자이온(H^+) 등이 많이 존재한다.

문 20. 대기권 중에 오존(O_3)층이 존재하는 영역을 고르시오.

ㄱ. 대류권 ㄴ. 성층권 ㄷ. 중간권 ㄹ. 열권 ㅁ. 모든 영역

✓ **해설** 산소는 모든 영역에 존재하나 성층권에는 오존이 10ppm존재한다. 그리고 오존은 자외선을 흡수해 온도를 상승시킨다.

문 21. 대기총질량의 99%가 지구표면으로부터 얼마(km) 정도에 존재하는가?

ㄱ. 4km이내 ㄴ.11km이내 ㄷ. 30km이내 ㄹ. 40km이내 ㅁ. 50km이내

✓ **해설** 대기는 지구표면으로부터 50km 이내를 저층대기, 50km 이상을 고층대기라고 한다. 그리고 대기권은 고도가 0~11km는 대류권, 11~50km는 성층권, 50~85km는 중간권, 85~500km는 열권이라고 한다.

문 22. 피부조직에 큰 영향을 미치는 자외선의 파장범위는?

ㄱ. 300nm이하 ㄴ. 300nm이상 ㄷ. 400nm이하 ㄹ. 400nm이상 ㅁ. 500nm이하

✓ **해설** 자외선을 차단하는 것이 오존층이다.

문 23. 질소는 자외선에 쉽게 분해되지 않으나 어느 정도의 고도에서 광화학 반응이 일어나는가?

ㄱ. 10km이상 ㄴ. 30km이상 ㄷ. 50km이상 ㄹ. 70km이상 ㅁ. 100km이상

✓ **해설** 70km 이상은 광화학반응으로 O_3생성된다.

정 답 | 16. ㄹ 17. ㄴ 18. ㄱ 19. ㅁ 20. ㄴ 21. ㅁ 22. ㄱ 23. ㅁ

문 24. 바다 근처에서 온도변화가 적은 이유 중 가장 적당한 것은?

ㄱ. 물이 열의 이동을 안정화시키기 때문이다.

ㄴ. 열원이 지구로부터 거리가 멀어지기 때문이다.

ㄷ. 높은 열용량을 가지고 있는 수증기의 양이 적어지기 때문이다.

ㄹ. 공기가 상승하면서 팽창하여 냉각되기 때문이다.

ㅁ. 고기압지역을 벗어나고자 하기 때문이다.

✓**해설** ① ㄴ, ㄷ, ㄹ는 대류권에서의 고도가 높아짐에 따라 온도가 감소하는 이유이고,
② 바람은 따뜻한 공기의 밀도가 적어 상승하면 고기압지역을 벗어나기 때문에 형성된다.

문 25. 지구는 밤 동안에 왜 온도가 내려가는가?

ㄱ. 온도 변화 때문이다. ㄴ. 복사열을 빼앗기기 때문이다.

ㄷ. 공기가 움직이기 때문이다. ㄹ. 기류가 이동하기 때문이다.

ㅁ. 바람이 대기를 상공으로 분산시키기 때문이다.

✓**해설** 복사열을 빼앗겨 밤에는 춥다.

문 26. 차가운 대륙과 바다에서 형성된 두 기단이 접하고 있는 비교적 좁은 경계지역을 무엇이라고 하는가?

ㄱ. 전선 ㄴ. 역전 ㄷ. 분산 ㄹ. 확산 ㅁ. 기압골

✓**해설** ① 한랭전선 : 따뜻한 공기가 차가운 공기에 의해 교체될 경우로 천둥, 소낙비 동반한다.
② 온난전선 : 수백마일의 구름에 의해 형성되며, 정체전선이라고도 하며 찬공기+더운공기+찬공기로 sandwitch기단이 형성될 경우를 폐색전선이라고 한다.

문 27. 공기를 적도로 이동하게 하는 무슨 작용력에 의해 공기를 순환시키는가?

ㄱ. 중력 ㄴ. 관성력 ㄷ. 원심력 ㄹ. 항력 ㅁ. 표면장력

✓**해설** 코리올리힘(Coriolis force)인 관성력이다.

문 28. 지표면위의 대기는 고도에 따라 온도가 낮아져야 하나 때로는 대기가 안정화상태로 될 때가 있다. 이런 기온현상을 무엇이라고 하는가?

ㄱ. 전선 ㄴ. 역전 ㄷ. 분산 ㄹ. 복사 ㅁ. 냉각

✓**해설** 상공으로 올라갈수록 기온이 증가함을 역전이라고 한다.

문 29. 다음 중 공중역전이 아닌 것은

ㄱ. 침강성역전 ㄴ. 전선성역전 ㄷ. 해풍역전 ㄹ. 난류역전 ㅁ. 복사성역전

✓**해설** 복사성역전(일명 : 방사성역전)과 이류성역전은 접지역전이다.

정 답 | 24. ㄱ 25. ㄴ 26. ㄱ 27. ㄴ 28. ㄴ 29. ㅁ

문 30. 다음 중 무기성 가스상 대기오염물질이 아닌 것은?

ㄱ. SO_2　　ㄴ. NO　　ㄷ. CO　　ㄹ. HCl　　ㅁ. HC

✓**해설** HC는 유기성 가스이다.

문 31. 다음 중 복사성역전에 관한 설명 중 잘못된 것은?

ㄱ. 저녁부터 냉각된 지표가 새벽에 최저온도를 나타내며, 태양이 떠오르면서 공기를 지표보다 빨리 덮어 일어난 역전이다.

ㄴ. 새벽에 지표면 100m이내에서 형성된다.

ㄷ. 아침에 굴뚝에서 나오는 연기가 지표로 내려앉는 현상이다.

ㄹ. 런던스모그사건에 나타난 대기오염사건의 역전이다.

ㅁ. 따뜻한 공기가 찬 지표, 수면이나 설면을 지나칠 때 기단은 하부에서 냉각되어 형성된 역전이다.

✓**해설** "ㅁ"는 이류성 역전으로 여름철 소나기 후 증발로 지표면이 식을 때 일어나는 역전이다.

문 32. 다음 광화학반응에 관한 설명 중 잘못된 것은?

ㄱ. 광화학반응이 일어나기 위해서는 반응물질(NO_2)이 빛을 흡수해야 한다.

ㄴ. 빛을 흡수한 NO_2분자는 에너지를 상실한 들뜬상태가 된다.

ㄷ. 광이온화에 의해 이온이 형성됨과 동시에 상층대기가 전자복사선으로 자유라디칼, 즉 짝짓지 않은 전자를 가진 원자나 원자라디칼이 된다.

ㄹ. 자유라디칼은 반응성이 아주 산난해 수명이 길다.

ㅁ. 광분해에 의해 산소분자는 고도이온층에 거의 없다.

✓**해설** 자유라디칼은 반응성이 강하나 들뜬상태이어서 수명이 아주 짧다.

문 33. 유해한 자외선을 흡수해 생물들의 보호역할을 하는 것은?

ㄱ. 산소　　ㄴ. 오존　　ㄷ. 이산화질소　　ㄹ. 탄산가스　　ㅁ. 염화플루오린화탄소

✓**해설** 오존은 성층권인 고도 25～30km에 10ppm존재하며, 220～330nm(10^{-9}m)의 자외선을 잘 흡수한다.

문 34. 다음 중 성층권의 오존분해로 Ozone hole원인 물질이 아닌 것은?

ㄱ. NO, NO_2, N_2O　　ㄴ. ClO, Cl　　ㄷ. Br, BrO

ㄹ. CF_3Br　　ㅁ. CO_2, SO_2

✓**해설** 이외에도 HO·, HOO· 등이다. 최근 로켓트발사 및 콩코드 고속비행으로 O_3이 분해된다는 보고도 있다. 과산화수소라디칼(HOO·)은 수산라디칼(HO·)보다 반응속도가 느리다.

정 답 | 30. ㅁ　31. ㅁ　32. ㄹ　33. ㄴ　34. ㅁ

문 35. 대기 중에 있는 수많은 미량물질 등의 화학반응을 일으키는 수산라디칼(HO·)과의 반응물질이 아닌 것은?

ㄱ. 일산화탄소(CO) ㄴ. 이산화황(SO_2) ㄷ. 메탄(CH_4)
ㄹ. 황화수소(H_2S) ㅁ. 철산화물(FeO)

✓**해설** 이외에도 질소산화물(NO_x)이다.

문 36. 각종 배출원에서 발생된 NO는 고도 30km 이하에서 광화학적으로 활성화된 산소와 반응해 생성된 질소산화물은?

ㄱ. N_2O ㄴ. N_2O_3 ㄷ. NO_2 ㄹ. HNO_2 ㅁ. HNO_3

✓**해설** N_2O는 지구온난화가스이다.

문 37. 다음 광화학 반응과 거리가 먼 설명을 고르시오.

ㄱ. 화학반응은 빛이 없어도 일어나는 반응이다.
ㄴ. 광화학반응은 촉매없이도 화학적 반응이 일어난다.
ㄷ. 강한 태양광선에 의해 낮은 온도에서도 일어나는 반응이다.
ㄹ. 광화학스모그의 필수적 원인물질은 NO_2이다.
ㅁ. NO_2가 광에너지인 자외선을 흡수해 반응이 일어나면 전기적으로 대기 중에 반응성이 강하고 불안정한 상태인 들뜬상태가 된다.

✓**해설** 광화학반응인 반드시 빛이 있어야만 일어난다.

문 38. 다음 중 오존의 호흡시 인체에 미치는 피해내용과 거리가 먼 것은?

ㄱ. 숨이 가쁘다. ㄴ. 가슴이 답답하다. ㄷ. 기침이 난다.
ㄹ. 눈이 따갑다. ㅁ. 조혈기능을 저하시킨다.

✓**해설** 조혈기능의 저하는 VOC(휘발성 유기탄화수소)의 영향이다.

문 39. 탄화수소(HC)의 주발생원은 무엇인가?

ㄱ. 석유 ㄴ. 자동차 ㄷ. 도금공장 ㄹ. 발전소 ㅁ. 소각장

✓**해설** 탄화수소는 olefine, aromatic 등이다.

문 40. 다음 중 탄산가스(CO_2)에 관한 설명 중 잘못된 것은?

ㄱ. 적외선 12～16μm영역을 강하게 흡수해서 지구의 열평형을 유지하게 한다.
ㄴ. 대기 중 CO_2농도가 증가하면 에너지손실을 방해하여 지구의 평균온도를 상승시킨다.
ㄷ. 석탄, 석유 등의 사용증가로 대기 중 CO_2농도는 증가한다.
ㄹ. 산림의 황폐화로 대기 중 CO_2농도는 감소한다.

정 답 | 35. ㅁ 36. ㄱ 37. ㄱ 38. ㅁ 39. ㄱ 40. ㄹ

ㅁ. 온실효과를 초래한다.

✓해설 산림훼손은 탄소동화작용기능을 저하시켜서 CO_2농도의 증가를 일으킨다.

문 41. 도시에서 방출된 대기 오염물질과 이산화탄소는 태양에서 방출된 적외선을 흡수해 나타내는 것은?

ㄱ. 열섬효과 ㄴ. 온열효과 ㄷ. 온실효과 ㄹ. 백열효과 ㅁ. 흑열효과

✓해설 온열효과는 CO_2와 대기오염물질이 적외선 흡수해 더워지는 현상이다.

문 42. 도시는 모든 지역을 아스팔트, 아스콘 등으로 깔아 주위 지역보다 약 몇℃높아 열섬효과를 나타내는가?

ㄱ. 2℃ ㄴ. 5℃ ㄷ. 7℃ ㄹ. 10℃ ㅁ. 15℃

✓해설 도심지와 주위지역과의 온도차가 5℃ 높을 때에 열섬효과가 일어난다.

문 43. 다음 이산화탄소(CO_2)에 관한 설명 중 잘못된 것은?

ㄱ. 대기 중 CO_2농도증가는 화석연료의 소모에 의해서다.

ㄴ. CO_2농도의 최고치는 북반구일 경우 4월이고 최저는 9~10월이다.

ㄷ. 중긴위도에 있어서는 삼림의 광합성작용으로 영향을 받는다.

ㄹ. 삼림의 훼손과 벌목은 대기 중의 CO_2절대량을 감소시킨다.

ㅁ. 여름은 삼림의 광합성 작용에 의해 대기 중의 CO_2농도를 감소시키고, 겨울에는 부식물의 미생물분해로 CO_2증가된다.

✓해설 삼림이 파괴되면 CO_2절대량을 증가시킨다.

문 44. 탄산가스(CO_2)에 관한 설명 중 잘못된 것은?

ㄱ. CO_2는 광화학 반응에 의해 자외선으로 CO가 된다.

ㄴ. CO_2는 적외선을 흡수해 복사열을 내놓는다.

ㄷ. CO_2는 화석연료의 소모에 의해 증가된다.

ㄹ. CO_2는 핵전쟁보다 환경에 미치는 영향이 크다.

ㅁ. CO_2는 광화학반응에 크게 관여한다.

✓해설 CO_2는 크게 광화학반응에 관여하지 않지만 대기화학반응에 중요한 화학물질이다(Green House Effect).

문 45. 대기 중에 CO_2농도가 2030년경에 375ppm되면 지구평균온도는 몇 ℃정도가 상승되겠는가?

ㄱ. 5℃ ㄴ. 3℃ ㄷ. 1℃ ㄹ. 0.5℃ ㅁ. 0.1℃

✓해설 CO_2농도가 증가하면 지구온도가 상승된다.

정 답 | 41. ㄴ 42. ㄴ 43. ㄹ 44. ㅁ 45. ㄹ

문 46. 대기권의 구름밀도가 1%증가하면 온도는 어떻게 변하는가?

ㄱ. 1℃상승　ㄴ. 1℃감소　ㄷ. 0.5~1℃증가　ㄹ. 0.5℃상승　ㅁ. 0.5℃감소

✓**해설** 구름량의 증가는 대기의 온도를 감소시킬 수 있다.

문 47. 대기권에 대기오염물질인 입자상물질이 50% 증가되면 지구평균 온도는 어떻게 변하는가?

ㄱ. 1℃상승　ㄴ. 1℃감소　ㄷ. 0.5~1℃감소　ㄹ. 0.5℃상승　ㅁ. 0.5℃감소

✓**해설** 대기권에 구름, 대기 입자상 물질이 존재하면 기온이 저감된다.

문 48. 인간활동에 의해 생성된 많은 양을 차지하는 대기오염물질이 아닌 것?

ㄱ. 일산화탄소　ㄴ. 황산화물　ㄷ. 질소산화물　ㄹ. 탄화수소　ㅁ. CH_4

✓**해설** CH_4는 축산, 토양 미생물 활동 등에 의해 더 많이 생성된다.

문 49. 다음 중 교환가능탄소의 제일 많은 주요 집결지는 어느 곳인가?

ㄱ. 대기 중의 CO_2
ㄴ. 토양의 유기물질
ㄷ. 바다에 용해된 유기탄소
ㄹ. 토양의 부식토에 있는 미생물과 생물
ㅁ. 100m 이상의 차가운 심해에 녹아있는 무기탄소

✓**해설** 부식토중 생물체가 교환가능 탄소의 집결지이다.

문 50. 대기 중에 함유된 수증기의 전체평균 함유율(%)은?

ㄱ. 1　ㄴ. 5　ㄷ. 15　ㄹ. 21　ㅁ. 79

✓**해설** 최고 5%, 최소 1%, 일반적으로 1~3%이지만 총평균 함수율은 1%이다. 그리고 고도가 높아질수록 수증기농도는 감소된다.

문 51. 자연계에서 발생되는 에어로졸, 즉 Aiken particle입자크기는?

ㄱ. 0.02㎛ 이하　ㄴ. 0.05㎛ 이하　ㄷ. 0.2㎛ 이하
ㄹ. 0.5㎛ 이하　ㅁ. 0.5~5㎛

✓**해설** Aerosol은 0.1㎛~0.001㎛입자이다.

문 52. 다음중 Aiken입자가 아닌 것은?

ㄱ. 물보라　ㄴ. 안개　ㄷ. 꽃가루　ㄹ. 연기　ㅁ. 흄

✓**해설** 이외에는 유기물의 증발물질, 박테리아, 꽃가루, 화산재이다.

정 답 | 46. ㅁ　47. ㄷ　48. ㅁ　49. ㄹ　50. ㄱ　51. ㄷ　52. ㅁ

문 53. 다음 인간의 활동 중 지구환경 변화에 영향을 미칠 가능성이 없는 것은?

ㄱ. 지표수와 지하수의 대량이동

ㄴ. 초목의 제거와 구성변화

ㄷ. 에너지 발생원으로부터의 열방출

ㄹ. 대기의 입자와 미량 기체들이 배출

ㅁ. 연료의 연소로부터 대기 중의 오존배출

해설 화석연료의 연소시 CO_2배출로 인해 지구온난화를 일으킨다.

문 54. 다음 대기 중에서 가장 중요한 산화물로 볼 수 없는 것은?

ㄱ. O_3 ㄴ. H_2O_2 ㄷ. ROOR' ㄹ. ROOH ㅁ. 벤젠

해설 벤젠은 VOCs의 주요구성요소로 산화물과는 관련이 없다.

문 55. 대기에서 올레핀과 NO_x가 광화학반응에 의해 생성된 화합물이 아닌 것?

ㄱ. PAN ㄴ. PBN ㄷ. PPN ㄹ. PCB ㅁ. CH_3CH_2OOH

해설 polychlorinated biphenyl은 과산화물이 아니다.

문 56. 광화학 스모그 중에서 발생된 라디칼이 아닌 것은?

ㄱ. HO · ㄴ. HOO · ㄷ. ROO · ㄹ. O · ㅁ. N_2

해설 이외에는 O_3, NO_3, N_2O_5, 유기성 자유라디칼(ROO ·, RO ·)이다.

문 57. 대기 중의 프레온이 오존을 파괴하는 공정을 시작할 때의 광화학 반응을 무엇이라고 하는가?

ㄱ. 광분해 반응 ㄴ. 광연쇄 반응 ㄷ. 광복합 반응 ㄹ. 광산화 반응 ㅁ. 광환원 반응

해설 $Cl^- + O_3 + h\nu \rightarrow ClO^- + O_2$

문 58. 광화학스모그를 형성하고 있는 것이 아닌 가스상 물질은?

ㄱ. NO ㄴ. NO_2 ㄷ. HC ㄹ. HCHO ㅁ. HF

해설 HF는 광화학반응물질이 아니다.

문 59. 광화학스모그 형성에 관한 설명 중 잘못된 것은?

ㄱ. NO_2가 광분해하여서 NO가 된다.

ㄴ. 올레핀과 기타 탄화수소가 오존과 반응한다.

ㄷ. NO와 NO_2의 상호변화, 탄화수소(HC)의 산화, 수산라디칼 등의 반응에 의해 중간 생성물이 복합적 연쇄반응을 한다.

정 답 | 53. ㅁ 54. ㅁ 55. ㄹ 56. ㅁ 57. ㄱ 58. ㅁ 59. ㄹ

ㄹ. 오후 10시가 되면 알데하이드, NO_2, 산화물은 증가한다.
ㅁ. 해뜬 직후에 NO농도는 감소하나 NO_2는 증가한다.

✓해설 낮에는 NO농도는 낮아지고 알데하이드와 산화물은 증가한다.

문 60. 다음 중 시계도를 감소시키는 입자는?

ㄱ. acid rain　ㄴ. aerosol　ㄷ. dust　ㄹ. fume　ㅁ. soot

✓해설 Haze, 에어로졸은 Visibility를 감소시킨다.

문 61. 다음 중 RO·을 가장 잘 설명한 것은?

ㄱ. 자유라디칼이 아니다.
ㄴ. 반응성이 크지않다.
ㄷ. 알킬인산염을 형성하기 위해 NO_2와 반응한다.
ㄹ. 안정한 탄화수소와 바닥상태의 NO_2가 반응해 쉽게 생성한다.
ㅁ. 스모그형성과정의 중간물질이다.

✓해설 RO·는 중간 알칸산화물이다.

문 62. 대기권이 오염부하량을 나타낸 Tg의 단위가 아닌 것은?

ㄱ. 10^{12}g　ㄴ. 10^{9}kg　ㄷ. 10^{6}ton　ㄹ. 10^{15}mg　ㅁ. 10^{18}ng

✓해설 1kg $= 10^3$g $= 10^{-3}$ton $= 10^6$mg $= 10^9\mu g = 10^{12}$ng $= 10^{15}$pg이다. Tg는 teregram이다.

문 63. 우리나라의 대기환경기준치인 SO_2의 연간평균값은?

ㄱ. 0.05 ppm　ㄴ. 0.04ppm　ㄷ. 0.03ppm　ㄹ. 0.024ppm　ㅁ. 0.02ppm

✓해설 1995년부터 0.05에서 0.03ppm으로 감소되었다. 미국은 0.03ppm으로 24시간 평균치로 1년에 0.14ppm을 1번 이상 초과해서는 아니 된다(서울시는 0.01ppm).

문 64. 다음 일산화탄소에 관한 설명 중 잘못된 것은?

ㄱ. 대기 환경기준치는 1개월 평균값으로 8ppm이하이다.
ㄴ. 무색, 무미, 무취의 기체로 혈색소와 높은 결합능력이 있다.
ㄷ. 고온에서 푸른 빛을 내며 연소하고 CO 12.5%와 공기의 혼합시 폭발한다.
ㄹ. CO가스는 질식성 유독가스이다.
ㅁ. 산소보다 적혈구와의 결합력이 약 200배정도로 높다.

✓해설 적혈구가 아니라 적혈구내의 혈색소인 헤모글로빈과의 결합력이 CO가 O_2보다 210배 높다 (HbCO).

정 답 | 60. ㄴ　61. ㅁ　62. ㅁ　63. ㄷ　64. ㅁ

문 65. 1500℃ 이상으로 탄소화합물 연소시 CO와 CO_2의 생성몰비는?

ㄱ. 2 : 1　ㄴ. 1 : 2　ㄷ. 1 : 1　ㄹ. 3 : 1　ㅁ. 1 : 3

✓**해설** 900~1300℃에서 연소시는 CO : CO_2 = 1 : 1이다.

문 66. 다음 일산화탄소(CO)에 관한 설명 중 잘못된 것은?

ㄱ. 산소운반 저해작용을 한다.
ㄴ. 산소해리 저지작용을 한다.
ㄷ. 대기 중의 CO가 폐포를 통해 혈액내에 흡수되면 적혈구내 혈색소와 결합한다.
ㄹ. CO와 결합한 혈색소가 많으면 많을수록 산화혈색소량은 감소된다.
ㅁ. 조직세포로 공급되는 산소절대량을 일정하게 한다.

✓**해설** 조직의 저산소증에 빠져 CO중독을 일으킨다.

문 67. 자동차 등 내연기관에서 일산화탄소를 발생시키지 않는 공기/연료의 적정비?

ㄱ. 20/1　ㄴ. 18/1　ㄷ. 17/1　ㄹ. 16/1　ㅁ. 15/1

✓**해설** AFR비가 16일 때 CO발생 안된다.

문 68. SO_2의 주발생원은 어느 곳인가?

ㄱ. 석탄　ㄴ. 경유　ㄷ. 휘발유　ㄹ. 방카씨유　ㅁ. 엘엔지

✓**해설** S의 함유량이 석탄은 1% 이하나 B-C oil은 6% 이하다.

문 69. 아황산가스(SO_2)의 인체에 대한 피해 중 잘못된 것은?

ㄱ. 기관지와 폐의 점막에 자극을 준다.
ㄴ. 눈, 비강, 인후와 호흡기의 점막에 영향을 준다.
ㄷ. 염증과 궤양을 일으켜서 세균의 감염을 받기 쉽다.
ㄹ. 위의 팽만감, 트림, 식욕부진을 일으킨다.
ㅁ. 생체기능의 마비와 질식성을 일으킨다.

✓**해설** "ㅁ"는 CO의 인체피해증상이다. CO는 식물에는 피해가 없다.

문 70. 식물의 잎을 녹색에서 황색으로 변화시키는 대기오염물질은?

ㄱ. SO_2　ㄴ. NO_2　ㄷ. CO　ㄹ. PM-10　ㅁ. O_3

✓**해설** SO_2가스에 식물이 장기간 폭로되면 백화현상(위황병)이 일어난다.

정 답 | 65. ㄱ　66. ㅁ　67. ㄹ　68. ㄹ　69. ㅁ　70. ㄱ

문 71. 대기 중에서 SO_2반응에 관여되는 인자가 아닌 것은?

ㄱ. 온도　　ㄴ. 습도　　ㄷ. 대기이동　　ㄹ. 빛강도　　ㅁ. 탄산가스

✓**해설** 이외에도 시멘트, 먼지 등 입자들의 표면특성이다.

문 72. 이산화황(SO_2)이 대기 중에서 화학반응하는 방법이 아닌 것은?

ㄱ. 광화학 반응
ㄴ. NO_2, Olefine의 광화학 및 화학반응
ㄷ. 금속염과 NH_3가 물방울 존재시의 화학반응
ㄹ. 고체입자와의 반응
ㅁ. 촉매분해와 촉매환원반응

✓**해설** "ㅁ"는 질소산화물의 제거방법이다.

문 73. 다음 대기조건 중에서 화학반응시 변하지 않는 것은?

ㄱ. 온도　　ㄴ. 습도　　ㄷ. 빛강도　　ㄹ. 구성성분　　ㅁ. 압력

✓**해설** 대기 중에서는 온도가 크게 영향을 주지 않는다.

문 74. SO_2반응에 참여하는 반응 중 가장 중요한 것은?

ㄱ. 광화학반응　　ㄴ. 화학반응　　ㄷ. 물리반응
ㄹ. 생물반응　　ㅁ. 촉매반응

✓**해설** 파장 218nm 이상 되는 빛은 SO_2를 광분해한다.

문 75. 물 속에서 SO_2를 황산염(SO_4^{-2})으로 산화시키는 촉매제 중 가장 효과적인 것은?

ㄱ. 망가니즈(Ⅱ)　ㄴ. 철(Ⅱ)　　ㄷ. 철(Ⅲ)　　ㄹ. 니켈(Ⅱ)　　ㅁ. 구리(Ⅱ)

✓**해설** Mn^{2+} 촉매의 산화속도가 제일 크다.

문 76. 다음 중 굴뚝의 검댕세척방법으로서 부적당한 것은?

ㄱ. 석회슬러지로 세척　　ㄴ. 산화마그네슘으로 세척　　ㄷ. 촉매에 의한 산화
ㄹ. 아황산 나트륨으로 세척　　ㅁ. 황산반토로 세척

✓**해설** 이외에 석회암 슬러지로 세척, 계면활성제로 세척한다.

문 77. 다음 질소산화물(NO_x)에 관한 설명 중 잘못된 것은?

ㄱ. 대기 중에서 NO_x는 NO, N_2O, NO_2이다.
ㄴ. 오존층은 파괴하는데 중요한 역할을 하는 것은 N_2O이다.
ㄷ. 대기 중에는 NO 형태로 제일 많이 존재한다.

정 답 | 71. ㅁ　72. ㅁ　73. ㄱ　74. ㄱ　75. ㄱ　76. ㅁ　77. ㅁ

ㄹ. NO_2가 제거되면 HNO_3, NO_3^-, 유기질소가 된다.

ㅁ. NO는 NO_2에 비해 생화학반응이 강하다.

✓해설 NO는 NO_2에 비해 생화학반응이 약해 독성도 적다. 그리고 NO가 CO와의 Hb결합력이 적다.

문 78. 다음중 질소산화물의 제어기술과 거리가 먼 것은?

ㄱ. 연소온도를 낮춘다. ㄴ. 배출가스를 재순환시킨다. ㄷ. 이론공기량을 낮춘다.
ㄹ. 촉매 분해를 한다. ㅁ. 석회를 주입해 낮춘다.

✓해설 "ㅁ"는 탈질기술이 아니고 탈황기술이다.

문 79. NO 1몰을 제거하려면 CH_4는 몇 몰이 필요한가?

ㄱ. 1몰 ㄴ. 2몰 ㄷ. 3몰 ㄹ. 4몰 ㅁ. 0.25몰

✓해설 NO와 CH_4의 반응식 : $4NO + CH_4 \rightarrow 2H_2O + CO_2 + 2N_2$

문 80. NO 1몰을 제거하려면 CO는 몇 몰이 소요되는가?

ㄱ. 0.25몰 ㄴ. 0.5몰 ㄷ. 1몰 ㄹ. 2몰 ㅁ. 4몰

✓해설 NO와 CO의 반응식 : $2NO + 2CO \rightarrow 2CO_2 + N_2$

참고 NH_3와 NO의 반응식 : $6NO + 4NH_3 \rightarrow 6H_2O + 5N_2$

문 81. 다음 산성비에 관한 설명 중 잘못된 것은?

ㄱ. 대기와 평형상태에 있는 순수비는 pH 5.6이다.

ㄴ. 산성비가 내리는 가장 큰 요인은 바람의 방향이다.

ㄷ. 산성비의 주원인은 황산이온이 황산염으로 된 것이다.

ㄹ. 산성비의 구성분은 H^+, NH_4^+ 등 양이온과 SO_4^{-2}, NO_3^-, Cl^-의 음이온이 있다.

ㅁ. 대기 중에 방출된 HNO_3, H_2SO_4, HCl에 의해 산성비가 내린다.

✓해설 실제 NO_x가 HNO_3, SO_x가 H_2SO_4, Cl^-가 HCl로 변화되어서 산성비(pH 5.6 미만)가 내린다.

문 82. 대기 중 황싸이클 순환계에서 유통량이 제일 적은 것은?

ㄱ. 빗물에 의해 지면에 씻겨 내려오는 황

ㄴ. 해열로 대기에 들어가는 황염

ㄷ. 화산으로부터 대기에 들어가는 황

ㄹ. 화석연료가 연소되어서 대기에 들어가는 황

ㅁ. 해변지역과 지면에서 생물학적 공정에 의해 대기로 들어가는 황화수소

✓해설 제일 많은 황은 H_2S(혐기성반응생성물)이다.

정 답 | 78. ㅁ 79. ㅁ 80. ㄷ 81. ㅁ 82. ㄷ

문 83. 대기 중에서 SO_2가 SO_4^{2-}으로 바뀌는데 관련이 적은 화합물은 무엇인가?

ㄱ. 암모니아 ㄴ. 물 ㄷ. 햇빛 ㄹ. 환원제 오염물 ㅁ. 망가니즈와 같은 전이금속이온

✓**해설** SO_2가 환원되면 SO_4^{2-}가 아니라 H_2S가 된다.

문 84. 다음중 탄화수소(HC)를 인위적으로 가장 많이 발생시키는 오염원은?

ㄱ. 자동차 ㄴ. 소각로 ㄷ. 보일러 ㄹ. 비행기 ㅁ. 발전소

✓**해설** 대도시의 대기오염 주범은 자동차이다.

문 85. 천연가스 중 주성분은 무엇인가?

ㄱ. 메탄 ㄴ. 에탄 ㄷ. 프로판 ㄹ. 메탄올 ㅁ. 에탄올

✓**해설** 천연가스 주성분은 C_2H_6이다.

문 86. 자동차에서 탄화수소를 가장 많이 발생시키는 장소는?

ㄱ. 크랑크케이스 ㄴ. 캬브레타 ㄷ. 연료탱크 ㄹ. 배출가스 ㅁ. 내연기관

✓**해설** 자동차 배출가스에 HC가 다량 함유되었다.

문 87. 자동차 배출가스 중 일산화탄소와 탄화수소를 산화제거하기 위한 산화촉매제로 부적당한 것은?

ㄱ. 백금(Pt) ㄴ. 팔라듐(Pd) ㄷ. 루테늄(Ru) ㄹ. 크로뮴(Cr) ㅁ. 코발트(Co)

✓**해설** NO가스를 N_2로 환원시 촉매제는 Pd, Pt, Ru, Co, Ni, Cu, CuO, CuCrO 등이다.

문 88. 디젤엔진이 가솔린엔진보다 많이 방출하는 대기오염물질은?

ㄱ. NO_x ㄴ. HC ㄷ. CO ㄹ. Pb ㅁ. O_3

✓**해설** 가솔린 엔진보다 디젤엔진이 NO_x, SO_x, 매연, dust를 많이 방출한다.

문 89. 다음 대기 중에서 무기오염물질이 아닌 것은?

ㄱ. CO ㄴ. SO_x ㄷ. NO_x ㄹ. O_3 ㅁ. CFC

✓**해설** CFC는 ChloroFluoroCarbon의 약자이다.

문 90. 치아에 반점을 생기게 하고 뼈에 병리학적 증상을 일으키는 가스상 대기오염물질은?

ㄱ. HF ㄴ. HCl ㄷ. O_3 ㄹ. NO ㅁ. HBr

✓**해설** HF는 먹는 물에 1mg/L이상시 치아 우식중을 일으킨다.

정 답 | 83. ㄹ 84. ㄱ 85. ㄴ 86. ㄹ 87. ㄹ 88. ㄱ 89. ㅁ 90. ㄱ

문 91. 다음 CFC에 관한 설명 중 잘못된 것은?

ㄱ. 염화플루오린탄소 또는 클로로 알칸이라고 명명한다.

ㄴ. 냉장고와 냉방장치의 냉매, 방취제, 헤어스프레이의 분사재료로 사용된다.

ㄷ. 지상에서는 불활성기체로 성층권의 오존을 파괴한다.

ㄹ. 성층권에서 NO_2는 프레온가스에 작용해 성층권파괴에 상승효과를 갖는다.

ㅁ. 몬트리올 의정서에 프레온가스의 사용을 금지시켰다.

해설 성층권에서 콘코드 비행기 등의 배출가스 중 NO가 Freon gas를 작용하므로서 O_3파괴가 증대된다.

$NO + O_3 \rightarrow NO_2 + O_2$ $ClO + NO \rightarrow Cl^- + NO_2$

$Cl^- + O_3 \rightarrow ClO + O_2$

문 92. 나뭇잎에 백화현상을 나타내고 잎의 가장자리와 끝이 불에 탄 것처럼 보이는 피해원인의 대기오염물질은?

ㄱ. 플루오린화합물 ㄴ. 황산화합물 ㄷ. 질소화합물 ㄹ. 염소화합물 ㅁ. 황화수소

해설 F^-는 식물에 Necrosis피해준다.

문 93. 남대문의 단청 등 납이 함유된 페인트를 검게 변색시키는 대기오염물질은?

ㄱ. SO_2 ㄴ. NO_2 ㄷ. H_2S ㄹ. HCl ㅁ. HF

해설 H_2S가 Pb와 반응해서($2PbCO_3$, $Pb(OH)_2$가 paint에 함유됨) PbS가 되어 검어진다.

문 94. 다음 대기 중의 미립자 크기는 얼마정도인가?

ㄱ. 10μm 정도 ㄴ. 5μm 정도 ㄷ. 1μm 정도 ㄹ. 0.5mm정도 ㅁ. 5mm정도

해설 미립자는 particulates이고, aerosol은 콜로이드 크기 미립자이다.

문 95. 대기 중의 미립자 중 입자존재로 인해 시계를 감소시키는 것은?

ㄱ. aerosol ㄴ. mist ㄷ. SO_2 ㄹ. fog ㅁ. haze

해설 mist는 액체입자를 말하며, smoke는 불완전연소시 생성된 입자, fog는 많은 물방울이 존재한 상태이고 haze가 시계를 감소시킨다.

문 96. 다음 PAN에 관한 설명 중 잘못된 것은?

ㄱ. 대부분 발암성을 가지고 있다.

ㄴ. 산소가 결핍된 고온조건이 되면 포화탄화수소가 합성해 생성된다.

ㄷ. 도시대기 중에 20$\mu g/m^3$, 담배연기 속에 100$\mu g/m^3$ 존재한다.

ㄹ. 액체상태로 검댕입자에 흡수된다.

ㅁ. 검댕에 흡착된 벤조(α)피렌은 햇빛이 나면 곧 사라진다.

해설 PAN(polycyclic aromatic hydrocarbon)은 고체로 검댕입자에 흡착되었다가 햇빛이 나면 사라진다.

정 답 | 91. ㄹ 92. ㄱ 93. ㄷ 94. ㄹ 95. ㅁ 96. ㄹ

문 97. 다음 미립자 크기가 얼마 정도 이상이면 확산하지 않고 침강되는가?

ㄱ. 0.1㎛　ㄴ. 0.3㎛　ㄷ. 0.5㎛　ㄹ. 1㎛　ㅁ. 5㎛

✓**해설** 입자크기가 0.1㎛ 이하일 때 브라운 운동을 통해 응집될 수 있다.

문 98. 미립자를 제거하는 방법 중 가장 경제적인 방법은?

ㄱ. 관성력을 이용　ㄴ. 원심력을 이용　ㄷ. 중력을 이용
ㄹ. 전기력을 이용　ㅁ. 저항력을 이용

✓**해설** 입자는 관성력 이용한 중력침강분리시 가장 경제적이다.

문 99. 대기 중의 미립자에 관한 설명 중 잘못된 것은?

ㄱ. 단독 또는 서로 결합해 사람의 건강에 유해한 영향을 끼친다.
ㄴ. 건물을 훼손시킨다.
ㄷ. 시계를 감소시킨다.
ㄹ. 심리적인 면에서 나쁜 영향을 미친다.
ㅁ. 광화학 스모그의 원인물질이다.

✓**해설** "ㅁ"은 HC, NO_x, 햇빛, 18℃ 이상의 온도 등에 대한 설명이다.

문 100. 대기의 미립자 중에서 빛의 산란 구름의 핵 형성, 대기화학반응이 촉매작용과 사람의 호흡기관에 영향을 끼치는 미립자 크기는?

ㄱ. 0.1～1㎛　ㄴ. 0.5～5㎛　ㄷ. 5～10㎛　ㄹ. 10～20㎛　ㅁ. 50㎛ 이상

✓**해설** μ은 micron, 즉 micrometer를 말하며, 10^{-6}m인데 mm와의 혼돈을 막기 위해 μ를 ㎛으로만 표기하게 했다.

문 101. 호흡기관을 통해 폐에 독성의 위험이 큰 미립자 크기는?

ㄱ. 0.05～1㎛　ㄴ. 0.5～5㎛　ㄷ. 10～20㎛　ㄹ. 15～30㎛　ㅁ. 10～50㎛

✓**해설** 폐조직의 진폐증원인이 되는 먼지크기 입자는 0.5～5㎛정도이다.

문 102. 화석연료의 연소과정에서 발생된 무기질 미립자는 어느 것인가?

ㄱ. fly ash　ㄴ. soot　ㄷ. smoke　ㄹ. smog　ㅁ. fume

✓**해설** 비산재(fly ash)의 구성성분은 SiO_2, Al_2O_3, Fe_2O_3, SO_3, P, Na_2O, C, CaO, MgO, K_2O등 순으로 많이 함유되었다.

문 103. 다환성 방향족 탄화수소(PAH)중 발암성 물질에 속하지 않는 것은?

ㄱ. 벤조(α)피렌　ㄴ. 벤조(α)안트라산　ㄷ. 벤조(e)피렌
ㄹ. 인도(1,2,3-c, d)피렌　ㅁ. 벤젠

✓**해설** 이외에도 벤조(α)아세페난트리넨, 벤조(j)플루오란텐, 클로로펜탄(c, d)피렌이다.

정 답 | 97. ㄴ　98. ㄱ　99. ㅁ　100. ㄱ　101. ㄴ　102. ㄱ　103. ㅁ

문 104. 다음 중 대기환경 기준항목이 아닌 것은?

ㄱ. SO_2 ㄴ. NO_2 ㄷ. CO ㄹ. PM-10 ㅁ. oxydant

해설 oxydant에서 O_3로 변경되었다.

문 105. 다음 중 자동차에서 배출되는 대기오염물질로 볼 수 없는 것은?

ㄱ. HC ㄴ. CO ㄷ. NO_x ㄹ. H_2S ㅁ. SO_x

해설 H_2S가 아니라 SO_x이다.

문 106. 광화학 스모그의 원인이 아닌 것은?

ㄱ. NO_x ㄴ. SO_2 ㄷ. HC
ㄹ. 햇빛 ㅁ. 약 18℃이상의 온도

해설 광화학 스모그가 성립되기 위한 4요소로서 SO_2는 원인물질이 아니다.

문 107. 대기환경기준을 실험하기 위한 시료채취, 장소 및 지점수 결정방법으로 볼 수 없는 것은?

ㄱ. 인구비례에 의한 방법
ㄴ. TM좌표에 의한 방법
ㄷ. 중심점에 의한 동심원을 이용하는 방법
ㄹ. 대상지역의 오염정도에 따라 공식을 이용하는 방법
ㅁ. 최소자승법에 의한 방법

해설 "최소자승법"은 인구추정방법이다.

문 108. 가스상 물질의 평균오염도를 나타낼 수 있는 시료채취 높이는?

ㄱ. 0.5~1m ㄴ. 1~1.5m ㄷ. 1.5~2m ㄹ. 2~3m ㅁ. 3~10m

해설 입자상 물질은 3~10m이다.

문 109. 주위에 건물이 밀집되거나 접근되어 있는 경우는 건물 바깥벽으로부터 적어도 몇 m이상 떨어진 곳을 채취점으로 선정해야 하는가?

ㄱ. 0.5m이상 ㄴ. 1.5m이상 ㄷ. 2.5m이상 ㄹ. 3m이상 ㅁ. 10m이상

해설 건물, 수목 등의 장애물이 있으면 채취장소에서 장애물높이의 2배 이상을 측정 거리로 하며, 채취점과 장애물 상단연결직선(수평선)과 각도를 30°이하인 곳으로 한다.

문 110. 다음 포집시료를 취급하고 관리할 때에 준수 내용과 거리가 먼 것은?

ㄱ. 포집시료는 포집 후 될 수 있는 대로 빨리 정량분석하여야 한다.
ㄴ. 포집시료에 오염, 변질, 손실 등이 생기지 않도록 하여야 한다.

정 답 | 104. ㅁ 105. ㄹ 106. ㄴ 107. ㅁ 108. ㄷ 109. ㄴ 110. ㅁ

ㄷ. 포집시료를 보존할 때는 시료가 안정된 상태, 분석·정량하기 쉬운 상태로 하여야 한다.

ㄹ. 시료와 그 시료채취 측정점과의 짝이 틀리지 않아야 한다.

ㅁ. 시료는 반드시 창고에 보관하여야 한다.

✓해설 시료는 반드시 냉암소 창고에 보관해야만 한다.

문 111. 다음 중 입자상물질의 분석에 대한 설명 중 잘못 나타낸 것은?

ㄱ. 등속흡인 ㄴ. H_2O_2수용액 ㄷ. 화학분석

ㄹ. x-ray 회절분석 ㅁ. 중량분석

✓해설 광물성먼지는 중량분석, 화학분석, x-선 회절분석 등이 있다. 그리고 여과포집시 glass fiber filter를 사용한다. ㄴ은 SO_2측정에 사용되는 흡수액이다.

문 112. 다음 포집시료를 정량분석하기까지 보존조건으로 부적합한 것은?

ㄱ. 직사광선이 닿지 않는 곳에 두어야 한다.

ㄴ. 진동이 적은 곳에 두어야 한다.

ㄷ. 온도가 낮거나 온도변화가 적은 곳에 두어야 한다.

ㄹ. 먼지, 유해가스 등이 존재하지 않는 곳에 두어야 한다.

ㅁ. 자력선, 방사선 등이 존재하는 곳에 두어야 한다.

✓해설 자력선, 방사선 등이 존재하면 시료가 변질된다.

문 113. 대기오염물질의 시료 포집방법으로 부적당한 것은?

ㄱ. 액체 포집방법 ㄴ. 고체 포집방법 ㄷ. 직접 포집방법

ㄹ. 냉각응축 포집방법 ㅁ. 관성력 포집방법

✓해설 이외에 여과 포집방법이 있다.

문 114. 여과 포집시 시료공기 중 0.3μm의 입자를 얼마(%)이상 포집하는 성능을 가져야 하는가?

ㄱ. 80% ㄴ. 85% ㄷ. 90% ㄹ. 95% ㅁ. 99%

✓해설 여포는 입경 0.3μm을 95% 포집해야 한다.

문 115. 다음 중 환경오염원인으로 볼 수 없는 것은?

ㄱ. 인구증가 ㄴ. 도시화 ㄷ. 산업화 ㄹ. 공업화 ㅁ. 농업화

✓해설 친농업기술은 무공해 작업이다.

문 116. 다음 중 환경문제의 특성과 거리가 먼 것은?

ㄱ. 상호관련성 ㄴ. 광역성 ㄷ. 시차성 ㄹ. 오염물질간 상승성 ㅁ. 국지성

✓해설 국지성이 아니라 확산성이다.

정 답 | 111. ㄴ 112. ㅁ 113. ㅁ 114. ㄹ 115. ㅁ 116. ㅁ

문 117. 다음 대기오염에 관한 설명 중 잘못된 것은?

ㄱ. 대기오염은 배출된 오염물질이 일정 한도이상 대기 중에 남아서 대기질이 나빠진 상태이다.

ㄴ. 주위의 기상 및 지형조건에 따라 크게 영향을 받는다.

ㄷ. 배출구의 높이, 배출물질의 온도 및 종류 등 배출원의 물리적인 상태에 의해 많은 영향을 받는다.

ㄹ. 대기 중에 오염물질이 배출되면 자연적인 침강, 확산, 강수 등에 의해 정화된다.

ㅁ. 2,3,7,8-PCDF가 가장 독성이 큰 다이옥신이다.

✓**해설** 가장 독성이 큰 다이옥신은 2,3,7,8-TCDD이다.

문 118. 다음 중 석면의 구성성분이 아닌 것은?

ㄱ. Mg　　ㄴ. Si　　ㄷ. Na　　ㄹ. Fe　　ㅁ. K

✓**해설** 석면은 청석면($Na_2(Fe^{3+})_2(Fe^{2+})_2Si_8O_{22}(OH)_2$), 백석면($Mg_6Si_4O_{10}(OH)_8$), 갈석면이 있다. 어느 것에도 K는 포함되어 있지 않다.

문 119. 다음 석면에 대한 설명은?

ㄱ. 석면은 배서면, 갈서면, 청석면이 있는데 그중 청석면이 가장 유해하나.

ㄴ. 화학약품에 대한 저항성이 크다.

ㄷ. 전기절연성에 뛰어나고, 마찰력, 단열성, 내화성 등이 강하다.

ㄹ. 자동차브레이크, 소음방지, 화재방지 등에 활용된다.

ㅁ. 유아에게 청색증을 유발시킨다.

✓**해설** 석면은 청석면이 가장 위험하며, 중피종(Mesotherioma)암을 유발하고, 폐암석면폐 등의 원인이 되어 폐조직이 섬유화되는 피해가 있다.

문 120. 다음 중 모든 근로자에게 건강상 나쁜 영향을 미치게 하지 아니하는 허용한계기준 농도는?

ㄱ. 시간가중 평균치(TLV-TWA)허용농도

ㄴ. 단시간 폭로의 허용농도(TLV-STEL)

ㄷ. 최고치 허용농도(TLV-C)

ㄹ. 생물학적 허용한계치(BEI)

ㅁ. 반치사량(LD_{50})

✓**해설** "STEL"은 15분간, "C"최대농도치이다.

문 121. 폐포에 침착하기 쉬운 호흡성 먼지의 입경은?

ㄱ. 0.1～10μm　ㄴ. 0.01～1μm　ㄷ. 1～5μm　ㄹ. 0.01～0.1μm　ㅁ. 1～20μm

✓**해설** lung(폐)에 침착먼지 입경은 0.5μm～5μm이다.

정 답 | 117. ㅁ　118. ㅁ　119. ㅁ　120. ㄱ　121. ㄱ

문 122. 중금속이 인체에 미치는 영향이 잘못 기술된 것은?

ㄱ. 유기납 화합물은 지용성인 바, 간에서 4에틸납은 3에틸납으로 되어서 뇌로 들어간다.

ㄴ. 분자량이 400미만인 금속화합물은 담즙을 배설된다.

ㄷ. 담즙내의 금속은 단백질과 결합된다.

ㄹ. 카드뮴은 신장에 축적되어서 장해를 일으킨다.

ㅁ. 무기납은 생체내에서 축적이 적다.

√ **해설** 분자량이 400이상의 금속산화물은 담즙을 통해 배설된다.

문 123. 다음 PM-10에 관한 설명 중 잘못된 것은?

ㄱ. 미세먼지를 말한다.

ㄴ. 입자크기가 10μ 이하인 먼지를 말한다.

ㄷ. 총먼지를 말한다.

ㄹ. 연간 평균대기환경기준치는 $80\mu g/m^3$ 이하이다.

ㅁ. 24시간 평균 대기환경기준치는 $150\mu g/m^3$ 이하이다.

√ **해설** 먼지는 TSP(총먼지)와 PM-10(미세먼지)로 구분해 환경기준치를 정했다.

문 124. 사람에게 필요한 필수 미네랄 금속이 아닌 것은?

ㄱ. Zn ㄴ. Cu ㄷ. Cr ㄹ. Co ㅁ. F

√ **해설** 미네랄(mineral)은 필수극소량이다.

문 125. 동물실험에서 판명된 발암물질이 아닌 것은?

ㄱ. Be ㄴ. Cd ㄷ. Cr ㄹ. Pb ㅁ. Cu

√ **해설** 이외에도 탄화수소, Fe, Zn, Ni 등이다.

문 126. 헤모글로빈과 결합해 사망까지 일으키는 독성물질은?

ㄱ. CO ㄴ. CO_2 ㄷ. SO_2 ㄹ. Cl_2 ㅁ. HCN

√ **해설** Hb와 결합하는 독성가스는 CO, NO, NO_2이다.

문 127. 다음중 중금속이 아닌 것은?

ㄱ. Cd ㄴ. Pb ㄷ. Fe ㄹ. As ㅁ. Cu

√ **해설** 비소는 금속이 아니면서 중금속처럼 생체 영향을 나타낸다(농약, 살충제, 살서제, 방부제).

문 128. 중금속이 인체에 미치는 영향과 거리가 먼 것은?

ㄱ. 무기비소는 단백질을 응결시켜 만성중독을 일으킨다.

ㄴ. 카드뮴은 폐기종과 신장·간장 기능저하, 골연화증을 일으킨다.

정 답 | 122. ㄴ 123. ㄷ 124. ㅁ 125. ㅁ 126. ㄱ 127. ㄹ 128. ㅁ

ㄷ. 납은 용혈성 빈혈, 작은골과 내피세포의 신경조직변화를 일으킨다.

ㄹ. 수은은 중추시경마비로 수후병, 신장조직기능저하를 일으킨다.

ㅁ. 사이아나이드은 조직에 산소전달을 방해한다.

✓해설 아질산이온(NO_2^-)이 산소전달을 방해하며, 사이아나이드가스는 질식사된다.

문 129. 절연상수가 높고, 열에 대단히 안정한 방향족 탄화수소는?

ㄱ. PCB ㄴ. PBB ㄷ. PCDD ㄹ. PCDF ㅁ. DDT

✓해설 PCB는 절연유이다.

문 130. 건설현장에서 산업보건과 실내오염상 제일 중요하게 취급해야 하는 물질은?

ㄱ. 석면 ㄴ. 시멘트 ㄷ. 유리섬유 ㄹ. 스치로폴 ㅁ. 알루미늄샷시

✓해설 석면은 발암성물질, 알루미늄은 치매성 물질이다.

문 131. 다음 라돈(Rn)에 관한 설명 중 잘못된 것은?

ㄱ. 자연방사능의 붕괴계열시 생성되는 물질로 α입자를 방출한다.

ㄴ. 천연적으로 시멘트, 토양, 모래 등에서 방출된다.

ㄷ. 폐암발생의 위험성이 있다.

ㄹ. 온돌주택에서 많이 방출된다.

ㅁ. 라돈기준농도는 4～10 Ci/L 이하이다.

✓해설 ① Rn기순지는 α 및 4pCi/L(pico curie)이다.

② 1 Ci는 방사성물질이 1초에 370억개의 원자핵이 붕괴된 상태를 말한다.

문 132. 다음 악취에 관한 설명 중 잘못된 것은?

ㄱ. 황화수소, 메르캅탄류, 아민류 등 자극성 있는 가스상 물질이다.

ㄴ. 사람의 냄새감각을 자극해 불쾌감과 혐오감을 준다.

ㄷ. 5명 이상의 건강한 사람이 측정한다.

ㄹ. 정서생활에 피해를 주어 안정감을 잃게 한다.

ㅁ. 즉시 소멸된다.

✓해설 코는 0.5초만 악취감지하나 오염물질는 지속적으로 존재된다. 이외에도 호흡기 점막과 눈의 자극으로 점막염 등을 유발한다.

문 133. 다음 중 오늘날 환경문제와 거리가 먼 것은?

ㄱ. 오존층파괴에 따른 인체피해와 생태계 파괴현상

ㄴ. 탄산가스배출량 증가에 따른 지구온난화

ㄷ. 야생 동식물의 남획과 각종 개발행위에 따른 생태계 균형상실

정 답 | 129. ㄱ 130. ㄱ 131. ㅁ 132. ㅁ 133. ㅁ

ㄹ. 고도산업화에 따른 유해폐기물의 발생량급증 및 불법수출에 의한 환경오염

ㅁ. 농약에는 유기염소계, 유기인계, 카바메이트계 등이 있는데 그중 진류성이 가장 긴 것은 카바메이트계이다.

해설 잔류성이 느려 환경오염을 가중시키고 있는 농약의 순서는
유기염소계 > 카바메이트계 > 유기인계 > 피레스린계 농약이다.

문 134. 다음 지구환경질서의 기본원칙과 거리가 먼 것은?

ㄱ. 리우선언 ㄴ. 의제 21 ㄷ. 기후변화협약 ㄹ. 생물다양성협약 ㅁ. 환경라운드

해설 환경라운드는 환경과 무역에 관한 다자간협상이다.

문 135. 지구환경의 필요성이 증대되면서 상품을 만드는 과정에서의 환경문제를 규율하겠다는 규제는?

ㄱ. Green Round ㄴ. Seoul Round ㄷ. Rio Round
ㄹ. PPMs ㅁ. 몬트리올의정서

해설 PPMs는 process and production methods(생산공정 및 방법)이다.

정 답 | 134. ㅁ 135. ㄹ

03

수질환경화학

3.1 수질환경과 오염물질

3.1.1 수질환경

1) 환경과 수질오염

(1) 환경보전(environment conservation)

환경은 자연환경과 생활환경을 말하며, 자연환경이란 지하 · 지표(해양 포함) 및 지상의 모든 생물과 이들을 둘러싸고 있는 비생물적인 것을 포함한 자연의 생태를 말한다. 생활환경이란 대기, 물, 폐기물, 소음 · 진동, 토양, 지하수, 해양, 악취 등 사람의 일상생활과 관계되는 환경을 말한다.

환경오염은 사업활동, 기타 사람의 활동에 따라 발생되는 대기오염, 수질오염, 토양오염, 해양오염, 방사능오염, 소음 · 진동, 악취 등으로 사람의 건강이나 환경에 피해를 주는 상태이다.

환경보전 및 환경보호는 환경오염으로부터 환경을 보호하고 오염된 환경을 개선함과 동시에 쾌적한 환경의 상태를 유지 · 조성하기 위한 행위이다. 지구상의 물 중 97.2%가 바다로 되어 있다. 그리고 지구를 감싸고 있는 것은 증기이며, 이 지구에서 3백만여 종의 생물이 살고 있다.

(2) 수질오염 물질

폐수는 물에 액체성이나 고체성의 수질오염물질이 혼입되어 그대로 사용할 수 없는 물이며, 수질오염물질은 수질오염의 요인이 되는 물질(구리 및 그 화합물, 납 및 그 화합물, 니켈 및 그 화합물, 대장균, 망가니즈 및 그 화합물, 바륨화합물 부유물질, 브로민화합물, 비소 및 그 화합물, 산 및 알칼리류, 색소, 세제류, 셀레늄 및 그 화합물, 수은 및 그 화합물, 사이아나이드화물, 아연 및 그 화합물, 염소화합물, 유기물질, 유기용제류, 유류(동·식물성 포함), 인화합물, 주석 및 그 화합물, 질소화합물, 철 및 그 화합물, 카드뮴 및 그 화합물, 크로뮴 및 그 화합물, 플루오린화합물, 페놀류, 황 및 그 화합물 등)이고, 특정수질유해물질은 사람의 건강, 재산이나 동 · 식물의 생육에 직접 또는 간접으로 위해를 줄 우려가 있는 수질오염물질(구리 및 그 화합물, 납 및 그 화합물, 비소 및 그 화합물, 수은 및 그 화합물, 사이아나이드화합물, 유기인화합물, 6가 크로뮴화합물, 카드뮴 및 그 화합물, 테트라클로로에틸렌, 트리클로로에틸렌, 페놀류, 폴리염화바이페닐 등)을 말한다.

(3) 공공수역

공공수역은 하천 · 호소 · 항만 · 연안해역, 기타 공공용에 사용되는 수역과 이에 접속하

표 3.1 물 속 무기성, 유기성물질의 특성

구분		현탁성 성분	콜로이드성 성분	용해성성분			
				가스체	비이온성	양이온성	음이온성
무기성	토양 및 암석	점토, 모래, 기타 무기성 토양	점토, SiO_2 Fe_2O_3 Al_2O_3 MnO_2	CO_2		Ca^{2+}, Mg^{2+}, Na^+,K^+, Fe^{2+}, Mn^{2+}, Zn^{2+}	HCO_3^-, Cl^-, SO_4^{2-}, NO_3^-, CO_3^{2-}, OH^-, $HSiO_3^-$, F^-, $H_2BO_3^-$, HPO_4^{2-}, $H_2PO_4^-$
	대기			N_2, O_2 CO_2, SO_2		H^+	HCO_3^-, SO_4^{2-}
유기성	동식물 사체	유기성 토양(표토), 유기성 폐기물	식물성 색소, 유기성폐기물	CO_2, NH_3, O_2, N_2, H_2S, CH_4, H_2, 악취물	식물성 색소, 유기성폐기물	Na^+, H^+, NH_4^+	Cl^-, HCO_3^- NO_2^-, NO_3^-, OH^-, HS^-
	동식물 생물체	물고기류 조류 미생물	바이러스, 세균, 원생동물, 조류				
	화학공업 제품			DDT, BHC, PCB 등의 석유화합물이 주유성분 물질			

여 공공용으로 사용되는 지하수로, 농업용수로, 하수관거, 운하를 말한다. 따라서 수질환경보전의 궁극저인 목적은 수질오염으로 인한 국민건강 및 환경상의 위해를 예방하고 하천 · 호소 등 공공수역의 수질을 적정하게 관리 · 보전함으로써 모든 국민이 건강하고 쾌적한 환경에서 생활할 수 있게 하는 데에 있다.

2) 오수, 축산폐수, 분뇨, 하수

(1) 오수(sewage)

오수는 액체성 또는 고체성의 더러운 물질이 섞여 그 상태로는 사람의 생활이나 산업용수로 사용할 수 없는 물로 사람의 일상생활과 관련하여 수세식 변소 · 목욕탕 · 주방 등에서 배출되는 것을 말한다. 그리고 오수정화시설은 오수를 침전 · 분해 등으로 호기성 또는 혐기성 생물학적 처리방법에 의하여 정화하는 시설이다.

(2) 분뇨(糞尿)

분뇨는 변소에서 수거되는 액체성 또는 고체성의 정화조 청소시 발생하는 슬러지를 포함한 오염물질을 말한다.

(3) 축산폐수(animal waste water)

축산폐수는 가축의 사육으로 인하여 배출되는 액체성 또는 고체성의 오염물질을 말한다. 축산폐수 정화시설은 축산폐수를 침전·분해 등으로 혐기성·호기성 생물학적 처리방법으로 처리하는 시설, 화학적 처리방법에 의하여 축산폐수를 정화하는 시설을 말한다. 한편 분뇨처리시설은 분뇨를 침전·분해 등으로 생물학적 처리방법에 의하여 분뇨를 최종적으로 처리하는 시설과 생물학적 처리방법 및 화학적 처리방법에 따라 분뇨를 최종적으로 처리하는 시설을 말한다.

(4) 하수(下水)

하수는 생활이나 사업에 기인하거나 부속되는 오수 또는 수세식화장실의 분뇨세정수이며, 하수도는 하수(농작물의 경작으로 인한 하수는 제외함)를 배제 또는 처리하기 위하여 설치되는 도관, 기타의 공작물과 시설 전체를 말한다. 그리고 종말처리장은 하수를 최종적으로 처리해 하천, 바다, 기타 공유 수면에 방류하기 위한 하수도의 처리시설과 이를 보완하는 시설이다.

(5) 상수(city water)

상수는 우리가 일상적으로 사용하는 먹는 물 및 생활용수를 말한다. 상수시설은 도관 및 공작물로 물을 정수하여 공급하는 시설의 전체를 말하며, 일시적인 목적으로 시설된 것은 제외한다. 그리고 온천은 지하로부터 용출되는 25℃ 이상의 온수로 그 성분이 인체에 해롭지 않은 것을 말한다.

3) 물과 인간

풍부한 생물의 존재는 지구가 물의 은혜를 받고 있기 때문이며, 생명은 지구의 물 중에서 얻어 영위되어 왔고, 물과 함께 생명을 진화 발전시켜 왔다. 그러므로 물은 생명의 근원이 된다.

인간과 신체 중 3분의 2는 물이며, 따라서 체중 60kg인 사람은 40L가 물로 되어 있다. 40L 중에서 약 27L인 68%가 신체를 만들고 있는 세포 속에 들어가 있다. 나머지 13L (32%)는 혈액이나 임파액, 조직사이액 등의 세포에 함유되어 있다. 세포외액에 함유되는 물 중 3L의 물은 혈액 중에 들어 있다. 또 혈액의 90%는 물로 되어 있으며 신생아일 경우는 체중의 80%가 물이다.

우리가 꼭 필요로 하는 물의 양은 체내의 신진대사에 의해 만들어지는 0.4~0.5L의 물과 음식에 함유된 물로서 1.0L, 먹는 물로서 마시는 1.0L의 물로 모두 2.5L이다. 그러므로 하루에 외부에서 체내로 공급해야 하는 물을 2L로 보면 1년에 730L, 일생을 75년으로 본다면 54,750L가 필요하게 된다.

한편 사람은 1일에 체내에서 만들어낸 것과 밖으로부터 섭취한 2.5L의 물과 같은 양을 대변으로 0.1L, 오줌으로 1.5L, 호흡기에서 0.4L, 피부에서 0.5L모두 2.5L가 매일 배설된다.

물은 생명활동의 결과로서 나온 노폐물을 운반하는 기능을 무수히 계속하고 있다. 따라서 체내의 수분이 1% 소실되면 갈증을 느끼게 되며, 1일 동안 물을 전혀 마시지 않게 되면 탈수열로서 체온이 상승하고 환각증상을 나타내기도 한다. 체내 체중의 15~20%인 6~8L의 수분을 소실하면 생리기능이 저하해 사망하게 될 만큼 사람은 물에 의존하고 살 수밖에 없는 생명체이다.

(1) 총량규제

수질총량규제제도는 광역적인 폐쇄성 수역과 관련해 수질환경기준을 달성하는 것을 목표로 하며, 당해 수역의 오염부하량을 전체적으로 감량하려는 제도이다. 본 제도의 구성은 총량감량 기본방침을 정하고 이에 따라 총량감량계획을 수립하여 이에 근거해 소요시책이 강구되어야 한다. 우리나라에서도 1996년부터 실시된다고 환경부에서 발표한 바 있다.

첫째, 1차 총량규제는 목표년도에 의해 실시되었으나 그 실시상황을 참고해 COD의 발생오염부하량을 황해, 남해, 동해 3개 해역 모두 실시해 감소하려고 한다. 그리고 환경농도의 상황은 개선이 불충분해 오탁부하량을 감량해 나갈 필요가 있을 것이다.

둘째, 2차 총량규제는 총량감량계획에 따라 시군별 · 발생원별로 목표량이 정해서 그 달성을 위해 일정한 규모 이상의 공장 및 사업장에서의 방류수에 관한 총량규제기준의 설정, 하수도의 정비 등 오염부하량 감량정책이 실시되어야 한다. 따라서 총량규제시 발생원별 오염부하량의 추이와 감량목표량을 설정해야 한다.

총량규제기준이 적용되지 않는 공장 등의 폐수와 일반가정에서 발생되는 생활오수 등 소규모 배출시설도 오염부하량의 총량에 들어가는 비율이 상당한 정도인 바 관할 시 · 도지사는 적정한 하수의 처리방법 등에도 총량삭감계획을 달성하기 위해 필요한 조치를 취해야 한다.

수질총량규제의 실효성을 높이기 위해서는 오염부하량의 측정을 정확히 실시하는 일이 불가피하며, 수질환경보전법의 모법 제9조에는 총량규제기준이 적용되는 지역의 사업장에서 방류수를 배출하는 사업자는 오염부하량을 측정하여 그 결과를 기록하는 것이 의무화되어야 한다. 그 때에 환경부는 지정지역 내의 사업자를 대상으로 해서 기술진단, 측정기기의 설치 · 유지관리에 관한 홍보 및 기술교육을 실시하고, 지방자치단체의 수질텔레메터링 시스템(TMS)의 정비가 진행되어야만 한다.

(2) 수질지표

수질오염물질의 배출저감을 위한 대책수립과 물의 이용목적에 따른 수질의 적합여부 확인 및 수질보전대책의 평가 등을 위해 필수적으로 요구되는 수질평가지표는 수질분석의 목적에 따라 또는 환경과학에 대한 지식과 분석기술의 발달에 따라 그 측정항목과 분석방법이 달라질 수가 있다. 우리나라의 수질 지표항목은 물리적 지표·화학적 지표, 생물학적 지표로 다음과 같이 구분되고 있다.

첫째, 물리적 지표는 온도, 냄새, 색도, 탁도와 경도이다.

둘째, 화학적 지표는 수소이온농도(pH), 용존산소(DO), 유기물질(TOC, BOD 및 COD), 염소이온농도(Cl^-), 영양염류(N와 P)이다.

셋째, 생물학적 지표는 일반세균, 대장균군이다.

4) 수질오염 물질

(1) BOD

BOD는 물 속에 함유된 유기물이 호기성 미생물로 분해될 때 필요한 산소량을 mg/L로 나타낸 것으로 유기물질량을 간접적으로 측정하는 실험방법이다. 실제 물 속의 유기물형태나 그 농도를 측정하는 일은 아주 어렵고 측정시 시간이 너무 오래 소요되는 단점도 있으나 대개 산소의 소비량으로 수질을 간접적으로나마 평가할 수 있다. BOD는 biochemical oxygen demand의 약자로서 생물학적 산소요구량을 말한다. COD(chemical oxygen demand)는 생물학적으로 불안정한 유기물 및 무기성 피산화물을 구별하지 않고 물 속의 유기물을 산화제인 $KMnO_4$(과망가니즈산칼륨)이나 $K_2Cr_2O_7$(중크로뮴산칼륨)을 이용하여 화학적으로 산화시킬 때 소비되는 산소량을 mg/L로 나타냈다.

물 속의 BOD값이 클수록 유기물농도는 높으며, 반대로 작을수록 적게 함유되었다고 말할 수 있다. 물의 오염정도를 수치화한 것으로 물을 정화한다는 것은 물 속의 미생물이 활발히 활동하여 부패성 물질을 부패하지 않는 안정된 무기물질로 변화시키는 일이다.

미생물도 우리 인간과 마찬가지로 공기(산소)를 흡수하여 활동하고, 오·폐·하수 중의 유기물을 서서히 무기물로 변화시켜가는 화학변화를 일으킨다. 이 경우 부패하는 물질을 보다 많이 함유한 오·폐·하수를 정화시키기 위해서는 보다 많은 미생물을 동원하지 않으면 안되기 때문에 보다 많은 산소를 필요(즉 미생물들이 요구하는)로 하게 된다. 이러한 미생물이 오수를 정화시키는 데 필요로 하는 산소의 양을 mg/L 단위로 나타낸 것이 BOD이다. 따라서 오염도가 높은 물일수록 BOD 농도 값은 크게 된다.

(2) COD(Chemical Oxygen Demand)

COD는 화학적 산소요구량이라 하며 BOD와 같이 부패하기 쉬운 유기물의 농도를 나타내는 것이나 BOD의 경우에는 자연조건에 있어서 생물화학적 반응(생물이 활동하고 유기물의 무기물로 변화시키는 것)에 소비된 산소량인데 비하여 COD는 산소를 많이 포함한 산화제(과망가니즈산칼륨 또는 중크로뮴산칼륨)를 일정량의 오염된 물에 가하였을 경우 일정시간 내에 산화제가 가지고 있는 산소가 폐수 중의 유기물과 반응하여 소비된 양을

COD라 한다. COD와 BOD와는 대체로 상관관계를 유지하고 있어 BOD가 높을 경우 COD도 높고 처리수의 BOD가 낮은 물은 COD도 낮을 경우가 많다. 따라서 실제 처리장에서 BOD 처리효과를 관찰하기 위하여 절차 및 실험기간을 장시간 요하는(통상 5일) BOD 측정을 대신하여 COD를 측정하는 경우가 많은 것이다.

이때 COD 분석결과가 당장 BOD 값을 나타내는 것은 아니지만 간접적 지표로 간주하는 것은 가능하기 때문이다.

① $KMnO_4$와 $K_2Cr_2O_7$은 단독으로 산화작용을 할 수가 없고, H_2SO_4과 함께 작용해서 산화작용을 하는데 산화력은 $K_2Cr_2O_7$이 $KMnO_4$보다 강하다.

반응식

$$2K\underset{+7가}{\underline{Mn}}O_4 + 3H_2SO_4 \rightarrow 3H_2O + K_2SO_4 + 2\underset{+2가}{\underline{Mn}}SO_4 + 5[O] - 5e^- \qquad (3\text{-}1)$$

$$K_2\underset{+6가}{\underline{Cr_2}}O_7 + 4H_2SO_4 \rightarrow H_2O + K_2SO_4 + \underset{+3가}{\underline{Cr_2}}(SO_4)_3 + 6[O] - 6e^- \qquad (3\text{-}2)$$

몰(mole)비

$KMnO_4 : [O] = 1 : 2.5$

∴ Mn은 7가에서 2가로 환원되어 산화수는 5가이다.

$K_2Cr_2O_7 : [O] = 1 : 3$

∴ Cr은 6가에서 3가로 환원되어 산화수는 3가이다.

② COD분석은 산성시료에 일정량 $KMnO_4$를 가해 30분간 가열하면 시료중 유기물이 산화된다.

$$MnO_4^- + 8H^+ + 5e^- \rightarrow Mn^{2+} + 4H_2O \qquad (3\text{-}3)$$

③ $KMnO_4$량은 산화하고도 남아있어야 하거나 이렇게 되도록 시료속의 유기물농도를 희석해야만 한다. 잔존한 $KMnO_4$를 일정한 과량의 옥살산나트륨($Na_2C_2O_4$)으로 환원해 탈색시켜야 한다.

$$2KMnO_4 + 5\ C_2O_4^{2-} + 16H^+ \rightarrow 2Mn^{2+} + 10CO_2 + 8H_2O \qquad (3\text{-}4)$$

④ 산성 $KMnO_4$법에 필요한 시약(최종 적정시약이 $KMnO_4$)

- Ag_2SO_4 1g은 Cl^-이온을 AgCl로 만들기 위해 주입한다.
- H_2SO_4 10mL는 물 속의 산화가능한 유기물질이 다른 물질과 결합해 침전되는 것을 방지한다.
- $Na_2C_2O_4$ 10mL는 $KMnO_4$가 반응한 후 잔존량과 반응하기 위해 주입한다.
- $KMnO_4$ 10mL는 유기물 산화량의 두 배 이상을 주입한다.
- 역적정은 잔존한 $Na_2C_2O_4$가 $KMnO_4$와 반응해 종말점이 엷은 황색으로 될 때까지 적

정해 소요량을 구한다.

▶ COD알칼리 $KMnO_4$법에선 전분용액이 지시약으로 되고 $Na_2S_2O_3$로 청남색이 무색이 될 때까지 적정해 소요량을 구해 COD농도를 산출한다.

(3) TOD(Total oxygen demand : 총산소요구량)

물 속의 유기물이나 피산화물을 완전히 산화(C는 CO_2, H는 H_2O, N는 NO, S은 SO_2)하는 데 필요한 총산소요구량이며, 유기물의 오염지표이다. 900℃의 고온에서 백금(Pt) 촉매를 사용해 연소시켜 산소소비량을 측정하는 바 결과를 아주 짧은 시간에 얻을 수 있다.

(4) TOC(Total organic carbon : 총유기탄소)

물 속의 유기물 오염지표 중의 하나로 물 속의 유기탄소를 CO_2로 변화시켜 유기탄소량을 측정한다.

(5) 총질소(T-N : Total nitrogen)

폐쇄성 수역에서는 질소(N), 인(P) 등의 영양염류 등의 유입에의해 부영양화현상이 나타나기도 하는데 총질소농도는 그 중 하나의 지표이다. 총질소는 암모니아성 질소, 아질산성 질소, 질산성 질소를 총칭하는 말이다.

(6) 대장균군(MPN : Most of probable number : 최적확수)

대장균군은 사람이나 동물의 배설물에 의한 오염지표로서 수계내에 대장균군이 다량으로 존재시는 대장균, 장티프스균과 같은 장내세균 등의 유해 병원성 세균의 존재 가능성이 있기 때문에 공중위생상 문제가 된다. Salmonella는 병원성 장내세균으로 대장균군과 유사하다.

(7) 부유고형물질(SS : Suspended Solid)

통상 SS라 하며 수중에 떠 있거나 침전하는 물질로써 물을 흐리게 하는 10^{-4}m에서 10^{-7}m의 각종 대소입자를 말한다.

① 증발잔류물

총고형물이라 하여 증발시킨 후에 남아 있는 건조 고형물을 의미하며, 증발 잔류물은 형태에 따라 용해성 물질과 부유물을 합한 것이며 내용적으로 강열 잔류물과 강열감량을 합한 것이다.

이를 요약하면, 다음과 같다.

- 폐수 = 물 + 증발잔류물 + 가스
- 증발잔류물 = 용해성 물질 + 부유물 = 강열잔류물(무기물) + 강열감량(유기물)
- 부유물 = 증발잔류물 - 용해성 물질

② 용해성 물질

물에 녹아 있는 물질로서 물을 여과지로 여과한 후의 투명한 물을 증발시킨 후 남아 있는 물질을 말한다. 예로서 식염수는 단지 투명하고 아무런 물질도 포함되지 않은 것같이 보이지만 이 식염수는 증발시키면 물에 용해되어 있는 염의 결정이 석출되는 것이다.

(8) 노말헥세인(n-Hexane)추출물질(유분)

동식물성 유지, 지방산, 왁스, 석유계 탄화수소 등의 유분은 노말헥세인에 용해하는 성질이 있어서 물 속의 유분함량은 노말헥세인추출물질로 측정하게 된다. 유분(oil)은 물고기에서 나쁜 냄새를 주기도 하고 수서식물의 생리 작용에 악영향을 미친다.

(9) 유기인

유기인의 중독은 가벼운 증상일 경우 전신권태, 두통, 현기증, 오심, 다량의 발한, 구토이며, 중간 증상일 경우 눈동공의 축소, 언어장해, 시력감퇴이고 심한 증상일 경우 전신경련, 분뇨중단 등으로 사망한다. 유기인은 유기인계 농약으로 파라치온, 스미티온(EP), 메틸파라치온 등이다. 유기인 중독의 원인은 체내의 콜린에스테라아제 효소작용이 저해되어서 체내에 아세틸콜린이 축적되기 때문에 일어난다.

(10) 질산성 질소(NO_3-N)

질산성 질소는 유아의 소화관 내에서 아질산으로 되이시 이들이 혈액 중의 헤모글로빈과 결합해서 산소운반이 부족하게 되어 심한 경우 사망까지 이르게 된다. 온몸의 청색화 증상을 methemoglobinemia라고 한다.

(11) 페놀류(C_6H_5OH)

페놀이 아주 작은 양이라도 물 속에 함유되면 불쾌한 냄새를 주며, 소독을 위해 염소를 첨가하면 클로로페놀이 생성되어 심한 악취와 수처리가 어렵게 된다. 지금까지 알려진 바는 페놀만으로 0.01mg/L까지는 악취를 내지만 염소화합물로 되면 0.001mg/L정도에서도 악취를 풍긴다.

5) 수질오염과 활성슬러지

(1) 오염농도

물 속의 오염물질농도는 mg/L이며, 즉 g/m^3가 된다. 절대로 ppm(parts per million)과 mg/L와 똑같지 않은 바 혼용하지 않길 바란다. 왜냐하면 mg/L와 ppm(즉 mg/kg)이 동일하려면 L와 kg이 같아야 하는데 이는 물의 비중이 1.0인 4℃의 순수일 경우에만 해당되기 때문에 폐수, 오수, 하수를 다루는 우리 환경을 배우는 환경인들은 백만분율을 다루는 바 실수하지 않길 바란다. 그리고 %가 백분율이듯이 ppm은 백만분율이다. 절대로 환경만의 용어가 아니며, 자주 생산공장의 정문에 놓인 현수막의 내용중 "불량품을 100ppm 이하로 줄이자"는 내용을 흔히 보게 된다. 이 내용은 생산제품 100만개 중 불량품을 100개 이하로 줄여 생산원가를 줄이자는 이야기인 바 절대로 ppm은 환경에서만 사용되는 용어가 아님을 제삼 상기시키는 바이다. ppm에는 중량(weight : Wt)ppm, 즉 mg/kg과 부피(volume : Vol.)ppm, 즉 mL/kL 또는 mL/Sm^3가 있고, 1ppm은 1000ppb(10억분율 : ppb)이다.

(2) DO(용존산소)

물 속에 용해되어 있는 산소의 양을 표시하는 것으로 수처리를 할 경우 DO가 아주 적은 (0～0.1mg/L) 경우는 산소부족이라 하고 반대로 DO가 많을 경우(6～8mg/L)는 과공기공급라 한다. 상기 어느 경우에도 처리효과가 저하되기 때문에 DO의 적정유지관리는 필요한 요인이 되고 있다. 공기공급량이 부족한 경우에는 미생물의 활동이 둔화되어 미생물의 수가 감소하거나 사멸됨으로써 자연히 처리효과가 저하되고 처리수의 투시도는 악화된다. 역으로 과공기공급의 경우에도 산소가 충분하기 때문에 활성생물들이 유입수에 포함된 오염물질을 먹이로 하여 생활하는 과정에서 보통의 경우보다 생물의 수가 증가하게 되지만, 유입된 먹이(food)가 일정하기 때문에 생물의 절대 필요량에 미치지 못하게 된다. 이렇게 생물 상호간에 치열한 먹이 쟁탈전이 일어나게 되며 이런 상태가 계속되면 사멸슬러지가 증가하게 되어 활성생물의 수가 감소하게 되는 것이다. 공기공급부족의 경우 처리수는 흐려져 보이고 활성오니조의 색깔도 하얀 색깔 비슷하게 흐려지게 된다. 과공기공급의 경우에는 처리수 자체의 투시도는 높고 깨끗하게 보이지만 미세한 floc(일명 rising floc)이 처리수 자체에 섞여 방류되기 때문에 실제의 투시도는 낮아지는 것이 보통이다. 활성오니조의 색깔도 대단히 붉어지고 붉은색을 띤 기름기 같은 발포현상이 나타난다. 여기에서 특기할 사항은 측정된 DO값의 결과에 따라서 오직 DO만을 중요시하는 과오를 범하지 않아야 한다는 것이다.

즉 DO의 측정값은 Sampling시간, 방법, 장소, 측정조작 및 분석자에 따라 큰 오차가 발생되기 때문이다. 따라서 항상 활성오니조의 유지 관리 항목 중 어느 한 가지만을 절대적으로 추종하지 말고 종합적인 상관관계를 고려하여야 한다.

예를 들면 활성오니조의 DO 측정 결과가 0.4mg/L인 경우 DO는 적기 때문에 공기량을 증가시켜야 원칙이나 이때 활성오니조 처리수의 pH가 6.4에서 6.6이며, 처리수의 투시도도 20cm 이상되었다고 하면, 이 경우에는 DO를 증가시키지 않아도 무방하다고 판단되어야 한다. 왜냐하면 pH가 6.4에서 6.6의 액성이 산성이면 질화작용이 일어난다는 것을 의미하는 것으로 활성오니조에서 충분히 산화를 일으키는 증거이기 때문이다. 따라서 이 경우에는 측정 DO의 오차가 크거나 또는 본 처리장의 유지 DO가 0.4mg/L에서도 충분히 기능을 발휘할 수 있다고 생각하는 것이 현명한 판단일 것이다.

(3) 수온(Water temperature)

화력발전소 등으로부터 배출되는 대량의 온배수는 배출주변수역의 수온상승을 가져와 물고기류의 회유변화, 생물군의 변화 등 영향을 가져온다. 수온은 10℃ 이하, 35℃ 이상이 되면 생물활동성이 나빠진다.

(4) 투명도

바다나 호소의 물 맑음도를 나타내는 지표로 백색원판을 물 속에 내려놓고 수심 몇 m까지 보여지는가에 따라 투명도를 판단했다.

(5) TLm(Median tolerance limit)

반수생존한계농도를 말하며, 물고기류에 대한 유독물질의 유해도를 나타내는 지표로서 유독물질을 함유한 물 속에 물고기를 24시간 또는 48시간의 일정한 시간동안 사육하여 공시어가 50% 사망하는 농도를 TLm값이라고 하며, 24hr TLm값으로 나타낸다.

(6) 활성오니(Activated Sludge)

활성오니는 오·하·폐수를 정화시키는 힘을 가지고 있는 floc이라고 불리워지는 미세한 비생물을 말하며, 이 floc은 오폐수 중에서 활동하며 점차적으로 물을 정화시키는 기본 매체이다. 즉, 활성오니란 그 속에서 물을 깨끗하게 정화하는 능력을 가진 많은 미생물군을 포함하고 있는 "살아 있는 미생물"라고 말할 수 있는 것이다.

① MLSS(Mixed Liquor Suspended Solids : 혼합액 중의 부유고형물질)측정
활성오니조의 혼합액(공기공급상태로 교반되고 있는 액) 중에 함유된 부유고형물질을 뜻하는 것으로 단위는 mg/L로 나타낸다. MLSS는 활성오니조의 혼합액 50~100mL를 채취하여 수분을 완전히 제거한 후에 남은 고형물(슬러지)의 중량을 측정하는 것이다.

② MLVSS(Mixed Liquor Volatile Suspended Solid : 활성오니조내의 부유고형물질)
MLSS는 활성오니조 내의 부유고형물질을 말한다. 이 부유고형물질에는 유기물은 미생물뿐만 아니라 약간의 무기물도 포함되어 있기 때문에(통상 MLVSS 중의 유기물의 80% 전후) 정확하게 미생물량이라고 할 경우에는 MLSS 중의 유기물량이라고 볼 수 있으며, 이 MLSS 중의 순 유기물량을 MLVSS라 한다.

③ SV(30분 침전슬러지량)

- Sludge Volume(슬러지량)의 약어로서 1000mL 또는 500mL의 눈금실린더에 활성오니조의 혼합액을 넣어 30분간 정지시킨 후의 활성오니의 침전량을 나타낸다. SV는 처리장을 관리하는 데 있어서 매일 측정하는 기본적인 중요한 항목이다. SV는 일반적으로 활성오니조 슬러지량이라고 하는데 처리장의 SV 기준은 대체로 20~60% 정도의 다양한 기준

으로 운전되고 있어 이의 유지관리가 문제시되고 있으나, 이는 각 처리장의 관리자가 각자 처리장의 적정%를 운전조건에 따라 정해야 한다. 적정 SV량도 계절에 따라 당연히 변화되기 마련이며, 적정 SV량을 표시하기 어려운 이유는 ㉮ 각 처리장의 유입수량, ㉯ 수질활성오니조 용량의 크기, ㉰ 공기공급방식, 공기공급량, ㉱ 반송슬러지량, ㉲ 활성오니의 성질 등에 따라서 오수 정화에 사용되는 SV량도 당연히 변화되기 때문이다. 일반적으로 SV량은 여름에는 낮게 겨울에는 높여서 유지하는 것이 좋다.

· 이것은 본 저자의 30년간 경험에 의한 것으로 "여름에는 수온이 높기 때문에 활성오니조에 있는 미생물의 양이 적어도 무관하지만 겨울에는 수온의 저하로 미생물의 활동력이 둔화되기 때문에 여름보다는 많은 미생물 양을 필요로 하기 때문이다."

· SV와의 관계를 고려할 때 SV가 높으면 이 MLSS의 중량도 비례해서 증가하지는 않는다. 다시 말해서 SV 20%의 슬러지 부피와 SV 40%의 슬러지가 건조중량(MLSS)이 많다고 오판하여서는 안된다. 즉 그 슬러지의 성질에 따라서 겉보기 침전율(SV)이 커도 실제로 중량(MLSS)을 측정하면 상당히 중량이 적을 때도 있는 것이다. 때문에 활성오니조 설계 기준으로서 BOD부하의 계산시는 슬러지량으로 적용하지 말고 MLSS를 적용해야만 한다.

· MLSS는 어느 정도 수질시험기구가 갖추어진 처리장이 아니면 측정이 어렵지만 반드시 주기적인 측정을 실시하여 이 실험결과를 토대로 관리하여야 한다. 즉 수처리장 슬러지의 성질과 SV와의 상관관계 등을 숙지하면서 관리하는 것이 좋다.

(7) 센물과 단물

① 센물(hard water)

칼슘이온(Ca^{2+})과 마그네슘이온(Mg^{2+})이 많이 함유된 물을 말한다.

· 일시적 센물 : 물 속에 $Ca(HCO_3)_2$나 $Mg(HCO_3)_2$가 함유된 센물이다.

· 영구적 센물 : 물 속에 $CaSO_4$, $MgSO_4$, $CaCl_2$, $MgCl_2$가 함유된 센물이다.

② 단물(soft water)

Ca^{2+}, Mg^{2+}이 극소량 함유된 물을 말한다.

3.1.2 유기물질(탄소화합물) 제어기술

1) 생물학적 처리공법

(1) 활성오니(Activated Sludge)법

① 환경미생물(활성오니)

· 미생물들은 용존산소의 섭취에 따라 호기성 미생물, 혐기성 미생물과 임의성 미생

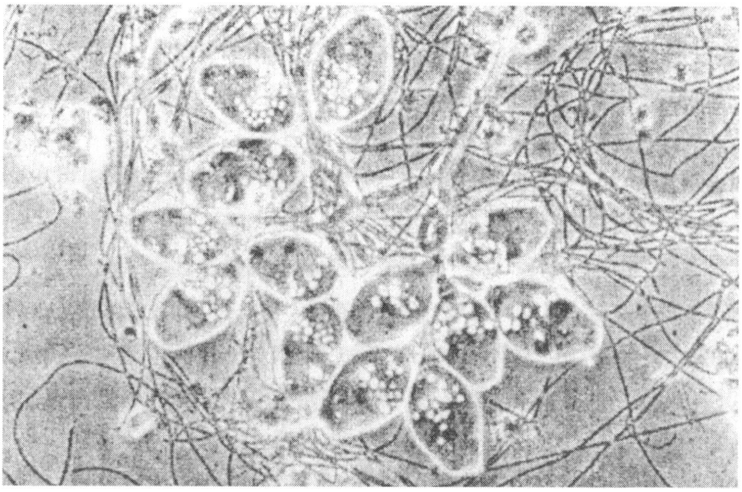

그림 3.1 ▌ 수처리가 양호할 때 출현하는 활성오니(Epistylis)

물로 구분하며, 이 미생물은 물 속에 있는 유기물을 섭취해 자연적으로 증식하도록 하는 과정을 이용한다. 이때의 환경미생물은 세균(Bacteria), 조류(Algae), 진균류(Fungi), 원생동물(Protozoa) 및 고등동물(Sludge Worms) 등이 있다.

· 생물은 자기 자신의 생명을 유지하기 위해 에너지를 얻거나 생명체를 만들기 위해 각종 영양원을 섭취해 복잡한 효소반응을 해야 한다. 미생물도 마찬가지로 세포의 생명유시와 분열증식 및 운동을 하게 되는데 이처럼 체내에서 이루어지는 모든 변화를 대사(代謝)라고 한다.

· 세균은 가장 간단한 단세포미생물로서 분열에 의해 증식하며, 용해된 유기물을 섭취하고 성장하는데 0.8μm 에서 5μm 크기를 갖는다.

· 진균류는 탄소동화작용을 안하는 미생물로서 유기물을 섭취하며, 대개 물 속에 용존산소 및 질소가 부족하거나 수소이온농도가 높을 때 잘 성장하는데 5μm 에서 10 μm 정도 크기를 갖는 호기성균이다.

· 조류는 엽록소를 갖고 있는 단세포 및 다세포 식물로서 탄소동화작용을 하며, 주로 무기물을 섭취한다.

· 원생동물은 호기성균으로 세균과 같은 미생물을 섭취하며 성장하는 3μm 에서 300 μm 크기를 갖는 단세포 미생물이다.

② 생물학적처리공법

· 생물학적처리공법은 환경미생물의 산화분해능력을 이용한 것으로 실제현장에서 호기성처리과정과 혐기성처리과정에 의해 분리 제거된다.

· 호기성공법은 물 속에 산소를 공급하여 유기물질이 호기성미생물에 의해 섭취되고

일부는 산화분해되어서 탄산가스와 물로 되고 나머지는 미생물증식에 이용된다. 혐기성공법은 물 속의 산소공급이 필요 없으며, 혐기성미생물에 의해 유기물질이 분해되어서 메탄(CH_4), 탄산가스, 황화수소(H_2S), 암모니아(NH_3) 등의 가스가 발생한다. 이때 발생된 가스들을 포집해 탈황탑을 통과시킨 후 난방연료로 이용할 수도 있다. 이 공법에는 활성오니법이 가장 많이 적용되고 있으며, 혐기·호기성 소화법, 살수여상법, 산화구법, 산화지법, 회전원판법 등에서 적용된다. 수처리는 물리적 처리공법을 1차처리라고 하고 화학적 및 생물학적 처리공법을 2차처리라 말하며, 고도처리를 3차처리라고도 한다.

· 고도처리는 질소(N), 인(P) 등의 무기영양염류와 철(Fe), 구리(Cu), 아연(Zn) 등의 중금속을 1차, 2차 처리시 방류하천인 공공수역에 부영양화 및 생태계에 악영향을 줄 우려가 있을 때 실시하며, 한외여과막법, 흡착법, 전기산화법, 오존산화법, 탈기법, 역삼투법, 생물학적 탈인질소법 등이 있다.

③ 활성오니법

· 물 속에 들어있는 탄소화합물인 유기물질을 박테리아나 원생동물 등의 미생물에 의해 생화학적으로 산화 및 환원시켜 안정화시키는 처리공법이다. 이때 환경미생물에 의한 분해 가능한 유기물은 탄산가스, 메탄가스, 암모니아가스, 수증기 등으로 전환시키거나 미생물을 성장시켜 침전 분리 제거된다.

· 박테리아세포는 이분법 분열을 하여 대수적으로 성장 및 증식하며, 한 세포수가 두 배로 증가하는 한 세대기간(life cycle)은 15분에서 30분 정도가 소요된다.

· 활성오니법에 크게 영향을 주는 활성오니조내의 제반조건은 다음과 같다.

첫째, 활성오니법으로 처리가능한 유기물질의 구성은 $BOD/COD_{Mn} > 1$이거나 $BOD/CODcr > 0.6$이어야 한다. 그리고 BOD농도는 500에서 800mg/L 범위이어야 한다.

둘째, BOD : N : P = 100 : 5에서 7 : 1의 영양상태를 유지하여야 한다.

셋째, 수소이온 농도지수는 6.7에서 7.3이어야 한다.

넷째, 온도는 20에서 25℃이어야 하나 최저 15℃ 이상, 최고 30℃ 이하이어야 한다.

다섯째, 부유고형물질(SS)는 고체성상에 따라 다르지만 200mg/L에서 300mg/L이어야 하며 300 mg/L 이상일 때는 응집으로 전처리한 후 제거해야 한다.

여섯째, 유분(oil)은 동·식물유일 경우 50mg/L와 광물유일 경우 20mg/L 이하이어야 한다.

일곱째, 식염(NaCl)농도는 해수농도인 3%까지는 크게 영향이 없다고 하지만 5,000 mg/L에서 8,000mg/L이어야 한다.

여덟째, 페놀(phenol)은 특수한 활성오니가 아니면 일반 활성오니에는 200mg/L에서 250mg/L 이하이어야 한다.

아홉째, 사이아나이드(CN)은 2mg/L 이하이어야 한다.

열째, 황화수소(H_2S)는 5mg/L 이하이어야 한다.

열하나째, 용존산소(DO)는 1mg/L에서 4mg/L로 되도록 공기공급량을 조절하여야 한다.

열두째, 활성오니농도(MLSS)는 1.500mg/L에서 4,500mg/L이어야 한다.

④ 활성오니조의 생장 환경조건

- 미생물이 물 속에 생장(生長)하기 위해서는 알맞은 온도, 용존산소(DO), 수소이온농도지수(pH), 영양원 등이 평행상태를 유지해야 하며, 유해성 및 독성물질이 없어야 한다.
- 온도는 미생물과 밀접한 관계가 있으며, 0℃ 부근에서 잘 성장하는 미생물을 친냉성 미생물, 5℃에서 35℃부근 내에서 성장하는 미생물을 친온성 미생물, 45℃에서 55℃ 부근 내에서 잘 성장하는 미생물을 친열성 미생물이라고 한다.
- 미생물은 용존산소의 양에 따라 구분하며, 호기성 미생물은 물 속에 녹아있는 용존산소를 섭취해 성장하고 혐기성 미생물은 용존산소 대신에 화학적으로 결합된 산화물의 산소를 섭취해 황화수소(H_2S)나 메탄(CH_4), 메르캅탄(CH_3SH) 등을 생성한다.
- 미생물의 섭취대상물질은 유기물과 무기물인데 주로 유기물을 섭취하면 종속영양미생물이라고 말하며, 무기물을 주로 섭취하면 독립영양미생물이라고 한다. 수소이온농도(pH)는 미생물의 증식에 중요한 인자로서 pH 6.5에서 pH 7.5이며, 세균은 pH 7.2, 조류는 pH 6, 남조류는 pH 8 정도에서 잘 성장한다.

표 3.2 폐수처리 현장에 자주 출현하는 증상 및 대책

증 상	대 책
슬러지가 침강하지 않음	· 원수의 유입을 방지하고 제3, 제4활성오니조에 응집제(PAC와 고분자응집제)를 첨가한다. 참고로 슬러지량이 많거나 공기공급부족 및 공기공급 과잉에 의한 경우도 많다.
pin floc으로 침강이 불량함	· 반송펌프의 막힘이나 원수의 유입이 불균형하거나 참고로 공기공급의 불균형도 있다.
침전조의 수면에 슬러지 floc이 부상함	· pin floc만일 때는 rake의 고장이고, 양쪽일 때는 공기공급가 많을 경우이다.
DO값이 낮음	· ORP값을 측정해 +180mV 이하일 때 blower를 증가해 가동하고 +200mV 정도일 때는 상태를 본다.
DO값이 높음	· ORP값을 측정해 +240mV 이상일 때는 통기를 줄이고 +200mV 정도일 때는 상태를 본다.
활성오니조에서 약품냄새가 날 경우	· 슬러지량이 적고 공기공급가 많은 경우로 점점 슬러지를 증식시킨다.

⑤ 생물학적 처리공정 관리사항

폐수처리장 운영 중점사항

a) DO

- 제1활성오니조 2mg/L에서 3mg/L로 한다.
- 제2활성오니조 1.5mg/L에서 2mg/L로 한다.
- 제3활성오니조 1mg/L에서 1.5mg/L로 한다.
- 제4활성오니조 0.2mg/L에서 0.5mg/L로 한다.

b) MLSS : 3,000mg/L에서 4,000mg/L로 한다.

c) ORP : +180mV에서 +240mV로 한다.

d) 색깔 : 암갈색이어야 한다.

(2) 미생물에 의한 탄소순환 및 처리

① 미생물 특성

- Virus는 혼자 살 수 없고 숙주가 있어야 하며, Bacteria보다 1/30~1/20 정도로 작다(크기는 0.025~0.1μm 이다). Bacteria는 막대형, 구형, 선형 등이 있으며, 크기는 0.3~50μm(보통 0.5~3μm)이다.
- Fungi는 Bacteria보다 큰 사상체 구조 및 버섯모양의 구조이며, 호기성 균으로서 강산과 고농도 중금속 용액에도 생존력이 강하다. 균류(Fungi)는 나무의 셀룰로오스를 분해하기도 하며, 셀룰로오스 효소를 세포밖으로 분비하며, 셀룰로오스를 가용성 탄화수소로 분해하여 진균세포를 분해한다.
- Bacteria의 분자식은 $C_5H_7NO_2$이다.
- 조류(Algae)의 분자식은 $C_5H_8NO_2$이다.

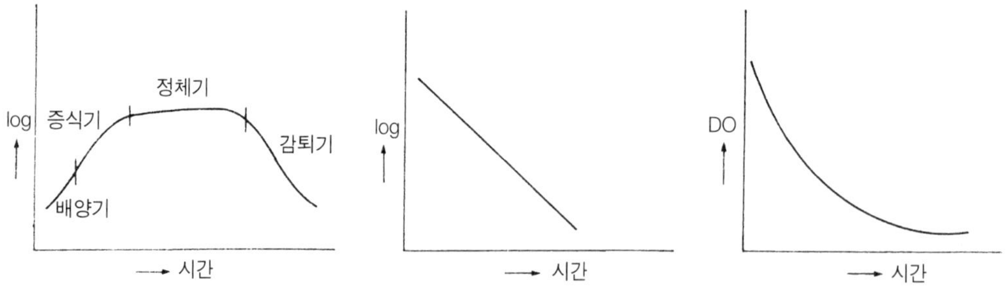

(a) Bacteria 성장곡선 (b) BOD 분해곡선 (c) DO 소비곡선

그림 3.2 분해속도곡선

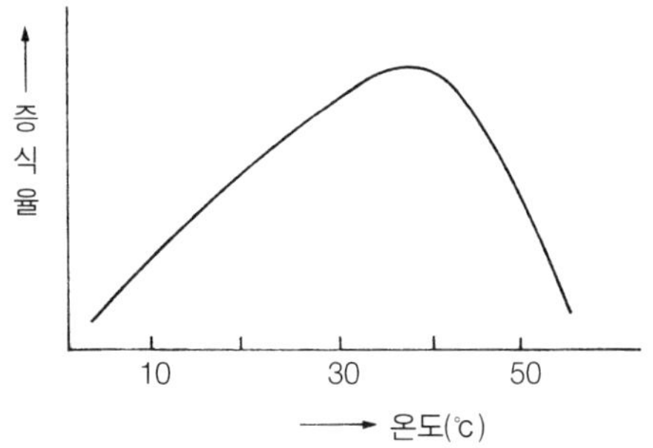

(a) Bacteria성장시 최적온도는 30℃이다.
(b) 저온성 박테리아는 20℃이하
(c) 중온성 박테리아는 20~45℃
(d) 고온성 박테리아는 45℃이상이다.

미생물의 증식속도에는 온도가 가장 크게 영향을 준다.

그림 3.3 미생물증식온도

② 미생물의 성장단계(4단계)

- 지체기(lag phase)는 Bacteria증식이 거의 발생하지 않는 배양기이다.
- 증식기(growth phase)는 보통 증식때보다 2배 이상 증식하며, 먹이부족 및 사멸 등 제한조건이 없어야 한다.
- 정체기(stationary phase)는 필수 영양분이 부족하거나 독성물질의 유입과 사멸 등 제한조건이 없어야 한다.
- 감퇴기(dead phase)는 Bacteria 사멸수가 증식되는 수보다 많을 때에 나타난다.

상기 박테리아 증식곡선에서 적정증식온도를 거치면 곧 증식속도가 감소하는데 이는 적정증식온도가 최소온도보다 최대온도에 더 가깝기 때문이다.

③ 혐기성균

a. CH_4(메탄)생성 Bacteria

- O_2가 없는 상태에서 CO_2가 전자수용기역할을 하면서 메탄생성 박테리아에 의해 CH_4가 생성된다.

$$\{CH_2O\}n \rightarrow \frac{n}{2} CH_4\uparrow + \frac{1}{2} CO_2\uparrow \qquad (3\text{-}5)$$

$$\frac{1}{8} CO_2 + H^+ + e^- \rightarrow \frac{1}{8} CH_4\uparrow + \frac{1}{4} H_2O \qquad (3\text{-}6)$$

- CH_4생성 Bacteria에는 Methanobacterium, Methanobacillus, Methanococcus, Methano -sarsina 등이 있으며, 혐기성 상태에서 성장하나 용존산소가 있으면 사멸해 CH_4생성능력이 크게 떨어진다.

b. HC(hydrocarbon)이용 Bacteria

- Methanomonas Bacteria는 CH_4을 호기성 상태에서 산화시켜 에너지원으로 한다.
- CH_4이 산화될 때 중간 생성물은 CH_3OH, HCHO, CH_3COOH 등이다.

c. CH_4 Fermentation

- 유기물 1kg당 300~700mL정도의 CH_4가 발생되며, 발생 가스조성은 $CH_4 : CO_2 = 6 : 4$이다.

· CH_4생성균은 Methanobacterium ruinative이다.

· 온도는 공장폐수일 경우 중온(34～38℃)발효를 하며, 주정폐액은 고온(53～55℃)발효를 한다.

· 영양균형은 C : N : P = 100 : 10～20(최적 15) : 1이며, 질소가 부족하면 미생물증식이 억제되며, 질소가 많으면 pH가 상승해(NH_3가스 발생해 알칼리성전환) 발효가 방해된다.

· 혐기화 최적 pH는 6.8～7.5이며, MLSS농도는 10,000mg/L 이상이다.

d. 호기성 처리공법은 C : N : P = 100 : 5 : 1이고, pH는 7～7.5이다.

e. CH_4발효조에 Sludge를 반송하는 이유는 다음과 같다.

· 미생물의 균체수를 조절해 발효를 촉진하기 위해

· 발효액의 ORP(산화환원전위)강화작용하기 위해

· 미생물의 담체가 되어서 균체농도를 증가시키기 위해

f. CH_4발효시 최대 저해물질은 황화물이다.

· 공존한 황산환원균에 의해 폐수속의 SO_4^{2-}가 H_2S를 환원되어서 CH_4생성균의 생성을 저해한다.

· H_2S는 철염을 투입해 Fe_2S_3로 불용화시켜야 한다.

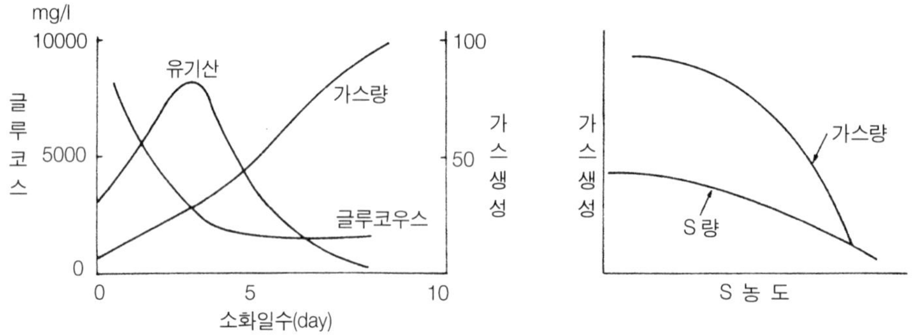

(a) Glucose와 CH_4생성 (b) S와 CH_4생성

④ 호기성 Bacteria

a. 호기성 박테리아의 특성

고분자 탄화수소를 분해시켜서 동화작용으로 에너지원을 얻고, 탄소원을 사용하는 이화작용으로 새로운 박테리아를 만든다. 석유계 탄소화합물을 분해하는 박테리아종은 Micrococcus, Pseudomonas, Mycobacterium과 Nocardia이다. 방향족 탄소화합물의 고리만을 분해하는 미생물은 Cunninghamella elegans이다. 해양의 기름분해 미생물은 해양 Bacteria와 사상체성 Fungi이다. 미국에서 합성개발한 Bacteria는 Methylomonas sclare(상품명은 Probin)이다.

미생물이 해양의 기름을 분해하는데 제한요소는 질산염, 인산염과 용존산소이다.

b. 질소순환 박테리아

· 질소반응식은 다음과 같다.

$$3(CH_2O) + 2N_2 + 3H_2O + 4H^+ \rightarrow 3CO_2 + 4NH_4^+ \quad (3\text{-}7)$$

· 질소순환박테리아의 종류는 흙속에서 가장 큰 역할을 하는 Rhizobium으로서 콩과 식물의 뿌리에 붙어서 사는 방사선균 박테리아이며, 물 속에서는 Azotobacter균, Clostridium, Anabena가 있다.

· 질소고정량의 증가는 농업생산력을 증대시키나, 공공수역으로의 질산염이온(NO_3^-)방출로 수질오염이 가중되고, 미생물의 분해산물인 N_2O에 의한 대기 오존층파괴가 문제로 대두되고 있다.

▶ 대기 중의 CO분해 Bacteria는 흙속의 Penicillium, Aspergillius균 등이다.

c. 질산화(Nitrification)

· NH_3를 NO_2로 질산화하는데 참여하는 독립영양 박테리아는 Nitrosomonas, Nitrosolobus, Nitrosovibrio, Nitrosospira와 Nitrosococcus이다.

· NO_2를 NO_3로 질산화하는데 참여하는 박테리아는 Nitrobacter 1종이다. 이들 질산화 미생물은 호기성일 때 제기능을 발휘한다.

· 질산화는 질소가 NH_3의 -3가 이온에서 NO_2^-의 +5가 이온으로 변화한 것으로 평형상수가 너무 커서 열학적으로 아주 잘 일어난다.

$$\frac{1}{4}O_2 + \frac{1}{8}NH_4^+ \rightarrow \frac{1}{8}NO_2^- + \frac{1}{4}H^+ + \frac{1}{8}H_2O \quad (3\text{-}8)$$

· 상기 반응식에서 1/8은 NH_4^+의 질소는 -3가, NO_2^-의 질소는 +5인 바 산화수는 8이 변했기에 1/8로 했다.

· 식물은 NO_3^-형태만 흡수한다. 그래서 질소 비료를 흙에 뿌리면 NH_4^+ 및 무수 NH_3가 토양미생물에 의해 질산염(NO_3^-)으로 산화시켜 흡수된다. 질산화박테리아는 독립영양 미생물로 동화작용에 필요한 에너지는 산화성 무기질인 CO_2를 영양원으로 한다. 독립영양박테리아는 질산화박테리아, 수소박테리아, 무색 황박테리아, 철박테리아 등이 있다.

· 질산화시 자유에너지는 $NH_4^+ \rightarrow NO_2^-$일 때 -10.8 kcal, $NO_2^- \rightarrow NO_3^-$일 때 -9.0 kcal로서 두 번째 산화단계보다 첫 번째 산화단계가 크다. 질산화의 두단계 반응은 산성토양조건일 때 종속영양박테리아 및 균류, 방사선균 등이 질소를 산화해 효능이 저하할 수도 있다.

· NH_4^+은 양전하를 띄고 있어 음전하를 띤 토양의 점토에 흡착하나 질산화가 진행되면서 NO_3^-음전하로 되어 토양입자로부터 떨어져나와 즉 용탈되어 흙속에 (-)입자로 존

재해 식물에서 NO_3^-로 흡수된다. NO_3^-가 흙속에 존재해 지하수의 오염 및 하천에 존재시 부영양화의 생화학반응을 억제한다. 질산화작용은 흙속의 과도한 NH_4^+축적으로 인한 독성을 완화시켜주며, NH_3로 있으면 휘산(volatilization)해 흙속의 질소손실량은 커진다. 흙속의 질소는 95%이상이 유기질소이며, 주로 아미노산 30~45%, 아미노당 5~10%와 가타 40~60%이다.

d. 탈질화(Denitrification)

· 탈질 박테리아는 Pseudomonas, Baccilluslicheiform, Micrococcus, Achromobacter이다. 정체된 수역에서 용존산소(DO)부족시 종속영양박테리아가 NO_3 및 NO_2 속의 산소를 이용해 호흡시 NO, N_2O, N_2로 환원하는 과정이다. pH 7에서 NO_3^-가 N_2로 될 때 자유에너지는 -2.84 kcal/kmole로 NO_3^-가 NO_2로 될 때보다 훨씬 적다. NO_3^-(질산염)이 N_2로 될 때 전자 5개가 모두 소비되나 NO_3^-가 NO_2^-로 되면 전자 1개만 소비된다. 혐기성 미생물이 탈질화를 촉진하는 이유는 질소(N_2)가스는 미생물의 저해를 주지않는 무독성 가스이고, 질산염(NO_3^-)은 훌륭한 전자수용체이기 때문에 박테리아의 성장이 촉진된다. 독립영양박테리아이면서 질산화박테리아인 Nitrosomonas는 암모늄이온(NH_4^+)과 요소($(NH_2)_2CO$)를 질산화하면서 N_2O를 생성한다.(TKN = NH_3 - N + 유기질소)

· NO_2^-의 독성은 어린이에게 치명적이며, methemoglobinemia증을 일으킨다. 왜냐하면 NO_3^-는 내장의 환원성 박테리아, 즉 대장균에 의해서 NO_2^-로 생성한다. 그런데 성인은 NO_3^-가 NO_2^-로 환원되기 전에 NO_3^-가 소화기에서 흡수되지만 어린이는 소화기가 덜 발달되어서 산성인 바, 대장균에 의해서 NO_2^-로 환원된다. 고로 NO_2^-는 Hb(Hemoglobin : 혈색소)와 결합하는 상수가 산소(O_2)보다 커서 O_2 - Hb이 되어서 Methemo- globinemia를 일으킨다.

· 근육에 산소 대신 아질산이온(NO_2^-)이 공급되면 산소결핍현상이 발생하고, 심할 경우 어린이의 정신지체, 사망에까지 이른다.

· 정상적인 헤모글로빈은 산소와 가역적으로 결합할 수 있는 Fe^{2+}를 갖고 있다. 정상조건에서는 Fe^{2+}가 Fe^{3+}로 산화되지 않는다. 그러나 NO_2^-(4질산염)은 Fe^{2+}를 O_2와 더 이상 결합할 수 없는 Fe^{3+}로 산화해 버려서 더 이상 적혈구세포는 산소를 운반하지 못한다.

$$\text{Hb - Fe(II)} \xrightarrow{NO_2} \underset{\text{(갈색적혈구)}}{\text{Hb - Fe(III)}} \qquad (3\text{-}9)$$

소(牛)도 소화기관내에서 박테리아에 의해 NO_3^-가 NO_2^-로 되면 소화불량을 일으킨다.

· NO_2^-가 NO_3^-로 산화되면 아미노산과 반응해서 발암성 니트로소아민(Nitrosoamine)이 인간의 소화기내에 존재할 수도 있다.

· N_2(N≡N)는 3개의 공유결합인 바 끊기 위해서는 N_2 1몰당 950 kJ의 에너지가 필요하

며, 미생물이 안정한 화합물을 덜 안정한 화합물로 전환하기 위해서는 에너지가 항상 필요하다.

⑤ 질소처리공법

a. Air stripping Ammonia

· NH_4^+이온은 생물학적 분해시 최초의 생성물이며, 이를 석회($Ca(OH)_2$)로 pH 11을 유지해서 stripping tower에서 대기 속에 낙하시키면 물 속의 NH_3가 가스화해서 탈기되며, 단점은 $CaCO_3$ scale에 의한 부식축적으로 결석이 생길 수 있고, 빙결되면 효율저하 및 NH_3에 의한 대기오염을 일으킨다.

$$NH_4^+ + OH^- \xrightarrow{pH\ 11} H_2O + NH_3\uparrow \tag{3-10}$$

NH_3는 pH 7일 경우 물 속에서는 반드시 NH_4^+형태로 존재한다.

b. 암모니아 이온교환법

NH_3에 선택성을 갖는 천연 제오라이트(zeolite)인 크리놀티올라이트를 사용해 여과해서 선택적 이온교환을 하여 제거한다.

$$Na^+(\text{크리놀티올라이트})^- + NH_4^+ \rightarrow Na^+ + NH_4^+(\text{크리놀티올라이트})^- \tag{3-11}$$

c. 질산화 - 탈질화법

호기성 박테리아로 질산화시켜서 평상시 활성슬러지공법보다 더 많이 폭기해 pH를 알칼리성으로 유지하거나 혐기성 박테리아로 탈질화할 때 에너지원과 탄소원으로 CH_3OH(메탄올)을 첨가한다.

- 1상 슬러지방식은 질산화조 → 탈질조 → 침전조(1개)이다.
- 2상 슬러지방식은 질산화조 → 탈질조 → 침전조(2개)이다.
- 3상 슬러지방식은 이차처리조 → 질산화조 → 탈질조 → 침전조(3개)이다.

d. 생체 합성에 의한 질소제거법

미생물의 생체합성시 BOD 100g당 질소는 5g이다.

e. 비연속적 염소화법

Cl/NH_4^+비가 7.6을 넘을 때 N_2가 발생되며, 5보다 작으면 NH_2Cl만 생성된다.

- $NH_4^+ + HOCl \rightarrow NH_2Cl + H_3O^+$
- $NH_2Cl \longrightarrow NHCl_2 \longrightarrow NCl_3 \xrightarrow{pH4.5\ \text{이하}} N_2$ (3-12)

이외에도 고착생물방식인 회전원판법, 유동상법, 고정상법, 현탁법 등이 있다.

(4) 미생물에 의한 황(S)순환처리

① 황순환

살아있는 유기체 속에서 가장 환원성 상태(-SH)로 존재하려는 경향이 있다. 황은 땅속에 저장되며, 질소는 대기 속에 있다.

· 유기물 분해시 미생물에 의해 초기 배출되는 생성물은 무기성 황화합물과 H_2S이고, 무기성 질소화합물은 NH_3 및 NH_4^+이다. 바다에서 플랑크톤(plankton)에 의해 유기물 분해시 생성되는 황화합물형태는 유기성 황화합물인 $(CH_3)_2S$이며, 이는 H_2S처럼 빠르게 산화되어서 SO_2로 된 뒤 최종적으로 SO_4^{2-}이 된다.

· 진흙속에 존재하는 약간의 미생물은 자색 및 무색의 황박테리아로서 황색고체인 황원자(S_8)과립을 생성축적한다. 황산염의 환원은 에너지면에서 불리해 탄수화물의 산화처럼 반(half)반응과 결합한다.

$$SO_4^{2-} + 9H^+ + 8e^- \rightarrow 4H_2O + HS^- + \Delta G(21.4\ kJ/mole \cdot e^-)$$

$$SO_4^{2-} + H^+ + 2CH_2O \rightarrow 2H_2O + HS^- + 2CO_2 + \Delta G(-25.6\ kJ/mole \cdot e^-) \quad (3\text{-}13)$$

② 물 속에서 미생물에 의한 환원반응순위

1순위 호기성반응

$$CH_2O + O_2 \rightarrow H_2O + CO_2 + \Delta G(-125\ kJ/mole \cdot e^-)$$

2 순위 혐기성반응

$$2CH_2O + NO_3^- + 2H^+ \rightarrow H_2O + 2CO_2 + NH_4^+ + \Delta G(-82.2\ kJ/mole \cdot e^-)$$

3 순위 혐기성반응

$$SO_4^{2-} + H^+ + 2CH_2O \rightarrow 2H_2O + 2CO_2 + HS^- + \Delta G(-25.6\ kJ/mole \cdot e^-)$$

4 순위 혐기성반응

$$2CH_2O \rightarrow CH_4 + CO_2 + \Delta G(-23.5\ kJ/mole \cdot e^-)$$

상기 3순위 혐기성 반응은 1순위 호기성반응에 비해 에너지가 20%정도이고, 2순위 혐기성 반응에 비해 33% 정도이며, 4순위 혐기성 발효반응보다는 에너지가 조금 높다. 일반적으로 1순위 호기성반응은 수표면에서 활발히 반응하며, 2순위 혐기성 반응은 하천 및 호소의 심수층에서 SO_4^{2-}는 아주 적게 생성되며, 3순위 혐기성 반응은 질산염(NO_3^-)보다는 황산염(SO_4^{2-})이 절대적으로 많은 바다속에서 진행되며, 4순위 혐기성 반응은 NO_3^-와 SO_4^{2-}가 대단히 적게 민물의 심수층, 퇴적층, 진흙속, 하수슬러지 등에서 메탄박테리아균에 의해서 생성된다.

③ H_2S(황화수소)의 일부는 심수층에서 금속이온과 결합해 불용성 황화물을 형성한다. 특히 철(Fe)이 많아서 단황철광(FeS : troilite) 및 황철광(FeS_2 : pylite) 등을 형성해 Fe가 황화합물의 저장소역할을 한다.

$$Fe(OH)_3 + H_2S \rightarrow 2H_2O + FeS(\text{또는 } FeS_2 : \text{검은 혈암형성}) \quad (3\text{-}14)$$

④ 황철광이 대기에 융기, 풍화, 광산철 등에 의해 노출시 H_2SO_4가 생성되어 산성화된다.

$$2FeS_2 + 2H_2O + 7O_2 \rightarrow 2FeSO_4 + 2H_2SO_4 \quad (3\text{-}15)$$

상기 반응은 미생물에 의해 더욱 빠르게 진행되며, 산성용액에서는 금속의 용해도가 커서 독성 금속이 아주 많이 존재해 혈암의 풍화와 광산 주변지역의 중요한 중금속오염을 야기시킨다.

(5) 미생물에 의해 Fe, Mn 순환처리

① 철 박테리아

· Fe^{2+}를 Fe^{3+}로 산화하는데 기여한 철산화박테리아는 호기성 독립영양세균인 Ferrobacillus, Leptothrix, Gallionella, Sphaerotilus 등이다(ΔG는 -6.5 kcal/mole). Fe^{3+}을 Fe^{2+}로 환원하는데 기여한 철환원박테리아는 혐기성 침수토양세균인 Bacteria, Bacillus, Pseudomonas 등이다.

점성(gleying)화 현상은 점토함량이 높은 침수토양에서 환원형태 제1철이온(Fe^{2+})이 형성되면서 토양이 녹회색을 띠게 되어 점성이 증가한 토양을 말한다.

· 호기성 독립영양세균인 Gallionella는 Fe^{2+}를 Fe^{3+}로 만들어서 자유에너지(ΔG)가 -6.5 kacl/mole 밖에 안되는 산화에 참여해 1g의 탄소세포를 만들기 위해서 약 200g의 Fe^{2+}를 산화시켜야 하는 바 많은 $Fe(OH)_3$를 침선물로 생성시켜야만 한다. 그러므로 Gallionella 세균이 생존하면 $Fe(OH)_3$의 생성물이 대량 축적된다.

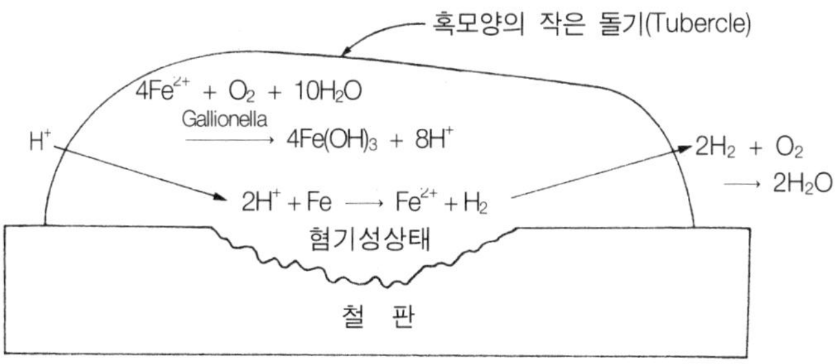

그림 3.4 철관로의 부식메카니즘

② 망가니즈박테리아

· 망가니즈(Mn)은 생태계에서 환원형 Mn^{2+} 및 산화형 Mn^{4+}상태로 존재한다. Mn^{2+}는 pH 5.5 이하, 호기성 조건하에서는 안정하나 혐기성조건 및 높은 pH에서는 불안정하다. 그리고 pH 8.0 이상되면 Mn^{2+}는 모두 Mn^{4+}가 된다. Mn^{4+}는 MnO_2를 형성하여

서 식물이 쉽게 동화(同化)되지 않는다. Mn^{2+}을 Mn^{4+}로 산화하는 세균은 Gallionella, Metallogenium, Sphaerotilus, Leptothrix, Bacillus, Pseudomonas, Arthrobacter 등이다.

$$Mn^{2+} + \frac{1}{2}O_2 + H_2O \rightarrow MnO_2 + 2H^+ + \Delta G(-7.0\ kcal/mole) \quad (3\text{-}16)$$

· Mn단괴(nodule)는 바다 및 호소의 서식지에서 생성된 독특한 망가니즈침전물로서 혐기성 하상퇴적물이다.

(6) 인(P)의 순환처리

① 인 처리공법의 개요

인 처리공법의 주요 오염원은 생활오수, 하수, 축산폐수, 농업용수(비료), 세제등이다. 인산비료는 무기성 화합물로 용해시 비료입자로부터 20～30mm 정도로 인산염이 이동된다. 총인(T-P)은 이온상태인 용해성 인과 불용성 인이 있다. 용해성 인은 오르소 인산염이온(PO_4^{3-}, HPO_4^{2-}, $H_2PO_4^-$)으로 존재하고, 불용성 인은 히드록시인산염($Ca_5(OH)(PO_4)_3$)으로 존재한다. 세제에 함유된 용해성이 가장 큰 인산염형태는 3폴리인산나트륨($Na_3H_2\ P_3O_{10}$: P_2O_5로서 표시)이며, 물에 가수분해되어서 오르소 인산을 생성한다. 무기인산을 대표하는 히드록시 인회석($Ca_5(OH)(PO_4)_3$)은 수화되어서 오르소 인산이 된다. 불용성 인은 히드록시 인회석, 인산칼슘($Ca(PO_4)_2$), 인산 알루미늄($AlPO_4$)과 인산철($FePO_4$)이다. 무기성 인산염화합물은 낮은 용해도에 의해서 식물이 영양분으로 이용하는데 많은 제약을 받는다. 인산염 광물질은 양이온인 Ca^{2+}, Al^{3+}, Fe^{2+}, Fe^{3+}과 비교적 많은 미량원소의 함유물사이에 복잡한 똑같은 형의 치환을 이룬다. 비누성분인 $P_3O_{10}^{5-}$는 다음 인산염기인 PO_4^{3-}, HPO_4^-, $H_2PO_4^-$보다 큰 용해도를 갖고 있으며, 이는 주로 세척제로 첨가되어 Ca^{2+}, Mg^{2+}와 결합된 용해상태의 다가 인산염착화합물로 존재하며, 물의 온도 및 pH가 올라감에 따라 불용성 탄산염(CO_3^{2-})이 되는 것을 막아준다. 유기세척제는 알칼리성 조건하에서 더 효과적으로 작용하기 때문에 이 역할이 중요하며, 다가 인산염은 완충제로 작용해 세척과정에서 만난 산성성분과 반응해서 pH를 안정화시키는 데 도움을 준다.

② 인산염과 pH의 관계

모든 인산염의 용해도는 오르소 인산이 염기성이어서 pH가 낮을수록 증가하며, pH가 낮을수록 인 제거가 잘 안된다. 물 속에 함유된 인(P) 제거시 최적 pH는 8이며, 이때$Ca(OH)_2$를 주입시키면 효율적이다. Alum을 주입해 인 처리시 pH 5 정도에서는 $AlPO_4$가 되나 pH 5.4 이상 되면 $Al(OH)_3$로 되어 용해도가 더 낮아 P제거가 어렵게 된다.

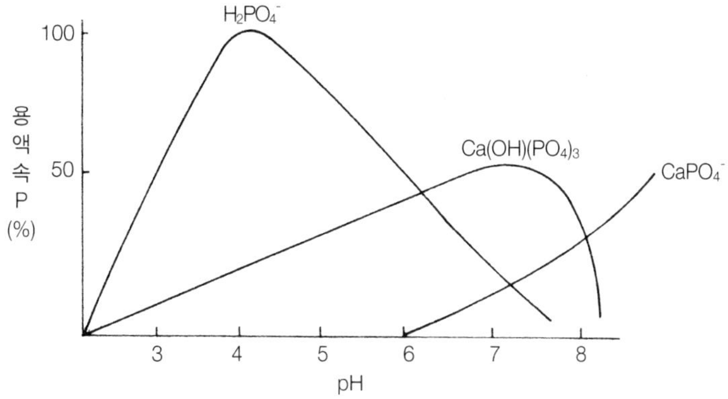

그림 3.5 pH와 용액속의 인몰분율

③ 생물학적 수처리시 영양 balance

호기성 처리시는 BOD : N : P = 100 : 5~7 : 1, 혐기성 처리시는 BOD : N : P = 100 : 12~15 : 1 이다. 조류(Algae)는 P원자당 12~20개의 질소원자를 필요로 하며, N : P = 30 : 1이 되면 모든 질소(N)원자가 제거되기 전에 인(P)원자가 먼저 제거되며, 6 : 1이면 빠르게 질소원자가 제거되어서 생물성장이 제한된다. 민물에는 인산염(PO_4^{3-})이, 바닷물에는 질산염(NO_3^-)으로 존재하며, 조류는 물 속에 PO_4^{3-}로서 0.05 mg/L정도만 있으면 생존한다.

생활하수속에는 PO_4^{3-}로서 25 mg/L 정도가 함유되었다.

④ P(인)처리공법

활성슬러지법에 의해서 인은 20%정도가 제거된다. 설탕폐수 등의 인이 부족된 수처리에는 무기인(H_3PO_4으로 주입)을 공급해야만 한다. 유기인이 함유된 농약폐수는 1차로 알칼리성에서 가수분해한 후 인이 저농도로 되었을 때 활성탄으로 흡착시켜 제거한다.

유기인화합물은 불용해성이므로 수용액에서 콜로이드상태이며, 유기인은 알칼리성에서는 불안정해 살충력을 잃는다.

⑤ 과잉공기공급에 의한 인제거

· 과잉공기공급로 인을 제거할 수 있다. 과잉 공기공급조작으로 CO_2가 제거되는 바, pH를 8~9로 상승시키게 되며, P제거율은 60~90%로 상승된다.

$$5Ca^{2+} + 3HPO_4^{2-} + H_2O \rightarrow Ca_5(OH)(PO_4)_3 + 4H^+ \quad (3\text{-}17)$$

· CO_2는 유기물분해시 발생되는 바 활성슬러지조에서 CO_2 농도가 높아져 H_2CO_3로 되면 pH는 낮아지나 과잉 공기공급시 물 속의 CO_2가 탈기되어 pH는 높아진다.

· 공기공급강도를 낮추면 용존산소(MLDO)가 낮아져서 물 속 공기의 용해도가 커지기 때문에 물 속의 CO_2가 제거되지 않고 H_2CO_3를 형성해 pH는 낮추어져 인산염은 $H_2PO_4^-$가 되어 제거되지 않는다.

⑥ 인 제거시 유의사항

· $Ca(OH)_2$는 인 제거시 널리 사용되는 약품이며, $Ca_5(OH)(PO_4)_3$의 침전물이 형성된다.

· pH가 8～9이어야 하며, pH조절에 실패하면 $CaCO_3$형태로 침전하거나 침전되지 않는 콜로이드가 형성된다. 인이 다중 인산염으로 되면 Ca^{2+}과 용해성 착화합물을 형성한다.

· 인 제거를 위해 약품주입시마다 생성된 침전물은 다음과 같다.

i. $Ca(OH)_2$주입시 pH 8에서 침전물은 $Ca_5(OH)(PO_4)_3$이다.

ii. $Al_2(SO_4)_3$주입시 pH 5.4에서 침전물은 $AlPO_4$이다.

iii. $Ca(OH)_2$와 NaF주입시는 침전물은 $Ca_5F(PO_4)_3$이다.

iv. $FeCl_3$주입시 pH 5 이하에서 침전물은 $FePO_4$이다.

v. $MgSO_4$주입시 침전물은 $MgNH_4PO_4$이다.

⑦ 토양(soil)속에서의 인형태

· 식물이 흡수할 수 있는 인형태는 중성에서 오르소 인산염이온이다.

· pH조건에 따른 흙속의 오르소 인산염은 산성토양일 경우 Al^{3+} 및 Fe^{3+}에 의해 침전되며, 중성토양일 경우에만 식물에 흡수되기 쉽게 토양 속에 인산염이온 상태로 존재하여 하천으로 유출될 가능성이 있고, 알칼리 토양일 경우 $CaCO_3$와 반응해 히드록시 인산염을 생성한다. 이러한 반응 때문에 비료를 과잉사용만 않는다면 비료로 사용된 인들은 거의 하천으로 용출되지 않는다.

⑧ 토양속에서의 DDT($C_{14}H_9Cl_5$)분해

DDT(dichloro diphenyl trichloro ethane)는 곤충박멸 및 말라리아 예방에 사용되는 살균제이나 환경에 잔류해 먹이연쇄 중 체내에 축적되는 유해한 물질로 판명되어 1979년에 제조·사용이 금지되었다. DDT분해는 호기성보다도 혐기성분해가 효과적이다. DDT는 자체 살충효과 보다도 다음 세대까지 저항력을 갖고 있어 근육마비를 일으킬 수 있다. DDT는 DDTase효소에 의해 DDE로 변환되며, DDE는 DDT에서 수소원자와 염소원자가 떨어져 중앙에 이중결합을 형성한다. DDE는 독성이 없지만 체내에서 분해되지 않고 지방에 축적되며, 먹이사슬에 의해 생농축(bioaccumulation)된다. 그리고 체내의 DDT농도를 말할 때는 DDE농도까지 포함된다. DDT가 DDD로 변화될 수도 있는데 DDD는 환경중에서 잘 분해되며, DDD의 전환율은 DDE에 비해 아주 적다. DDD는 DDT의 염소원자가 수소원자로 치환된 물질이다. 호기성 조건에서 DDT가 DDE로 변환되는 속도는 느리지만 혐기성 조건에서는 빨라 DDE는 다시 ODM으로 변환한다.

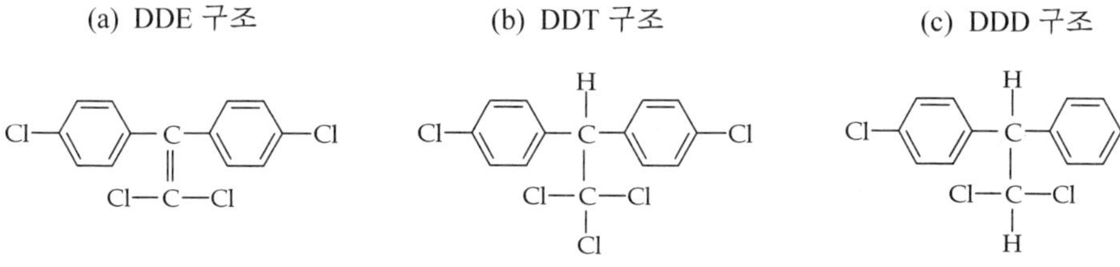

그림 3.6 ▌ 화학구조식

3) 고도 처리기술(High Rate Technology)

(1) 이온교환법

① 양이온 교환수지

- 물을 연수화하기 위해서 경수 원인 물질의 제거는 필요한 바 대개 양이온교환기만으로 제거한다.
- 치환된 양이온은 대부분 Na^+이온인 R-$SO_3^-Na^+$을 사용한다.

  Na^+가 낮은 농도로 존재하면 사용용도에 따른 피해가 적고 값도 싸며 양이온교환을 잘한다.

  대개 2가, 3가 양이온들과 치환이 가능하다.
- 천연재료는 양이온 교환수지용 Na^+이온, 제오라이트류, 알루미늄-실리게이트광물 등이 사용된다.

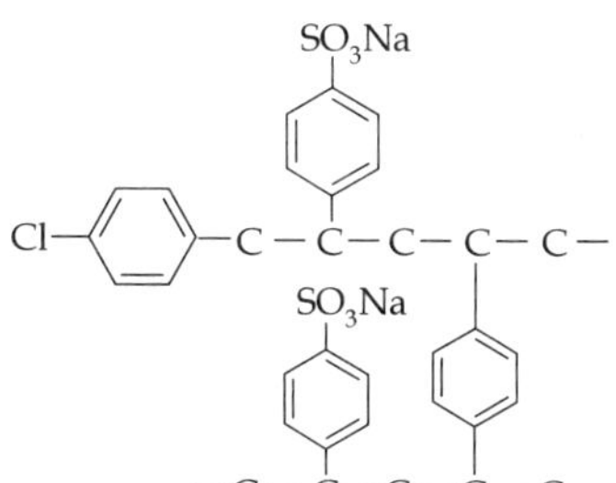

그림 3.7 ▌ 양이온교환수지 구조식

- 합성재료는 합성제오라이트, 실리케이트염과 알루미늄염을 혼합해 만든 흰색의 겔(gel)상태로 건조시켜서 작게 쪼개서 만든 것과 유기성 다중합체에 각종 작용기를 부착해서 만든 것이 있다. 강력한 산성양이온교환기인 합성 유기성 다중합체의 구조는 앞의 그림과 같다. 강력한 산성 양이온교환기인 이유는 -SO_3H^+기가 있기 때문이며, 만약 작용기가 -COO-기가 붙었다면 약산 양이온교환기가 된다.

② 음이온교환수지

물 속의 Cl^-, SO_4^{2-}, CO_3^{2-} 등의 음이온을 제거하려면 음이온교환수지탑을 통과해야 한다. 형태는 $-N^+(CH_3)_3OH^-$의 작용기가 아래 구조처럼 강력한 알칼리성 음이온교환 능력을 가지며, 약한 알칼리성 음이온교환기는 -NH이다.

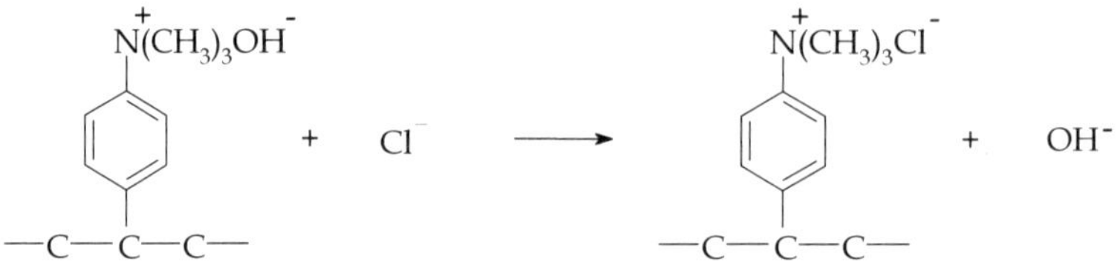

강력한 알칼리성 음이온교환작용기는 $-N^+(CH_3)_3OH^-$이고, 강력한 산성양이온교환작용기는 $-SO_3Na^+$이다. 약한 산성양이온교환작용기는 $-COO^-H^+$이다.

③ 이온교환법의 재생

이온교환능력의 재생시 사용된 NaCl중 일부가 물 속에 남아있으면 수질오염을 일으킨다. 그리고 주기적으로 다량의 NaCl을 첨가해서 이온교환된 물 속에도 NaCl이 잔류한다. 작용기가 $-COO^-H^+$기를 가진 약한 산성 양이온교환수지를 사용하면 아주 좋다. 그러나 황산이온이나 염화이온과 같이 약한 염들은 카복실산 교환기에서 수소이온을 제거할 만큼 충분히 강하지 못하다. 이 교환기의 부가적인 장점은 묽은 강산으로 거의 정량적인 재생이 가능하다는 것이며, 이는 강산성 양이온 교환기의 재생에 사용되는 과량의 염화나트륨에 의한 잠재적인 오염문제를 피할 수 있다.

(2) 오존(Ozone)처리법

① 오존처리법의 장점

오존이 많은 유기물을 산화 시켜제거하는 원리이다. 이때 유기물질은 다음과 같다.

- 올레핀(olefine)계 유기물질은 알데하이드(-CHO), 카르복실(-COOH)로서 산화된다.
- 아세틸렌(HC≡CH)계 유기물질은 α-다이카르복실($-(COOH)_2$), 카르복실산(-COOH)으로 분해된다.
- 방향족계 유기물은 파라핀계 유기물보다 반응성이 떨어진다.
- 파라핀(paraffin)계 유기물은 아미드($-NH_2$)에서 NH_3로 분해한다.

유기물질은 오존처리하면 저분자화 될 뿐이고 CO_2, H_2O, N_2로는 분해되지 않는다.

유기화합물의 생분해를 다음과 같이 증진시킨다.

- 일부는 무기화(H_2CO_3)되기도 하나 거의 다 저분자 유기물로 된다.
- 오존분해시 전구물질인 휴믹산(Humic acid)의 존재시 THM(Trihalo methane)이 생성된다.

Fe, Mn 등의 무기물을 산화시킨다.

$$Fe^{2+} + O_3 \rightarrow Fe^{3+} \ (Fe(OH)_3 \downarrow)$$
$$Mn^{2+} + O_3 \rightarrow Mn^{4+} \ (Mn(OH)_4 \downarrow)$$
$$NH_3 + 4O_3 \rightarrow NO_3 + 4O_2 + 3H^+$$
$$CN + O_3 \rightarrow OCN^- + O_2$$
$$OCN^- + O_3 + H_2O \rightarrow 2HCO_3^- + N_2 + 3(O) \qquad (3\text{-}18)$$

응집효과를 증진시킨다.

- 유기물의 산화로 알루미늄응집력이 증대된다.
- 칼슘과 유기물 결합능력을 증대시켜 floc(플록)형성을 촉진시킨다.
- 점토(clay)입자의 친화력을 증진시켜서 유기물의 결합력을 증대시킨다.
- 금속착화합물 속에 함유된 Fe^{3+}, Mn^{4+}를 분리 및 용탈시켜서 응집력을 증대시킨다.
- 조류(Algae)의 bio-polymer효과에 의해서 응집력을 증대시킨다.
- 병원균을 살균시키며, virus의 불활성화 효과를 증대시킨다.
- 염소소독시 처럼 THM 등의 생성량이 적다.
- 유기물을 대부분 산화시키는 바 슬러지발생이 적다.

② 오존처리법의 단점

오존은 염소처럼 효과지속성의 없으므로 상수처리시는 염소처리와 병용하면 효과적이다. 잉여 오존은 대기오염을 유발시키는 바 활성탄흡착, 열분해, 약액세정, 촉매분해, 토양분해와 공기공급로서 다음의 탈오존과 같은 방법으로 같이 제거해야 한다.

③ 탈오존법

a. 활성탄흡착법

장치가 간단하고 취급이 용이하나 고농도의 오존유입시 화재위험 및 흡착한계도달시 활성탄을 교체해야 한다.

$$3C + 3O_3 \rightarrow 2CO_2 + CO + 2O_2 \qquad (3\text{-}19)$$

b. 열분해법

잉여오존을 300~500℃로 가열해 O_2로 전환시키는 공법으로 자동조작 운전이 가능하고 compact하다. 그러나 연소시 NO_x가스 발생으로 대기오염문제가 야기될 수 있다.

c. 약액세정법

환원성 약품을 사용해 O_3를 제거하는 공법으로 약품비와 이차 폐수처리문제가 있다.

d. 촉매분해법

오존을 촉매(Pd(팔라듐), Pt(백금), Fe(철), Ni(니켈), Mn(망가니즈), Cu(구리)) 등을 이용해 O_2로 전환시키는 공법으로 장치가 compact하고 취급이 용이하나 수분의 영향을 받고 예열시켜야 한다.

e. 토양분해법

토양속의 성분을 이용해서 오존을 제거하는 공법으로 장치가 compact하고 운전비가 저렴하나 소요면적이 넓게 차지하며 시설비가 비싸다.

f. 공기공급법

오존이 물 속에서 다시 탈기될 가능성이 커서 효과적이지 못하다.

3.1.3 먹는 물의 정화기술

1) 경도와 철분의 처리

(1) 정수처리공법

① 공기공급법

- H_2S, CO_2, CH_4, 악취를 내는 박테리아대사물질, 휘발성물질 등을 제거할 수가 있다.
- Fe^{2+}은 산화되어서 Fe^{3+}로 된 후 1차 침전해 분리한다.

② 석회주입법

pH를 알칼리쪽으로 높여서 Ca^{2+}, Mg^{2+}를 1차 침전시켜서 분리한다.

③ 응집제 주입법

- 부유 고형물질(SS)을 1차 침전시켜 분리한다.
- 응집제는 PAC(Poly Aluminum Chloride), 황산알루미늄(Alum), 황산제2철($Fe_2(SO_4)_3$), 활성실리카, 합성고분자 전해질 등이 있다.

④ CO_2 주입법

pH를 낮추어서 2차 침전지로 이송한다.

(2) 응집제의 특성

① 응집제

응집제 속의 금속은 세균 및 바이러스 등의 단백질을 파괴하는 역할을 하여 수중의 미생물을 상당량 제거한다.

② $Fe_2(SO_4)_3$

무수황산철(Ⅲ)은 응집범위가 pH4～11로 넓어서 좋으나 슬러지발생량이 많고 처리수를 적색화시킨다.

③ $FeSO_4 \cdot 7H_2O$

수산화황산철(Ⅱ)은 pH 8.5 이상에서 DO(용존산소)를 공급하여 Fe^{3+}형태로 산화시켜

응집효율을 증대시키고, pH가 낮을 경우에는 염소(Cl_2)를 투입하여 Fe^{3+}로 산화시켜 응집효율을 증대시킨다.

(3) 경도의 연수화법

① 가열법

경수를 가열해 무기질인 불용성 탄산칼슘($CaCO_3$)으로 침전시킨다.

$$Ca^{2+} + 2HCO_3^- \xrightarrow{\text{가열}} CaCO_3\downarrow + CO_2\uparrow + H_2O \qquad (3\text{-}20)$$

② 석회와 소다($Ca(OH)_2 + Na_2CO_3$)법

· $CaCO_3$가 $Ca(HCO_3)_2$보다 잘 녹지 않고, $Mg(OH)_2$가 $Mg(HCO_3)_2$보다 잘 녹지 않는 점을 고려해 $Ca(OH)_2$와 Na_2CO_3를 동시 주입시켜서 $CaCO_3$로 침전시킨다.

$$Ca^{2+} + 2HCO_3^- + Ca(OH)_2 \rightarrow 2CaCO_3\downarrow + 2H_2O \qquad (3\text{-}21)$$

· 상기 반응에서처럼 Ca^{2+}이 HCO_3^-(중탄산염)과 다량 존재할 때는 $Ca(OH)_2$만 주입시켜도 경수는 연수화된다. 그러나 HCO_3^-가 산성용액일 때는 $Ca(OH)_2$를 주입해도 HCO_3^-로 존재하는 바 pH를 알칼리쪽으로 높여야만 한다. 그리고 석회소다법에서 $Ca(OH)_2$는 CO_2와 탄산경도제거를 목적으로 투입하며, Na_2CO_3는 비탄산경도제거를 목적으로 투입하게 된다.

③ 잉여 석회주입법(excess lime treatment)

동일한 pH에서 $CaCO_3$와 $Mg(OH)_2$의 용해도는 아주 낮다. 대개 $Mg(OH)_2$는 높은 pH에서 용해하기 때문에 $Ca(OH)_2$를 다량 주입시켜야만 다음식 (3-22)처럼 $Mg(OH)_2$가 침전한다.

$$Mg(HCO_3)_2 + 2Ca(OH)_2 \rightarrow 2CaCO_3\downarrow + Mg(OH)_2 + 2H_2O \qquad (3\text{-}22)$$

④ Na_2CO_3 주입법

$$CaSO_4 + Na_2CO_3 \rightarrow CaCO_3\downarrow + Na_2SO_4$$
$$CaCl_2 + Na_2CO_3 \rightarrow CaCO_3\downarrow + NaCl$$
$$Ca(NO_3)_2 + Na_2CO_3 \rightarrow CaCO_3\downarrow + 2NaNO_3 \qquad (3\text{-}23)$$

⑤ 재탄소화법(recarbonation)

· 물 속에 pH 11상태에서 과포화상태로 존재하는 $CaCO_3$와 $Mg(OH)_2$는 CO_2를 주입해 pH를 10.2～10.4로 낮추어 $Ca(OH)_2$를 $CaCO_3$로 침전시킨다.

$$Ca(OH)_2 + CO_2 \rightarrow H_2O + CaCO_3\downarrow \qquad (3\text{-}24)$$

· 상기 반응에서 침전되지 않은 $CaCO_3$를 재탄소화시키기 위해 pH 9.4로 다시 낮추게 되면 $Ca(HCO_3)_2$로 용해되어 안정화해 재처리할 수 있다.

$$CaCO_3 + CO_2 + H_2O \rightarrow Ca(HCO_3)_2 \qquad (3\text{-}25)$$

먹는 물의 경도는 300mg/L 정도까지 허용되는 바 1단계에서 잉여 석회주입법, 2단계에서 탄산소다법으로 처리함이 바람직하다.

⑥ 부분처리법(split treatment)

경수를 석회소다(Na_2CO_3)법으로 처리된 물은 비탄산경도가 40mg/L이하인 바, 미처리된 경수와 혼합 · 희석해 원하는 경도를 유지시키는 공법이다.

⑦ 석회-소다회법

경수의 침전증가제는 Alum, PAC, 활성규사 등이며, 이들 응집제를 첨가해 침전율을 증대시킨다. 그리고 CO_3^{2-}공급원은 Na_2CO_3이다.

⑧ 명반-소다회법

· 알칼리도가 낮아 응집효과가 떨어지는 경수에는 $Al_2(SO_4)_3$와 Na_2CO_3를 주입해서 침전율을 증대시킨다. $Al_2(SO_4)_3$를 주입하면 경도는 일시경도($Ca(HCO_3)_2$)가 영구경도($CaSO_4$)로 변하나 총경도는 변하지 않는다.

$$\text{총경도} = \text{일시경도} + \text{영구경도} \qquad (3\text{-}26)$$

$$Ca^{2+} + Na_2CO_3 + 2OH^- + Mg^{2+} \rightarrow CaCO_3\downarrow + Mg(OH)_2\downarrow + 2Na^+ \qquad (3\text{-}27)$$

· 상기 반응식에서 $Mg(OH)_2$의 침전은 $CaCO_3$침전보다 높은 pH 11이상으로 높여야만 한다.

$$CO_3^{2-} + H_2O \rightarrow HCO_3^- + OH^- \qquad (3\text{-}28)$$

먹는 물 속에 Na^+는 심장병과 관련있다.

⑨ Na_2CO_3(소다회)법

비탄산 경도, 즉 영구경도인 $CaCl_2$, $CaSO_4$, SiO_3^{2-}는 Na_2CO_3를 주입시켜서 분리시킨다.

$$CaCl_2 + Na_2CO_3 \rightarrow CaCO_3\downarrow + Na^+ + Cl^- \qquad (3\text{-}29)$$

$Ca(OH)_2$의 재생공법은 침전된 $CaCO_3$를 825℃로 가열시키면 CaO(생석회)가 되며, CaO를 물로 냉각시키면 $Ca(OH)_2$가 된다.

$$CaCO_3 \xrightarrow{\text{가열}} CaO + CO_2\uparrow$$
$$CaO + H_2O \rightarrow Ca(OH)_2 \qquad (3\text{-}30)$$

⑩ Zeolite 응집법($Na_2O \cdot Z$)

일시경도와 영구경도를 동시에 제거된다.

$$CaSO_4 + Na_2O \cdot Z \rightarrow CaO \cdot Z + Na_2SO_4 \quad (3\text{-}31)$$

(4) 석회석주입법의 단점

① 과포화효과로 $CaCO_3$와 $Mg(OH)_2$가 물 속에 존재하면 처리된 물의 질을 떨어뜨린다.

② 경도 제거시 Na_2CO_3를 사용했기 때문에 pH가 11까지 올라가서 알칼리성이 된다. 그래서 CO_2를 공급해 재탄소화하면 pH가 떨어져 CO_2는 잔존 $CaCO_3$와 $Mg(OH)_2$를 HCO_3^-, Ca^{2+}, Mg^{2+}로 재용해한다.

· pH 11에서 존재한 OH^-에 CO_2를 주입하면 pH가 7.5～8.5로 되면서 HCO_3^-가 생성된다.

$$OH^- + CO_2 \rightarrow HCO_3^- \quad (3\text{-}32)$$

· $CaCO_3$와 $Mg(OH)_2$가 CO_2와 반응해 Ca^{2+}, Mg^{2+}, HCO_3^-가 생성된다.

$$CaCO_3 + Mg(OH)_2 + 3CO_2 + H_2O \rightarrow Ca^{2+} + Mg^{2+} + 4HCO_3^- \quad (3\text{-}33)$$

2) 먹는 물의 안정화

(1) 안정화(Stabilization)

① 물에서 $CaCO_3$는 용해나 침전이 되지 않는 평형상태, 즉 물 속의 $CaCO_3$가 pH와 평형상태에 있으면 안정화된다.

· 안정화된 물은 pH를 올리면 $CaCO_3$는 침전되어서 결석(scale)을 형성한다.

· 안정화된 물은 pH를 낮추면 $CaCO_3$가 용해되어서 부식(corrosion)을 일으킨다.

$$CaCO_3 + H^+ \rightarrow Ca^{2+} + HCO_3^- \quad (3\text{-}34)$$

② 파이프관내부에 $CaCO_3$의 엷은 막(film)이 덮혀 있으면 과도한 부식이 증가되어서 상수공급시 용해되는 바 이를 고려해 $CaCO_3$ 농도를 적절하게 유지시켜야만 한다.

(2) Langelier 포화지수(Saturation index : SI)

① Langelier 포화지수는 경수를 pH 6.5～9.5 범위에서 $CaCO_3$를 용해시킬 것인지 침전시킬 것인지를 예측하는 지수이다.

$$SI = pH - pH_s$$
$$= pH - [(pk_2' - pk_s') + pCa^{2+} + pAl_k] \quad (3\text{-}35)$$

여기서, SI : 포화지수
pH : 물의 실제 pH
pH_s : 포화상태의 pH (pk_2'-pk_s')로 경험적인 상수
pCa^{2+} : 물농도로 나타낸 Ca^{2+} 농도의 역수값의 log값
pAl_k : 노말 농도를 나타낸 총알칼리도의 역수값의 log값

- SI값이 +값이면 $CaCO_3$가 과포화된 상태로 $CaCO_3$는 침전시켜야 한다.
- SI값이 -값이면 $CaCO_3$가 불포화된 상태로 부식성이 있다.
- SI값이 0값이면 $CaCO_3$가 pH와 평형을 이루고 있다.
- SI는 물 속에 존재하는 $CaCO_3$를 침전시킬 것인지 용해시킬 것인지의 경향을 아는 지수이지 물이 안정화되는 율 및 능력을 나타내는 지수는 아니다.

② 물의 안정화공법

물을 안정화시키는 공법은 일반적으로 석회-소다법, 이온교환법, 킬레이트화법(인산염 : meta-phosphates 법)이 있다.

3) 먹는 물의 플루오린(F)처리

(1) 플루오린과 치아

① 치아 에나멜의 화학적 구조는 $Ca_5(PO_4)_3(OH)$로서 hydroxylapatite의 광물로 구성되었다.

② Hydroxylapatite는 염기성인 OH^-와 PO_4^{3-}가 함유되어 있는데 산성용액일 경우 용해도가 증가해서 치아의 enamel이 손상되어 박테리아가 침입하면 에나멜 밑에 있는 치근이 파괴되면서 충치가 생성된다.

(2) 플루오린이온(F^-)의 역할

플루오린이온은 hydroxylapatite($Ca_5(PO_4)_3OH$)중 수산이온(OH^-)을 치환해서 용해도가 작은 새로운 물질인 $Ca(PO_4)_3 \cdot F$를 생성해서 산에 의한 치아 에나멜막 파괴, 즉 충치를 방지한다.

(3) 먹는 물 속에 플루오린의 주입

① 물 속에 플루오린졸 1mg/L 주입하면 충치(우식증)를 예방할 수가 있다. 그리고 2mg/L이상되면 반상치 및 치아 플루오린 침착을 일으킨다.

② 물 속에 2.4mg/L이상이면 먹는 물로서 부적합하다.

물 속에 F_2 및 HF 첨가시 NaF가 생성될 수도 있는데 NaF는 쥐약으로 사용되는 바 그 독성에 대하여는 앞으로도 계속 연구과제로 남아 있다.

4) 먹는 물의 Fe^{2+}과 VOC처리

(1) 공기공급법(aeration)

① 쉽게 산화가능한 물질인 Fe^{2+}를 산화시킨다.

화강암지역의 황철광(FeS), 탄산염지역의 $FeCO_3$의 Fe^{2+}를 pH 8.5이상의 물 속에서 공기공급시켜 Fe^{3+}로 산화시킨다.

② 물 속에 Blower로 공기를 공급해서 산성을 중성으로 유지해 VOC(volatile organic compounds)를 제거한다.

(2) 응집법(coagulation)

① Alum($Al_2(SO_4)_3 \cdot 18H_2O$)주입

- pH 6～8로 유지하면 $Al_7(OH)_{17}^{4+}$가 HCO_3^-와 반응해 $Al(OH)_3$로 침전된다.

$$Al^{3+}(a) + 3HCO_3^-(a) \rightarrow Al(OH)_3(s)\downarrow + 3CO_2(a) \qquad (3\text{-}36)$$

- $CO_2(a)$증가로 $CaCO_3$용해도가 증가해서 경도가 높아진다.
- $Al(OH)_3(s)$는 젤라틴형태의 침전물로서 침전이 아주 느리다.

② 황산철($FeSO_4$) 주입 : $Fe(OH)_2$는 $Al(OH)_3$처럼 젤라틴형태로 침전한다.

③ 활성실리카겔주입 : 활성실리카는 알칼리금속의 실리카처럼 젤라틴형태로 침전한다.

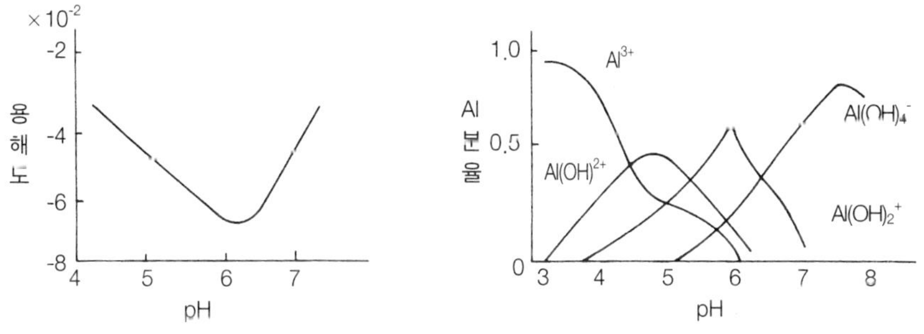

그림 3.8 pH변화에 따른 Alum용해도와 Al분율

5) 먹는 물의 염소(Chlorination)소독법

(1) Cl_2의 물 속에서 반응성

① pH 1 이하일 경우

$Cl_2(g) \rightarrow Cl_2(a)$ ∴ $K_H = 8.0\times10^{-3}$ mole/L. atm

② pH가 낮을 경우

$Cl_2(a) + H_2O \rightarrow H^+(a) + Cl^-(a) + HOCl(a)$ ∴ $K_e = 4.5\times10^{-4}$ $mole^2/L^2$

③ pH가 높을 경우

$HOCl(a) \rightarrow H^+(a) + OCl^-(a)$ ∴ $K_a = 3.0\times10^{-8}$ mole/L

④ 물 속에서 H^+와 Cl^-로 해리는 물의 총알칼리도(alkalinity)를 감소시킨다. 왜냐하면 산성화되어서 중탄산이온의 CO_2로 전환($HCO_3^- + H^+ \rightarrow H_2O + CO_2$) 되기 때문이다.

⑤ 물 속의 Cl_2, HOCl, ClO_2, OCl^-를 활성염소라고 하며, 모두 산화제이나 Cl^-는 산화제가 아니다.

소독제중에서 Cl_2, ClO_2는 잔류소독성이 있으나 O_3, 자외선의 소독은 잔류되지 않는다.

⑥ 물 속에서 염소분자(Cl_2)는 약 pH 2.2 이하에서만 존재하며, OCl^-과 차아염소산(HOCl)은 pH 5.5～9.9에서 공존한다.

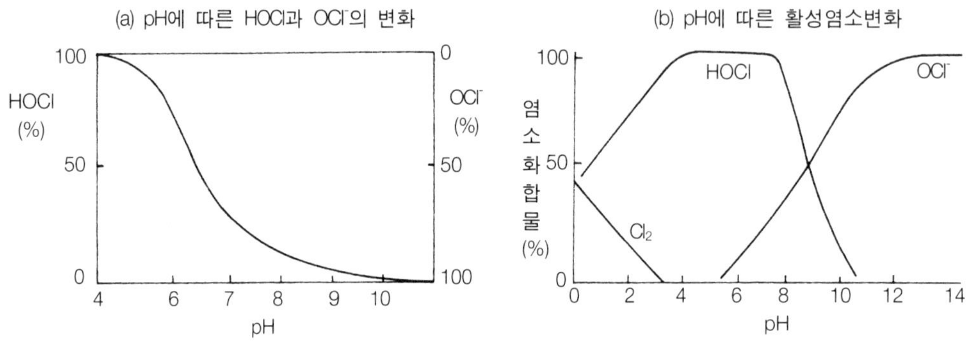

그림 3.9 pH 변화에 따른 염소상태

⑦ HOCl이 OCl^-보다 소독력이 약 90～100배 정도 강한 이유

HOCl은 중성분자이어서 미생물의 세포막에 OCl^-에 비해서 쉽게 침투할 수가 있기 때문이다. 그리고 OCl^-는 세포내부로 잘 들어가지 못해 HOCl보다 살균력이 떨어진다. pH 7.0보다 8.5에서 약 7.6배 정도의 염소를 더 주입시켜야 한다. 따라서 pH가 높아지면 염소량을 더 많이 주입시켜야 동일한 소독력을 갖는다. 살균력은 농도와 온도가 높을수록, pH가 낮을수록, 반응시간이 길수록 높다. Chloramines은 살균력은 약하나 물에 맛, 냄새와 악취를 내지 않고 살균작용이 장기간 지속된다. Virus는 대장균보다 염소(Cl_2)에 대한 저항력이 강해서 일부 생존력을 갖고 있다.

염소화학종의 살균력 크기 : HOCl 〉 OCl^- 〉 Chloramines

(2) 잔류염소

① 염소량과 잔류염소의 정의

- 염소량은 처음에 주입된 염소량을 말한다.
- 잔류염소량은 물 속에 있는 유기물을 산화시키거나 암모니아성질소(NH_3)를 산화시키고 물 속에 남아있는 염소량이다.
- 염소요구량은 주입된 염소량에서 잔류염소량을 뺀 값이다.

  염소요구량 = 염소량 − 잔류염소량

- 유리잔류염소량은 결합잔류염소량을 뺀 물 속의 HOCl과 OCl^-형태의 자유염소량이다.

$$Cl_2 + H_2O \rightarrow HOCl + HCl \quad (3\text{-}37)$$

· 결합잔류염소는 염소가 물 속의 NH_3 및 유기성 질소 화합물과 반응해서 잔존하는 염소이다. 이를 Chloramine이라고 하며, 그 반응형태는 다음과 같다.

pH 8.5 이상일 경우

$$HOCl + NH_3 \rightarrow H_2O + NH_2Cl \text{ (monochloramine)} \quad (3\text{-}38)$$

pH 4.5~8.4일 경우

$$HOCl + NH_2Cl \rightarrow H_2O + NHCl_2 \text{ (dichloramine)} \quad (3\text{-}39)$$

pH 4.4 이하일 경우

$$HOCl + NHCl_2 \rightarrow H_2O + NCl_3 \text{ (trichloramine)} \quad (3\text{-}40)$$

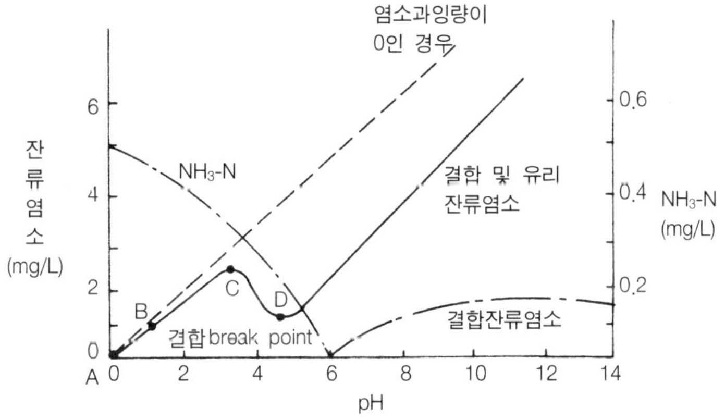

그림 3.10 pH에 따른 염소주입량과 잔류염소량

그림 3.10에서의 A-B 구간은 염소가 물 속에서 소독제와 결합하는 바 잔류염소량이 없거나 아주 적다. B-C 구간은 결합잔류염소(chloramine) 형성구간이며, C-D 구간은 주입된 염소가 결합잔류염소를 파괴시키는데 소모된다. 이때 NO 및 N_2가 발생해 기포가 생긴다. 부활현상(after growth)은 염소표백분($CaOCl_2$)으로 소독할 때 일단 세균이 사멸되었다가 일정한 반응시간이 지난 후에 재차 증식하는 현상이다.

(3) 염소소독의 단점

① 물 속에 페놀(C_6H_5OH) 및 그 유도체가 있을 때에 염소와 반응하면 염소화된 페놀(chlorinated phenol)을 생성해 톡쏘는 듯한 지독한 냄새를 유발한다. 특히 2-chloro phenol, 2,4-dichloro phenol, 2,6-dichloro phenol이 수 ppb농도만 있어도 지독한 냄새를 유발하고 수 ppm 존재시는 먹는 물로서 부적합하다. 냄새강도 크기는 2-chloro phenol > 2,4-dichloro phenol > 2,6-dichloro phenol > 2,4,6-trichloro phenol 순서이며, 2-chloro phenol은 2,4,6-trichloro phenol의 500배 정도로 강하다. 페놀(phenol)이 먹는 물 원수에 존재하면 염소소독 대신에 활성탄 및 오존(O_3)을 이용해 제거해야 한다. 잔류염소를 처리하려면 SO_2주입, $Na_2S_2O_3$ 주입, 활성탄흡착 및 폭기시켜야 하나 SO_2가스주입이 제일 효과적이다.

- 정수장에서 조류(Algae)생성시 제거하는 방법은 황산구리($CuSO_4$) 주입법과 microstrainer 통과법을 이용한다.

② THM(trihalo methane : $CHCl_3$)을 생성해 발암을 일으킨다.

· 염소소독시 CH_2Cl_2 및 CCl_4와 같은 염소화합물 대신에 $CHCl_3$, $CHBrCl_2$ 처럼 트라이할로메탄이 생성되는 것은 하이포염소산(HOCl)이 휴믹산의 아세틸(CH_3CO^-)기와 반응해 $CHCl_3$를 생성한다.

$$CH_3\overset{\overset{O}{\|}}{C}- \ + \ 3HOCl \rightarrow CHCl_3 \ + \ 2H_2O \ + \ -\overset{\overset{O}{\|}}{C}\text{-O-H}$$

· 휴믹산은 식물의 리그닌성분이 분해되어서 생긴 물질로서 염소소독시 발암물질의 전구물질이 된다. 상기 반응식은 요오드포름반응과 비슷한데 본 반응은 CH_3CO-기를 가진 C(탄소) 원자가 2개 이상의 원자단이 알칼리조건하에서 I_2를 가할 때 CHI_3의 노랑색침전물이 생성되는 반응과 유사하다.

- 일반적으로 정수처리과정에서 Cl_2처리를 하면 BOD, 세균, Fe, Mn, 악취(냄새), CN, NH_3, 알칼리도가 감소된다.

(4) 이산화염소(ClO_2)

① 소독력이 HOCl보다 2배 강하나 가격은 두배 이상이다.

② 화학적으로 불안정해 현장에서 제조하여 주입시켜야만 그 효과가 크며, 시판용 ClO_2는 반응성이 떨어져 소독효과가 매우 작은 것으로 알려져 있다. 보관시 흡열반응으로 폭발할 가능성이 있다.

$$10NaClO_2 + 5H_2SO_4 \rightarrow 4H_2O + 8ClO_2^- + 5Na_2SO_4 + 2HCl$$

$$2NaClO_2 + Cl_2 \rightarrow 2ClO_2^- + 2NaCl \ (pH\ 3.5\ \text{이하}) \qquad (3\text{-}42)$$

③ 이산화염소(ClO_2)는 하이포산(HOCl)보다 강한 산화제로서 THM 및 Chlorinated phenol과 같은 화합물이 생기지 않아 맛, 냄새 및 발암성물질이 유발되지 않는다.

· 유기물에 ClO_2를 반응시키면 산화작용기인 라디칼이 형성되거나 Cresol이 생성된다.

· ClO_2는 잔류성이 없어 소독 처리가 종료되면 염소(Cl_2)로 재처리 해줘야 잔류소독효과가 있다.

④ ClO_2는 물에 맛과 냄새를 유발하지 않는다.

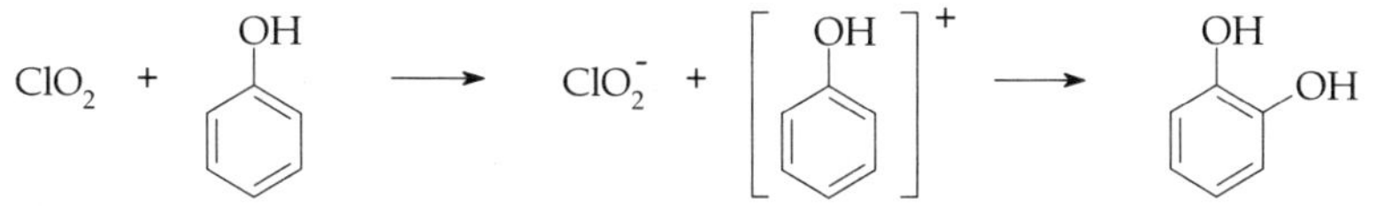

그림 3.11 ▌ Cresol의 생성

(5) 오존(Ozone : O_3) 소독

오존은 건조공기를 고전압인 15,000 volt로 방전시켜 만들며, 오존을 물에 흡수시켜 이용한다(오존의 K_H는 1.3×10^{-2} mole/L·atm 정도이다). 오존제조시 공기의 6% 정도가 O_3되며, 물처리시 1% 정도가 이용된다. 염소(Cl_2)보다 살균력이 강하며, 저장 및 운반하지 못해 현장에서 직접 사용해야 한다. ClO_2보다 강한 산화제의 역할을 하며, 페놀과 반응해 하이드록시화(-OH) 한다. 잔류효과가 없어 반드시 염소로 후처리해야 하며, 대형일 경우만 경제성이 있다. 물 속에서 오존은 유기물질을 빠르게 분해시키며, pH가 낮을수록 소독 효과가 크다.

(6) 자외선(ultra violet : UV) 소독

자외선발생은 중·저압 수은 아크램프에서 주로 260nm의 살균화학선이 나온다. 자외선은 파장이 100~400nm이지만 전기사용량의 40%가 254nm의 파장으로 선환된다. 살균효과는 DNA의 자외선흡수로 광화학반응을 일으켜서 나타낸다. UV소독은 물속에서 잔류성이 없기 때문에 염소로 후처리해야 하며, 소형일 경우만 경제성이 있다.

① 자외선 소독의 최적조건

- 자외선이 물에 잘 통과할 것
- SS, 색도, 자외선의 흡수유기물 등이 없거나 방해하지 않을 정도로 존재할 것
- 1~10초의 짧은 접촉시간만 반응해도 소독효과가 있으며, 흐르는 상태에서도 사용가능하다.
- pH와 온도의 영향이 없다.

pH영향은 O_3일 경우 낮은 pH이고, Cl_2일 경우 pH 4.5이어야 한다. 온도영향은 O_3와 Cl_2는 높은 온도일수록 짧은 시간에서 살균이 이루어진다.

(7) THM발암물질 생성과 염소소독의 대체소독제

① 수돗물의 염소 등의 소독부산물

상수원수 속에 함유된 자연유기물질(NOM : natural organic matter) 등은 수변지역의 식물낙엽 등의 부패에 의해서 생성된다. NOM은 염소(Cl_2) 소독시 염소와 반응해 할로겐족 화합물인 소독부산물(DBPs : disinfection by products)로 THMs, HAAs, HANs, Haloketons 등을 생성한다. 그리고 오존(O_3) 소독시에도 NOM과 반응해 부산물로

aldehyde, bromate, ketone, carboxylic acid 등이 생성된다. 이들 소독부산물중 미국 EPA (환경보호청 : Environmental Protection agency)는 trihalomethane, dichloroacetic acid, trichloroacetic acid와 dichloroacetonitrile 등을 발암성물질로 분류하고 있다. 우리나라도 먹는물 수질기준 55항목 중 7항목의 소독부산물을 규정하고 있다.

a. 7개 소독부산물
- 총 트라이할로메탄 0.1mg/L 이하
- 클로로폼 0.08mg/L 이하
- 클로랄하이드레이트 0.03mg/L 이하
- 다이브로모아세토니트릴 0.1mg/L 이하
- 다이클로로아세토니트릴 0.09mg/L 이하
- 트라이클로로아세토니트릴 0.004mg/L 이하
- 할로아세틱에시드 0.1mg/L 이하

㉮ THMs(trihalomethane)의 4항목 : chloroform, bromodichloromethane, dibromochloromethane, bromoform를 말하며, THMFP(trihalomethane formation potential)은 염소소독시 상수원수 속에 함유된 유기물질이 염소와 반응해 THM을 생성할 가능성이 있는 전구물질이다.

㉯ HAAs(haloacetic acid)의 6항목 : chloroacetic acid, bromoacetic acid, dichloroacetic acid, trichloroacetic acid, bromochloroacetic acid, dibromoacetic acid를 말하며, 할로아세트산은 정수의 염소소독시 생성되는 THMs 다음으로 많이 생성되는 소독부산물로, humic acid 및 fulvic acid와 같은 NOM이 HAAs의 주요 전구물질로 HAAFP라 한다.
일반적으로 DCAA는 유기합성 중간체나 섬유제조, 살균제와 실험시약 등의 제조에 사용되며, 피부접촉시 자극성을 나타내며, 흡입시 폐혈증과 골수염을 일으키며, TCAA는 알부민제조시 침전제, 석회질의 응고제와 제거제로 사용되는데 피부접촉시 화상을 일으키고 흡입시 기침, 현기증 및 가슴압박감과 청색증 등이 생긴다.

㉰ HANs(haloacetonitriles)의 4항목 : trichloroacetonitrile, dichloroacetonitrile, bromochloroacetonitrile, dibromoacetonitrile를 말한다.

㉱ Alds(aldehydes)의 4항목 : formaldehyde, acetaldehyde, glyoxal, methylglyoxal을 말하며, 알데하이드는 정수의 오존소독시 생성되는 소독부산물이며, 상수원수 속에 있는 휴믹산이나 펄빅산이 오존과 반응해서 ketones, alkanes, aliphatic aldehydes 등을 생성한다. 일반적으로 formaldehyde는 백혈병, 대장암을 일으키고 acetaldehyde는 세포파괴나 과잉성장 등을 일으킨다.

㉲ 기타물질 : HKs(haloketones)은 1,1-dichloropropanone, 1,1,1-trichloropropanone이며, 이 외에도 Halopicrine에는 chloropropanone와 chloral hydrate가 있다.

② 트라이할로메탄(THM)의 생성

a. THM은 trihalo methane의 약자로 상수(上水)의 염소(Cl_2) 소독시 물 속에 함유된 전구물질인 부식질(humus)산이 염소와 반응해 생성되며, 발암성 물질이다. THM 전구물질인 부식질의 분류는 다음과 같다.

· 휴민(humin)은 알칼리성 상태에서 추출되지 않는다. 즉 알칼리성 상태에서 침전한다.

· 휴믹산(humic acid)은 알칼리성 상태에서 추출되며, 산성상태에서 카르복실산(RCOOM)으로 침전한다.

· 풀빅산(fulvic acid)은 산성 용액에 잔존한 카르복실산 이온(RCOO-) 이다.

b. Felbeck의 휴민(humin)성질은 다음과 같다.

· 분자량은 3,000~30만 이상으로 풀빅산은 이보다 분자량이 작다.

· 암갈색 및 흑갈색의 고분자량 부식질이며, 황색은 저분자량 부식질이다.

· 불포화도가 높고 구성성분 중 아미노산을 갖고 있다.

c. 토양미생물에 의해 알콜 및 메톡시기(CH_3O-)를 산화해 카르복실산 및 페놀성 수산을 생성해 산성을 띤다. 산소의 50%는 반응성이 없는 에테르(-O-) 결합이나 복소환식 결합의 산소로 존재한다. 부식질은 빨리 산화되기 어렵고, 비교적 약산화제이어서 다량의 CO_2, H_2O, 아세트산, 주석산을 생성한다. 구조중심의 탄소결합은 화학적 및 생물학적인 분해가 어렵다. 탄수화물은 토양의 유기물로 아주 중요한 성분은 아니며, 질소의 대부분은 가수분해되기 어렵다.

d. 환경계에서 부식질의 중요성

· 아주 큰 표면적을 갖고 있으며, 아주 큰 양이온 교환능력을 갖고 있다.

· 부식질은 소수성으로 친유성 물질이며, 비이온성 유기물인 fatty acid(지방산)인 포화탄수화수소 등의 흡착에 중요한 역할을 담당한다.

e. 트라이할로메탄(THM)

총 트라이할로메탄(T-THM)은 $CHCl_3$, $CHBrCl_2$, $CHBr_2Cl$, $CHBr_3$을 총칭한다. 먹는 물의 총 트라이할로메탄의 기준치는 0.1mg/L 이하이다. T-THM 전구물질은 구조가 불분명한 휴믹 물질인 $C_{78}H_{52}O_5(COOH)_8(CO)_2$이다. 휴민물질은 휴민산, 풀빅산이 물 속의 할로겐(Cl_2 및 Br_2)과 복잡한 반응으로 생성된다. 주 발생원은 자연수 속이지 산업활동이 아니며, 주로 유리염소와 휴믹산이 반응시 THM이 생성된다. THM은 반응이 복잡해 수일 및 수십일이 지나야 생성된다. 특히 수온이 상승하면 반응이 빨리 진행되며, pH가 높을수록 염기가 촉매 작용을 해 THM 생성속도를 증가시킨다. 결합잔류염소농도는 THM생성에 영향을 주지 않는다.

③ 염소화 반응

a. 전자밀도가 높은 화합물에서 염소화 반응이 일어난다.

· N-Cl반응은 amine(-NH_2) 및 amide(-NO_2) 등 유기질소화합물과 반응한다.

· C-Cl반응은 방향족 유기물과 할로겐 반응을 한다.

b. HOCl은 C_6H_6(벤젠)과는 반응하지 않지만 C_6H_5OH(페놀)과는 반응을 한다. 대개 페놀은 반응성이 약하나 *m*-phenol은 반응성이 높다.

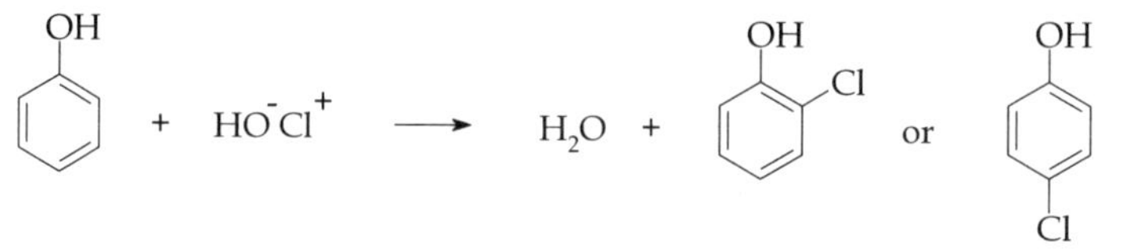

그림 3.12 ▌ 페놀과 HOCl반응

c. Haloform반응은 알칼리성 상태하에서 일어나며, halform은 tri-halo methane을 말하고 아세트알데하이드(CH_3CHO)에서 일어난다.

$$CH_3CHO + OH^- \rightarrow H_2O + C^-H_2CHO$$

$$C^-H_2CHO + X_2 \rightarrow CH_2XCHO + X^-$$

$$CH_3\overset{O}{\overset{\|}{C}}R + 3X_2 + 4OH^- \rightarrow 3H_2O + CX_3H + RCOO^- + 3X^- \qquad (3\text{-}43)$$

d. 반응조건에 따른 THM의 생성량 특성은 다음과 같다.

· 온도가 높아질수록 THM생성량이 증가한다.

· 수소이온농도지수(pH)가 높아질수록 THM 생성량이 증가한다.

· 휴민산농도가 높아질수록 THM 생성량이 증가한다.

· 잔류염소농도가 높아질수록 THM 생성량이 증가하다가 어느 정도 지나면 무관하다.

· 유리잔류염소농도가 높아질수록 THM 생성량은 증가하나 결합잔류염소는 무관하다.

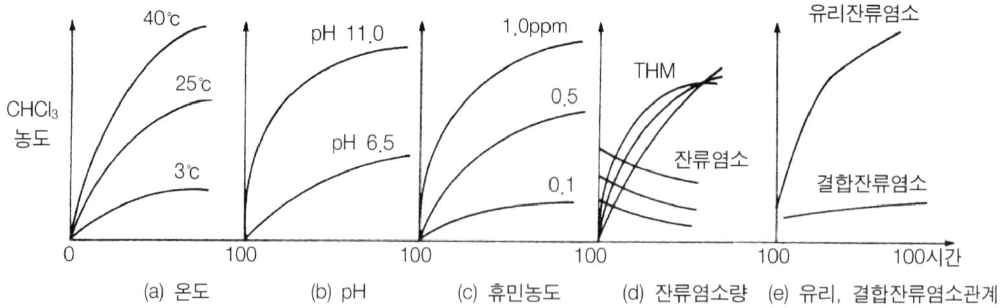

그림 3.13 ▌ 반응조건별 THM생성

▶ 이 중에서 THM제거로 분말 활성탄흡착과 폭기법이 가장 많이 이용되고 있다. 그리고 공기공급는 액기비가 높을수록 잔류염소의 감소율은 미미하지만 총THM제거율은 약 184%정도가 된다.

④ THM의 제거방법

a. THM의 제거는 오존산화, 이산화염소, 분말 활성탄흡착과 공기공급법 등의 생성된 트라이할로메탄의 제거와 트라이할로메탄 전구물질 제거 및 염소 이외의 소독제를 사용하는 공법이 있다.

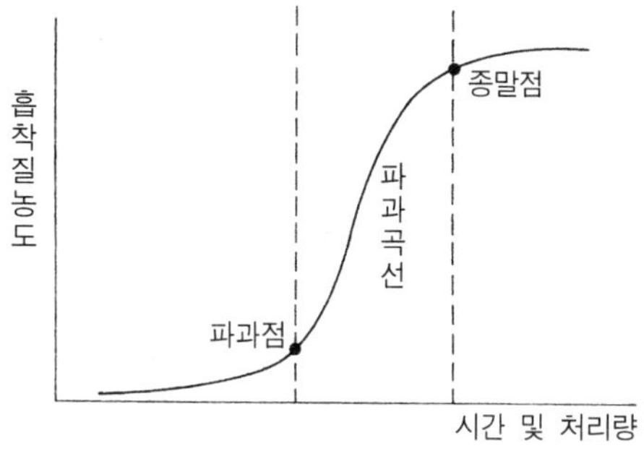

그림 3.14 ▌ 활성탄의 파과점 곡선

b. 흡착제의 종류는 다음과 같다.

· 친수성(극성) 흡착제는 금속성 흡착을 갖는 알루미나겔, 실리카겔(gel), 활성백토, 합성제오라이트 등으로 주로 무기질 원료를 갖는다.

· 소수성(비금속) 흡착제는 주로 원료가 유기질로서 활성탄, 목탄, 골탄 등이다.

c. 활성탄 흡착법 : 활성탄은 나무, 이탄, 갈탄 등을 600℃ 이하의 혐기성 상태로 탄화시킨 후 활성을 얻기 위해 부분적인 산화를 시킴으로써 제조한다. 탄소는 CO_2 및 H_2O와 600～700℃에서 반응하여 부분적인 산화가 된다.

$$CO_2 + C \xrightarrow{\text{가열}} 2CO \qquad (3\text{-}44)$$

$$H_2O + C \xrightarrow{\text{가열}} H_2 + CO$$

상기 공정에서 다공성의 표면적이 큰 활성탄이 형성되며, 용존유기물(CN^-, 중금속 등은 아님)들과 잘 결합할 수 있는 배열이 된다. 이때 보조 화공약품은 $ZnCl_2$(제일 많이 사용함), H_3SO_4, NaOH, $CaCl_2$, $CuSO_4$를 사용한다.

· 사용활성탄의 재생은 증기와 공기 존재하에서 950℃로 가열하면 표면적이 사용전 초기 활성탄표면적의 90%로 재생된다.

d. 활성탄의 파과점(break through point) 곡선

· 활성탄은 처음에는 빠르게 흡착한다.

· 활성탄이 일정한 농도 이상으로 흡착되다가 급속히 흡착이 떨어진다.

· 곡선은 S형으로 보통 유출농도가 입구농도의 5～10%인 점을 파과점(break through)이라고 하며, 90～95% 지점을 종말점(end point)이라고 한다.

e. 활성탄의 흡착특성은 다음과 같다.

· 탄소(C)수가 많은 탄화수소(HC)가 탄소수가 적은 탄화수소보다 먼저 흡착된다.

· 활성탄은 분자량이 큰 포화 화합물을 흡착한다.

- 대기 및 수중에서 벤젠(Benzene) 등과 같은 탄화수소를 흡착할 수 있다.
- 활성탄이 이미 약간의 수분을 함유할지라도 탄화수소와 접촉해 수분을 탈리한 다

음 탄화수소를 흡착하는 치환흡착현상이 있다.

- 파라핀계 탄화수소를 미리 흡착한 활성탄은 고급 탄화수소와 접촉해 저급 탄화수소를 밖으로 밀어낸 다음 고급 탄화수소를 흡착한다.

활성탄이 유기인을 잘 흡착하지만 n-Hexane물질과 무기인(PO_4^{3-})은 흡착시키지 못한다.

f. 실리카겔(Silica gel)은 수분과 같은 극성물질을 잘 흡착한다.

대기 중의 수분 및 탄화수소에 함유된 수분을 흡착제거시 실리카겔 및 합성 제오라이트(zeolite)와 같은 무기 친수성 흡착제가 적당하다.

천연 zeolite인 크리놀티올라이트는 NH_3를 제거할 수가 있다.

⑤ 소독 대체약품인 ClO_2(chlorine dioxide)

a. 이산화염소(ClO_2)는 황색을 띄고 끓는 점이 11℃이어서 상온에서 기체이며, 염소(Cl_2)가스와 똑같은 악취로 자극성 및 맹독성이다.

· 열에 불안정하여 다음 반응처럼 곧 분해한다.

$$2ClO_2 \xrightarrow[\triangle]{11℃\text{이상}} 2O_2 + Cl_2 \qquad (3\text{-}46)$$

· 햇빛의 자외선에 불안정하여 다음 반응처럼 곧 분해한다.

$$6ClO_2 \xrightarrow[\text{자외선}]{} 2Cl_2 + 2ClO_3 + 3O_2 \qquad (3\text{-}47)$$

· 수용액에서 매우 안정해 물과 반응하지 않으며, 광분해도 일어나지 않는다.

b. Cl_2와 ClO_2와의 차이점

㉮ 염소(Cl_2)

· 염소는 물과 반응해서 차아염소산(HClO)이 되고, HClO는 산화 및 염소화중 1단계로만 반응한다. HClO은 pH 의존성이며, THM을 생성하고 클로라민을 생성한다.

㉯ 이산화염소(ClO_2)

· ClO_2는 포화탄화수소와 반응하지 않는다. 그러나 올레핀과 반응해서 ClO^-가 생성되면서 THM(trihalo methane)이 생성되지만 ClO_2가 다른 유기물을 산화시키는 바 THM은 생성되지 않는다.

· ClO_2는 그대로 수용액상태에서 존재하며, 물 속의 부식물질을 분해하고 표백한다.

· ClO_2는 물 속의 아민류와 반응하지 않는 바 NH_3와 반응해 클로라민(chloramine), 즉 결합잔류염소를 생성하지 않는다.

· ClO_2는 물 속에 녹아있을 때도 그대로 분자상태이어서 유기물에 대한 산화반응은 본질적으로 pH에 지배받지를 않는다.

· ClO_2의 물 속에서 존재형태는 ClO_2, ClO_2^-, ClO_3^-, ClO, ClO^-, Cl^-이며, Cl_2와 HOCl로는 존재하지 않는다.

3.1.4 하천의 모델링(Modeling)

① Streeter phelps Model : 1925년 개발된 모델로서 하천모델링의 시발계기가 되었다. 구성인자가 적고 간단해 하천의 자정능력 평가에 널리 이용되고 있다. 하천의 DO(용존산소)를 나타낸 모델로 점오염원에서 하천에 유기물이 유입되어 점차 분해시키는 현상을 대기 중 산소가 수면을 통해 재공급되는 재폭기만을 고려해서 예측했다. 점오염원으로부터 오염부하량에 따른 BOD와 DO의 반응만 고려되었다.

② DO-SAG-I Model : 1970년에 개발된 모델로서 점오염원과 비점오염원의 유기물질이 중간 유입 등을 고려해 Streeter Phelps model을 기본식으로 해서 유기물변화를 고려했지만, 하천의 DO변화와 각종 관련된 여러 인자들을 고려하지 않고 있다. 수질 오염물질의 유입과 유출이 각 구간마다 달라 첫 번째 영역 구간만 맞고, 그 다음 영역부터는 저질토 영향 및 광합성작용에 따른 DO반응 때문에 크게 달라진다. DO-SAG-I 모델은 1차원 정상상태모델로 Texas Water Developement Board에서 개발했다.

③ DO-SAG-Ⅱ Model : 1980년에 개발된 모델로서 재폭기계수(K_2)산정시 DO-SAG-Ⅰ 모델에서 고려한 유기물질 외에도 몇가지 수질오염물질을 추가하여 고려했다. 미국의 환경보호청(EPA)과 Water Resources Engineer가 함께 변형 개발했다.

④ DO-SAG-Ⅲ Model : 수질오염물질은 BOD, COD, P(인), Chlorophyll-a, NH_3-N, NO_2-N, NO_3-N을 고려했으며, 재공기공급계수(K_2)에 Tsivoglou을 사용했다. 미국의 EPA와 Water Resources Engineer가 DO-SAG-Ⅰ Model을 변형해 개발했다.

⑤ Qual-I Model : 수질오염물질의 가로, 세로 및 유체이동에 따른 1차원 유체수송구간(advection)이 포함된다. 유속, 수심, 만닝(Manning : 조도)계수 등에 따른 확산계수를 산출한다. 유체와 대기간의 열교환까지도 고려했고, 어떤 요소에서든지 수질오염물질의 유입 및 유출, 용수의 취수를 고려했다. 미국의 Texas Water Developement Board에서 개발했다.

⑥ Qual-Ⅱ Model : Qual-I Model에 없었던 질소화합물인 NH_3-N, NO_2-N, NO_3-N과 인(P), Algae의 chlorophyll(엽록소)-a를 포함했다. 미국의 환경보호청(EPA)와 Water Resources Engineer가 공동 개발했다. 우리나라에서도 이 모델을 채택해 사용하고 있다.

⑦ WQRRS Model : Qual-Ⅱ Model에 비해 하천의 수질, 수문학적인 특성을 고려했다. 저수지의 수심에 따른 영향까지 고려한 1차원 모형을 적용했다. 하천 및 호소의 부영양화를 고려한 생태계모델이다. 물의 흐름 Steady state(정상상태) 및 Dynamic state(동작상태)에서 적용되며, 세부분으로 구성된 Reaservoir Moduel, Stream Hydraulic Moduel, Stream Quality Module이다. 미국 공병단 Hydrologic Engineering Center에서 개발했다.

⑧ USGS Streeter Phelps Model : Streeter Phelps Model을 확장시킨 1차원 모델로서 비점오염원 및 Anoxic(무산소상태)를 고려했다. 계산고려인자는 BOD, DO, 질소이다. 미국의

Geological survey에서 개발했다.

⑨ AUTO-QUAL Model : 길이에 비해 폭이 좁은 하천에 적용가능한 1차원 모델이다. 오염원이 비점오염원일 때 정상상태 및 동작상태에서 simulation이 가능하다. 하천구간을 Channel-Junction Method로 표현했다.

⑩ QUALZE, QUALZE-UNCAS Model : Qual-Ⅱ Model을 personal computer용으로 보완개발했다. DO수준을 유지하기 위해서 희석방류량 및 하천 수중보의 영향을 고려했다.

⑪ WASP-4 Model : 하천의 수리학적인 모델, 수질모델, 독성물질의 거동모델 등을 고려했다. 1차원, 2차원과 3차원까기 3단계로 고려했다. 3단계 부영양화 작용기, 수정된 Streeteer Phelps식, Full Linear DO 평형식 등이 고려될 수 있다. 수질에 저질토가 미치는 영향을 상세하게 고려한 모델이다.

⑫ HSPF Model : 강우, 강설의 영향과 하구언까지 다양한 수계에 적용가능한 종합 모델.

제3장 연습문제

문 1. 물의 특성에 대한 설명 중 잘못된 것은?

ㄱ. 용매로서의 기능이 우수하다.
ㄴ. 순수한 상태로 있을 때는 유전상수가 낮다.
ㄷ. 다른 어떤 용매보다 표면장력이 크다.
ㄹ. 가시광선과 장파의 광선 통과시킨다.
ㅁ. 액체일 때에 밀도가 아주 높다.

✓**해설** 물은 순수할 때 이온성 물질을 아주 잘 녹여 쉽게 이온화시켜서 유전상수가 높다.

문 2. 물의 밀도가 최대인 온도는?

ㄱ. 0℃ ㄴ.4℃ ㄷ.20℃ ㄹ.60℃ ㅁ.100℃

✓**해설** 물은 빙점(어는점)인 0℃보다 높은 온도인 4℃일 때 밀도가 최대가 된다. 물이 흐르지 않는 호소 등에서만 성층화(순환층(上), 열전환층(中), 정체층(下)로 구분)가 된다.

문 3. 수계의 특성에 대한 설명 중 잘못된 것은?

ㄱ. 지표수는 시냇물, 강, 호소, 저수지 등으로 나누어진다.
ㄴ. 시냇물, 강의 수질상태는 발생단계, 초기단계, 성숙단계, 쇠퇴단계로 구분된다.
ㄷ. 호소는 빈영양화, 부영양화, 영양장애로 구분된다.
ㄹ. 저수시 수질영향의 작용요인은 유입속도, 체류시간, 표면적 비율이다.
ㅁ. 물의 밀도와 온도로 호소, 연안은 성층화가 생긴다.

✓**해설** 수질영향은 일사량, 부영양 등이다.

문 4. 다음 중 독립영양성 생물의 영양소가 아닌 것은?

ㄱ. C(탄소) ㄴ. N(질소) ㄷ. P(인) ㄹ. H_2S(황화수소) ㅁ. O_2(산소)

✓**해설** 영양소의 형태는 CO_2, NO_3^-, PO_4^{3-}, SO_4^{2-}, O_2등과 같은 무기물질이다.

문 5. 다음 반응 중 바다의 심수층에서 주로 일어나는 반응형태를 고르시오.

ㄱ. $CH_2O + O_2 \rightarrow H_2O + CO_2$
ㄴ. $2CH_2O + NO_3^- + 2H^+ \rightarrow H_2O + 2CO_2 + NH_4^+$
ㄷ. $2CH_2O + SO_4^{2-} + H^+ \rightarrow 2H_2O + 2CO_2 + HS^-$
ㄹ. $2CH_2O \rightarrow CH_4 + CO_2$
ㅁ. $CH_2O + H_2O \rightarrow CO_2 + 4H^+$

✓**해설** 유기물이 심수층에서는 혐기성 분해를 한다.

정 답 | 1. ㄴ 2. ㄴ 3. ㄹ 4. ㄹ 5. ㄷ

문 6. 전도(turn over)가 일어나는 계절은?

ㄱ. 봄과 여름　ㄴ. 여름과 가을　ㄷ. 가을과 겨울　ㄹ. 겨울과 봄　ㅁ. 봄과 가을

✓**해설** 전도는 늦은 가을과 이른 봄에 출현된다.

문 7. 전도와 거리가 먼 것은?

ㄱ. 순환층의 온도가 증가한다.
ㄴ. 순환층과 정체층의 온도가 같게 된다.
ㄷ. 수계전체가 혼합된다.
ㄹ. 늦은 가을과 이른 봄에 일어난다.
ㅁ. 수계의 화학적 · 생물학적 물질들이 전체적으로 동일해져서 물리 · 화학 · 생물학적 변화가 크게 일어난다.

✓**해설** 순환층의 온도가 떨어지고 정체층의 온도가 증가해 전도가 일어난다.

문 8. 물 속에 살고 있는 수중생물에 큰 영향을 주는 물리적요소로 짝지어진 것을 고르시오.

ㄱ. 온도, 투명도, 교란작용
ㄴ. 탄소, 질소, 인
ㄷ. 용해도, 용전성, 평형상수
ㄹ. 용존산소, 염분, 부분압
ㅁ. 중탄산이온, 탄산염이온, 수소이온

✓**해설** ㄴ~ㅁ은 모두 화학적 요소로서

① 탄소, 질소, 인은 독립영양성 생물인 조류의 3대 영양소이다.
② 알칼리도에 영향을 끼치는 염은 중탄산이온, 탄산염이온, 수소이온, 암모니아, 인산, 규산, 붕산, 유기산과 그 결합체 등이다.

문 9. 잠수병의 원인이 되며, 수십마리의 물고기를 죽게 하는 원인의 수중 기체는?

ㄱ. 용존 산소　ㄴ. 용존 질소　ㄷ. 용존 망가니즈　ㄹ. 용존 철　ㅁ. 용존 유기물

✓**해설** 수심이 증가되면 수압상승으로 용존질소가 과포화되어서 물고기를 죽게 한다.

문 10. 수질환경보전법상 수질오염물질은 몇 종으로 지정되었는가?

ㄱ. 12종　ㄴ. 16종　ㄷ. 29종　ㄹ. 35종　ㅁ. 47종

✓**해설** 수질 특정유해물질은 12종이고, 대기오염물질 52종과 특정유해물질 25종이다.

문 11. 물 속에 용존산소농도를 높이는데 가장 영향이 적은 결정인자는?

ㄱ. 온도　ㄴ. 염분농도　ㄷ. 물표면적　ㄹ. 기포크기　ㅁ. 이화작용

✓**해설** 조류(Algae)는 낮에는 광합성으로 용존산소를 높이지만, 햇빛없는 낮이나 밤에는 이화작용에 의해 오히려 산소소모가 크고, 조류가 죽게되 생체의 분해가 진행되면서 엄청난 양의 산소를 소모시킨다.

정 답 | 6. ㅁ　7. ㄱ　8. ㄱ　9. ㄴ　10. ㄷ　11. ㅁ

문 12. 박테리아(Bacteria)에 의해 유기물질의 분해시 수중의 CO_2농도가 얼마(mg/L) 이상으로 되면 미생물이 질식되는가?

ㄱ. 5 ㄴ. 15 ㄷ. 25 ㄹ. 35 ㅁ. 55

✓해설 CO_2농도가 25mg/L이상이 되면 수중생물의 호흡과 가스교환에 역기능을 주어서 죽게 된다.

문 13. 알칼리도(Alkalinity)에 관한 설명 중 잘못된 것은?

ㄱ. 물이 양성자를 수용할 수 있는 능력을 말한다.
ㄴ. 알칼리도가 높은 물은 pH값이 높다.
ㄷ. 물 속의 조류성장과 수중생물성장에 악영향을 준다.
ㄹ. 보일러 · 식품제조 · 수돗물 등에 사용하면 많은 해를 가져오게 한다.
ㅁ. 총알칼리도와 염기도는 동일하다.

✓해설 알칼리도는 물이 양성자를 수용할 수 있는 능력을 말하며, 염기도는 물의 수소이온 농도값 역수에 대한 상용대수값으로 pH값으로 나타내므로써 알칼리도는 수용능력인자이며, 염기도는 pH강도 인자이다. 그리고 알칼리도는 페놀프탈레인 알칼리도(HCO_3^-(중탄산염)가 높은 농도비로 존재하는 pH 8.3에서 페놀프탈레인으로 적정한 량)과 총알칼리도(CO_3^{2-}(탄산염)과 중탄산염이 탄산가스(CO_2)로 변하게 되는 pH 4.3에서 메틸오렌지로 적정한 양)가 있다.

문 14. 자연수계에서 수산이온(OH^-)을 중화할 수 있는 물의 능력을 무엇이라고 하는가?

ㄱ. 산도 ㄴ. 알칼리도 ㄷ. 경도 ㄹ. 염기도 ㅁ. pH값

✓해설 경도는 Ca, Mg 등 2가 금속이온 함유량이다.

문 15. HCO_3에 관한 설명 중 옳은 것은?

ㄱ. 물 속에 용해된 CO_2(탄산가스, 이산화탄소)가 주로 존재하는 형태이다.
ㄴ. pH가 9이상인 경우에만 존재한다.
ㄷ. pH가 중성인 경우에는 존재하지 않는다.
ㄹ. 존재하는 것으로 전혀 알려지지 않았다.
ㅁ. CO_2와 OH^-가 반응하여 생성한다.

✓해설 CO_2는 pH 5이하에서, HCO_3^-는 pH 8～9에서, CO_3^{2-}는 11.5이상에서 존재한다.

문 16. 석회석($CaCO_3$)과 반응해 알칼리도를 증가시키지 않는 물질은?

ㄱ. NaOH ㄴ. CO_2 ㄷ. HF ㄹ. HCl ㅁ. HNO_3

✓해설 CO_2 이외에도 산도 지배물질은 $H_2PO_4^-$, H_2S, 단백질, Fe^{3+} 등의 금속이온이다.

문 17. 산소를 생산하는 조류가 과도하게 성장되어 있는 물에서 산소농도가 밤에 낮아지는 이유는 무엇인가?

정 답 | 12. ㄷ 13. ㅁ 14. ㄱ 15. ㅁ 16. ㄴ 17. ㄱ

ㄱ. 밤에 이화작용　　ㄴ. 밤에 광합성작용　　ㄷ. 밤에 탄소동화작용
ㄹ. 밤에 중화작용　　ㅁ. 밤에 효소작용

✓해설 밤에는 조류가 물 속의 용존산소를 이화작용 때문에 소모한다.

문 18. 알칼리도를 잘못 설명한 것은?

ㄱ. 물이 조류성장을 뒷받침해 줄 수 있는 정도를 측정한 것
ㄴ. 산을 중화시킬 수 있는 물의 능력이다.
ㄷ. pH가 떨어지는 것을 방지할 수 있는 물의 능력을 측정한 것
ㄹ. pH값이다.
ㅁ. 물의 처리시 중요한 요소이다.

✓해설 pH값은 수소이온농도를 말한다.

문 19. 다음 중 환원상태에서 존재하는 물질이 아닌 것은?

ㄱ. CH_4　　ㄴ. H_2S　　ㄷ. 용해성 Fe^{2+}　　ㄹ. NH_4^+　　ㅁ. 불용성 Fe^{3+}

✓해설 철(Fe)은 Fe^{3+}에서 Fe^{2+}로 되어야만 즉, +3가는 +2가로 1가 줄어져 환원되었다고 한다. 그래서 3가 Fe를 제이철, 2가 Fe를 제1철이라 하며, 전자는 불용성이고 후자는 용해성이다.

문 20. 자연수중에서 일반적으로 $Fe(OH)_3$와 Fe^{2+}인 가장 안정한 철로 존재하는 pH범위는?

ㄱ. 2～5　　ㄴ. 5～9　　ㄷ. 6～10　　ㄹ. 9～14　　ㅁ. 10～13

✓해설 Fe^{2+}는 수소이온활성도가 높고 전자이온활동도가 높은 pH 0～8.95사이 지역에서 많이 존재하며, Fe^{3+}는 수소이온활성도가 높고 전자이온활동도가 낮은 지역에 많이 존재한다. 그리고 $Fe(OH)_2$는 낮은 수소이온활동도와 높은 전자이온활동도에 존재하며, $Fe(OH)_3$는 낮은 수소, 전자 이온활동도의 범위인 pH 3～14 사이에서 산화성매개물로 존재한다(pourbaix도해를 참조할 것).

문 21. 아질산성질소이온(NO_2^--N)이 pH 7일 때 평형을 이루는 pE값은?

ㄱ. 2～3　　ㄴ. 4～5　　ㄷ. 6～7　　ㄹ. 7～10　　ㅁ. 10～12

✓해설 pH 7일 때 NH_4^+는 pE값 6이하, NO_3^-는 pE값 7.6이상에서 평형을 이룬다.

문 22. 다음 중 착화합물이 아닌 것은?

ㄱ. 삼결합 인산나트륨　　ㄴ. EDTA　　ㄷ. NTA
ㄹ. 시트로 나트륨　　ㅁ. 벤젠

✓해설 착화합물은 배위자와 금속이 반응해 이루어진다. 그리고 NO_2^--N은 매우 제한된 PE값 (6～7)에서 발견된다.

정 답 | 18. ㄹ　19. ㅁ　20. ㄴ　21. ㄷ　22. ㅁ

문 23. 착화합물을 형성하는 금속이온이 아닌 것은?

ㄱ. Mg^{2+}　　ㄴ. Ca^{2+}　　ㄷ. Cu^{2+}　　ㄹ. Fe^{3+}　　ㅁ. C^{2+}

✓**해설** 이 외에도 Fe^{2+} Mn^{2+}, Zn^{2+} ,Co^{2+}, Ni^{2+}, Sr^{2+}, Cd^{2+}, Ba^{2+} 등의 금속이온이 착화합물을 형성한다.

문 24. EDTA($Na_2H_2C_{10}H_{12}O_8N_2 \cdot 2H_2O$)와 강력하게 킬레이트하는 물질이 아닌 것은?

ㄱ. Co　　ㄴ. Am^{3+}　　ㄷ. Cm^{3+}　　ㄹ. Th^{4+}　　ㅁ. Si^{4+}

✓**해설** "ㅁ"은 반응해서 침전한다.

문 25. 조류(Algae)가 이용하는 주영양물질과 거리가 먼 것은?

ㄱ. 탄소　　ㄴ. 질소　　ㄷ. 인　　ㄹ. 황　　ㅁ. K

✓**해설** 조류는 식물인 바 광합성작용으로 유기물질을 생성하고 무기영양분을 활용해 생존하는 유기체이다. ① 주영양분은 탄소(CO_2, HCO_3^-), 질소(NO_3^-), 인(PO_4^{3-}), 황(SO_4^{2-}) ② 미량영양분은 Na, K, Ca, Mg, Fe, Co, Mo이다.

문 26. 독립영양생물에 관한 설명 중 잘못된 것은?

ㄱ. 박테리아의 성장시 필요한 것은 유기물질이 아니라 CO_2나 CO_3^{2-}형태의 무기물질이다.

ㄴ. 가장 간단한 무기물질을 이용해 단백질, 효소 등을 합성한다.

ㄷ. 자신의 생체를 만드는데 필요한 탄소와 에너지는 이미 합성되어 있는 유기물질을 통해 얻는다.

ㄹ. 조류는 탄산가스와 빛에너지를 이용해 필요한 에너지를 얻는다.

ㅁ. 독립영양박테리아의 대표적인 미생물은 Gallionella이며, NH_4Cl, 인산염, 무기염, CO_2, FeS 등 함유한 호기성용액에서 잘 자란다.

✓**해설** 종속영양 박테리아는 자신의 생체를 만드는데 탄소와 에너지를 이미 합성된 유기물질을 통해 얻으며, 전자는 종속영양생물이나 조류는 독립영양생물이다.

문 27. 박테리아가 기하급수적으로 증가하는 단계를 무엇이라고 하는가?

ㄱ. 이완기　　ㄴ. 증식기　　ㄷ. 정체기　　ㄹ. 쇠퇴기　　ㅁ. 사멸기

✓**해설** 박테리아의 성장 4단계는 이완기, 증식기, 정체기, 쇠퇴기이다.

문 28. 다음 미생물에 관한 설명 중 틀린 것을 고르시오.

ㄱ. 수질에 관여하는 미생물은 바이러스, 박테리아, 균류, 조류이다.

ㄴ. $0.5 \sim 3\mu m$ 정도의 박테리아는 $0.4\mu m$의 공극을 가진 membrane으로 제거할 수 있다.

ㄷ. 박테리아는 부피에 비해 표면적이 커서 물 속의 오염물질을 체내에 쉽게 포획할 수 있다.

정 답 | 23. ㅁ　24. ㅁ　25. ㅁ　26. ㄷ　27. ㄴ　28. ㅁ

ㄹ. 균류는 사상체 구조를 갖고 단일세포 발효균이며 셀룰로오스도 분해한다.

ㅁ. 박테리아는 산화환원반응을 통해 이화작용과 증식에 필요한 에너지를 얻는다.

✓**해설** 동화작용을 통해 에너지를 얻고 이화작용은 호흡과 같다.

문 29. 박테리아가 급속히 증가해 유기물질을 생물학적으로 처리하는 동안에 형성되는 성장단계는?

ㄱ. 이완기　　ㄴ. 증식기.　　ㄷ. 정체기　　ㄹ. 쇠퇴기　　ㅁ. 사멸기

✓**해설** 증식과 정체가 주로 활성슬러지조에서 이루어진다.

문 30. 박테리아의 증식을 제한하는 요소가 될 수 없는 것은?

ㄱ. 필수 영양물질의 부족

ㄴ. 독성물질의 생성

ㄷ. 산소의 고갈

ㄹ. 친냉미생물의 개체수일정

ㅁ. 수온

✓**해설** ① 저온성 박테리아는 20℃이하, 중온성 박테리아는 20~45℃, 호열성 박테리아는 45℃이상이 적정증식온도이다. ② 박테리아의 증식에 가장 큰 영향을 미치는 요소는 수온이다.

문 31. 미생물의 생존에 필수적인 원소는?

ㄱ. 탄소　　ㄴ. 질소　　ㄷ. 황　　ㄹ. 수소　　ㅁ. 산소

✓**해설** 필수적 미생물원소는 C이고, 그외에 H, O, N, S 등이다.

문 32. 유기물질이 생물학적 혐기성분해시 $[CH_2O]$에 대한 1몰 전자 반-반응으로서 옳은 것은?

ㄱ. $\frac{1}{4}[CH_2O] + \frac{1}{4}H_2O \rightarrow \frac{1}{4}CO_2 + H^+ + e^-$

ㄴ. $\frac{1}{4}[CH_2O] \rightarrow \frac{1}{8}CH_4 + \frac{1}{8}CO_2$

ㄷ. $\frac{1}{2}[CH_2O] + \frac{1}{2}H_2O \rightarrow \frac{1}{2}CO_2 + 2H^+ + 2e^-$

ㄹ. $\frac{1}{2}[CH_2O] \rightarrow \frac{1}{2}CH_4 + \frac{1}{2}CO_2$

ㅁ. $[CH_2O] \rightarrow \frac{1}{2}CH_4 + \frac{1}{2}CO_2$

✓**해설** 반-반응의 1몰 전자인 바 $\frac{1}{2} \times \frac{1}{2} = \frac{1}{4}$ 몰$[CH_2O]$이어야 한다.

정 답 | 29. ㄴ　30. ㄹ　31. ㄱ　32. ㄴ

문 33. 다음 중 메탄생성박테리아가 아닌 것은?

ㄱ. Methanebacterium　　ㄴ. Methanobacillus　　ㄷ. Methanococcus
ㄹ. Methanosarcina　　ㅁ. Methanosmonas

✓ **해설** Nitrosomaonas는 질산화박테리아이다.

문 34. 메탄 1몰이 CO_2로 산화되는데 필요한 산소g수는?

ㄱ. 16g　　ㄴ. 32g　　ㄷ. 64g　　ㄹ. 96g　　ㅁ. 128g

✓ **해설** $CH_4 + 2O_2 \rightarrow CO_2 + 2H_2O$ 메탄 1몰 산화시 2몰의 산소, 즉 64g이 필요하다.

문 35. 다음 탈질산화반응 중 옳은 것은?

ㄱ. $\{CH_2O\}$가 전혀 남아있지 않을 것이다.
ㄴ. O_2가 약간 남아있을 것이다.
ㄷ. NO_3^-가 약간 남아있을 것이다.
ㄹ. 물의 구성분은 변하지 않을 것이다.
ㅁ. 탈질산화가 호기성 호흡에 의한 것보다 더 많은 유기물을 소모시킬 것이다.

✓ **해설** BOD의 일반시성식은 CH_2O이다.

문 36. 인체에 대한 피해로 피부질환, 피부암, 기형아, 사산을 일으키는 원인물질은?

ㄱ. 카드뮴(Cd)　　ㄴ. 메틸수은(CH_3Hg)　　ㄷ. 납(Pb)
ㄹ. 피씨비(PCB)　　ㅁ. 암모니아성질소(NH_3-N)

✓ **해설** Cd는 심한요통, 보행장애, 골연화증(이타이 이타이병), 신장기능 장애를 일으키고, 메탈수은은 사지마비, 시청각·언어장애, 중추신경마비(미나마타병), 납은 빈혈, 신정질환을 암모니아성 질소는 blue baby(청색아)를 출산하게 된다.

문 37. 환경오염으로 인한 피해와 거리가 먼 것은?

ㄱ. 만성적이다.
ㄴ. 대규모적이다
ㄷ. 회복시 막대한 비용이 소용된다.
ㄹ. 회복하는데 오랜 시간이 걸린다.
ㅁ. 원상회복이 거의 가능하다.

✓ **해설** 환경오염은 원상회복이 거의 불가능한 것이 특징이다.

문 38. 다음 중 중금속이 아닌 것은?

ㄱ. 철(Fe)　　ㄴ. 납(Pb)　　ㄷ. 카드뮴(Cd)　　ㄹ. 구리(Cu)　　ㅁ. 비소(As)

✓ **해설** 비소, 셀레늄(Se), 안티몬(Sb)은 중금속 비금속사이의 중간에 있어 반금속(metalloid)라고 한다.

정 답 | 33. ㅁ　34. ㄷ　35. ㄹ　36. ㄹ　37. ㅁ　38. ㅁ

문 39. 다음 중 물 속에 존재하는 콜로이드의 입자가 아닌 것은?

ㄱ. 광물질　　ㄴ. 유기오염물질　　ㄷ. 단백질물질
ㄹ. 박테리아　　ㅁ. 부유고형물질

√해설 물 속에 들어있는 고형물질의 크기가 0.01～0.1μ입자를 콜로이드(coiloid)이고 0.1～100μ입자를 부유고형물질(SS)라고 한다.

문 40. 치환가능한 양이온의 양을 나타내는 것은?

ㄱ. CEC　　ㄴ. CEA　　ㄷ. AEC　　ㄹ. AEA　　ㅁ. ECS

√해설 CEC(cation exchange capacity)는 양이온 교환용량이며, 점토 100g당 1가 양이온의 mg 다량으로 표현한다. ECS(exchangeable cation status)는 교환가능 양이온상태를 말한다.

문 41. 박테리아, 조류 등의 생체안에서 유기인산 에스테르와 결합하고 있는 인은?

ㄱ. 무기인산　　ㄴ. 유기인　　ㄷ. 교합된 인
ㄹ. 교합되지 않은 인　　ㅁ. 비비아나이트

문 42. 중금속이 인체에 미치는 영향과 거리가 먼 것은?

ㄱ. 황(S)과의 결합력이 강하다.
ㄴ. 선택적으로 효소에 있는 황에게 공격해서 효소활동을 방해한다.
ㄷ. 단백질 카르복실산과 아미노기와도 결합을 잘 한다.
ㄹ. 세포막에 결합해 세포막에서 진행되는 각종 공정들을 방해한다.
ㅁ. 비중이 4.5이하이어서 인체조직에 급성적으로 독성을 준다.

√해설 중금속의 비중은 4.5이상이며, 인체조직의 독성은 급성또는 생축적되어 인간의 체질상 죽을 때까지 영향없는 사람도 있어 만성도 있다.

문 43. 수중의 미량 원소를 분석할 수 없는 장비는?

ㄱ. Gas chromatography
ㄴ. Atomic absorption
ㄷ. Mass spectrometry
ㄹ. Plasma emissiom
ㅁ. Telemetering system

√해설 Telemetering System의 대기·수질 등의 자동측정망이다.

문 44. 분뇨오염의 지표를 고르시오.

ㄱ. 사이아나이드　　ㄴ. 비소　　ㄷ. 유기물질
ㄹ. 암모니아성질소　　ㅁ. PCB

√해설 분뇨오염지표는 NH_3-N와 MPN(대장균군 최적확수)이 있다.

정 답 | 39. ㅁ　40. ㄱ　41. ㄴ　42. ㅁ　43. ㅁ　44. ㄹ

문 45. 조류(Algae)가 성장하는데 꼭 필요한 제한 영양소는?

ㄱ. 탄소　　ㄴ. 질소　　ㄷ. 인　　ㄹ. 산소　　ㅁ. 칼슘

해설 조류의 성장에 중요한 영향물질은 탄소, 질소, 인이고, 그중에서도 제한영양소는 P이다. 생체 구성요소는 탄소(CO_2), 수소, 산소이며, 단백질구성요소는 질소(NO_3^-)이며, 대사기능에는 인, 칼륨, 황(SO_4^{2-}), 붕소(B), 염소(Cl), 코발트(Co), 구리(Cu)이고, 효소의 구성요소는 철(Fe), 몰리브덴(Mo), 망가니즈(Mn), 나트륨(Na), 규소(Si), 바나듐(V), 아연(Zn)이다.

문 46. 부영양화되면 호수나 저수지에 너무 많이 자라는 것은?

ㄱ. 박테리아　　ㄴ. 균류　　ㄷ. 조류　　ㄹ. 바이러스　　ㅁ. 원생동물

해설 ㄱ~ㅁ 모두 호수에서 발견되는 미생물들이다. 부영양화된 호수에 특히 많이 자라는 미생물은 조류라고 할 수 있다.

문 47. 수계에서 박테리아가 많고 산소농도가 낮은 지역을 고르시오

ㄱ. 청정지역　　ㄴ. 분해지역　　ㄷ. 부패지역

ㄹ. 회복지역　　ㅁ. 산소증감지역

해설 ① 분해지역은 박테리아수가 증가하며, 회복지역은 박테리아수가 감소한다.

② 부패지역은 산소가 부족한 지역이다.

문 48. 촉매를 이용해 물 속에 있는 탄소를 산화시켜 이때 발생하는 CO_2를 측정해 유기물질을 측정하는 방법은 어느 것인가?

ㄱ. BOD　　ㄴ. COD　　ㄷ. TOC　　ㄹ. TOD　　ㅁ. OC

해설 TOC는 total organic carbon의 약자이다.

문 49. 어느 경우에 생물학적으로 분해가능한 유기물질이 함유된 경우인지 고르시오.

ㄱ. COD가 BOD보다 많이 함유된 폐수

ㄴ. COD가 BOD에 비해 아주 적게 함유된 폐수

ㄷ. Aromatic화합물이 함유된 폐수

ㄹ. Pyridine이 함유된 폐수

ㅁ. COD가 BOD와 거의 동일한 폐수

해설 BOD가 COD보다 훨씬 높은 폐수일 경우는 BOD실험 중 질산화 반응이 있었거나 COD실험에 방해물질인 방향족(Aromatic)화합물이나 피리딘(Pyridine)함유 폐수 때문이다.

문 50. 상수처리시 부유고형물질 제거를 위하여 가장 많이 사용되는 응집제는?

ㄱ. $Al_2(SO_4)_3 \cdot 18H_2O$　　ㄴ. $FeSO_4$　　ㄷ. $Fe_2(SO_4)_3$

ㄹ. $FeCl_2$　　ㅁ. $FeCl_3$

정 답 | 45. ㄷ　46. ㄷ　47. ㄷ　48. ㄷ　49. ㅁ　50. ㄱ

✓**해설** 현재 널리 Alum 즉, 수화된 황산알루미늄이 사용되나 최근 Al에 의한 치매증(Altemizing)의 우려가 있어서 PAC, PAS로 대체하고 있다.

문 51. 상수처리시스템에 관한 설명 중 잘못된 것은?

ㄱ. 경도와 철농도가 높은 물을 처리하는 시스템이다.

ㄴ. H_2S, CO_2, CH_4, 냄새나는 박테리아 대사 물질 등의 휘발성 물질도 제거한다.

ㄷ. 용해되어 있는 2가철이 산화되어 불용해성 3가철로 침전시켜 제거한다.

ㄹ. 석회를 주입해서 pH를 낮추어 Ca^{2+}, Mg^{2+} 비경도물질을 제거한다.

ㅁ. 부유고형물질은 응집제를 첨가해 콜로이드물질을 침전물로 만들어 제거한다.

✓**해설** 석회주입하면 pH는 상승되며, 경도물질인 Ca^{2+}, Mg^{2+}을 침전물로 만들어 고액분리된다. 물의 경도를 나타내는 주요물질이 Ca^{2+}, Mg^{2+}이다.

문 52. 양이온교환수지용 물연화제를 재생시키기 위하여 주기적으로 첨가해야 하는 것은?

ㄱ. NaCl　　ㄴ. NH_4OH　　ㄷ. NaOH　　ㄹ. HCl　　ㅁ. CO_2

✓**해설** 양·음이온교환 수지용 재생약품은 NaCl이다.

문 53. 물 속에 탄산염 농도가 높을 경우 CaO나 $CaCO_3$를 주입해 유지할 pH적정값은?

ㄱ. 8.5 이상　　ㄴ. 8.5 이하　　ㄷ. 6.5 이상　　ㄹ. 6.5 이하　　ㅁ. 3.5 이하

✓**해설** pH 8.5 이상에서 CO_3^{2-}(탄산염)이 Fe^{2+}, Mn^{2+}과 반응해 $FeCO_3$, $MnCO_3$형태로 침전된다.

문 54. 정수처리장에서 생물에 의한 응집장해가 발생한 원인을 볼 수가 없는 것은?

ㄱ. 생물수의 증가　　ㄴ. 남조류, 규조류 등의 증가　　ㄷ. pH의 상승

ㄹ. 탁도의 증가　　ㅁ. BOD의 증가

✓**해설** pH 8.1일 때 Microcystis, pH 8.4일 때 Dictyosphaerium, pH 8.7일 때 Cyclotella와 pH 7.5일 때 Synedra가 발생함

문 55. 물 속에 투여한 염소가 암모니아나 유기성 질소화합물과 반응해 존재하는 염소는?

ㄱ. 결합잔류염소　　ㄴ. 유리잔류염소　　ㄷ. 총 염소

ㄹ. 자유염소　　ㅁ. 유효염소

✓**해설** 결합잔류염소인 클로라민의 종류는 NH_2Cl, $NHCl_2$, NCl_3 등으로서, 물의 pH, NH_3농도, 온도에 지배된다.

문 56. 정소처리시 소독용으로 투입하는 염소가 물 속에 들어와서 주로 존재하는 형태를 고르시오.

ㄱ. HOCl과 OCl^-　　ㄴ. NH_4Cl　　ㄷ. $NHCl_2$　　ㄹ. NCl_3　　ㅁ. $CHCl_3$

✓**해설** HOCl과 OCl^-는 유리잔류염소라 하고, NH_4Cl, $NHCl_2$, NCl_3를 결합잔류염소라고 한다.

정 답 | 51. ㄹ　52. ㄱ　53. ㄱ　54. ㅁ　55. ㄱ　56. ㄱ

문 57. 다음 중 물의 소독이 잘못된 것은?

ㄱ. 물 속에 있는 박테리아를 죽이는데 사용하는 약품이 소독제이다.
ㄴ. 염소는 물 속에 들어가면 빨리 가수분해되어 하이포 염소산이 되어 약산이다.
ㄷ. 결합잔류염소가 유리잔류염소보다 소독력이 강하다.
ㄹ. pH 5~8범위에서 NH_3-N와 Cl의 무게비가 1대 8일 때 탈질화가 생긴다.
ㅁ. 오존은 염소보다 살균이 강하나 지속적인 소독효과는 없다.

√**해설** 유리잔류염소가 소독력이 높다.

문 58. 다음 중 혐기성처리방법의 장점이 될 수 없는 것은?

ㄱ. 슬러지가 적게 발생된다.
ㄴ. 유기물농도가 높은 폐수를 처리할 수 있다.
ㄷ. 무기영양소가 적게 소요된다.
ㄹ. 산소를 공급해야 한다.
ㅁ. 최종 생산된 CH_4는 유용한 biogas 물질이다.

√**해설** 혐기성인 바 산소공급이 필요없다.

문 59. 활성오니법에 관한 내용 중 잘못된 것은?

ㄱ. 미생물들은 폐수에 함유된 미생물이 유기물질을 섭취해서 미생물의 생체와 CO_2로 변화된다.
ㄴ. 유기질소를 암모니아 및 질산염으로 변화시킨다.
ㄷ. 유기인을 오르토 인산염으로 변화시킨다.
ㄹ. 미생물 세포물질은 대수성장단계, 즉 증식단계일 때 활성오니조에서 이루어진다.

문 60. 활성오니조에서 질산화가 잘 일어나기 위한 조건과 거리가 먼 것은?

ㄱ. 긴 체류시간　　ㄴ. 낮은 유기물 부하량　　ㄷ. 높은 부유물질
ㄹ. 높은 온도　　ㅁ. 산소부족

√**해설** 질산화는 슬러지의 침전효율을 떨어뜨리나 산소가 부족하면 혐기화로 탈질반응이 일어난다. 그래서 침전된 슬러지가 떠오른다.

문 61. 슬러지를 비료로 사용할 때 가장 문제가 되는 점을 고르시오.

ㄱ. 질소함유량이 높다.
ㄴ. 병원균이 생존한다.
ㄷ. 중금속으로 오염되었다.
ㄹ. 유기물농도가 높다.
ㅁ. 악취가 심하다.

√**해설** 슬러지를 농작물에 사용할 때 가장 큰 문제는 중금속오염이다.

정 답 | 57. ㄷ　58. ㄹ　59. ㄹ　60. ㅁ　61. ㄷ

문 62. 활성오니법으로 BOD가 제거되는 기능과 가장 거리가 먼 것은?

ㄱ. 유기물을 산화시키므로써 미생물의 대사작용에 필요한 에너지를 공급하게 된다.

ㄴ. 생체내에 필요한 유기물질을 합성하는데 필요한 물질을 공급하게 된다.

ㄷ. 반응시 탄소가 기체형태로 제거된다

ㄹ. 반응시 탄소가 생체 속의 구성물질이 된다.

ㅁ. 잉여오니는 전부 고형물로 구성되어 탈수처리된다.

✓**해설** 잉여오니는 박테리아로 구성되어 있고, 활성오니의 90%는 물, 9%는 유기물, 1%는 무기물인 고형물이어서 최종처분시 어려움이 많다.

문 63. 잉여오니를 혐기성으로 소화시켜서 CH_4와 CO_2로 생성하면 이 과정에서 휘발성물질이 부피로 얼마 정도 감소되는가?

ㄱ. 30% ㄴ. 40% ㄷ. 50% ㄹ. 60% ㅁ. 70%

✓**해설** 혐기성 소화지 잉여오니 중 휘발성물질은 약 60% 감용된다.

문 64. 다음중 무기물질의 제거를 위한 3차처리 방법이 아닌 것은?

ㄱ. 증류 ㄴ. 전기투석 ㄷ. 막여과 ㄹ. 역삼투 ㅁ. 탈질화

✓**해설** 탈질화가 아니라 이온교환법이다.

문 65. 3차 처리시 부유물질의 여과방법과 거리가 먼 것은?

ㄱ. 미세 여과 ㄴ. 규조토여과 ㄷ. 압력여과

ㄹ. 급속여과 ㅁ. 스트레이너여과

✓**해설** microstraining은 3차 처리이나 strainer 여과는 1차(전) 처리에 속한다.

문 66. 다음 중 3차 처리시 용존유기물질을 제거하는 표준방법을 고르시오.

ㄱ. 활성탄 흡착 ㄴ. 규조토여과 ㄷ. 이온교환

ㄹ. 산화지 ㅁ. 전기투석

✓**해설** 용존 유기물제거에 가장 효과적인 방법은 활성탄흡착, 오존처리방식 등이 있으며, 여재로 쓰이는 활성탄은 나무, 갈탄, 이탄, 펄프, 야자열매를 600℃이하에서 혐기탄화시킨 탄소성물질이며, 재생시 산화제로 600～700℃에서 CO_2와 800～100℃에서 물로 탄소를 산화시키면 다공성이 커져 표면적을 증가시킨다.

활성탄
- 직경 0.1mm～1mm의 입자성 활성탄
- 크기가 50～100μm인 분말성 활성탄

→ 표면적 10miles^2/t^3 (재생시 10%감소)

문 67. 폐수의 2차처리 후 물 속에 함유된 용존 유기물 중 에테르류화합물의 특성과 거리가 먼 것은?

정 답 | 62. ㅁ 63. ㄹ 64. ㅁ 65. ㅁ 66. ㄱ

ㄱ. 생물학적 내화성 물질이다.
ㄴ. 독성, 발암성 돌연변이 등을 나타낼 가능성이 있다.
ㄷ. 지방산을 많이 발견할 수 있다.
ㄹ. 스테아르산 등의 에테르류 물질이다.
ㅁ. 나프탈렌, 다이페닐메탄, 도데실 벤젠 등이 에테르류 물질이다.

✓해설 나프탈렌, 다이페닐메탄, 다이페닐, 메틸 나프탈렌, 도데실 벤젠, 아이소 프로필벤젠 등은 지방족이 아니라 방향족 탄화수소인 유기물이다.

문 68. 다음 중 용해성 유기물질을 산화하는데 쓰이는 산화제가 아닌 것은?
ㄱ. 오존 ㄴ. 과산화수소 ㄷ. 염소 ㄹ. 이산화염소 ㅁ. 암모니아

✓해설 이외에도 염소와 그 유도체, 과망가니즈산 칼륨이 있다.

문 69. 물 속에 들어있는 용존 무기물질을 안정하게 제거하는 방법 중에서 가장 우수한 공법은?
ㄱ. 증류법 ㄴ. 산화법 ㄷ. 활성탄흡착법 ㄹ. 응집법 ㅁ. 역삼투법

✓해설 많은 양의 용존 무기물질을 제거할 경우는 전기투석법, 이온 교환법, 역삼투법이 주로 이용된다. 증류법의 단점은 비경제적이고, NH_3와 VOC가 제거되지 않는다.

문 70. 전기투석법으로 물 속에 용존된 무기물질을 처리할 때 전극에 전압을 가하기 위해 전기 투석실에서 물을 운반시 에너지가 필요하다. 이 경우 에너지 요구량을 지배하는 인자와 거리가 먼 것은?
ㄱ. 투석막의 특성과 수 ㄴ. 투석막의 간격 ㄷ. 유속과 전류
ㄹ. 염의 농도 ㅁ. 온도

✓해설 온도가 높으면 하전량이 적은 이온은 투석막을 쉽게 통과하지 못한다.

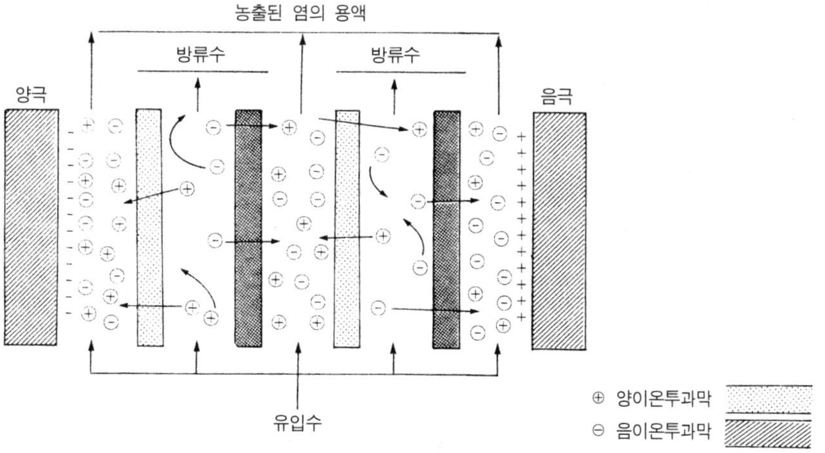

정 답 | 67. ㅁ 68. ㅁ 69. ㄱ 70. ㅁ

문 71. 다음 중 역삼투법에 관한 설명이 잘못된 것은?

ㄱ. 상(phase)변화가 없고 에너지의 비용도 적게 든다.

ㄴ. 물은 통과할 수 있으나 용존 고형물은 통과할수 없는 반투막을 사용했다.

ㄷ. 역삼투압은 250kg/cm^{2}정도로 높다.

ㄹ. 반투막은 다공질 셀루로오스 아세테이트물질이다.

ㅁ. 분리막의 module은 hollow fibre, spiral wound module 등이 있다.

✓ **해설** 역삼투압력은 25kg/cm^2, 즉 350psi이다.

문 72. 조류(Algae)성장을 억제할 수 있는 고도처리시의 인의 농도는?

ㄱ. 0.01 mg/L 이하　　ㄴ. 0.05 mg/L 이하　　ㄷ. 0.1 mg/L 이하

ㄹ. 0.5 mg/L 이하　　ㅁ. 1 mg/L 이하

✓ **해설** 도시하수 중에는 PO_4^{3-}형태 인(P)이 약 25mg/L 존재하며, 조류성장을 억제할 수 있는 PO_4-P의 최소농도는 0.05mg/L로 알려져 있다.

문 73. 활성오니법으로 제거할 수 있는 인의 제거율은 얼마 정도인가?

ㄱ. 5%　　ㄴ. 10%　　ㄷ. 15%　　ㄹ. 20%　　ㅁ. 30%

✓ **해설** $Ca(OH)_2$를 주입하여 pH높이면 $Ca_5OH(PO_4)_3$의 침전물이 형성되어서 인이 화학적방법으로 90~95% 제거된다(물 속에서 인은 HPO_4^{2-}로 존재함).

$$5Ca^{2+} + 3HPO_4^{2-} + H_2O \rightarrow Ca_5(OH)(PO_4)_3 + \Delta H^+$$

문 74. 폐수를 2차처리한 후 질소제거방법과 거리가 먼 것은?

ㄱ. 암모니아 이온교환법　　ㄴ. 에어스트리핑 법　　ㄷ. 산화지법

ㄹ. 생물학적 탈질법　　ㅁ. 화학침전법

✓ **해설** 화학침전법은 PO_4-P처리공법이다.

문 75. 활성오니조에서 발생된 암모니아성 질소를 암모니아 기체로 날려보내기 위한 경우 pH를 얼마까지 높여야 하는가?

ㄱ. 3.5　　ㄴ. 5.5　　ㄷ. 7.5　　ㄹ. 9.5　　ㅁ. 11.5

✓ **해설** 현장에서 석회를 첨가해 pH 11.5까지 높여 air stripping시켜야만 한다.

문 76. 미생물로 100g의 BOD부하량을 제거하기 위해 활성오니조에 주입해야 할 질소의 필요량은 얼마입니까?

ㄱ. 0.5~1g　　ㄴ. 1~2g　　ㄷ. 4~5g　　ㄹ. 7~10g　　ㅁ. 15g이상

✓ **해설** BOD : N : P = 100 : 5 : 1의 영양 balance를 유지해야 한다.

정 답 | 71. ㄷ　72. ㄴ　73. ㄹ　74. ㅁ　75. ㅁ　76. ㄷ

문 77. 인산염을 제거하기 위한 침전제가 될 수 없는 것은?

ㄱ. $Ca(OH)_2$　　ㄴ. $Ca(OH)_2$ + NaF　　ㄷ. $MgSO_4$

ㄹ. $Al_2(SO_4)_2$　　ㅁ. $FeSO_4$

✓**해설** 이외에도 $FeCl_3$가 있다.

문 78. 다음 중 상수도의 구성 4가지 요소가 아닌 것은?

ㄱ. 취수와 도수　　ㄴ. 정수와 송수　　ㄷ. 송수와 배수

ㄹ. 배수와 급수　　ㅁ. 송수와 급수

✓**해설** 상수도 시설계통구성은 취수원 → 취수 → 도수 → 정수 → 송수 → 배수 → 급수이다.

문 79. 다음 중 사상세균류(filamentous bacteria)의 부족에 의해서 일어나는 현상은 어느 것인가?

ㄱ. 거품(foaming)　　ㄴ. 젤리 슬러지　　ㄷ. pin floc

ㄹ. sludge bulking　　ㅁ. sludge rising

✓**해설** pin floc은 DO농도가 과다하거나 SRT가 너무 길어서 세포가 과도하게 산화되었을 때 발생된다.

문 80. 활성탄의 흡착탑을 설계하려고 할 때 예비실험 중 가장 중요한 실험은?

ㄱ. break through 곡선실험　　ㄴ. Langmuir실험　　ㄷ. Freundlich 등온실험

ㄹ. B.E.T.실험　　ㅁ. chloramine 곡선 실험

✓**해설** break through point는 흡착이 이루어지다가 더 이상 흡착능력을 상실해 유출수의 농도가 일정하게 되는 파과점을 말한다.

문 81. 다음 중에서 슬러지에 부착된 중금속을 제거하기 위한 공법은?

ㄱ. 석회석 안정화법　　ㄴ. 습식산화법　　ㄷ. 혐기성 소화법

ㄹ. 염소산화법　　ㅁ. 호기성 산화법

✓**해설** 염소산화를 시키면 pH가 상승되면서 이온형태로 중금속을 제거한다.

문 82. PCB가 함유된 폐수처리에 부적합한 공법은?

ㄱ. 활성탄 흡착법　　ㄴ. 응집침전법　　ㄷ. 염소 산화법

ㄹ. n-Hexan법　　ㅁ. 직접연소법

✓**해설** 염소를 가하면 공통이온효과로 산화 및 용해도가 더 이상 상승되지 않는다.

문 83. 유기인 화합물의 폐수처리방법으로 부적합한 것은?

ㄱ. 활성탄흡착　　ㄴ. 알칼리성하에서 가열분해

ㄷ. 생물학적 처리　　ㄹ. 화학적 처리

정 답 | 77. ㅁ　78. ㄱ　79. ㄷ　80. ㄱ　81. ㄹ　82. ㄷ　83. ㅁ

ㅁ. 가열분해물이 난용성인 바 응집침전

해설 유기인은 물에 잘 녹는다.

문 84. 암모니아제거반응에서 차아염소산으로 반응시킨 결과 mono-chloramine이 형성되었을 때 반응물질이 50%줄었다면 반응속도는 몇%정도 감소되었는가?

ㄱ. 5% ㄴ. 25% ㄷ. 50% ㄹ. 75% ㅁ. 95%

해설 $NH_3 + HOCl \rightleftarrows H_2O + NH_2Cl$

① 반응속도식 : $K[NH_3][HOCl] = K'[NH_3]'[HOCl]$

$\therefore K\times1\times1 = K'\times0.5\times0.5$

② $K=0.25K'$ ∴반응속도는 75%감소됨.

문 85. 시료수 중의 SS농도를 분석하려고 할 때 SS의 최대 시료보존 기간은?

ㄱ. 즉시 ㄴ. 1일 이내 ㄷ. 2일 이내 ㄹ. 7일 이내 ㅁ. 10일 이내

해설 SS는 1일 이내, 휘발성물질은 즉시 실험하여야 한다.

문 86. 다음 중 친수성 콜로이드가 아닌 것은?

ㄱ. 비누 ㄴ. 합성세제 ㄷ. 녹말 ㄹ. 단백질 ㅁ. 진흙

해설 소수성 콜로이드는 토양, 진흙, 금속산화물, 금속, SiO_2, 할로겐 은화합물이다.

문 87. BOD 1kg당 이론적인 DO는 얼마정도가 소비되는가?

ㄱ. 1.42kg ㄴ. 1.24kg ㄷ. 1.2kg ㄹ. 1.1kg ㅁ. 1.0kg

해설 실제는 1~2kg-DO/kg-BOD이며, diffuser의 이용산소/공급산소의 비값은 10%미만이다(약 7~8%).

문 88. 다음 물에서 $HOCl + H+ + 2e^- \rightarrow H_2O + Cl^-$의 산화-환원 전위식으로 옳은 것은?

ㄱ. $E=E_o+0.05915\log\frac{[Cl^-]}{[HOCl][H^+]}$

ㄴ. $E=E_o+\frac{0.05915}{2}\log\frac{[HOCl][H^+]}{[Cl^-]}$

ㄷ. $E=E_o+0.05915\log\frac{[HOCl][H^+]}{[Cl^-][H_2O]}$

ㄹ. $E=E_o+\frac{0.05915}{2}\log\frac{[HOCl]}{[Cl^-][OCl^-]}$

ㅁ. $E=E_o+\frac{0.05915}{2}\log\frac{[H_2O][Cl^-]}{[HOCl][H^+]}$

정 답 | 84. ㄹ 85. ㄴ 86. ㅁ 87. ㄱ 88. ㄴ

✓공식 $E = E_o + \frac{0.05915}{2}\log\frac{[OX][H^+]^m}{[Red]}$

여기서, E=ORP전위, Eo : S.T.P에서 ORD전위, n : 반응차수, [OX] : 산화, [Red] : 환원물질의 농도

문 89. 일반적으로 하수 등 오염된 물의 생물학적 지수값 BIP는 얼마 정도인가?

ㄱ. 0~2 ㄴ. 10~20 ㄷ. 20~30 ㄹ. 30~50 ㅁ. 70~100

✓해설 ① $BIP = \frac{B(\text{무색생물수})}{A(\text{유색생물수})+B} \times 100$

② BIP값이 0~2는 청정저수지 및 하천, 10~20은 오염된 수역의 오염정도 값이다.

문 90. 매우 오염된 지역의 BI(biotic index)값은 얼마 정도인가?

ㄱ. 5이하 ㄴ. 6~10 ㄷ. 11~19 ㄹ. 20이상 ㅁ. 20~100

✓해설 ① $BI = \frac{2A(\text{청수출현종의 두배})+B(\text{광범위출현종})}{A(\text{청수출현종})+B(\text{광법의출현종})+C(\text{오수출현종})} \times 100$

② BI값이 20 이상 청정수역, 10~19 조금 오염된 하천, 6~9 매우 오염된 하천이고 5이하는 아주 오염된 곳이다.

문 91. 정수처리시 급속모래여과지의 폐쇄를 일으키는 조류가 아닌 것은?

ㄱ. Synedra ㄴ. Fragilaria ㄷ. Asterionella
ㄹ. Cyclotella ㅁ. Mallomonas

✓해설 Mallomonas는 물에 고기 비린내를 일으키는 악취물임

문 92. 규조류중 대량 증식해서 물에 맛·냄새를 일으키지 않는 것은?

ㄱ. Cyclotella ㄴ. Fragilaria ㄷ. Molesira
ㄹ. Asterionella ㅁ. Microcystis

✓해설 Microcystis는 남조류로서 수돗물의 맛·냄새를 일으켜 사회문제가 되고 있다.

문 93. 규조류, 남조류와 녹조류가 함유된 호소 속에 응집처리시 가장 부적합한 응집제는?

ㄱ. 황산알루미늄 ㄴ. $FeSO_4$ ㄷ. PAC ㄹ. PSA ㅁ. PASS

✓해설 최적 pH범위 암기해둘 것 : $Al_2(SO_4)_3$는 pH 5.6~7.7, PAC은 5.4~7.7, PSA는 pH 5.2~7.7과 PASS는 pH 5.3~7.7임

문 94. 최저수온이 8.4℃에서 14.1℃일 때 자주 출현하는 조류는?

ㄱ. Asterionella ㄴ. Melosira ㄷ. Synedra acus
ㄹ. Cycrotella ㅁ. Fragilaria

✓해설 Melosira의 출현 최저온도는 7.9~18.5℃임

정 답 | 89. ㅁ 90. ㄱ 91. ㅁ 92. ㅁ 93. ㄴ 94. ㄱ

문 95. 다음 중에서 난분해성 농약은 어느 것이가?

ㄱ. organo phosphates

ㄴ. trisubstituted phenoxyaliphatic acid

ㄷ. dichlorinated hydrocarbons

ㄹ. shotchain phenoxyaliphatic acid

ㅁ. ortho phosphates

✓**해설** 분해순서가 가장느린 농약은 유기염소계이며, 다음으로 유기인계순이다. organo phosphates가 제일 빠른 유기인계 농약이며, dichlorinated hydrocarbons는 유기염소계 농약이며, ortho phosphates는 계면활성제이다.

문 96. 다음 활성오니법의 활성오니조에 관한 설명 중 잘못된 것은?

ㄱ. 조의 깊이는 3~4.5m이다.

ㄴ. 조의 폭과 길이의 비는 1 : 1.5~2배이다.

ㄷ. Fillets(선)은 혼합액의 나선흐름을 촉진하기 위해서 벽하부와 상부에 45°로 설치한다.

ㄹ. 옹벽은 수직으로 설치하며, 200~300mm 여유고를 둔다.

ㅁ. MLDO는 0.5~3mg/L이어야 한다.

✓**해설** 여유고(높이)는 500~600mm이어야 한다.

문 97. 다음중 화학적 무기영양 박테리아가 아닌 것은?

ㄱ. 질산화박테리아 ㄴ. 수소박테리아 ㄷ. 무색황박테리아

ㄹ. 철박테리아 ㅁ. 인박테리아

✓**해설** 인은 조류(Algae)에 의해 합성된다.

문 98. 황산염(SO_4^{2-})을 황화수소(H_2S)로 환원시키는 박테리아는 어느 것인가?

ㄱ. Desulfovibrio ㄴ. Desulfonitrosomonas ㄷ. Desulciliate

ㄹ. Desulfococcus ㅁ. Desulfobacter

✓**해설** Desulfovibrio는 아세트산을 생성하기도 한다.

문 99. pH 3.5~4.5에서 철의 산화를 촉매하는 미생물을 어느 것인가?

ㄱ. Thiobacillus ferrooxidans ㄴ. Metallogenium ㄷ. Ferrobacterium

ㄹ. Ferrobacillus ferrooxidans ㅁ. Thiobacillus thlooxidans

✓**해설** Thiobacillus는 황박테리아이다.

문 100. 호기성 상태에서 아질산성 질소가 질산성 질소로 바뀌는데 작용하는 질산화박테리아는?

정 답 | 95. ㄷ 96. ㄹ 97. ㅁ 98. ㄱ 99. ㄷ

ㄱ. Nitrobacter ㄴ. Nitrosomonas ㄷ. Nitrobacillas
ㄹ. Nitrociliate ㅁ. Nitronatance

해설 ① Nitrobacter는 $2NO_2^- + O_2 \rightarrow 2NO_3^-$로 변화시킨다.
② Nitrosomonas는 $2NH_4^+ + 3O_2 \rightarrow 2H_2O + 2NO_2^- + 4H^+$로 된다.
※ 호기성상태에서는 질산화반응이 일어난다.

문 101. 박테리아를 이용하여 물 속의 질산성질소를 탈질화 시키려면, 첨가해야 할 최적 유기물질명은?

ㄱ. 메탄 ㄴ. 메탄올 ㄷ. 에탄 ㄹ. 에탄올 ㅁ. 부탄올

해설 $6NO_3^- + 5CH_3OH + 6H^+ \rightarrow 13H_2O + 3N_2 + 5CO_2$
※ 탈질화시 88%, 질산화시 95%로 질소가 제거된다.

문 102. 다음 중 사이아나이드(CN)이 배출되는 공장이 아닌 것은?

ㄱ. 도금 ㄴ. 선광 ㄷ. 철강열처리
ㄹ. 도시가스제조 ㅁ. 피혁

해설 피혁은 크로뮴의 배출공장이다.

문 103. 사이아나이드함유 폐수처리에 관한 설명 중 잘못된 것은?

ㄱ. 유기물질이 많고 사이아나이드이 적은 폐수는 생물학적 방법이 좋다.
ㄴ. 유기물질이 적고 사이아나이드이 많은 폐수는 화학적 방법이 좋다.
ㄷ. 산화제는 염소가스가 사용된다.
ㄹ. 1차 부분산화는 pH 10～11.5 범위에서 일어난다.
ㅁ. 2차 완전산화는 pH 6.5～7.5 범위에서 일어난다.

해설 $NaCN + NaOCl + H_2O \rightarrow CNCl + 2NaOH$
$CNCl + 2NaOH \rightarrow NaCNO + NaCl + H_2O$
$2NaCNO + 3NaOCl + H_2O \rightarrow N_2 + 2NaHCO_3 + 3NaCl$

구 분	반응시간	pH범위	ORP값
제 1 산화조	100분	10～11.5	300～350mv
제 2 산화조	100분	8.5～9.5	600～650mv

문 104. 다음 크로뮴처리에 관한 설명 중 잘못된 것은?

ㄱ. 배출원은 도금공장, 안료공장, 피혁공장이다.
ㄴ. 크로뮴은 3가가 독성이 있다.
ㄷ. 크로뮴 6가를 3가로 환원시키는데 소요되는 시간은 pH 2～3에서 10～30분 걸린다.

정 답 | 100. ㄱ 101. ㄴ 102. ㅁ 103. ㅁ 104. ㄴ

ㄹ. 크로뮴 3가를 수산화물로 침전시키는데 pH 8～11에서 10～30분 소요된다.

ㅁ. 크로뮴은 수산화물로 침전시키는 방법이 사용된다.

✓해설 크로뮴은 6가크로뮴(Cr^{6+})이 독성이 있으며, 3가크로뮴(Cr^{3+})으로 환원시킨 후에 $Cr(OH)_3$로 침전시키는 1차환원은 pH 2.5, 2차 수산화물침전은 pH 9가 최적정이다.

구 분	반응시간	pH범위	ORP값
환원과정	10～30분	2.5～3	250～300
수산화물과정	10～40분	8～9	600～650

문 105. 다음 중 크로뮴의 환원제로 부적합한 것은?

ㄱ. SO_2 가스　ㄴ. $FeSO_4$　ㄷ. $NaSO_4$　ㄹ. $NaHSO_3$　ㅁ. NaClO

✓해설 ① NaClO는 산화제로 사이아나이드 폐수처리에 이용된다.
② 6가 크로뮴 1kg제거위한 SO_2가스의 이론값은 1.85kg이다.

[참고] 환원과정(제 1 환원) $3SO_2 + 3H_2O \rightarrow 3H_2SO_3$

$3H_2SO_3 + 2H2CrO_4 \rightarrow 5H_2O + Cr_2(SO_4)_3$

수산화물과정(제 2 환원) $Cr_2(SO_4)_3 + 3Ca(OH)_2 \rightarrow 2Cr(OH)_3 + 3CaSO_4$

$3SO_2 + 2H_2CrO_4 + 3Ca(OH)_2 \rightarrow 2H_2O + 2Cr(OH)_3 + 3CaSO_4$

문 106. 수은(Hg) 중에서도 가장 독성이 있는 것은?

ㄱ. 메틸수은　ㄴ. 아릴수은　ㄷ. 페닐수은　ㄹ. 무기수은　ㅁ. 총수은

✓해설 머큐롬에 쓰는 수은은 아릴 · 페닐 · 무기 수은으로 메틸수은에 비해 약하다.

문 107. 다은 중 수은을 수처리하는 방법에 대한 설명 중 잘못된 것은?

ㄱ. 황화물침전법으로 처리한다.

ㄴ. 수은을 황과 결합시킨 후 $FeSO_4$로 홀록을 형성시켜서 침전한다.

ㄷ. pH 10이상으로 반응시켜 응집한다.

ㄹ. 불용침전물은 생물학적 처리시 미생물에 의해 methylation되어서 독성을 증가시킨다.

ㅁ. methylation은 pH가 중성, 염소이온 농도가 200mg/L정도에서 잘 일어난다.

✓해설 pH는 10이하가 좋으며, 10이상이 되면 미세한 콜로이드가 발생되어 여과시키기가 힘들다.

문 108. 수은이 물 속에서 존재하는 형태가 아닌 것은?

ㄱ. inorgarnic mercury(Hg^{2+})

ㄴ. metallic mercury(Hg)

ㄷ. phenyl mercury($C_6HO_5Hg^+$)

ㄹ. methyl mercury(CH_3Hg^+)

정 답 | 105. ㅁ　106. ㄱ　107. ㄷ　108. ㅁ

ㅁ. aryl phenoxy mercury(CH_3OHg^+)

✓해설 이외에도 Alkoxyalkyl mercury(CH_3O $C_2H_4Hg^+$)

문 109. 납(Pb)의 수처리방법에 관한 설명 중 잘못된 것은?

ㄱ. pH를 증가시키면 $HPbO_2^-$는 증가하고 Pb^{2+}는 감소한다.

ㄴ. 납이온이 물 속에 존재하면 음이온과 결합해 난용성 납염을 형성한다.

ㄷ. 납이 물 속의 다른 금속수산화물과 공침해 수산화물로 응집침전된다.

ㄹ. 응집제는 소석회, 3가철(Fe^{3+}), Alum이 사용된다.

ㅁ. 너무 많은 납이 함유시 활성탄이나 산성점토로 흡착시킨다.

✓해설 활성탄이나 산성점토로 흡착시키는 공법은 비소(As)처리공법이다.

문 110. 다음 중 납함유폐수처리와 거리가 먼 것은?

ㄱ. 난용성 염으로 납을 분리제거하는 방법

ㄴ. 전기분해방법

ㄷ. 공침흡착을 이용하는 방법

ㄹ. 증발냉동방법

ㅁ. 이온교환수지를 이용하는 방법

✓해설 이외에도 추출분리방법이 있다.

문 111. 다음 중 납함유폐수처리에 관한 설명 중 잘못된 것은?

ㄱ. K, Mg, Ba, Fe, Al 등의 금속과 수산화물로 공침시키는 방법

ㄴ. $FeSO_4 \cdot 7H_2O$와 CaO를 병용하는 방법

ㄷ. 활성탄소 및 산성점토에 흡착시키는 방법

ㄹ. 이온교환수지방법

ㅁ. 전기분해 방법

✓해설 비소는 거의 대부분이 광물에 황과 함께 또는 금속과 결합되어 있다.

문 112. $FeSO_4 \cdot 7H_2O$로 비소를 난용성염으로 반응시켜 침전분리코자 할 때 최적 pH범위는?

ㄱ. 6.5　　ㄴ. 7.4　　ㄷ. 8.4　　ㄹ. 9.5　　ㅁ. 10.4

✓해설 Fe/As비가 클수록, 약알칼리에 가까울수록 제거율이 상승한다.

문 113. 활성오니공정에서 반송오니의 목적은 무엇인가?

ㄱ. F/M비를 유지하기 위해 MLVSS(환경미생물 : 활성오니)의 공급

ㄴ. 폐수중에 BOD의 공급

ㄷ. 폐수중에 SS의 공급

정 답 | 109. ㅁ　110. ㄹ　111. ㅁ　112. ㄴ

ㄹ. 폐수중에 DO의 공급

ㅁ. 폐수중에 영양분인 N와 P의 공급

✓해설 $F/M비 = \frac{BOD농도 \times 폐수량}{MLSS농도 \times 활성슬러지조용적}$

문 114. 물을 공기공급해도 탄산칼슘의 침전이 형성되지 않는다면 공기공급에 의해 제거할 수 없는 것은?

ㄱ. H_2S(황화수소) ㄴ. CO_2(이산화탄소) ㄷ. 철(Fe)

ㄹ. 알칼리도 ㅁ. 냄새가 고약한 휘발성 박테리아 대사물질

✓해설 휘발성 박테리아의 대사물질인 분비물제거는 어렵다.

문 115. 다음의 물 사용 중에서 경도가 높은 경우에 가장 유해한 경우는 어떤 때인가?

ㄱ. 도시상수도 ㄴ. 음용수 ㄷ. 보일러 물

ㄹ. 관개용수 ㅁ. 직접 냉각수

✓해설 보일러 tube는 scale을 상승시켜 나쁘다.

문 116. 하천, 호소, 지하수, 해역에서 사람의 건강보호기준 항목이 아닌 것은?

ㄱ. Cd과 As ㄴ. CN과 Hg ㄷ. 유기인과 납

ㄹ. PCB와 ABS ㅁ. BOD와 COD

✓해설 이외에도 Cr이 있으며, 수질 생활환경기준은 pH, BOD, COD, SS, DO, 대장균군수, 총질소, 총인(8항목), 건강보호기준은 9개 항목이다.

문 117. 일반적으로 해수 중에는 NaCl이 얼마정도(%) 함유되었는가?

ㄱ. 1% ㄴ. 2% ㄷ. 3% ㄹ. 3.5% ㅁ. 4%

✓해설 NaCl농도로 5%이상이면 미생물의 생육곤란하다.

문 118. 다음 중 시료수의 pH를 높이는 요인물질로 볼 수 없는 것은?

ㄱ. H_2S, NH_3 ㄴ. $CaCO_3$ ㄷ. $MgCO_3$ ㄹ. $KHCO_3$ ㅁ. Na_2CO_3

✓해설 pH낮추는 물질은 CO_2, H_2S, HCl이고 NH_3는 pH를 높인다.

문 119. 시료수중에 용해된 모든 유기물질을 CO_2로 산화시켜서 CO_2를 측정하는 방법은?

ㄱ. COD ㄴ. ThOD ㄷ. TOC ㄹ. OC ㅁ. TOD

✓해설 TOC는 Total organic carbon의 약자로 물 속에 존재하는 유기탄소화합물을 태워서 발생되는 CO_2의 총량을 의미한다.

정 답 | 113. ㄱ 114. ㅁ 115. ㄷ 116. ㅁ 117. ㄷ 118. ㄱ 119. ㄷ

문 120. 다음 분석항목 중 시료수 중에 함유시 질산을 이용해 보존하는 실험항목은?

ㄱ. H_2S ㄴ. CN ㄷ. CO_2 ㄹ. 중금속 ㅁ. 대장균

✓해설 시료에 중금속이 함유하면 HNO_3로 보존한다.

문 121. 물 속에 용존하는 산소를 측정하는 적정법은?

ㄱ. 윙클러법 ㄴ. 모아법 ㄷ. 스토크법 ㄹ. 그라함법 ㅁ. 헨리법

✓해설 $Mn^{2+} + 2OH^- + \frac{1}{2}O_2 \rightarrow H_2O + MnO_2$

$MnO_2 + 2I^- + 4H^+ \rightarrow Mn^{2+} + I_2 + 2H_2O$

$I_2 + 2S_2O_3^{2-} \rightarrow S_4O_6^{2-} + 2I^-$

문 122. 원자의 광흡수를 이용한 분석법은?

ㄱ. 비색법 ㄴ. 흡광광도법 ㄷ. 원자흡광광도법
ㄹ. 기체크로마토그래피법 ㅁ. 폴라로그래피법

✓해설 "ㄹ"은 유기물질 분석방법이다.

문 123. 다음 기체크로마토그래피법에 관한 설명 중 잘못된 것은?

ㄱ. 유기물분석에 필수적인 기기이다.
ㄴ. 운반기체는 Ar, He, H_2, N_2이다.
ㄷ. 민감도를 결정하는 중요한 기기는 검출기이다.
ㄹ. 유기화합물을 벤젠, 헥세인, 클로로폼, 다이클로로메탄과 같은 용매로 추출 후 분석한다.
ㅁ. 색소분리에도 사용된다.

✓해설 식물색소분리는 고성능 액체크로마토그래피(HPLC)를 사용해야 한다.

문 124. 대부분의 유기물질이 H_2-Ar불꽃에 의해 연소시켜 전하를 띤 중성자를 발생해 전류가 불꽃을 통해 흐르도록 하여 생성된 이온전류를 측정하는데 이용되는 GC검출기는?

ㄱ. FID ㄴ. ECD ㄷ. TCD ㄹ. FDC ㅁ. HCD

문 125. 다음 중 화학적 무기영양 박테리아가 아닌 것은?

ㄱ. 질산화박테리아 ㄴ. 수소박테리아 ㄷ. 무색황박테리아
ㄹ. 철박테리아 ㅁ. 인박테리아

문 126. 황산염(SO_4^{2-})을 황화수소(H_2S)로 환원시키는 박테리아는 어느 것인가?

ㄱ. Desulfovibrio ㄴ. Desulfonitrosomonas ㄷ. Desulciliate
ㄹ. Desulfococcus ㅁ. Desulfobaster

✓해설 Desulfovibrio는 아세트산을 생성하기도 한다.

정 답 | 120. ㄹ 121. ㄱ 122. ㄷ 123. ㅁ 124. ㄱ 125. ㅁ 126. ㄱ

문 127. pH 3.5~4.5에서 철의 산화를 촉매하는 미생물은 어는 것인가?

ㄱ. Thiobacillus ferrooxidans　　ㄴ. Metallogenium
ㄷ. Ferrobacillus ferrooxidans　　ㄹ. Ferrobacterium
ㅁ. Thiobacillus thlooxidans

문 128. 다음 탈질산화반응 중 옳은 것은?

ㄱ. {CH_2O}가 전혀 남아있지 않을 것이다.
ㄴ. O_2가 약간 남아있을 것이다.
ㄷ. NO_3^-가 약간 남아있을 것이다.
ㄹ. 물의 구성분은 변하지 않을 것이다.
ㅁ. 탈질산화가 호기성 호흡에 의한 것보다 더 많은 유기물을 소모시킬 것이다.

문 129. 염소소독시 트라이할로메탄(THM)을 생성하는 원인 유기체는?

ㄱ. 휴믹산　ㄴ. 개미산　ㄷ. 호박산　ㄹ. 키토산　ㅁ. 초산

✓해설 일반적으로 pH감소하면 염기성상태가 되어서 용해되었던 유기성 부식물질이 불용해성 휴믹산이 된다.

문 130. 다음중 가장 효과적인 유기인 제거법은 어느 것인가?

ㄱ. 활성탄흡착법　ㄴ. 이온교환수지법　ㄷ. 명반응집법
ㄹ. 염화철응집법　ㅁ. 오존산화법

✓해설 물 속에 있는 현탁 및 부유상태로 유기인(R-P)이 존재하기 때문에 흡착법이 효과적이다.

문 131. 혐기성소화법으로 수처리시 혐기성소화내의 pH를 높이기 위해 현장에서 주로 주입시키는 약품은?

ㄱ. $Ca(OH)_2$　ㄴ. NaOH　ㄷ. NH_4Cl　ㄹ. CH_3OH　ㅁ. $C_6H_{12}O_6$

✓해설 SO_4^{2-}이온(황산염)에 의한 독성작용을 막고 pH강하를 방지하기 위해서 $Ca(OH)_2$나 NH_3를 주입한다.

문 132. 알칼리성 $KMnO_4$법으로 COD측정시 표준적정액으로 사용되는 시약은?

ㄱ. KI　ㄴ. $Na_2S_2O_3$　ㄷ. 전분　ㄹ. $K_2Cr_2O_7$　ㅁ. $KMnO_4$

✓해설 알칼리성 $KMnO_4$법에 의한 COD분석 순서

① NaOH상태에서 $KMnO_4$용액을 가한 후 KI넣고 20분간 가열한 후
② H_2SO_4를 가하면 I_2^-가 유리한 다음
③ 전분용액(I_2^-의 전자수용체)을 넣고 청남색으로 되면 NaS_2O_3용액을 넣어 무색이 될 때까지 적정한다.

문 133. 산성 $KMnO_4$법에 의한 COD측정시 최종적정액은?

정 답 | 127. ㄹ　128. ㄹ　129. ㄱ　130. ㄱ　131. ㄱ　132. ㄴ

ㄱ. $Na_2S_2O_3$　　ㄴ. $KMnO_4$　　ㄷ. H_2SO_4　　ㄹ. $CuSO_4$　　ㅁ. $Na_2C_2O_4$

해설 산성 $KMnO_4$법에 의한 COD분석 순서

① 황산(물 속 Cl^-제거위해)주입 후 수분동안 진탕한 후

② $KMnO_4$를 넣고 30분간 가열한 다음

③ $Na_2C_2O_4$를 가한 후 60~80℃ 상태에서 엷은 홍색(Pink색)이 될 때까지 $KMnO_4$용액을 넣어 적정한다.

문 134. 흡광광도법에서 시료가 최소광을 80%흡수했다. 이때 흡광도는 얼마인가?

ㄱ. 0.2　　ㄴ. 0.3　　ㄷ. 0.5　　ㄹ. 0.6　　ㅁ. 0.7

해설 ① 흡광도(A)는 투과율의 역대수값이다.

② $A = \log\left(\frac{1}{1-\frac{80}{100}}\right) \fallingdotseq 0.7$

문 135. 다음 중 CN(사이아나이드) 분석을 위한 전처리시 방해물질이 아닌 것은?

ㄱ. 잔류 염소　　ㄴ. 유지류　　ㄷ. 중금속물질　　ㄹ. 황화합물　　ㅁ. 탄산염

해설 다음 사항을 꼭 암기해 두어야 한다.

① 잔류염소는 사이아나이드를 분해하는 바 아스코르빈산을 가해 제거한다.

② 유지류는 방치하면 미생물이 분해하는 바 n-Hexane 및 CCl_4(클로로폼)을 가해 추출 즉, 수층과 분리시킨다.

③ 중금속물질은 사이아나이드 착염을 형성해 침전하는 바 EDTA를 가해서 masking한다.

④ 황화합물은 HCN가스를 생성하는 바 질산아연($Zn(NO_3)_2$)을 가해 $ZnSO_4$(황산아연)으로 침전시킨다.

문 136. pH 5정도인 완충용액(buffer solution)100mL에 물 100mL를 가하면 pH는 얼마정도가 되는가?

ㄱ. 5　　ㄴ. 6　　ㄷ. 7　　ㄹ. 7.5　　ㅁ. 7.8

해설 완충성 용량이 없기 때문에 정확히 알 수 없지만 pH ≧ 5 정도이다.

문 137. 다음 물에 관련된 설명 중 잘못된 것은?

ㄱ. 우물물의 양수량을 결정하는 데는 Theis식과 Thiem식을 이용한다.

ㄴ. 대장균지수는 대장균이 검출된 최소검수량의 역수로서 최적확수와 같다.

ㄷ. 종다양지수(SDI)는 종의 수가 최소 2이상이어야 하며, 종(개체)수가 많을수록 오염이 심해 SD가 감소한다.

ㄹ. 물 속의 방사조도는 수표면의 방사조도와 수심에 지배된다.

ㅁ. AGP(조류증식지수)는 호소 및 해수 등 자연수의 부영양화물질인 질소와 인 화합물의 농도를 20℃, 4,000Lux 조도에서 녹조류 등을 배양실험해 그 영양상태의 지표로 한다.

해설 MPN(most probable number : 대장균 최적확수)와 대장균지수와는 다르다.

정 답 | 133. ㄴ　134. ㅁ　135. ㅁ　136. ㄱ　137. ㄴ

문 138. 수처리에 이용되는 미생물중 원핵생물균은 어느 것인가?

ㄱ. Bacteria　ㄴ. Algae　ㄷ. Fungi　ㄹ. Mold　ㅁ. Protozoa

✓**해설** 원핵생물균은 Bacteria(세균), 방선균, 남조류로서 구조가 단순하다.

문 139. 제당·양조·제지·펄프 공장 폐수처리시 방류수가 준용 하천으로 유입시 수면에 솜처럼 떠있는 세균명은?

ㄱ. Sphaerotilus　ㄴ. Vorticella　ㄷ. Bodo　ㄹ. Colpidium　ㅁ. Arcella

✓**해설** Sphaerotilus는 수온이 낮아도 잘 번식하며, Fungi와 함께 활성오니조에서 벌킹(bulking : 팽화)를 일으킨다.

문 140. 다음 중 혐기성소화법으로 하수슬러지를 처리하고자 할 때 메탄 생성박테리아가 아닌 것은?

ㄱ. Methano-bacterium　ㄴ. Methano-bacillus　ㄷ. Methano-coccus
ㄹ. Methano-sarcina　ㅁ. Methano-obligatory

✓**해설** ① "ㄱ"균은 무포자간균, "ㄴ"균은 유포자 간균, "ㄹ"균은 무포자 구균이고 "ㅁ"균은 8개다발이 형성된 호기성 무포자구균이다.
② obligatory anaerobes는 혐기성 세균으로 Cytochrome과 Catalase의 결핍으로 H_2O_2(과산화수소)가 축적해 O_2가 해독작용을 하는 미생물이다.

문 141. 다음 중 유기물 오염하천에서 무단 방류업소를 판별하려면 어떤 방법이 가장 과학적인가?

ㄱ. 하천오염상태를 조사한다.
ㄴ. 수온을 측정한다.
ㄷ. 현미경으로 Bacteria 등을 검경한다.
ㄹ. 오염농도를 측정한다.
ㅁ. 정성분석해 배출업소이력카드와 대조한다.

✓**해설** ① 오염하천의 미생물출현순서는 Bacteria → free swimming ciliate(섬모충) → suctoria(흡착충) → stalked ciliate → Rotifer이다.
② 미생물을 검경해 Bacteria수가 집중적으로 많은 곳에 즉시 무단방류가 일어났던 곳이 된다.

문 142. 다음 중 하천의 자정기능 및 정화기능을 알기 위한 하천모델링에 의한 탈산소계소(K_1)을 구하는 법이 아닌 것은?

ㄱ. 모멘트법　ㄴ. 토마스법　ㄷ. 최소자승법
ㄹ. 대수미분법　ㅁ. 오코너-도빈스법

✓**해설** O'connor-Dobbins법은 재공기공급계수(K_2)를 구하는 법이다.

정 답 | 138. ㄱ　139. ㄱ　140. ㅁ　141. ㄷ　142. ㅁ

문 143. 다음 중 해수의 확산크기가 제일 큰 것은?

ㄱ. 조류 ㄴ. 화산활동 ㄷ. 심해류 ㄹ. 용승 ㅁ. 상승류

✓**해설** 확산크기순서는 조류 > 화산활동 > 심해류(밀도류) > 상승류(용승)

문 144. 다음 유기물질 및 부영양화 등 하천오염에 관한 설명 중 잘못된 것은?

ㄱ. BODu는 carbonaceous BOD와 Nitrogenous BOD를 말한다.

ㄴ. SOD는 하천의 저질에서 요구되는 산소량(g/day · cm^2)이다.

ㄷ. 수온이 증가하면 탈산소계수가 증가하여 자정계수가 증가한다.

ㄹ. TSI 지수는 부영양화 발생여부 및 진행정도를 평가하는 지수이다.

ㅁ. MLDO가 높은 하천에는 Euglena군집은 부영양화를 일으키는 쌍편모조류이다.

✓**해설** BODu는 BOD_{20}을 말하며, C-BOD(1단계 BOD)만 의미하지 2단계 BOD(N-BOD)는 포함하지 않는다.

문 145. 하천의 수온이 1℃상승하면 자정계수는 얼마(%) 정도 변하는가?

ㄱ. 1% 증가 ㄴ. 1%감소 ㄷ. 2%증가 ㄹ. 2%감소 ㅁ. 3%감소

✓**해설** 수온이 1℃씩 상승함에 자정계수(f)는 3%감소하고 1℃씩 감소할수록 2%씩 증가한다.

문 146. 호소 등의 정체수역에 부영양화출현에 따라 마지막 나타나는 조류는?

ㄱ.녹조류 ㄴ. 남조류 ㄷ. 청록조류 ㄹ. 적조류 ㅁ. 황록조류

✓**해설** MLDO(mixed liquor dissolved oxygen)가 높을 경우에 출현하는 조류는 Euglena와 Blue Green Algae이다.

문 147. 다음 중에 적조원인 조류로서 유기인을 직접 세포로 합성하는 광합성 플랑크톤은?

ㄱ. Dinoflagellataes ㄴ. Euglena ㄷ. Blue green Algae

ㄹ. Pseudomonas ㅁ. Ameba

✓**해설** 적조주류제거는 황토 및 황산구리($CuSO_4$)를 0.2～0.5mg/L 주입한다.

문 148. 해수가 담수표면으로 상승한 upwelling(용승)현상이 일어나면 어떤 물질 때문에 적조가 일어나는가?

ㄱ. 남조류 ㄴ. 유기물질 ㄷ. 유분 ㄹ. 소금 ㅁ. 인산염

✓**해설** 인산염(PO_4^{3-})이 해수면에 거품으로 올라와서 적조를 일으킨다.

문 149. 다음 유해물질과 그중 중독증상이 잘못 짝지워진 것은?

ㄱ. 유기인-코린에스테라제를 저해

ㄴ. 사이아나이드-씨토크로뮴을 형성해 호흡효소 작용을 저해

정 답 | 143. ㄱ 144. ㄱ 145. ㅁ 146. ㄷ 147. ㄱ 148. ㅁ 149. ㅁ

ㄷ. 피씨비-간장장애, 피부장애, 정신장애, 발암

ㄹ. 구리-빈혈, 구토, 신경마비를 유발

ㅁ. 산성비-흑피증, 효소작용방해

해설 흑피증은 비소(As)의 중독이고, 산성비는 심계통 항진증을 유발한다.

문 150. 다음 식에 산소전달계수를 나타낸 기호는?

$$\frac{do}{dt} = \alpha \cdot K_{La}(\beta \cdot C_s - C_t)(1.024)^{T-20}$$

ㄱ. $\frac{do}{dt}$　　ㄴ. K_{La}　　ㄷ. C_s　　ㄹ. C_t　　ㅁ. β

해설 do/dt는 시간에 따른 MLDO농도변화(mg/L · hr), α는 어는 물과 증류수의 S.T.P에서의 K_{La}(산소전달율 : hr^{-})비, β는 증류수의 20℃, 1기압의 DO포화농도(C_s : mg/L)비, C_t는 물 속의 MLDO, T는 수온(℃)이다.

문 151. 다음 중 수질평가지수와 관계가 없는 것은?

ㄱ. 종 다양도지수(Shannon-weaver공식)

ㄴ. 균등도 지수(Pielow)

ㄷ. 유사도지수(Burlington)

ㄹ. 트랜트 생물지수(TBI)

ㅁ. 오염 생물지수(BIP)

해설 BIP(biologcal index of pollution)는 BOD 오염상태, BI는 DO의 농도로 오염정도를 파악하는 지수로 BIP값이 클수록 오염이 높다(수질오염지수).

문 152. 다음 중 어독성시험시 공시생물 10%가 죽게 되는 농도를 나타낸 것은?

ㄱ. LD_{50}　　ㄴ. LC_{50}　　ㄷ. $LC(EC)_{10}$　　ㄹ. TL_{10}　　ㅁ. LC_{90}

해설 ① EC는 effective concentration으로 $LC(EC)_{10} = TL_{90}$은 같다.
TL_{90}은 공시생물 90%가 살아있는 의미이다.
② TL_M은 tolerance limit median으로 공시생물의 내성한계 중간값으로 $TL_{50} = LC(EC)_{50}$과 같다.

문 153. 난분해성 유기물 10mg/L인 폐수를 활성탄으로 흡착해서 1mg/L까지 처리하려고 할 때 필요한 활성탄량(g/L)은? (단, Freundlich등온식으로 구한 k=0.5, n=1.0이다.)

ㄱ. 9　　ㄴ. 12　　ㄷ. 15　　ㄹ. 18　　ㅁ. 36

해설 $\frac{10-1}{M} = (0.5)(1)^1$ ∴ M=18 g/L

정 답 | 150. ㄴ　151. ㅁ　152. ㄷ　153. ㄹ

문 154. 다음 중 암모니아와 유기성 질소화합물과 반응해 물 속에서 존재하는 염소는?

ㄱ. 유효잔류염소 ㄴ. 결합잔류염소 ㄷ. 염소요구량
ㄹ. 종합잔류염소 ㅁ. 염소주입량

✓**해설** 염소주입시 물과의 접촉시간은 15분 이상이어야 물 속에서 잔류염소 존재하게 한다.

문 155. BOD 1kg을 세포로 합성시 생성되는 세포량은?

ㄱ. 0.2 kg ㄴ. 0.3 kg ㄷ. 0.5 kg ㄹ. 0.7 kg ㅁ. 1.42 kg

✓**해설** ① 세포 1kg의 산소당량을 1.42kg이다.
∴ ThOD 1kg당 1/1.42≒0.7kg(세포)생성된다.
② BODu=COD 1kg 당 $0.7\times0.7=0.49 \fallingdotseq 0.5$kg(세포)생성된다.
∴ $BOD=BODu\times0.6=0.5\times0.6 = 0.3$kg(세포)생성된다.

문 156. 다음 그래프에서 plug flow reactor에서 일어나는 그림은?

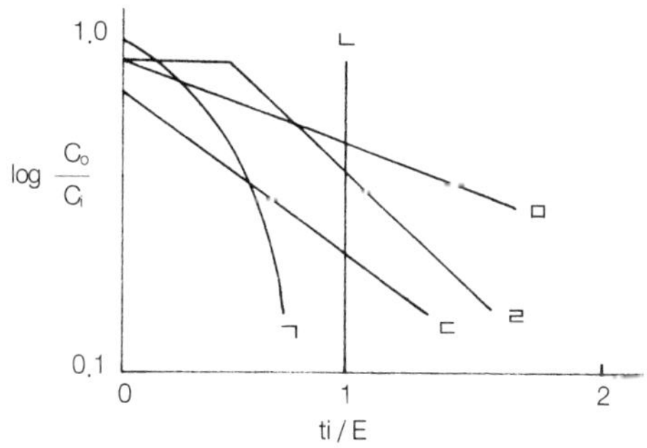

✓**해설** 'ㄱ'은 dead space(死地)갖는 완전혼합흐름, 'ㄴ'은 plug flow, 'ㄷ'은 단회로(shot circuiting)와 사지를 갖는 완전혼합흐름, 'ㄹ'은 plug flow와 CFSTR flow, 'ㅁ'은 이상적인 CFSTR이다.

문 157. 다음 중 한 분자가 산화제도 되고 환원제도 되는 물질은?

ㄱ. SO_2, H_2O_2 ㄴ. NO_2, HF ㄷ. $KMnO_4$, O_3 ㄹ. ClO_2, H_2S ㅁ. HCl, HNO_3

✓**해설** 왕수(王水)는 $HCl : HNO_3 = 3 : 1$로 혼합한 용액이다. ∴산화제와 환원제와 무관

문 158. 다음 중 활성슬러지의 침전효율이 가장 좋은 미생물 성장단계는?

ㄱ. 지체기(lag phase)
ㄴ. 대수증식기(logarithmic growth phase)
ㄷ. 감소성장단계(decling growth)
ㄹ. 내생성장단계(endogenous growth phase)
ㅁ. 지수증식기(exponential phase)

✓**해설** 활성오니법의 운영단계는 내생성장단계 70%, 감소성장단계 30%이다.

정 답 | 154. ㄹ 155. ㄴ 156. ㄹ 157. ㅁ 158. ㄹ

문 159. 1일 폐수량 1,000m^{3}를 활성오니조 800m^3 반응조에서 처리할 때 활성오니조의 체류시간(hr)을 산출하시오. (단, 잉여오니반송율은 40%이다.)

ㄱ. 12.5　　ㄴ. 13.7　　ㄷ. 14.6　　ㄹ. 16.5　　ㅁ. 19.2

✓해설 $t = \dfrac{800\text{m}^3}{1,000\left(1+\dfrac{40}{100}\right)(\text{m}^3/\text{day})} \fallingdotseq 0.57\text{day} = 13.68\text{hr}$

문 160. 용적 500m^{3}의 활성오니조 SV를 측정한 바 25%였을 때 이 SV를 20%로 낮추려면 본조내 혼합액을 얼마 정도(m^3) 인출시켜야 하는가?

ㄱ. 5　　ㄴ. 10　　ㄷ. 15　　ㄹ. 20　　ㅁ. 25

✓해설 활성오니조내 혼합액 인출량 = V(SV1-SV2) $=500\text{m}^3\left(\dfrac{25}{100}-\dfrac{20}{100}\right)=25\text{m}^3$

문 161. 활성오니조내에서 이상 기포가 많이 발생하는 원인과 거리가 먼 것은?

ㄱ. 과잉공기공급　　ㄴ. 용해성유기물과다　　ㄷ. 계면활성제유입
ㄹ. 미생물이 낮을 때　　ㅁ. 수온증대

✓해설 공기공급용 미세기포 공기공급장치의 1kWH당 산소공급능력은 2.0kg이다.

문 162. 갑자기 고농도의 유기성 폐수가 활성오니조내에 유입되었을 때 신속히 조치해야 할 사항은?

ㄱ. 벌킹을 제어한다.
ㄴ. 공기공급량을 증가시킨다.
ㄷ. 반송률을 증가시킨다.
ㄹ. 질소와 인의 투입량을 증가시킨다.
ㅁ. F/M비를 높인다.

✓해설 유기물부하, 즉 BOD부하가 증가한 바 반송증가로 F/M비를 낮추어야 한다.

문 163. 다음 중 인을 제거하려는 공법으로 부적절한 것은?

ㄱ. 장기공기공급법　　ㄴ. 고소효율응집법　　ㄷ. A/O법
ㄹ. A^2/O법　　ㅁ. 완전혼합형 활성오니법

✓해설 A/O법은 혐기조 → 호기조 공정으로 BOD, N만 제거된다.

문 164. 혐기성 폐수처리시 소화가스가 제일 많이 발생하는 C/N비값은?

ㄱ. 12～16　　ㄴ. 15～20　　ㄷ. 20～25　　ㄹ. 25～30　　ㅁ. 30～40

✓해설 혐기성 소화시 독성물질은 고농도물질이(Na^+, K^+)함유하거나, 저농도일지라도 독성물질은 SO_4^{2-}, 중금속이다. 그리고 혐기성 박테리아 80%(임의성 20%)이다.

정 답 | 159. ㄴ　160. ㅁ　161. ㅁ　162. ㄷ　163. ㄹ　164. ㄱ

문 165. BODu 1kg당 메탄(CH_4)발생률(m^3)은 얼마 정도인가?

ㄱ. $1m^3$　ㄴ. $0.75m^3$　ㄷ. $0.6m^3$　ㄹ. $0.4m^3$　ㅁ. $0.35m^3$

✓**해설** CH_4/CO_2비의 크기순서는 지방> 단백질> 탄수화물이다.

문 166. 다음 중 혐기조→무산소조→활성오니조→침전조의 혐기성 탈질과 탈인 공법은?

ㄱ. A/O process　ㄴ. A^2/O process　ㄷ. Wuhrman process
ㄹ. Imhoff process　ㅁ. Air stripping process

✓**해설** ① 질소와 인 동시처리 공법은 phostrip법 Bardenpho법, UCT법, A^2/O법과 VIP법이 있다.
② 혐기에서 호기로 처리시 미생물의 stress로 활성오니가 인을 필요이상으로 과량 섭취하는 현상을 Luxury uptake라고 한다(적용공법은 A^2/O법, phostrip법, SBR법).

문 167. 유기물질을 COD로 분석시 물 속의 염소이온제거에 주입하는 약품명은?

ㄱ. $AgNO_3$　ㄴ. Ag_2SO_4　ㄷ. $CuSO_4$　ㄹ. SO_2　ㅁ. $NaSO_3$

✓**해설** 상수 · 폐수처리시 잔류염소를 제거하려면 환원제인 SO_2, Na_2SO_3주입해야 함(아비산(Na_2AsO_2)도 효과있음).

문 168. 수은(Hg)과 아발삼을 잘 만드는 금속원소는?

ㄱ. Zn(아연)　ㄴ. Mn(망가니즈)　ㄷ. Fe(철)　ㄹ. Pt(백금)　ㅁ. Cr(크로뮴)

✓**해설** Pt, Mn, Fe, Ni, Cr은 Hg과 Amalgam을 안 만들며, Ag, Cu, Sn, Zn은 아말감의 구성물질이다.

문 169. 비중이 1.07인 TS가 4%함유된 농축오니슬러지의 비중은?

ㄱ. 1.02　ㄴ. 1.03　ㄷ. 1.002　ㄹ. 1.003　ㅁ. 1.005

✓**해설** ① TS 4%이면 물은 96%
② $\frac{1}{S} = \frac{4/100}{1.07} + \frac{96/100}{1.0}$　$\therefore S \fallingdotseq 1.003$

문 170. 하수처리장에서 초침으로부터 인발된 생슬러지는 어느 공정으로 이송시켜야 하는가?

ㄱ. 종침　ㄴ. 농축조　ㄷ. 소화조　ㄹ. 탈수기　ㅁ. 소각로

✓**해설** ① 하 · 폐수처리장에서는 생슬러지가 농축조나 슬러지 저류조을 보내야 한다. 왜냐하면 소화조가 없다.
② 1차 소화조는 유기물질의 소화, 2차 소화조는 침전역할을 한다.

문 171. 다음 잉여오니슬러지의 소화공법에 관한 설명 중 잘못된 것은?

ㄱ. 소화가스발생량은 투입슬러지량의 10~20배 정도이다.
ㄴ. 소화가스의 조성비는 $CH_4 : CO_2 = 2/3 : 1/3$이다.
ㄷ. 소화기능의 판정지표는 유기산, pH, 알칼리도이다.

정 답 | 165. ㅁ　166. ㄴ　167. ㄴ　168. ㄱ　169. ㄹ　170. ㄴ

ㄹ. 소화슬러지 생산량은 COD제거량의 50%정도이다.
ㅁ. 분뇨를 소화할 경우 소화가스발생량은 투입량의 8~10배이다.

✓해설 혐기성 소화는 10%, 호기성 소화는 50%의 COD 제거량당 소화슬러지가 발생된다.

문 172. 수처리시 sludge 개량의 목적과 거리가 먼 것은?

ㄱ. 세착실시　ㄴ. 가열후 냉각　ㄷ. 약품처리
ㄹ. 냉각후 용해　ㅁ. 오존처리

✓해설 ① 석회($Ca(OH)_2$)처리는 단독으로는 개량(condition)안되는 바 반드시 $FeCl_2$와 함께 주입한다. (예 : Flter press)
② 알칼리성 슬러지를 세척하면 중화되어 개량효율이 증대된다.

문 173. 정수장, 취수정과 배수시설을 결정한 때 고려되어야 할 급수량은?

ㄱ. 1일 평균 급수량　ㄴ. 1일 최대 평균 급수량　ㄷ. 1일 최대 급수량
ㄹ. 시간 최대 급수량　ㅁ. 연간 평균 급수량

✓해설 수원지와 저수지를 계획시는 1일 평균 급수량으로, 보조저수지와 보조 용수펌프용량선정을 1일 최대 평균급수량(1.25), 배수본관 구경결정시는 시간 최대 급수량으로 결정해야 한다.

문 174. 다음 중 지하수이동량을 결정하는 공식으로 적절한 것은?

ㄱ. Darcy법칙　ㄴ. Thiem식　ㄷ. Bürkli-Ziegler 경험식
ㄹ. NBFU공식　ㅁ. Manning식

✓해설 Thiem식은 우물물 취수량 산출식이고 Bürkli Ziegler 경험식은 우수 유출량산출식이며, NBFU식은 소방용수공급량 산출식이고 Manning식은 침출수 및 우수량 산출식이다.

문 175. 하수도 계획시 원격지에서 하수관거까지 유입되는 시간은 얼마(분)정도가 소용되는가?

ㄱ. 1~5분　ㄴ. 5~10분　ㄷ. 10~15분　ㄹ. 15~20분　ㅁ. 20~30분

✓해설 우수량결정위한 합리식 : $Q=\frac{1}{360}C \cdot I \cdot A$

문 176. 하수의 지하수 침투율에 관한 설명 중 잘못된 것은?

ㄱ. 하수량의 10~20% 정도가 지하수에 침투된다.
ㄴ. 하수관거길이 1km당 17~35m^3/day가 침투된다.
ㄷ. 배수면적 1ha당 17.5~36.3m^3/day가 침투된다.
ㄹ. 1인 1일 당 17~25L정도가 침투된다.
ㅁ. 지표수는 1년에 1m씩 지하수로 침투된다.

✓해설 지표수는 1년에 2m씩 침투해 지하수를 오염시킨다.

정 답 | 171. ㄹ　172. ㅁ　173. ㄷ　174. ㄱ　175. ㄴ　176. ㅁ

문 177. 상수도관내의 침전을 방지하기 위한 관내 최저유속은 얼마 이상이어야 하는가?

ㄱ. 0.3m/sec　ㄴ. 1m/sec　ㄷ. 4m/sec　ㄹ. 3m/sec　ㅁ. 5m/sec

✓**해설** 마모(errosion)를 방지하기 위해서는 철관은 6m/sec이하, 콘크리트관 3m/sec이하일 것.

문 178. 상수관내 유속이 3m/sec일 때의 손실수두는 얼마인가?

ㄱ. 0.32m　ㄴ. 0.46m　ㄷ. 0.57m　ㄹ. 0.65m　ㅁ. 0.86m

✓**해설** $V=\sqrt{2g{\cdot}h}\quad \therefore h=\frac{V^2}{2g}=\frac{3^2}{2\times 9.8}\fallingdotseq 0.46\text{m}$

문 179. 수처리시 화학적 응집침전법을 사용하면 역효과를 가져오는 경우는?

ㄱ. 색도제거　ㄴ. 경도제거　ㄷ. 탁도제거

ㄹ. 세균제거　ㅁ. 대장균균소독

✓**해설** 일시경도가 영구경도로 된다. 그리고 물 속의 pH를 높여 주어야함

문 180. 완속여과로 물을 정화하려고 할 때 모래층의 최소두께는 얼마 정도로 유지해야 하는가?

ㄱ. 0.5m　ㄴ. 0.8m　ㄷ. 1.0m　ㄹ. 1.2m　ㅁ. 1.5m

✓**해설** 역세척시 모래층의 팽창비는 30～50%이고, 균등계수는 2이하이다.

문 181. 어떤 침전지에서 비중 2.65, 입경 0.1mm인 고형물질은 침강속도 1cm/sec로 흐를 경우 Re를 구하시오. (단, 물의 점성계수는 1.31×10^{-2}g/cm · sec이다.)

ㄱ. 0.7　ㄴ. 1.2　ㄷ. 7.2　ㄹ. 15.4　ㅁ. 32.7

✓**해설** $Re=\frac{d\cdot\rho\cdot u}{\mu}=\frac{(0.1\times10^{-3}\text{m})(1{,}000\text{kg/m}^3)(1\times10^{-2}\text{m/sec})}{(1.31\times10^{-2})(0.1\text{kg/m}{\cdot}\text{sec})}\fallingdotseq 0.7$

문 182. 다음 펌프선정 등 상수계획시 고려되어야 할 사항 중 잘못 설명된 것은?

ㄱ. 침수위험이 있는 곳에서는 반드시 입축형 펌프로 한다.

ㄴ. 양정이 2～3m로 낮은 곳에서는 축류 펌프로 한다.

ㄷ. 펌프의 표준 유입양정은 -5m까지이다.

ㄹ. 배수지의 유효급수량은 최저 6시간분이어야 한다.

ㅁ. 배수관로내 상수도 시설의 최소압력은 2.5kg/cm^2이다.

✓**해설** 배수관로내 최소 압력은 1.5kg/cm(양정 15mH_2O), 유속은 0.3m/sec이상이어야 한다.

문 183. 하수관로내에서 부유고형물질의 침전을 방지하기 위한 최소한의 유속(m/sec)은 얼마로 유지해야 하는가?

ㄱ. 0.3　ㄴ. 0.5　ㄷ. 0.6　ㄹ. 0.8　ㅁ. 1.0

✓**해설** 적정유속은 1～2 m/sec이다.

정 답 | 177. ㄱ　178. ㄴ　179. ㄴ　180. ㄷ　181. ㄱ　182. ㅁ　183. ㄷ

문 184. 하수관로의 막힘을 방지하기 위해서 지름이 500mm일 경우에 맨홀 설치간격을 최대 얼마로 유지해야 하는가?

ㄱ. 100m　　ㄴ. 200m　　ㄷ. 300m　　ㄹ. 400m　　ㅁ. 1,000m

✓**해설** 관지름이 120mm미만은 100m마다, 120mm이상은 400~500m마다 manhole을 설치해야 한다.

문 185. 시료 100mL에 0.1N-H_2SO_4가 5mL소비되었을 때 $CaCO_3$로서의 총알칼리도를 구하시오.

ㄱ. 50mg/L　　ㄴ. 150mg/　　ㄷ. 250mg/L　　ㄹ. 350mg/L　　ㅁ. 450mg/L

✓**해설** 총알칼리도 $= a \times N \times f \times \frac{1,000}{V} \times 50$ [mg-$CaCO_3$/L]

$$= (5)(0.1)(1.0)\left(\frac{1,000}{100}\right)(50) = 250\text{mg-}CaCO_3/L$$

문 186. 다음 중 무색인 산화 · 환원제의 시약은?

ㄱ. $Na_2S_2O_3$　　ㄴ. I_2　　ㄷ. $KMnO_4$　　ㄹ. $K_2Cr_2O_7$　　ㅁ. $CaCO_3$

✓**해설** I_2는 보라색, $KMnO_4$흑갈색, $K_2Cr_2O_7$황색, $CaCO_3$흰색이다.

문 187. 1M-HCl 50mL를 1M-NaOH 49.99mL로 적정했을 때 혼합액의 pH를 구하시오.

ㄱ. 2　　ㄴ. 3　　ㄷ. 4　　ㄹ. 5　　ㅁ. 6

✓**해설** ① NV - N'V' = N"(V + V')

$$\therefore N'' = \frac{NV - N'V'}{V + V'} = \frac{1 \times 50 - 1 \times 49.99}{50 + 49.99} \fallingdotseq 0.0001$$

② $pH = \log\frac{1}{0.0001} = 4$

문 188. 다음 화학적인 성질에 관한 설명 중 잘못된 것은?

ㄱ. 수소결합원소는 Cl, F, O, N이다.

ㄴ. NaCl은 소금의 실험식이지 분자식이 아니다.

ㄷ. HF는 결합력이 너무 세서 H^+을 안 내주어서 약산이다.

ㄹ. 일시경도는 Ca^{2+}, Mg^{2+}의 센물로 끓이면 완전히 침전한다.

ㅁ. 동족원소에서 원자번호가 클수록 반응성은 커진다.

✓**해설** ① HCl은 공유결합이지 수소결합이 아니다.

② 영구경도를 없애려면 Na_2CO_3나 Dermudity를 주입해야 한다.

문 189. 다음 CO_2기능에 관한 설명 중 잘못된 것은?

ㄱ. 직선구조를 하고 있다.

ㄴ. 건조제는 가성소다이다.

정 답 | 184. ㄹ　185. ㄷ　186. ㄱ　187. ㄷ　188. ㄱ

ㄷ. 환원성이 없다.
ㄹ. 산성용액상태에서는 CO_2가스로 배출된다.
ㅁ. 알칼리용액상태에서는 CO_3^{2-}(탄산염)으로 용해되어 있다.

해설 ① CO_2의 건조제는 H_2SO_4(황산)이다.
② NH_3의 건조제는 CaO, 실리카겔이다.

문 190. 산성용액에서 가장 산화작용이 센 것은?

ㄱ. Na_2O_2　ㄴ. H_2S　ㄷ. Cl_2　ㄹ. I_2　ㅁ. NH_3

해설 Na_2O_2에 산을 가하면 H_2O_2가 되어 산화작용이 극대화된다.

$$Na_2O_2 + H_2SO_4 \rightarrow H_2O_2 + Na_2SO_4$$

문 191. 비금속 단체 중 상온에서 액체인 것은?

ㄱ. F_2　ㄴ. Cl_2　ㄷ. I_2　ㄹ. Br_2　ㅁ. Na

해설 금속 중에서 상온에서 액체인 것은 Hg(수은)이다.

문 192. 물 속에서 납(Pb)수도관이 이온화되지 않는 주된 이유는 물 속에 어느 것 때문인가?

ㄱ. O_2와 CO_2가 용해되었기 때문
ㄴ. CO_2만 용해되었기 때문
ㄷ. SO_3^{2-}가 용해되었기 때문
ㄹ. Cl^-가 용해되었기 때문
ㅁ. F^-가 용해되었기 때문

해설 Pb는 O_2와 CO_2와 반응해 불용성 $PbCO_3$, $Pb(OH)_2$가 되어 침전하는 바 이온화 되지 않는다.

문 193. 다음 용액에 $Ba(OH)_2$를 주입시 흰색침전물이 생성되는 것은?

ㄱ. H_2SO_4　ㄴ. HNO_3　ㄷ. $CaCO_3$　ㄹ. CH_3COOH　ㅁ. $MgCl_2$

해설 ① $Ba(OH)_2 + H_2SO_4 \rightarrow 2H_2O + BaSO_4\downarrow$(흰색)
② H_2S 반응시 CdS(황색), ZnS(흰색)침전된다.

문 194. 다음 중 용해성 철(Fe^{2+}) 검출에 쓰이는 제품은?

ㄱ. $MgCl_2$　ㄴ. $FeSO_4$　ㄷ. KCNS　ㄹ. $K_3Fe(CN)_6$　ㅁ. $K_4Fe(CN)_6$

해설 Fe^{2+}가 $K_3Fe(CN)_6$와 반응하면 터언블루우침전을 한다.

문 195. 다음 원소중 가장 전기전도도가 큰 것은?

ㄱ. Cu　ㄴ. Pt　ㄷ. Ag　ㄹ. Hg　ㅁ. H

해설 플루오린(F_2)는 전기음성도가 제일 크며, 전기전도도는 이온화경향과 전기음성도와는 무관하다.

정 답 | 189. ㄴ　190. ㄱ　191. ㄹ　192. ㄱ　193. ㄱ　194. ㄹ　195. ㄷ

문 196. 다음 중 HCl 및 NaOH와 반응하지 않는 화합물은?

ㄱ. CO　ㄴ. SO_2　ㄷ. CO_2　ㄹ. MgO　ㅁ. FeO

해설 CO는 산성 및 염기성(알카리) 화합물이 아니다.

문 197. 다음 화학물질중에서 환원제인 것은?

ㄱ. $SnCl_2$　ㄴ. H_3PO_4　ㄷ. $KMnO_4$　ㄹ. $CuSO_4 \cdot 5H_2O$　ㅁ. $Fe(OH)_3$

해설 $SnCl_2$는 $SnCl_4$로 되어 환원제이다.

문 198. Ag, Cu, Al이 혼합된 폐액을 분리해 자원회수하려고 할 때 주입해야 할 최적합 약품은?

ㄱ. $HCl + HNO_3$　ㄴ. $HCl + H_2S$　ㄷ. $H_2SO_4 + NaOH$

ㄹ. $H_2SO_4 + Na_2O_2$　ㅁ. $H_2O_2 + O_3$

해설 ① $Ag^+ + HCl \rightarrow AgCl\downarrow + H^+$

② $Cu^{2+} + H_2S \rightarrow CuS\downarrow + 2H^+$　∴ Al^{3+}만 남아 분리됨

문 199. 어떤 폐수 중에 Cu^{2+}이 함유되었는지를 빨리 알아보기 위해 폐수 중에 주입시킬 수 있는 약품은?

ㄱ. NH_4OH　ㄴ. $AgNO_3$　ㄷ. $BaCl_2$　ㄹ. $K_3Fe(CN)_6$　ㅁ. $KMnO_4$

해설 $Cu(OH)_2 + 2NH_4OH \rightarrow 2NH_4^+ + Cu(OH)_4^{2-}\downarrow$(푸른색)

문 200. 염소이온(Cl^-)이 함유된 수용액과 반응해 백색침전을 형성하는 금속원소는?

ㄱ. Zn^{2+}　ㄴ. Hg^+　ㄷ. Cu^{2+}　ㄹ. Sb^{3+}　ㅁ. Fe^{2+}

해설 $2Hg^+(a) + 2Cl^-(a) \rightarrow Hg_2Cl_2\downarrow$(백색)

문 201. 다음 화학반응에 관한 설명이 잘못된 것은?

ㄱ. $C + O_2 \rightarrow CO_2 + 94{,}000cal$에서 탄소원자 1개의 연소열이 94kcal이다.

ㄴ. $N_2 + 3H_2 \rightarrow 2NH_3$처럼 공유결합물질은 반응속도가 느리다.

ㄷ. 활성화에너지가 클수록 반응속도는 느리다.

ㄹ. 화학평형은 정반응과 역반응의 속도가 같은 동적상태이다.

ㅁ. 반응속도는 평형상수값과 무관하며, 반응물질농도에 비례한다.

해설 ① $C + O_2 \rightarrow CO_2 + 94kcal$에서 94kcal의 반응열은 탄소(C) 1mole의 열량값이다(94kcal/mole-C).

② 평형상수값(K)를 변화시킬 수 있는 유일한 조건은 온도변화이다.

문 202. $H_2(g) + I_2(g) \rightleftarrows 2HI(g) + 24kcal$의 반응이 평형일 때 평형상수값을 변화시키려는 조작은 어느 것인가?

정 답 | 196. ㄱ　197. ㄱ　198. ㄴ　199. ㄱ　200. ㄴ　201. ㄱ

ㄱ. H_2농도 증가　　ㄴ. HI 제거　　ㄷ. 압력 증대
ㄹ. 온도 변화　　ㅁ. 촉매 첨가

✓해설 촉매는 자신이 화학반응에 직접 참여하지는 않지만 활성화 에너지를 증가 및 감소시킬 뿐만 아니라 역반응 속도도 증가시킨다.

문 203. A + 2B → 3C + 4D 반응에서 A와 B의 농도를 각각 두배로 증가시키면 반응속도는 몇 배로 되는가?

ㄱ. 2　　ㄴ. 4　　ㄷ. 8　　ㄹ. 16　　ㅁ. 32

✓해설 $\frac{dc}{dt} = [A][B]^2 = (2)(2)^2 = 8$

문 204. 다음중 TKN의 올바른 내용은?

ㄱ. NH_3-N + NO_2-N　　ㄴ. 유기질소　　ㄷ. 무기질소
ㄹ. 무기질소 + 유기질소　　ㅁ. 유기질소 + NH_3-N

✓해설 총질소 = 유기질소(TKN) + 무기질소(NH_3-N + NO_2-N + NO_3-N)

문 205. 아연폐수가 아스코르빈산 나트륨에 의해서 환워되는 이온은?

ㄱ. Cr^{3+}, Cr^{6+}　　ㄴ. Fe^{2+}, Fe^{3+}　　ㄷ. Mn^{2+}, Mn^{6+}　　ㄹ. Mn^{2+}, Fe^{3+}　　ㅁ. Cd^{2+}, Cu^{2+}

문 206. 활성오니조의 SV(sludge volume)이 30%일 때 잉여오니반송율은?

ㄱ. 20%　　ㄴ. 43%　　ㄷ. 57%　　ㄹ. 62%　　ㅁ. 73%

✓해설 $r = \frac{SV}{100 - SV} \times 100\% = \frac{30}{100 - 30} \times 100 = 42.8\%$

문 207. 색도폐수처리시 가장 효율적인 공법은?

ㄱ. 보통침전　　ㄴ. 약품침전　　ㄷ. 소독
ㄹ. 급속여과　　ㅁ. 완속활성탄흡착

✓해설 탁도가 30~50mg/L이하시 색도제거에 효율적이다.

문 208. 정수처리시 응집효과와 거리가 깊은 것은?

ㄱ. 세균수감소　　ㄴ. 색도제거　　ㄷ. 맛제거
ㄹ. 부유고형물제거　　ㅁ. 이상모두포함

문 209. 다음중 물 속의 철분제거 공법으로 적절한 것은?

ㄱ. 공기공급법　　ㄴ. 침전법　　ㄷ. 여과법
ㄹ. 황산구리주입법　　ㅁ. 부상법

✓해설 공기공급시키면 CO_2가 탈기돼 pH높아지면서 수중 알칼리도와 반응해 침전분리된다.

정 답 | 202. ㄹ　203. ㄷ　204. ㄴ　205. ㄹ　206. ㄴ　207. ㅁ　208. ㅁ　209. ㄱ

문 210. 사이아나이드폐액을 다음 반응식으로 처리시 적용되는 공법은?

$$2CN^- + 5OCl^- + H_2O \rightarrow 5Cl^- + N_2 + 2HCO_3^-$$

ㄱ. 가수분해　　ㄴ. 화학침전　　ㄷ. 이온교환　　ㄹ. 산화환원　　ㅁ. 중화

✓**해설** 사이아나이드(CN)은 산화처리방법이다.

문 211. 다음 중에서 지방족 탄화수소인 것은?

ㄱ. 프로판　　ㄴ. 페놀　　ㄷ. 벤젠　　ㄹ. 나프탈렌　　ㅁ. 자일렌

✓**해설** 방향족탄화수소는 BTX(벤젠, 톨루엔, 자일렌) 외에도 페놀, 나프탈렌, 클로로벤젠 등이 있다.

정 답 | 210. ㄹ　211. ㄱ

04

폐기물환경화학

4.1 폐기물의 소각

4.1.1 소각(Incineration)·연소공학

1) 소각의 개요

(1) 소각의 궁극적인 목적

소각은 폐기물의 감량화, 유독물질의 제독화, 환경오염의 감소, 에너지의 재활용을 위해 실시한다. 그러나 폐기물의 소각시 생활·사업장 폐기물 속에 함유된 유기성 가연물질을 연소시킬 때 연소효율, 연소속도의 향상과 연소시간의 단축, 다이옥신 등의 환경오염방지, 열효율을 증진하기 위한 제반운전기술이 필요하다. 그리고 폐기물 중에 함유된 유기성 가연물질을 소각해서 처분해 감용화할 수 있을 뿐만 아니라 소각은 위생적이고 감량화, 안정화, 안전화할 수는 있지만 다이옥신, 악취, 대기·수질오염, 소음·진동 등을 일으킨다.

(2) 3T의 정의

가연성 생활 및 사업장 폐기물의 소각시 3T는 temperature, time, turbulence의 첫글자를 따라 말하고 있다.

① Temperature(연소온도) : 폐기물 속의 수분함유율과 직접적인 관계가 있으며, 소각로의 온도는 우리나라에 널리 보급되고 있는 Stoker 방식의 경우 800~900℃가 되어야 하며, 고온열분해방식로는 1,100℃ 이상, 플라스마로는 1,800℃ 정도이어야만 한다.

열분해시설의 연소실체류시간은 2초 이상이어야 한다(단, 기타 연소실은 0.5초 이상임).

② Time(연소시간) : 폐기물을 소각로내에서 연소시 최소한 0.5초 이상의 연소체류시간을 말한다.

③ Turbulence(연소물 혼합) : 폐기물을 소각로내에서 완전 연소시키기 위해 전열경막저항을 최대한 줄이고 폐기물과 공기가 완전 혼합되어야 한다.

2) 열역학 이론

(1) 열역학 제 1 법칙

① Heat in(입열)

폐기물의 발열량, 보조연료의 발열량, 연소공기의 열보유(heat content)량을 입열이라고 말한다.

② 고위발열량(high heat volume)

· 고위발열량(Hh) = 8,100C + 34,000H + 2,500S [kcal/kg] (4-1)

$$\therefore \text{ 저위발열량} = Hh - 600(9H + W) \ [kcal/kg] \qquad (4\text{-}2)$$

C, H, S, W는 폐기물 속에 함유된 각각 탄소, 수소, 황, 수분의 질량백분율(%)이다.

· 수분증발시 저위발열량

$$= \text{고위발열량(HHV)} - (\text{폐기물 1kg당 물증발량})(4.184\ kJ/kg)\ [kJ/kg] \qquad (4\text{-}3)$$

· 소각시 배출가스량

$$= \frac{\text{소각열량}(kcal/hr)}{(\text{가스평균비열})(\text{배출가스온도} - \text{대기방출온도})} \qquad (4\text{-}4)$$

· 소각로용 굴뚝의 토출속도

$$= \frac{\text{토출속도}}{\text{투출부압} \times 3.4 \times 10^{-2}\left(\frac{1}{\text{대기온도}} - \frac{1}{\text{대기방출온도}}\right)} \qquad (4\text{-}5)$$

· 각종 소각시 발생열량의 산출식

소각시 발생열량 = 소각량 × 유기물% × 유기물 단위연소열 − 소각량
(유기물% × 물생성율 × 600 + 0.28 × 600 + 유기물% × 유기물 단위연소열
× 복사불손실% + 유기물% × 미연소손실%) [kcal/hr] (4-6)

③ Heat out(출열)

출열의 배출가스(CO_2, O_2, N_2, NO_x, SO_x, H_2O, Cl_2, HCl, Dioxine, dust 등)의 보유열량, 복사열(입열의 2~3% 손실), 열흡수량과 ash(재)의 보유열량이다. 질량보존의 법칙에 의해 입열과 출열은 항상 같아야 한다.

④ 단일 화염(불꽃)온도는 Heat in이 생성된 가스성분의 온도를 높여주는데 전량이 소모된다고 할 때의 온도, 즉 복사열과 열흡수가 개입되지 않는다는 가정하에서의 불길온도이다.

(2) 하수슬러지 케이크 소각시 온도에 따른 반응과정

① 80~100℃에서는 내부 결합수 이외의 모세관수, 간극수 등 모든 수분이 증발한다.

② 100~180℃에서는 내부 결합수까지도 증발한다.

③ 300~400℃에서는 건조 케이크의 연소가 시작된다.

④ 1,000~2,000℃에서는 고형물까지 연소된다.

· 고온 열분해시설의 연소실 출구 온도는 1,100℃ 이상이어야 한다.

· 고정상식, 화격자, 유동상 소각시설의 연소실 출구온도는 700℃ 이상이어야 한다.

(3) 소각시설별 출구온도

① 화격자 소각로는 900℃로 운전해서 이차연소실에서 완전연소시켜야 한다.

② 고정상식 소각로는 800℃ 이상이어야 한다.

③ 로타리 킬른식 소각로는 중앙부 800~900℃, 외벽 600~700℃, 하단 700℃ 이하이어야 한다.

④ 유동상 소각로는 700~800℃이어야 한다.

- PCDFs와 PCDDs의 소각시 생성온도는 250~400℃ 범위이다. Dioxin은 300℃부근에서 최대로 생성되며, 250℃ 이하와 400℃ 이상에서는 크게 생성이 감소된다.
- PCDFs와 PCDDs의 형성은 fly ash표면에서 일어날 수 있으며, 배출가스흐름중 냉각된 부분에 생성될 확률이 아주 높다.
- 산소농도가 증가할수록 PCDDs와 PCDFs의 생성량이 많아진다.

소각로 공정은 다음 순서와 같은 구조를 갖는다.
폐기물반입 → 계량 → 저장방카 → 연소실(투입 + 연소 + 공기공급) → 폐열회수 → 냉각탑 → 대기오염방지시설 → 응축시설 → 굴뚝 → 대기방출

소각시 이차 대기오염물질은 SO_x, NO_x, HCl, Dioxin, 유해중금속, 폐수, 재 등이다.

3) 소각방식

화격자식(stoker type), 유동상식(fludized type), 회전로식(rotary kiln type) 등이 있으며 공기의 흐름방향에 따라 상향식, 하향식으로 구분하기도 하고, 쓰레기의 이동방식에 따라 계단식, 병렬요동식, 역동식, 회전로울러식, 부체형식 등으로 구분하기도 한다.

소각물을 고체화하여 RDF(Refuge Derived Fuel)형태로 투입하는 공법도 있다.

4.1.2 소각시 배출가스중의 Dioxin

1) 다이옥신 제어기술

(1) 다이옥신 제어운전

① 소각온도 1,200℃ 이상에서 체류시간은 2초 이상으로 한다.

② 전기집진기, 여과집진기(bag filter), 세정집진기(scrubber)로 제거한다.

전기집진실내 코로나방전(corona generation)은 연소가스내의 방전형태 중 하나로 두개 전극사이에 고전압을 가하면 전기장의 강한 부분만이 발광해 전도성을 갖는 현상이다. 이때 내부온도가 250℃정도가 되면서 다이옥신이 생긴다.

(2) POHCs(principal organic hazardous constituents)

① 정의

유해유기화합물의 구조를 갖는 환경상 중요한 물질을 말한다. POHCs의 종류는 난분해성 유기물로서 PCP(pentachloro phenol), PCB(polychlorinated biphenyl)등이다.

② POHCs의 대책

소각시 POHCs의 제거율을 증가시키기 위해서는 일반적으로 1,000℃에서 2초이상으로 연소시켜 최소화해야 한다. 과잉공기량을 조절해 최소화해야 한다(미국 EPA에서는 POHCs의 배출을 최소화하기 위해서 공기비를 1.4~1.7로 조절해야 한다).

PICs(product of incomplet combustion)은 불완전 연소시 생성되는 물질을 말한다.

2) DRE기술

(1) DRE(destruction & removal efficiency)

① 정의

소각처리시 분해 및 제거효율을 말한다.

② DRE의 개대효과

소각시 공기비가 1.7 이상이면 DRE가 저하되며, PICs의 발생량이 증가한다.

휘파람(笛吹)현상은 굴뚝에서의 토출속도가 30m/sec 이상일 때 생긴 굴뚝소음을 말한다.

3) 배출가스(Flue Gas)

(1) 소각처리시 분해 및 제거효율

① DRE(destruction and removal efficiency)

- DRE의 개요는 다음과 같다.

  미국의 환경보호청(EPA : environmental protection administration)은 POHCs(principal organic harzadous constituents)의 배출을 최소화하기 위하여 140~170%의 과잉공기 조건에 따라 연소하나 과잉공기가 170%를 초과하면 DRE가 저하해 PICs(product of incomplete combustion : 불완전연소생성물)의 발생량이 증대된다.

- DRE의 방지대책은 다음과 같다.

  일산화탄소(CO)의 배출은 유해 유기물질 배출을 말하며, CO농도는 연소조건상태를 판단하는 지표로 활용해서 연소조건을 조절하여야 한다.

② POHCs(principal organic harzadous constituents)

- POHCs의 개요는 다음과 같다.

  POHCs는 유해 유기화합물의 구조를 갖는 환경상 중요한 물질로서 PCB(polychlorinated biphenyl)와 PCP(polychloro phenol)등의 난분해성 유기물질을 말한다.

- POHCs의 방치대책은 다음과 같다.

  소각시 POHCs의 제거율을 증가시키고 PICs(불완전 연소생성물)의 생성량을 최소화시키기 위한 연소온도와 연소실 가스 체류시간은 각각 통상 1,000℃에서 2초이상을 유지하고, 과잉공기량 등을 적절히 조절해야 한다.

(2) 소각처리시 유해가스

① PCDD(polychlorinated di-dioxin)과 PCDF(후란)의 발생원

- 2,4,5-T(trichloro phenoxy acetic acid)
- PCP(pentachloro phenol)
- PCB(polychlorinated biphenyl)의 불순물로 존재
- PVC(polyvinyl chloride) 및 chlorinated paraffin에 의해서 오염된 고철 등 재사용한 철강산업생산공정에서도 발생가능
- 젖은 음식쓰레기, 목재, 석탄, 갈탄의 연소시
- 염소화첨가물인 자동차의 폐윤활유
- fly ash표면에서 발생

② Dioxin발생이 최대가 되는 소각온도는 250～400(또는 450)℃이다.

③ flue gas의 냉각부분에서도 생성된다.

④ 산소농도가 높아질수록 생성량은 많아진다.

(3) CO로 연소판단

① 일산화탄소(CO)는 유해 유기물질(POHCs)의 발생과 관련이 있다.

② CO농도는 연소상태의 판단지표로서 연소조건을 조절하는데 활용된다.

▶ 굴뚝의 배출가스(off gas)토출속도가 30m/sec 이상이면 굴뚝에서 휘파람소기가 난다.

(4) 소각로의 배출가스농도

- SO_x는 50～100ppm 정도이다.
- 먼지는 200～700mg/Sm^3 정도이다.
- NO_x는 100～200ppm 정도이다.
- PVC 혼합폐기물이라면 HCl은 350～1,000ppm이다.
- 악취성 물질인 NH_3는 0.3～0.5ppm, 알데하이드류는 4～6ppm, 유기산은 30～90ppm 정도이다.

▶ 활성탄 흡착탑은 고습도, 40℃ 이상 온도, NH_3, HCHO, CH_4, PVC, 아민, C_2H_4, NO, CO 처리에는 부적합하다.

4.2 폐기물 매립(Solid Waste Landfill)

폐기물의 매립방식은 주로 악취의 발산이나 위생해충의 발생, 쥐 등의 서식방지를 고려해야 하며 보통 W.H.O에서 권장하는 Sanitary Land Fill식을 채택하고 있는 것이 세계적인 추세이다. 또한 우리나라에서는 지정폐기물을 따로 구분하여 인체에 직간접적으로 영향을 줄 수 있는 물질을 함유한 것을 매립을 못하도록 금지시키고 있다.

4.2.1 매립기술

1) 폐기물매립시 가스발생과정

(1) 매립시 폐기물 분해반응

① 매립초기의 호기성상태일 경우

$$C_6H_{12}O_6N + 6O_2 \rightarrow 6CO_2 + 6H_2O + 38ATP + \frac{1}{2}N_2\uparrow \qquad (4\text{-}7)$$

② 매립 후 180～400일 경과한 혐기성 상태일 경우

$$Ca_6HO_cN_d \rightarrow nC_wH_xO_yN_z + mCH_4 + SCO_2 + rH_2O + (d - n \cdot z)NH_3 \qquad (4\text{-}8)$$

여기서, $s = a - n \cdot w - m$이고, $r = c - n \cdot y - 2s$이다.

③ 매립후 1～2년이 경과한 혐기성 상태일 경우

$$C_aH_bO_cN_d + \left(\frac{4a - b - 2c - 3d}{4}\right)H_2O$$
$$\rightarrow \left(\frac{4a + b - 2c - 3d}{8}\right)CH_4 + dNH_3 + \left(\frac{4a - b + 2c + 3d}{8}\right)CO_2 \qquad (4\text{-}9)$$

(2) 혐기성 상태에서의 LFG가스생산량

① Tabasaran 산출식(G)

$$G = 1.867C(0.014 \times \text{배출가스온도} + 0.28)\ [Sm^3/ton] \qquad (4\text{-}10)$$

여기서, C : 폐기물내의 탄소함유량(TOC값 : kg)

② Rettenberg 산출식(G)

$$G = 0.067\exp(-0.288 \times \text{매립경과연도})\ [Sm^3/kg] \qquad (4\text{-}11)$$

폐기물 1 ton매립시 LFG(landfill gas)는 60~180Sm^3 정도이다.

(3) 폐기물의 혐기성 분해조건

① C/N(Carbon-Nitrogen ratio : 탄소-질소비) C/N비가 30일 때 최적이며, 30보다 크면 CO_2 생성량이 증가하고, 30보다 작으면 NH_3농도가 증가한다. 매립 후 1~2년이 경과되면 거의 LFG조성이 정상상태로 유지되어서 CH_4 50~70%, CO_2 30~50%가 된다.

- 도시 쓰레기중 유기물 1kg당 CH_4발생량은 0.05 Sm^3 정도이다.

② 혐기성 분해 반응식은 다음과 같다.

$$C_{\frac{a}{12}}H_{\frac{b}{1}}O_{\frac{c}{16}}N_{\frac{d}{14}}S_{\frac{e}{32}} + x_1H_2O \rightarrow x_2CH_4 + x_3CO_2 + \frac{d}{14}NH_3 + \frac{e}{32}H_2S \qquad (4\text{-}12)$$

· C원소 물질수지식 $\frac{a}{12} = x_2 + x_3$

· H원소물질수지식 $\frac{b}{1} + 2x_1 = 4x_2 + \frac{3d}{14} + \frac{2e}{32}$

· O원소 물질수지식 $\frac{c}{10} + x_1 = 2x_3$

· N원소 물질수지식 $\frac{d}{14} = \frac{d}{14}$

· S원소 물질수지식 $\frac{e}{32} = \frac{e}{32}$

· $x_1 = \frac{a}{12} - \frac{b}{4} - \frac{c}{32} + \frac{3d}{56} + \frac{e}{64}$

· $x_2 = \frac{a}{24} + \frac{b}{8} - \frac{c}{64} - \frac{3d}{112} - \frac{e}{128}$

· $x_3 = \frac{a}{24} - \frac{b}{8} + \frac{c}{64} + \frac{3d}{112} + \frac{e}{128}$

③ 혐기성 우성 박테리아
매립지가 혐기성 상태가 되면 Bacillus, Enterobacter, Clostridium의 혐기성 세균에 의해서 탄수화물, 지방, 단백질이 가수분해함으로써 CO_2, H_2, 지방산 등의 혐기성 산을 생성한다.

④ pH(hydrogen ion concentration exponent)
최적 pH는 7.0~7.2인데 6 이하와 8 이상으로 되면 메탄 생성 박테리아(세균)가 우성미생물의 활동을 저하시킨다. 그러므로 메탄(CH_4) 생성이 크게 줄게된다.

⑤ Glucose의 혐기성분해시 LFG반응식

$$C_6H_{12}O_6 \rightarrow 3CH_4 + 3CO_2 \qquad (4\text{-}13)$$

- 부패성 쓰레기 반응식 : $C_{15}H_{28.9}O_{7.7}N + xH_2O \rightarrow yCH_4 + zCO_2 + NH_3$

⑥ LFG 생상량(G) 산출식

$$G = G_o(1-10^{-k \cdot t}) \ [Sm^3/kg] \qquad (4\text{-}14)$$

여기서, G_o는 쓰레기 단위 1kg당 매립가스 발생량(Sm^3/kg), k는 반응속도상수(1/년), t는 매립경과년수(년) 이다.

4.2.2 매립지내 매립기간 단계별 가스발생

(1) LFG(landfill gas)

① Ⅰ단계는 호기성(aerobic)발효기로서 수분이 많이 있을 경우인데 이 기간은 단축되기도 한다.

② Ⅱ단계는 혐기성 비메탄발효기로서 임의성, 즉 혐기성진입단계로서 임의성(facultive) 미생물에 의해 SO_4^{2-}, NO_3^-로 분해됨과 동시에 CO_2가 급증한다.

③ Ⅲ단계는 혐기성 비정상 메탄발효기로서 매립후 180～400일이 경과시 CO_2와 H_2의 비율은 점점 감소하다가 55℃까지 온도가 상승하면서 CH_4발생이 급중한다.

④ Ⅳ단계는 혐기성 정상 메탄발효기로서 매립후 1～2년 경과시 산생성균에 의해 CH_4와 CO_2의 발생비율이 55 : 45(%)로 생성된다.

⑤ Ⅴ단계는 혐기성 정상 메탄 발효기로서 가스조성이 거의 정상상태를 유지해 가스조성은 CH_4 50～70%와 CO_2 30～50%로 생성된다. 매립 5년이 지나면 대개 CH_4와 CO_2는 감소해 유기물질의 분해가 완료되면 안정화되어 N_2와 O_2가 생성된다.

(2) 폐기물($C_{30}H_{50}O_{25}$)의 퇴비화 반응식은 다음과 같다.

$$C_{30}H_{50}O_{25} + 18O_2 \rightarrow C_{12}H_{20}O_{10} + 18CO_2 + 15H_2O \qquad (4\text{-}15)$$

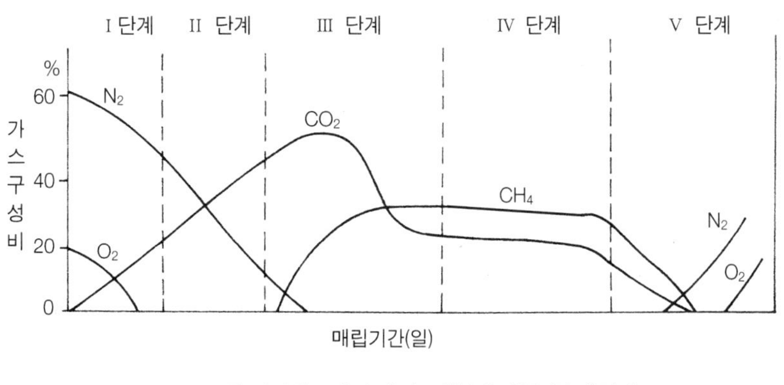

그림 4.1 ▌ 매립장의 생활폐기물 분해단계

4.3 슬러지 개량(Sludge Condition)

4.3.1 슬러지에 대한 감량화

1) 개량의 개요

개량은 농축슬러지의 입자크기를 증대시켜서 탈수(dehydration)가 잘 되도록 anion polymer(PAA : polyacryl amide)를 주입하는 화학적 조작이다.

탈수조작은 무기화공약품주입, 세척, 열처리, ash첨가 등이다.

(1) 개량공법

① 약품주입에 의한 개량

- 입자표면전하를 중화시켜준다.
- floc(훌록)성장의 가교작용을 한다.
- 무기약품의 종류는 다음과 같다.
  - 응집제는 $FeSO_4$, $FeCl_2$, $FeCl_3$, $Fe_2(SO_4)_3$, $Al_2(SO_4)_3$ 등이다.
  - 응집조제는 $Ca(OH)_2$, H_2O_2, Fly ash, Bentonite, 산성백토 등이다.

② 철염과 석회에 의한 개량

- 양(+)다가이온인 철이온이 소화오니의 음(-)표면전하를 중화 및 가수분해하여 금속산화물이 소화오니의 입자를 흡착한다.

$$FeSO_4 + Ca(HCO_3)_2 \rightarrow Fe(OH)_2 + CaSO_4 + 2CO_2 \qquad (4\text{-}16)$$

- 석회(Ca)첨가의 효과는 다음과 같다.
  - pH를 상승시킨다.(철염응집에 양호한 pH를 제공함)
  - 칼슘이온(Ca^{2+})이 양전하의 역할을 한다.
  - 탈수오니케이크(cake)의 다공질화 및 지지체의 역할을 한다.
  - 훌록(floc)형성의 핵제공 및 무게를 증가시킨다.

4.3.2 개량기술

1) 슬러지의 개량(Sludge condition)

(1) 농축전 개량

생·잉여슬러지의 입자크기를 증대시켜서 농축 및 탈수가 잘 되도록 하기 위한 조작이다.

농축을 위해서 cation polymer를 주입한다. 탈수증진을 위해서 $Ca(OH)_2$, $FeCl_3$ 등의 무기화학물질을 주입, 세척, 열처리 및 ash를 첨가한다.

(2) 화학적 개량

① 약품에 의한 응집은 고형물 입자 표면전하의 중화와 floc성장의 가교 작용을 한다.

② 무기약품

응집제는 $Fe_2(SO_4)_3$, $FeSO_4$, $FeCl_3$, $FeCl_2$, $Al_2(SO_4)_3$, $Ca(OH)_2$, H_2O_2, Bentonite, 산성백토, fly ash 등이다.

③ 철염과 석회에 의한 개량

원리는 양(+)다가 이온인 철(Fe)이온이 슬러지의 음(-)표면전하를 중화 및 가수분해에 의해서 금속산화물이 슬러지입자를 흡착한다.

$$FeSO_4 + Ca(HCO_3)_2 \rightarrow Fe(OH)_2 + CaSO_4 + 2CO_2 \qquad (4\text{-}17)$$

석회첨가의 효과는 철염응집에 양호한 pH상승효과와 Ca^{2+} 이온이 (+)전하역할로서 탈수오니케이크의 다공질화, 지지체의 역할, 흘록형성의 핵제공 및 무게를 증대시킨다. 과산화수소(H_2O_2)의 역할은 산화작용에 의해서 유기물을 산화해 겔(gel)구조를 파괴한다.

제4장 연습문제

문 1. 다음중 폐기물에 관한 용어가 아닌 것은?

ㄱ. refuse ㄴ. waste ㄷ. residual
ㄹ. used material ㅁ. contaminant

✓**해설** contaminant는 폐기물 속에 함유된 오염물질이다.

문 2. 우리나라의 년간 국민 1인당 1일 생활쓰레기 발생량은?

ㄱ. 2.32kg ㄴ. 2.15kg ㄷ. 1.85kg ㄹ. 1.21kg ㅁ. 1.04kg

✓**해설** 쓰레기종량제의 실시로 크게 생활폐기물발생량이 감소했다.

문 3. 다음 폐기물에 관한 설명 중 잘못된 것은?

ㄱ. 경제활동중 생산, 공급과 소비과정에서 발생된 부산물 및 재사용이 불가능한 물질이다.
ㄴ. 생물학적으로 분해되지 않거나 에너지화할 수 없고, 다른 방법으로도 재사용이 불가능한 물질이다.
ㄷ. 쓰레기, 재, 슬러지, 분뇨, 폐유, 폐산, 폐알칼리, 동물의 사체 등으로서 사람의 생활이나 사업활동에 필요하지 아니하게 된 물질이다.
ㄹ. 지정폐기물은 사업장 폐기물 중 폐유, 폐산 등 주변환경을 오염시킬 수 있는 유해한 물질이다.
ㅁ. 특정폐기물은 환경 및 국민보건에 유해한 물질이다.

✓**해설** 특정폐기물은 1996.2.5로 폐기물관리법에서 삭제되었고 지정폐기물이다.
① 사업장 폐기물은 대기환경보전법, 수질환경보전법, 소음 · 진동규제법의 규정에 따라 배출시설을 설치 · 운영하는 사업장에서 발생되는 물질이다.
② 생활폐기물은 사업장폐기물 외의 폐기물을 말한다.

문 4. 다음 중 생활폐기물의 발생량보다 수거량이 더 많아지는 이유 중 잘못된 것은?

ㄱ. 폐기물의 보관용기내에 빗물이 침수되었기 때문이다.
ㄴ. 가축의 분뇨나 유아의 분이 혼입되었기 때문이다.
ㄷ. 개나 고양이 등의 가축에 의한 음식물쓰레기가 소모되었기 때문이다.
ㄹ. 사업장폐기물이 혼입되었기 때문이다.
ㅁ. 수거과정에서 토사 등이 혼입되었기 때문이다.

✓**해설** 생활폐기물량보다 수거량이 더 적은 이유는 가축들에 의해 폐기물의 소모, 부패 · 증발 등으

정 답 | 1. ㅁ 2. ㅁ 3. ㅁ 4. ㄷ

로 자연감소와 재활용폐기물의 수거 때문이다.

문 5. 다음 폐기물의 성상을 지배할 수 있는 내용과 거리가 먼 것은?

ㄱ. 경제적인 사정　　ㄴ. 문화수준　　ㄷ. 기후 및 지리적인 수준
ㄹ. 생활양상의 변화　　ㅁ. 성별 및 학력의 수준

✓**해설** 이외에도 주민의 소득수준, 주거형태에 변화와 연료의 변화 등이다.

문 6. 다음 생활폐기물에 관한 특성 중 거리가 먼 것은?

ㄱ. 폐기물의 성분은 소득수준과 밀접한 관계가 있다.
ㄴ. 제품의 과잉포장으로 폐기물발생량 증대에 따른 폐기물간 공극이 크고 함수율이 낮다.
ㄷ. 폐기물의 밀도는 수거장비의 용량과 압축차량의 대수를 결정하는데 필요한 경제성 분석인자이다.
ㄹ. 도시폐기물은 가정, 시장, 상가, 빌딩, 가로수 등에서 발생해 복잡다양하다.
ㅁ. 폐기물의 조성은 연탄재, 음식물, 금속・초자류, 종이류 순으로 발생된다.

✓**해설** 1997년도의 환경부자료를 인용하면 1일 총폐기물발생량은 19만 470톤(생활폐기물 4.79만톤, 사업장폐기물 14.68만톤)이며, 처리는 매립 39.1%, 재활용 55.4%, 소각 5.5%이다.

문 7. 다음 중 지역이기주의와 관계가 깊은 것은?

ㄱ. NIMBY　　ㄴ. PIMBY　　ㄷ. WTO　　ㄹ. GR　　ㅁ. UR

✓**해설** NIMBY는 not in my back yard의 약어이다.

문 8. 다음 중 건축물 폐재류가 아닌 것은?

ㄱ. 목재와 타일　　ㄴ. 세면기, 변기와 욕조　　ㄷ. 시멘트덩어리
ㄹ. 보일러　　ㅁ. 금고류, 도배지와 장판

✓**해설** 생활폐기물 중 플라스틱, 도배지와 장판지 등의 공사잔해물은 일반폐기물이다. 도시폐기물밀도는 종이, 유리, 금속, 플라스틱 등 부패성물질의 구성비율지배된다.

문 9. 폐기물의 감용화를 위해 압축차량은 얼마 정도(kg/m^3)로 유지해야 하는가?

ㄱ. 300　　ㄴ. 350　　ㄷ. 400　　ㄹ. 450　　ㅁ. 500

✓**해설** 우리나라의 생활폐기물밀도는 중진국수준이다.

문 10. 폐기물의 수거시 가장 문제가 되는 것은?

ㄱ. 수거노선　　ㄴ. 수거인부　　ㄷ. 수거차량
ㄹ. 수거폐기물성상　　ㅁ.수거폐기물량

✓**해설** 수거인력은 시・군일 경우 1.6ton/man・hr, 민간기업일 경우 3.3ton/man・hr정도이다.

정 답 | 5. ㅁ　6. ㅁ　7. ㄱ　8. ㅁ　9. ㄷ　10. ㄱ

문 11. 폐기물의 수거노선을 결정시 고려해야 할 내용이 아닌 것은?

ㄱ. 수거시간　　ㄴ. 노동력　　ㄷ. 폐기물량
ㄹ. 폐기물무게　　ㅁ. 폐기물성상

✓**해설** 이 외에도 수거차의 수거능력이다.

문 12. 우리나라가 종량제가 실시된 이후 MHT는 얼마 정도인가?

ㄱ. 0.9　　ㄴ. 1.25　　ㄷ. 1.6　　ㄹ. 1.8　　ㅁ. 2.6

✓**해설** 비닐자루에 발생자가 콘테이너에 분리해 적재할 경우 0.9man-hr/ton이고, 수거인부가 각 가정을 방문해 수거시는 2.6man-hr/ton정도이다.

문 13. 폐기물을 발생장소에서 최종 처리장까지 운반하는데 일단 모았다가 처분하기 위한 장소는?

ㄱ. 적환장　　ㄴ. 중간처리장　　ㄷ. 중계처리장　　ㄹ. 저장소　　ㅁ. 환승장

✓**해설** 적환장은 최종 및 중간처리장에 이송하기 전 모아 놓은 곳이다.

문 14. 다음 적환장을 설치할 때 고려해야 할 사항과 거리가 먼 것은?

ㄱ. 폐기물수거지역의 중심지점에 위치해야 한다.
ㄴ. 고속도접근이 용이한 지역이어야 한다.
ㄷ. 공공위생 및 환경에 의한 침해가 최소화될 수 있는 지역이어야 한다.
ㄹ. 폐기물을 회수 및 에너지생산에 이용하는데 부적합한 지역과는 무관하다.
ㅁ. 건물 및 운용이 경제적인 곳이여야 한다.

✓**해설** 폐기물의 회수나 에너지생산 후 이용시 적합한 지역이어야 한다.

문 15. 다음 중 폐기물 매립장이 복토로 부적합한 것은?

ㄱ. 지름 2mm 이상의 자갈
ㄴ. 실트가 함유한 자갈
ㄷ. 직경비슷한 모래
ㄹ. 실트와 클래이를 함유한 흙
ㅁ. 함수율 98%의 슬러지

✓**해설** clay함유된 흙이 제일 좋다.

문 16. 다음 위생매립에 관한 설명 중 잘못된 것은?

ㄱ. 도랑을 2.5~7m정도로 파고, 폐기물을 묻은 후 복토하면 흙이 항상 남는다.
ㄴ. 지역에 폐기물을 놓고 다진 후 복토하면 지면이 높아지며, 복토흙이 항상 모자란다.
ㄷ. 경사면에 폐기물을 2~3m 정도로 덮고, 복토흙은 다른 곳에서 가져와야 한다.

정 답 | 11. ㅁ　12. ㄱ　13. ㄱ　14. ㄹ　15. ㅁ　16. ㅁ

ㄹ. 복토는 일시적일 때 5~15cm, 최종일 때 60cm를 덮어야 한다.
ㅁ. 매립순서는 입구보다 먼 곳부터 실시하여야 한다.

✓해설 매립은 입구부터 먼 곳으로 실시해야 한다.

문 17. 매립폐기물을 운반하고 복토시 덮고 다지는데 사용되는 장비는?

ㄱ. tractor ㄴ. jaw crusher ㄷ. roller ㄹ. porkcrane ㅁ. dozar

✓해설 운반 및 다짐에는 트랙터를 사용한다.

문 18. 지하수위나 흙의 성질을 알기 위해 매립지역에서 실시하는 시험은?

ㄱ. jar test ㄴ. boling test ㄷ. air test
ㄹ. flame test ㅁ. water pressure test

✓해설 매립지를 boling해 test함으로써 지역오염을 알 수가 있다.

문 19. 매립장에 관한 설명 중 잘못된 것은?

ㄱ. 폐기물중 유기물질은 Bacteria, Fungi, Actimycetes 등이 분해시킨다.
ㄴ. 매립초기는 호기성분해가 빨리 진행된 후 혐기분해로 분해속도가 떨어진다.
ㄷ. 메탄생성이 중단되면 유기물질의 분해가 중지된 것이다.
ㄹ. 유기물질분해는 물이 없어도 가능하다.
ㅁ. 진흙으로 복토시 매립지에 유공파이프 설치하지 않으면 폭발위험이 크다.

✓해설 반드시 유기물질이 분해되려면 물이 있어야만 한다. 그리고 유기물질은 분해조건 양호시 30일정도 지나면 거의 분해가 된다.

문 20. 폐기물의 퇴비화시 최적 수분함유율은 얼마인가?

ㄱ. 20~30% ㄴ. 20~40% ㄷ. 30~50% ㄹ. 50~70% ㅁ. 60~80%

✓해설 pH 6~8, 온도 65~78℃, C/N비 20~40가 최적 퇴비화조건이다.

문 21. 연기 없는 연소조건에 관한 설명 중 잘못된 것은?

ㄱ. 충분한 온도 ㄴ. 충분한 연소시간 ㄷ. 적절한 혼합을 위한 난류
ㄹ. 충분한 산소공급 ㅁ. 충분한 소각량

✓해설 너무 많은 소각량이 오히려 연소조건을 악화시킨다.

문 22. 불완전 연소시 연기미립자의 크기는 얼마 정도인가?

ㄱ. 0.01~1μm ㄴ. 0.05~0.5μm ㄷ. 0.5~5μm
ㄹ. 1~10μm ㅁ. 1~20μm

정 답 | 17. ㄱ 18. ㄴ 19. ㄹ 20. ㄹ 21. ㅁ 22. ㄱ

문 23. 소각로, 보일러 등의 연소기관에서 연소에 관한 설명 중 잘못된 것은?

ㄱ. 어떤 연료나 고체상태로는 연소가 불가능한다.

ㄴ. 연소하려면 반드시 고체는 증발기화되어야만 한다.

ㄷ. 하부에서 공기주입시 상부로 올라갈수록 산소량이 줄어든다.

ㄹ. 상부로 갈수록 flue gas중 CO농도가 높고 온도가 낮아진다.

ㅁ. 상부에 공기보충하면 CO, NO_x 농도가 감소한다.

✓**해설** CO농도는 CO_2로 산화되어 감소되나 NO_x는 더 증가된다.

문 24. 잉여공기에 의한 CO를, CO_2로 변화되나 열손실이 일어난다. 이때 열손실은 몇 %이내이어야만 최적조건이 되는가?

ㄱ. 0.1～1%　　ㄴ. 0.2～2%　　ㄷ. 0.3～3%　　ㄹ. 0.4～4%　　ㅁ. 0.5～5%

✓**해설** secondary air로 공급하지 않으면 flue가스가 불완전 연소에 의해 백색, 황색, 흑색으로 되어서 stack으로부터 배출된다.

문 25. 다음 중 열분해에 의한 생성물의 종류와 양에 영향을 미치는 인자가 아닌 것은?

ㄱ. 열분해 시간과 온도

ㄴ. 폐기물 자체의 구성성분

ㄷ. 가열 방법과 촉매사용여부

ㄹ. 단위시간당 열분해온도의 증가율

ㅁ. 반응탑의 압력

✓**해설** 이 외에도 생성가스나 고형탄화물의 회수방법, 반응탑상태, 시료준비이다.

문 26. 다음 열분해(pyrolysis)에 관한 설명 중 잘못된 것은?

ㄱ. 폐기물로부터 에너지를 회수하는 방법이다.

ㄴ. 폐기물을 무산소나 저산소상태에서 열을 가해 연소시키는 것이다.

ㄷ. 고분자 유기물질에 열을 가해 분자구조를 파괴시키고 발생된 가스를 응축시켜서 간단한 저분자물질로 전환시키는 것이다.

ㄹ. 고형이나 액상 유기물질에 열을 가해 가스와 액체, 탄화물을 생성한다.

ㅁ. 일차적으로 발열반응이 일어나 열이 폐기물에 전달되어서 휘발성분이 건류되어 열분해시 탄소성분이 물과 반응한다.

✓**해설** 열분해는 반드시 폐기물의 유기물질만이 연소된다.

문 27. 폴리에틸렌을 용융해 열분해되어 오일화가 진행되는 온도는?

ㄱ. 100～200℃　　ㄴ. 200～300℃　　ㄷ. 300～400℃

정 답 | 23. ㅁ　24. ㅁ　25. ㅁ　26. ㄴ　27. ㄹ

ㄹ. 400～500℃　　　　ㅁ. 700～1000℃

✓해설 연탄의 발열량은 4500kcal/kg, 플라스틱은 8000kcal/kg이다.

문 28. 폐타이어를 500～600℃로 열분해시 발열량은 얼마 정도인가?

ㄱ. 4,500kcal/kg　　　　ㄴ. 8,000kcal/kg　　　　ㄷ. 10,000kcal/kg
ㄹ. 12,000kcal/kg　　　　ㅁ. 15,000kcal/kg

✓해설 폐타이어 1kg당 열분해시 열량은 1만kcal이다.

문 29. 다음 중 폐기물로부터 자원을 회수하기 위한 방법으로 부적합한 것은?

ㄱ. 물질회수　　ㄴ. 에너지회수　　ㄷ. 물질전환　　ㄹ. 퇴비화　　ㅁ. 소각화

✓해설 소각은 자원회수공법이 아님

문 30. 다음 중 열분해로 연료가스화할 수 없는 물질은?

ㄱ. 플라스틱　　ㄴ. 목재　　ㄷ. 섬유　　ㄹ. 고무　　ㅁ. 주방쓰레기

✓해설 주방의 음식쓰레기는 열량이 낮아 연료화 곤란함

문 31. 다음 중 폐기물의 자원화 저해요인이 될 수 없는 것은?

ㄱ. 재생제품의 시장점유 불안정성
ㄴ. 사회인식의 부족
ㄷ. 수집, 생산과 유통시스템의 불구축
ㄹ. 정보부족과 기술 부족
ㅁ. 용도의 다양성

✓해설 재생제품의 용도가 제한되었다.

문 32. 우니나라에서 폐기물비용 중 지금까지 인건비가 차지하는 비율은?

ㄱ. 25%　　ㄴ. 40%　　ㄷ. 45%　　ㄹ. 50%　　ㅁ. 65%

✓해설 처리비용중 인건비가 제일 높다.

문 33. 매립장에서 폐기물의 혐기분해시 영향을 미치는 인자가 될 수 없는 것은?

ㄱ. pH　　ㄴ. 수분　　ㄷ. 온도　　ㄹ. C/N비　　ㅁ. 고정탄소

✓해설 고정탄소는 분해와 거리가 멀다.

문 34. 다음 다이옥신에 관한 설명 중 잘못된 것은?

ㄱ. 다염화 디벤조 파라다이옥신을 총칭해 dioxin이라고 한다.

정 답 | 28. ㄷ　29. ㅁ　30. ㅁ　31. ㅁ　32. ㅁ　33. ㅁ

ㄴ. 2,3,7,8-4염화 dibenzo paradioxin을 말하기도 한다.

ㄷ. 두 개의 벤젠핵을 두 개의 염소로 연결된 유기산소화합물이다.

ㄹ. 염소는 1개부터 8개 까지 결합된 75종류의 이성체가 있다.

ㅁ. 폐기물 중 무기염화물이나 염화비닐인 PVC가 소각온도 300～600℃로 열분해시 dioxin으로 변화된다.

✓해설 ① dioxin은 두개 벤젠핵을 두 개의 산소로 연결되고 그 구조체에 염소가 결합된 유기염소 화합물이다.

(a) Benzene (b) Dioxin

② 불완전연소시 벤젠핵이 생성됨.

문 35. 폐기물의 소각시 dioxin을 발생가능한 유기염소화합물이 아닌 것은?

ㄱ. 염화비닐 ㄴ. 염화비니리덴 ㄷ. 염소화 파라핀

ㄹ. 다이클로로벤젠 ㅁ. 염화나트륨

✓해설 식염을 유기물과 직접반응해서 불휘발성산작용으로 HCl이 생성된 후 유기물과 반응하여 dioxin이 생성된다.

문 36. 다이옥신을 완전열분해하기 위해서는 얼마 정도의 온도가 필요한가?

ㄱ. 300℃ ㄴ. 500℃ ㄷ. 800℃ ㄹ. 1,000℃ ㅁ. 1,300℃

✓해설 소각로내의 온도가 1,300℃에서 2초이상 체류되면 dioxin은 분해된다.

문 37. 폐기물용 소각시설에 다이옥신발생을 제어하는 기술로서 부적당하다고 생각되어진 것을 고르시오.

ㄱ. 염소를 함유한 폐기물을 연소시키지 않는다.

ㄴ. 불완전연소를 방지하기 위해 노력한다.

ㄷ. 소각로내 온도가 600℃이하로 내려가지 않도록 한다.

ㄹ. 소석회나 석회유를 주입해 1,300℃이상으로 가열한다.

ㅁ. 여과집진시설, 전기집진시설을 설치해 운용한다.

✓해설 집진시설은 입자상 고체물질인 dust를 분리시킬 수 있다.

문 38. 다음 중 가장 독성이 강한 물질은?

ㄱ. TCDD ㄴ. Benzene ㄷ. dibenzoparadioxine

ㄹ. PCDD ㅁ. polyvinyl chloride

정 답 | 34. ㄷ 35. ㅁ 36. ㅁ 37. ㅁ 38. ㄱ

해설 PCDD(polychloro-dibenzo-paradioxin)중 염소치환수가 4개인 TCDD(tetrachloro-dibenzo-paradioxin)이 인류역사상 가장 유독한 물질이고, 모두 물에는 잘 녹지 않으며 토양에 잘 반응한다. 특히 발암성과 기형아의 원인물질로 판명되었다. 이외에도 디벤조후란, 무수아비산 등이 독성물질이다.

문 39. 다음 사업장 폐기물 처리 방법 중 부적당한 것은?

ㄱ. 전산업을 개별화한 처리방법을 모색한다.
ㄴ. 사업장에서 폐기물발생량을 감량화할 수 있는 기술을 개발한다.
ㄷ. 소각, 매립, 해양투기를 한다.
ㄹ. 무해화처리, 재활용하도록 한다.
ㅁ. 폐기물의 배출 원단위를 절감한다.

해설 소각, 매립, 해양투기는 자원소비형이지 소비절감을 극대화시킬 수 없어 사전처리하는 process innovation시도해야 한다.

문 40. 다음 중 지정폐기물이 아닌 것은?

ㄱ. 폐산과 폐알칼리
ㄴ. 폐유와 폐유기용제
ㄷ. 폐석면, 광재, 먼지
ㄹ. 폐합성수지, 폐합성고무, 폐페인트
ㅁ. 폐합성섬유, 폐합성피혁, 폐석고, 폐석회, 동물성잔재물

해설 최근 지정폐기물에서 누락시켰다.

문 41. 지정폐기물 중 슬러지의 고형물함량은?

ㄱ. 95% 미만　ㄴ. 5%이상　ㄷ. 90%미만　ㄹ. 10% 이상　ㅁ. 85%미만

해설 슬러지는 함수율함량 95% 미만이거나 고형물함량 5% 이상인 것을 말한다.
① 폐산은 pH 2.0 이하, 폐알칼리는 pH 12.5 이상인 것
② 폐유는 기름성분 5% 이상 함유한 것(PCB제외)

문 42. 다음 중 의료 폐기물에 속하지 않는 것은?

ㄱ. 탈지면, 가제, 붕대　ㄴ. 기저귀, 산오물　ㄷ. 주사기, 주사침
ㄹ. 체온계, 시험관　ㅁ. 폐링게르병, 폐주사용앰플병, 폐시약병, 환자복

해설 약병류는 폐기물이고, 폐시약(렌트겐 폐액, 유기용제병)은 잘 관리해야 하며, 환자복은 폐기물이 아니다.

문 43. 다음 중 폐산 처리시 발생하는 사고와 거리가 먼 것은?

ㄱ. 암모니아를 함유한 폐산을 알칼리로 중화시 NH_3발생
ㄴ. 여러 종류의 폐산 혼합액을 화학반응시 NO, NO_2, Cl_2발생

정 답 | 39. ㄷ　40. ㅁ　41. ㄴ　42. ㅁ　43. ㅁ

ㄷ. 폐염산과 폐질산을 혼합반응시 Cl_2 발생

ㄹ. 황화소다 등을 함유한 폐액을 폐황산으로 중화시 H_2S발생

ㅁ. 폐황산, 폐염산 함유 드럼통을 산업폐기물업자가 부주의하며 뚜껑을 열어 HCl, H_2SO_4 발생

✓해설 $Na_2S + H_2SO_4 \rightarrow NaSO_4 + H_2S\uparrow$ (폐알칼리의 처리시 H_2S누출사고가 발생됨)

문 44. 아황산염을 함유한 사진폐액을 황산으로 중화처리시 발생되는 맹독성가스 사고로 예상되는 유독물은?

ㄱ. H_2S ㄴ. SO_2 ㄷ. SO_3 ㄹ. NO ㅁ. H_2SO_4

✓해설 $Na_2SO_3 + H_2SO_4 \rightarrow Na_2SO_4 + SO_2\uparrow + H_2O$

문 45. 다음 중 의료폐기물의 발생원으로 볼 수 없는 것은?

ㄱ. 진료실, 수술실 ㄴ. 처치실, 임상검사실 ㄷ. 병리검사실, 병동

ㄹ. 소독시설, 세면시설 ㅁ. 세탁시설, 화장실

✓해설 "ㅁ"은 의료 아닌 오수배출시설이다.

문 46. 다음 중 의료 폐기물의 특징으로 볼 수 없는 것은?

ㄱ. 의료시설내의 한 장소에서 집중적으로 발생된 것이 아니라 분산되었다.

ㄴ. 일요일, 휴일과 밤낮관계없이 발생된다.

ㄷ. 감염예방과 수액량증가로 disposal용품의 사용이 증가하고 있다.

ㄹ. 혈액, 체액, 분뇨에 의한 병원성 미생물오염의 위험성이 있다.

ㅁ. 진단정보검사밀도가 줄어 약제, 기자재 등의 폐기물은 줄고 있다.

✓해설 진단정보검사밀도가 폭주해 점적 set, 채뇨백, 인공투석기구, 약병, 장갑, 샤레, 뇨컵, 주사침 등이 크게 증가하고 있다.

문 47. 병원폐기물의 발생량은 평균적으로 얼마정도 (kg/인・일)인가?

ㄱ. 1.1 ㄴ. 1.3 ㄷ. 1.5 ㄹ. 1.8 ㅁ. 2.1

✓해설 일반적으로 0.5~1.8kg/인・일이다.

문 48. 다음 쓰레기종량제의 관한 설명 중 잘못된 것은?

ㄱ. 쓰레기발생율 원천적으로 감량시키고 재활용을 증가시키기 위한 제도이다.

ㄴ. 폐기물비용은 원인자 비용부담원칙을 실행시킨 제도이다.

ㄷ. 정부의 폐기물감량화정책을 지지하는 제도적장치로서 역할한 제도이다.

ㄹ. 국민의 비용지불(경제적동기)로 쓰레기 배출을 줄이자는 제도이다.

정 답 | 44. ㄴ 45. ㅁ 46. ㅁ 47. ㄱ 48. ㅁ

ㅁ. 정부가 공공서비스로 폐기물을 수거하는 재산정도에 기준한 고정율 사용자 부담금제도이다.

문 49. PVC 소각시 발생되는 배출가스 중 오염물질과 거리가 먼 것은?

ㄱ. SO_2　　ㄴ. HCl　　ㄷ. Pb　　ㄹ. Cd　　ㅁ. Cu

✓**해설** 이 외에도 PCDD, PCDF, Dioxin, NOx, 검댕, 악취, CO 등이다.

문 50. PVC는 빛에 불안정해 분해하여 HCl을 발생하는 것을 방지하기 위한 안정제로 옳지 않은 것은?

ㄱ. 삼염기성 황산염(S)　　ㄴ. 스테아린산 납(Pb)　　ㄷ. 스테아린산 카드뮴(Cd)
ㄹ. 유기주석화합물(Sn)　　ㅁ. 황산철(Fe)

✓**해설** 이 외에도 스테아린산 바륨(Ba)과 스테아린산 칼슘(Ca) 등이 사용된다.

문 51. 다음 중 플라스틱을 분해할 수 있는 미생물은?

ㄱ. Pseudomonas futida　　ㄴ. Nitrosomonas　　ㄷ. Vorticella
ㄹ. Beggiatoa　　ㅁ. Sphaerotilus natance

✓**해설** 플라스틱은 잘 썩지 않을 뿐만 아니라 소각시 발암물질을 생성할 수 있으며, 기형아를 유발할 수 있는 다이옥신을 비롯해 유독한 부산물을 발생시킨다.

문 52. 다음 중 식물 생리작용에 대한 설명과 거리가 먼 것은?

ㄱ. 인(P)은 꽃이 피고 열매를 맺게 하며, 생장에 중요한 에너지를 공급한다.
ㄴ. 칼륨(K)은 뿌리를 튼튼히 하고, 광합성 · 단백질의 합성에 관여한다.
ㄷ. 칼슘(Ca)은 세포막의 형성과 원형질의 정상 유지에 기여한다.
ㄹ. 질소(N)는 잎을 크게 한다.
ㅁ. 산소(O)는 엽록체내의 물을 분해한다.

✓**해설** 산소는 단백질과 아미노산을 만들고 수소는 엽록체 내에서 물을 분해하여서 얻어 식물체의 골격을 형성한다.

정 답 | 49. ㅁ　50. ㅁ　51. ㄱ　52. ㅁ

05

토질환경화학

5.1 토양환경화학

5.1.1 토양환경오염(Soil Environmental Pollution)

1) 토양(soil)의 개요

(1) 흙속의 물과 공기

① 표면장력은 극성분자의 집합체인 물방울이 비극성분자인 공기, 기름 등과 접촉시 계면의 물분자들은 물방울중심으로 더 큰 인력이 작용해 엔탈피(enthalpy)가 높은 불안정한 상태가 된다. 즉, 물방울이 계면의 분자수를 줄여 표면적이 줄어 안정한 상태가 되려는 힘을 표명장력이라고 한다.

② 흡착력은 물방울이 자신보다 더 극성이 강한 분자들로 구성된 물질, 즉 유리, 점토, 활성탄 등의 이온성 물질과 접촉할 때 계면의 물분자들은 외형적으로 원심보다 더 큰 인력을 받는데 이 힘을 흡착력이라고 한다. 이때 물방울이 계면의 분자수를 늘려서 안정한 상태로 되려는 힘이다.

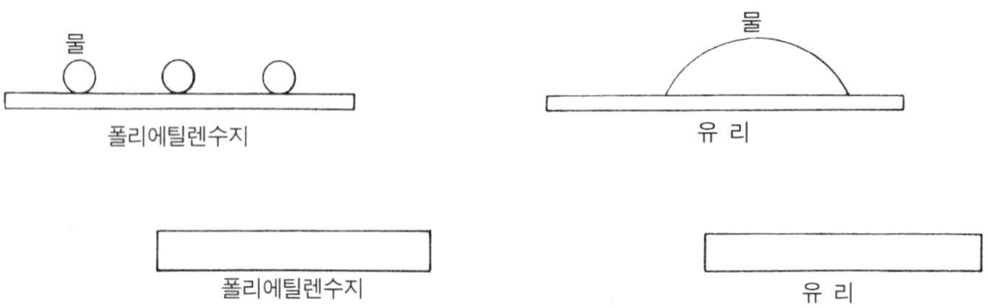

그림 5.1 표면장력

③ 모세관현상은 표면장력과 흡착력이 복합적으로 작용한 현상이다.

④ 토양의 수분장력(pF)은 흙이 수분을 보유하는 힘을 말하며, 흙입자와 흙입자를 둘러싼 수막의 제일 바깥층의 물분자간 장력은 그에 맞먹는 압력을 갖는 물기둥높이(H : cm)의 대수값을 pF로 나타낸다.

> pF = 4.0이라면 수분은 10,000mm의 물기둥압력, 즉 약 10기압으로 결합된 수분을 말한다.

(2) 토양오염

토양은 채소, 쌀, 과일 등 식량증산수단으로 이용되어지는 식량창고이며, 농산물의 재배에 따른 농약과 화학비료 사용에 따라서 각종 오염물질이 토양에 축적되어서 이 축적성오염으로 자연정화가 불가능해지게 되므로 토양오염에 대한 예방 대책이 시급하다. 그리고 농약의 토양 및 농작물잔류에 의한 인체 및 생태계 피해를 최소화해야만 한다. 특히 토양오염도가 심한 금속의 광산 및 제련소 지역, 공단지역 등의 토양과 농업용수의 수로 저질토 등은 중금속과 pH가 거리별이나 토층별로 심각한 오염성을 나타내고 있다.

① 흙이 물로 포화될 때의 변화

- 미생물은 유기물질을 활발히 분해하는 바 산소가 급격히 감소된다.
- 흙의 콜로이드입자들간 결합력을 상실해서 흙의 구조가 붕괴된다.
- 콜로이드입자를 연결시켜주는 이온들은 미생물들이 활발히 활동하면서 불용성물질을 환원시켜서 용기 및 영양분으로 섭취해 흙구조가 깨진다.
- 식물이 성장하는데 장해가 된다.
- 박테리아의 촉매적 활동으로 유기환원제가 반응해 pE가 1.0이하로 감소한다.
- 불용성철(Fe^{3+})과 망가니즈(Mn^{4+})이 환원되어 용해성 Fe^{2+}과 Mn^{2+}이 된다. Mn^{2+}는 용해된 이온상태로 Fe^{2+}는 유기물질과의 킬레이트 상태로 결합해서 존재한다.

$$MnO_2 + 4H^+ + 2e^- \rightarrow 2H_2O + Mn^{2+} \quad (5\text{-}1)$$

$$Fe_2O_3 + 6H^+ + 2e^- \rightarrow 3H_2O + 2Fe^{2+} \quad (5\text{-}2)$$

② 흙속의 공기조성

흙속은 대기 속의 공기에 비해 $CO_2(g)$, $H_2O(g)$ 함량이 높지만 $O_2(g)$함량은 변동이 심하다. 흙속의 공기조성은 화학적 및 생화학적인 반응결과에 따라 변하고 집단유동(mass flow)과 확산(diffusion)작용에 의해 흙속의 통기 작용으로 변한다. 집단유동은 어떤 유체속의 모든 분자가 동일 방향으로나 속도로 움직이는 흐름을 말한다. 흙속의 공기와 대기사이의 기압차, 흙속의 함수량변화, 바람의 작용 등이 원인으로 되어서 작용한다. 확산작용은 어떤 유체속의 각 분자가 독립적으로나 무작위적으로 운동해서 각종 분자가 분압이 높은 곳에서 낮은 곳으로 이동한 것과 같은 결과를 나타내는 현상이다. 흙속의 통기는 흙속의 공기와 대기사이의 구성기체분압차에 지배되어 대기 중의 산소가 흙속으로 이동하고, 탄산가스는 대기쪽으로 확산이동한다. 이 때 산소의 이동속도는 Fick의 법칙에 따른 분압차와 흙통과 단면적에 지배된다.

③ 흙속의 무기물질

a. 흙의 구성물질중 가장 화학성이 큰 교질상태의 물질중 무기물질은 점토광물이고 유기물질은 부식물이다.

b. 점토광물은 미사나 모래에 비해서 크기는 작지만 표면적이 아주 크며, 규산점토와 산화점토의 2가지 광물이 있다.

· 규산점토광물 : 카올리나이트(kaolinite), 몬트모절로나이트(montmorillonite), 일라이트(illite), 버미큘라이트(vermiculite) 등

· 산화점토광물 : 철 및 알루미늄의 산화 점토광물

▶ 규산점토광물은 전세계적으로 널리 분포되어 있으나 산화점토광물은 습윤한 적도지역에만 존재한다.

c. 규산점토광물의 구성단위는 Si-O(4면체)와 Al-O 및 Al-OH(8면체), Al^{3+}가 Fe^{3+} 및 Mg^{2+}로 동형 치환하는 경우도 있다.
Si-O(4면체)들은 산소원자를 공유하여 서로 횡으로 결합해 층상구조를 이루며, 윗쪽의 산소는 규소(Si)와 결합해있지만 다른 하나의 산소는 유리되어서 비공유 전자쌍을 갖으며 Si-O(사면체)는 배위자(ligand)로 기능을 한다.

d. Si-O(4면체)의 음전하산소는 양이온 Al^{3+}들과 배위하고, 양이온은 많은 음이온(OH-)들을 끌어당겨서 배위한다. 이렇게 작용된 Si-O 4면체와 Al-O 8면체가 겹쳐져서 고령석(kaolinite)를 형성한다.

e. kaolinite는 1 : 1형 점토광물이라고도 말하며, Si-O 4면체와 Al-O 8면체층이 교대로 구성된 합판비슷한 구조이다.

· Al-O 8면체층의 OH-기들은 윗층의 Si-O 4면체층의 밑면 산소와 인접한 수소결합이 형성되어 견고하게 결합한다.

· 광물에 비해 굵고 잘 파손되지 않아 통수 및 통기성이 좋은 반면에 건조와 수화(hydration)에 의한 응축성과 팽윤성이 떨어진다.

· Montmorillonite는 2 : 1형 광물로 Si 2층당 Al층의 반복으로 구성되었고, 쉽게 침투가능하여 쉽게 팽윤, 응축하는 “아코디온효과”가 생겨서 탄성이 크며, 건조시 잘 부스러지고 침수시 통수성이 나쁘다. 그러므로 점토입자속에 물 및 식물에 필요한 영양분의 보유량이 크다.

▶ 동형치환 : 순서는 Al 〉 Ca 〉 Mg 〉 K 〉 Na 〉 Li이다(이액순서(離液順序)라고도 한다).

· 2 : 1형 광물은 4면체의 Si^{4+} 및 8면체의 Al^{3+}이 다른 양이온과 치환되는 경우가 많다.

· 치환될 수 있는 양이온은 격자내 구멍크기의 제한을 받아서 4면체의 Si^{4+}는 Al^{3+}와는 치환되지만 이보다 큰 양이온과는 치환되지 않는다. 8면체의 Al^{3+}도 2가의 양이온인 Mg^{2+}, Fe^{2+}, Mn^{2+} 등의 비슷한 이온과 치환이 가능하다.

· 4면체 및 8면체의 결정모양은 변하지 않으며, 그 중심이온의 크기가 비슷한 다른 양이온과 치환되는 것을 동형치환이라고 한다. 동형치환은 점토입자가 영구적인 음전하를 생성시켜서 점토광물표면에 각종 양이온, 즉 식물의 필수적인 원소들을 흡착해 보유할 수가 있게 된다.

· 토양이 침수되면 환원조건이 유지되어서 Al^{3+}, Fe^{2+}, Mn^{2+} 등으로 환원용해되어 용탈해서 점토입자가 깨져 수질오염 요인이 된다.

④ 식물뿌리의 흡수력

a. 점토입자의 양이온 보유력은 용탈에 의해서 유실되지 않을 정도로 충분하다.

b. 식물 뿌리의 흡수력보다는 보유력 때문에 뿌리에 무기물질이 흡수되어서 식물을 성장시킨다.

- 응격자수는 흙입자표면과 직접 수소결합을 하여 자연건조로도 분리안되는 바 식물이이용 불가하다.
- 유리수는 흙입자로부터 멀리 떨어져서 결합되는 바 토양용액으로 작용해 식물뿌리로 흡수된다.

표 5.1 점토광물의 특성

구 분	4면체층/8면체의 비	상대적 입자 크기	동 형 치 환
kaolinite	1 : 1	크다	거의 없음
Montmorillonite	2 : 1	작다	8면체층에서 Al이 Mg로 치환함
Illite	2 : 1	중간	4면체층에서 Si가 Al로 치환함

양이온교환능력(CEC)은 100g당 kaolinite는 8meq, Montmorillonite는 100meq, Illite는 30meq이다.

2) 토양의 화학적인 성질

(1) 토양의 주요 특징

① 흙속의 유기물 축적원인은 온도와 산소농도가 지배를 한다.
온도가 낮으면 생물학적으로 분해속도가 느려서 흙속에 오염물질이 자연히 축적된다. 산소가 부족하면 유기물분해속도가 느려서 축적된다.

② 부식토의 기능
용해성물질(humic & fulvic acid)과 불용해성 물질(humin)로 구성된 부식토는 박테리아와 진균류(Fungi) 등이 식물체를 분해하고 잔존한 물질이다. 식물체는 분해가 쉬운 셀룰로오스(cellulose)와 분해가 불가능한 리그닌(lignin)으로 구성되었고, 리그닌은 셀룰로오스보다 탄소수가 많으며 복잡한 방형성고리구조를 가졌다. 그런데 부식토의 대부분은 리그닌으로 구성되었다. 식물체의 부식토화는 질탄비(N/C비 = 질소/탄소의 비)를 당초 1/100에서 1/10로 증가시킨다. 부식토는 질소가 풍부하고 다가의 중금속 양이온과 강력히 결합하므로서 부식질이 풍부한 토양은 물 속의 양이온을 거의 다 흡수가능하다. 부식토는 점토입자와 착화합물형태로 결합하는데 이는 NH_4^+, Al^{3+}, Ca^{2+}, Fe^{3+} 등이 가교역할을 하기 때문이다.

자연계에서 발생되는 유기물질은 PAN, Pyrene, Benzo(a)Pyrene, Chrysene, PBN, PBzN 등이다.

③ 부식질의 유기화합물 흡착

- 진흙과 부식질은 음(-)이온으로 하전되는 바 양이온교환기로 작용해서 이온교환을 하여 양(+)이온으로 하전된 유기화합물을 흡착한다. 부식질과 진흙은 강한 흡착력을 갖고 있다. 양이온의 유기화합물이 진흙에 흡착되면 진흙을 이루고 있는 구조속으로 유입해서 결합한다. 양이온 유기화합물에 대한 진흙의 흡착결과로서 이동과 생물학적인 반응에 큰 제한을 준다.
- 음이온으로 하전된 유기화합물은 이러한 이유로 이동성이 크고 생물학적인 반응에 활발히 참여한다. 유기화합물의 흡착정도는 용해도에 반비례하여서 불용성일수록 진흙과 부식질과 같은 침전물과 강하게 결합하며, 증기압이 높을수록 쉽게 증발한다. 독성물질이 함유된 유기화합물인 유기인계 농약, 유기염소계 농약, PCB(poly chlorinated Biphenyl), 방향족 탄화수소 등은 화합물의 분리계수(partition coefficients)가 크며, 용해도가 적다. 만일 용해도가 크면 분리계수가 작다. 분리계수가 클수록 물 속에서의 생물학적인 분해가 느려서 오랜기간 독성을 갖게 되는 바 환경에 많은 피해를 준다.
- 농약성분 등의 유해한 유기화합물의 용해도(solubility)가 크면 물고기의 축적농도가 적으며, 용해도가 적으면 축적농도가 커서 어독성을 일으킨다.

유해 유기화합물의 용해도가 클수록 분리계수가 적어서 물고기체내에 축적농도가 적다.

- 분리계수(K_d : distribution coefficient)

$$K_d = \frac{\text{단위질량의 토양에 흡착되어있는 이온량(x)}}{\text{단위 부피의 용액속에 용해되어있는 이온량(c)}} \quad (5\text{-}4)$$

(2) 침전물의 기체흡착

침전물 속에는 간극수(intersital water)가 함유되어 있는데 이 간극수는 중요한 기체의 저장소 역할을 한다. 표면층 간극수의 기체함량은 N_2, Ar은 많지만 CH_4는 없다. 1m 깊이의 침전물의 간극수에는 CH_4존재하고 N_2, Ar이 없다.

5.1.2 토양흡착 이온교환 능력

1) 토양의 산-염기 반응과 이온교환반응

(1) 산-염기 반응

① 교환성 염기는 흙에서 탄산염을 구성하는 양이온(Ca > Mg > K > Na)을 함유하면 토양수와 반응해서 가수분해로 알칼리성 토양이 된다.

$$CaCO_3 + 2H_2O \rightarrow Ca(OH)_2 + H_2CO_3 \quad (5\text{-}5)$$

② $Ca(OH)_2$의 해리로 생성된 OH^-가 탄산(H_2CO_3)의 해리로 생성된 H^+ 보다 많아서 pH가 7～8.3의 약알칼리성이 된다.

(2) 이온교환반응

① 흙입자에 흡착되어서 교환성이온(Na^+, Mg^{2+}, K^+)으로 되어 용탈되면 토양 속은 양이온 결핍원인이 된다.

$$Micelle \sim K + H_2O \rightarrow Micelle \sim H + K^+ + OH^- \quad (5\text{-}6)$$

② 염기의 포화도는 전체교환성 양이온에 대한 교환성 염기의 백분율을 말한다. 염기포화도가 낮으면 산성이고 높으면 중성이다.

$$\text{염기포화도} = \frac{\text{교환성 염기의 밀리당량}}{\text{교환성 양이온의 밀리당량}} \times 100\ [\%] \quad (5\text{-}7)$$

(3) 동형치환(Lyotrophic series : 이액순위라고도 함)

① 이액순위는 양이온 치환과정에서 흙용액 속에 유리된 양이온이 확산이중층 내부로 치환해 침입하는 순위를 말한다. 즉, 유리 양이온 농도가 일정할 때 어느 양이온의 치환 침입력이 큰지를 비교해 나타낸다.

② 치환 침입력이 유리 양이온의 농도와 깊은 관계가 있는데, 특정한 유리 양이온 농도가 높으면 확산압의 작용방향으로 그 양이온이 이동해 확산 이중층 내부의 농도가 낮은 양이온과 쉽게 치환침입한다.

▶ 치환 침입크기는 Al 〉 Ca 〉 Mg 〉 K 〉 Na이다. 치환침입크기는 농도에 비례해서 이액순위를 갖는다.

③ 유리 양이온농도가 모두 같을 때에는 치환침입력은 다음처럼 지배된다.

- 교질 표면의 음전하와 양이온의 양전하간에는 상호인력의 크기에 따라 달라지며, 수용액속에서의 이동성에 따라 달라진다. 원자가가 높은 양이온이 낮은 양이온보다 치환침입력이 크다. 예) 2가 이온 > 1가 이온
- 양전하의 양이 동일한 양이온간에는 이온크기가 작은 것이 큰 것보다 치환침입력이 크다.(H > Li > Na > K)
- 전하량도 동일하고 이온크기도 동일한 경우는 양이온수가 낮은 것이 높은 것보다 치환침입력이 크다.
- H^+이온은 양이온중 반지름이 제일 적어서 치환침입력이 Ca^{2+}, Mg^{2+}보다 크거나 동일하다. 이액 순위, 즉 치환 침입력 세기 순위는 다음과 같다
($Al^{3+} > H^+ \geq Ca^{2+} > Mg^{2+} > K^+ \geq NH_4^+ > Na^+ > Li^+$).

▶ Cd^{2+}, Pb^{2+}의 흡착능력도 이러한 관점에서 이해되어야 한다.

2) 흡착능력

(1) 토양교질입자의 음이온흡착능력

토양교질물은 양전하보다 음전하량이 더 많기 때문에 전체적으로 음전하를 띄지만 적게는 부분적으로 양전하를 띄고 있어서 음이온흡착이 된다. 점토광물의 결정구조가 깨진 편단면에 양이온 알루미늄(Al^{3+})이 노출될 경우나 Fe 및 Al의 수화물에서 -OH기가 이온화되어서 이탈될 경우와 부식질의 아민기($-NH_2$)가 H^+을 배위결합에 의해 받아들이면 음이온흡착이 이루어진다. 흙속에서 음이온형태로 된 중금속은 $Cd(OH)_3^-$, CrO_4^{2-}, MoO_4^{2-}, $Co(OH)_3^-$, $HgCl_3^-$, AsO_4^{3-}을 이루어져서 흡착된다. 흙속에서 음이온 흡착세기 순서는 $SiO_4^{4-} > PO_4^{3-} > SO_4^{2-} > NO_3^- \geq Cl^-$이다. 즉, 음이온수가 클수록 흡착력이 세다.

(2) 토양의 오염물질 흡착 및 치환 능력

① 정흡착(positive adsorption)은 토양입자의 전하와 그 반대로 하전된 물질간의 정전기적인 인력에 의해서 흡착된다.

② 정전기적인 반발력에 의한 상호결합은 토양입자의 전하와 동일한 부호를 갖는 물질간에 상대적으로 힘이 약한 물질과 결합한다.

③ 화학흡착(chemisorption)은 정흡착과 비슷하지만 흡착 에너지값이 훨씬 더 큰 값을 갖는바 다른 물질과의 치환이 잘 되지 않는다. 즉 제한된 치환만 가능한 형태를 만드는 흡착이다.

④ 용해와 침전작용은 토양계의 화학평형원리에 따라 중금속 및 인산(H_3PO_4)과 같은 성분의 이동성을 지배하는 역할을 한다.

⑤ 분해와 화합은 광화학적인 분해, 미생물에 의한 분해와 이들 두 분해가 복합한 분해로 이루어진다.

⑥ 흡착속도

- macro수송은 화학물질수용액이 흙속으로 이동하는 현상을 말한다.
- micro수송은 물질이 흙표면에 도착하면 그 물질이 흙의 동공층으로 확산되는 현상을 말한다.
- 물리흡착은 활성화에너지가 작기 때문에 흡착속도가 빨라진다.
- 화학흡착은 활성화에너지가 크기 때문에 흡착속도가 느리다.

5.2 농업환경화학

5.2.1 농업환경오염

1) 농약오염(Pesticides pollution)

(1) 농약의 개요

① 농약의 3종목은 살충제, 살균제와 제초제이며, 이외도 살서제와 식물생장조절제, 보조제가 있다.

a. 살충제는 해충에 독작용을 나타내야 하는 바 급성 독성이 높아야 하며, 안정성이 높고 잔류효과에 따른 살충효과가 있어야 한다.

- 살충제의 개발순서는 유기염소계 → 유기인계 → 카바메이트계 → 합성피레스린계 농약으로 발전했다.
- 잔류성이 큰(분해성 느린) 농약순서는 유기염소계 > 카바메이트계 > 유기인계 > 합성 피레드린계 이다.
- 급성 독성이 큰(분해성 빠른)농약순서는 유기인계 > 유기염소계이다.
- 유기염소계 살충제는 DDT, BHC, Aldrin계이다.
- 분해가 느린 순서는 클로르단(Chlordane)(5년) > DDT(4년) > 2,4,5-T(고엽제 : 6월) > 2,4-D (1월이내)

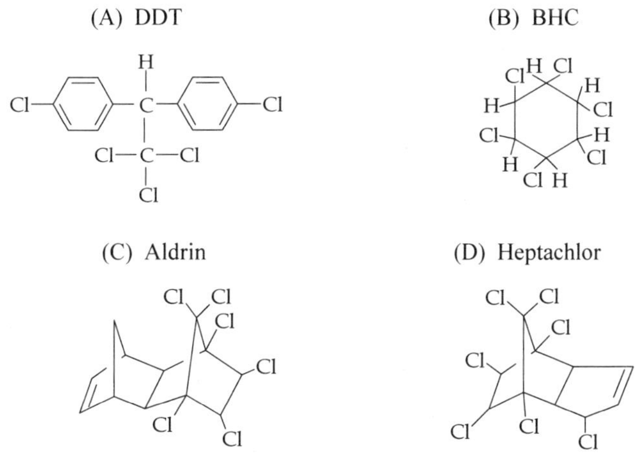

그림 5.2 ▌ 농약 구조식

b. 유기인계 살충제는 무기인산의 수소대신에 여러 개의 치환기가 붙은 형태로서 경우에 따라 산소원자가 황(S)과 치환된 thionophosphate 및 phosphoro-dithioate계 화합물도 있다.

그림 5.3 ▌ 유기인계농약 구조식

· 유기인계 농약의 급성독성은 황이 치환될수록 낮아지나 환경내에서 잔류성은 길어진다.

· 유기인계가 유기염소계보다 수 주일 내에 쉽게 소실되는 것은 가수분해가 쉽게 되기 때문이다. 유기인계 농약은 파라치온(LD_{50}이 6~21mg/kg으로 전 농약 중 제일 높다), 디아지논, DDVP등이며 잔류성은 없지만 속효성이 대단히 높다.

▶ 농약 중 끝이 -thion으로 끝나는 제제는 전부 유기인계 살충제이다.

c. 카바메이트계 살충제는 카바믹산(carbamic acid)의 유도체로서 유기인과 마찬가지로 "아세틸코린 에스테라제"의 활성을 억제하는 독성작용이 있다.

· 유기인계 살충제에 비해 독성은 적으나 잔류성이 길다.

· 유기염소계 살충제보다는 저독성이고 잔류성이 짧다.

· 환경에 큰 문제를 일으키지 않는다.

d. 합성 피레드린계 살충제는 환경에서 쉽게 분해되며, 토양 미생물에게도 전혀 해롭지 않은 반면에 살충력은 높다.

· 사람과 가축에 독성이 낮은 안전한 농약이다.

· 종류는 Permethrin, Deltamethrin, Cypermethrin등이 있다.

② 제초제

제초제는 사용량이 계속 증가되는 약제이며, 직접 토양에 살포되는 바 환경에 영향이 높다. 방제대상 잡초들이 동시에 발생되는 것이 아니어서 잔효성이 긴 약제가 대부분이므로 토양오염정도가 높다. 우리나라는 수도(논)용 제초제가 많이 사용되고 있는데, 많은 양의 제초제가 입제형태로 사용되고 있어 단위면적당 사용량이 많아 오염정도가 높다. 잔류성이 긴 2,4,5-T(고엽제), 어류독성이 높은 MCP(monochloro phenol), 어류독성과 잔류성이 긴 PCP(pentachloro phenol)은 사용제한 제초제이다. 2,4-D제초제는 항공방제와 잔디사용 등의 규제를 받고 있다.

③ 살균제

· 대부분 속성이 낮고 비교적 분해속도가 빠르므로 환경오염문제가 크지는 않으나. 일부 토양살균제와 경엽처리제는 지속성이 비교적 긴 것이어서 논란이 되고 있다.

· 종류는 PCNB, kitazin 등이 있다.

(a) 2,4,D　　　　　(b) Anisole

그림 5.4 제초제 구조식

(2) 농약의 잔류성

① Anisole(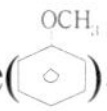)처럼 미생물에 의해서 *o*-dimethylation과 벤젠(C_6H_6)고리의 히드록시(-OH)화 반응(hydroxylation)이 일어나 벤젠고리가 개열되어져 탄소사슬이 쉽게 분해되나, 아닐린(Aniline)과 같은 화합물은 아민($-NH_2$)의 유리전자쌍이 토양입자에 강하게 흡착해서 미생물의 공격을 받지 않고 장기간 잔류한다.

② 농약은 일반적으로 액제보다는 분제 및 입제가 단위면적당 사용량이 많아서 환경오염을 더 시킨다.

- 스미티온의 잔류효과크기 순서는 수화제 > 분제 > 유제 > 미립제이다. 단, 환경오염정도는 잔류효과와 반대순서를 갖는다.
- 오이는 토마토보다 농약 분해속도가 빠르다. 그 이유는 오이의 성장속도가 토마토보다 빨라서 희석효과로 작용한다.
- 담수조건일 때가 건조한 토양보다 빠르게 분해한다. 온도가 높을수록 분해속도는 빠르다.

2) 토양의 농약흡착

(1) 흡착종류

① S형 흡착

토양 중 고체상과 액체상간의 친화력이 큰 경우는 쉽게 흡착이 일어나며, 고농도일 경우에 흡착이 증가된다. S흡착은 중간 정도의 분자간 친화력을 나타낸 경우에만 일어나며, 흡착부위에서 액상 분자와 경쟁적인 흡착이 일어난다.

② L형 흡착

Langmuir흡착식에 의거한 정상적인 흡착양상을 나타내며, 흡착초기에서는 흙속의 고체상과 흡착이 진행되다가 점점 흡착가능부위가 적어져 흡착이 정지되는 형태가 일어난다.

③ C형 흡착

C형 흡착은 흡착제가 액상보다는 흙속의 고체상으로 쉽게 침투하는 경우에 나타난

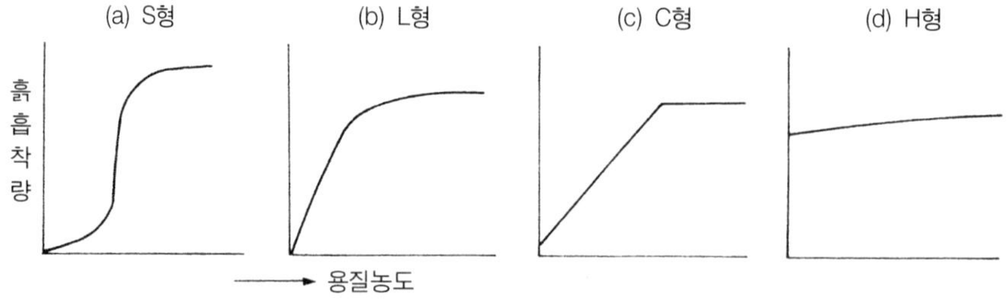

그림 5.5▌ 흡착종류

다. 최대흡착량에 도달할 때까지는 일정한 속도로 흡착이 진행되다가 최대값에 도달하면 직선형의 평형값이 된다.

④ H형 흡착

H형 흡착은 흔치 않으나 흡착제가 토양의 고체상과 아주 큰 친화력을 갖는다.

(2) 농약에 대한 미생물의 효소적 대사작용

① Incidental metabolism

농약은 미생물이 분배한 효소에 의해서 분해되나 농약이 에너지원 및 탄소원으로 활용되지 못한다. 미생물성장을 위해서 농약을 첨가해도 아무런 영향이 없다.

② Cometabolism

농약과 비슷한 구조를 가진 화합물에 의해서 미생물의 활성이 유도되는 것으로 DDT를 분해하는 Pseudomonas sp. 균은 탄소원으로 diphenylmethane을 이용한다. biphenyl을 이용해 PCBs를 분해하는 미생물은 Flavobacteria이다.

③ Catabolism

미생물이 농약을 직접 기질로 이용해서 에너지를 얻는다.

▶ DDT가 호기성보타 혐기성에서 분해가 빠른 이유는 혐기성 담토양에서 DDT → DDD → DDMM으로 되고, 호기조건은 DDT → DDE로 서서히 분해되기 때문이다.

(3) 농약에 대한 잔류 허용량

① 농약의 1일 섭취량(ADI : acceptable daily intake)

ADI는 사람이 동일한 농약을 일생동안 매일같이 섭취할지라도 건강에 위해를 주지 않을 정도의 양으로서 단위는 mg/kg이다. ADI는 주로 동물실험에 의해 실시하는데 매일 일정량씩 시료에 섞어서 먹게 한 후 만성 독성실험 및 후세대까지 영향을 조사해서 결정한다. 농약의 안전계수는 ADI값에 0.01을 곱해서 결정한다. ADI의 영향순서는 2,4-D(0.3 mg/kg) < DDT = 파라치온(0.005 mg/kg) < 클로르단 (0.001 mg/kg) < 엔

드린＝디엘드린(0.0001 mg/kg)이다.

3) 농약오염

(1) 농약오염방지법

① 적극적인 대책

· 오염된 농약을 직접 제거하고 흡수능력이 큰 작물인 당근, 마늘, 양파 등을 재배해 흙속의 잔류 농약을 흡수케한 다음 이들을 소각 및 폐기시킨다.

▶ 마늘이 배추에 비해 농약흡수력이 20배 빠르다.

· 경운을 깊이(땅을 깊이 파서 덮음)하거나 관개수를 적절하게 조절해 지하수로의 용탈을 촉진시킨다. 활성탄이나 유기물 등의 흡인능력이 큰 물질을 흙속에 투여해서 흡착해 제거한다. 객토를 실시하여 회석시키거나, 희석 및 석회를 투입해 알칼리성으로 가수분해를 촉진시킨다. 농약분해능력이 우수한 미생물균주를 유전공학적으로 개발해 토양에 직접 시용한다.

② 소극적인 대책

a. 신농약을 개발한다.

· 곤충의 외피인 키틴을 합성 저해제로 한다.

· 곤충의 성유인물질인 성호르몬제를 개발한다.

· 곤충의 변태 호르몬을 개발한다.

· 곤충의 화학불임제 및 미생물의 대사산물을 개발한다.

b. 생물농약을 개발한다.

천적곤충제 및 천적 미생물제 등을 개발한다.

c. 농약의 살포기술을 개발한다.

· 분제의 입자를 크게 만들어줘서 비산을 방지(5μ범위의 문제를 10μ이상으로 크게 만듬)한다.

· 살포를 ULV(ultra low volume : 항공기 희석살포)살포법, 정전기 살포법(농약에 음전하를 주어 양전하를 핀 식물표면에 살포)이 있다.

(2) 유기인계 농약과 유기염소계 농약의 차이점

① 유기인계 농약

유기인계 농약은 에스테르형(-COOR)으로서 다른 농약에 비해 안정성이 약하고 가수분해가 잘 된다. 알칼리성일 때 분해가 잘되며, 잔류성이 없어 해충이 내성을 가질 수 있는 시간적 여유가 없어서 내성을 일으키지 않는다.

② 유기염소계 농약

잔류성이 길어서 해충과 접할 기회가 많아 내성이 강해질 수가 있다. 급성 독성은 약하지만 만성독성은 유기인계나 카바메이트계보다 강하고 신경독을 유발하는 특징이 있다.

(3) 농약의 물리적인 특성

① 습윤성은 농약이 식물체 및 곤충체표면을 적시는 성질이다.
② 확전성(또는 광전성)은 식물체 및 곤충체 표면에 잘 퍼지게 하는 성질이다.
③ 습전성은 습윤성 및 확전성을 말한다.
④ 부착성은 농약이 식물체 및 곤충체에 붙는 성질이다.
⑤ 현수성은 수화제의 희석시 고체상 미립자가 용액중에 균일하게 분산하는 성질이다.
⑥ 유화성은 유제를 물에 희석시 기름 입자가 물에 균일하게 떠있는 성질이다.
⑦ 침투성은 살포된 약제가 식물체 및 곤충체내에 스며드는 성질이다.

4) 토양환경오염

(1) 개요

① 구리제련소 근처의 토양 중에 높게 존재하는 중금속은 Cu, Pb, Cd, Zn 등이다.

② 토양의 선택계수(selectivity coefficient)에 의한 중금속 오염.
카올라이트, 일라이트, 몬모라이트에서 Ca^{2+}, Pb^{2+}의 치환성을 비교한 결과는 Pb^{2+}가 이온반지름이 Ca^{2+}보다 작아 더 우선적으로 흡착된다. 이때 Pb^{2+}의 선택계수는 2～3배 이다.

③ 병원에서 사용된 방사성 동위원소는 ^{198}Au, ^{131}I, ^{24}Na, ^{32}P, ^{82}Br이다.
^{131}I은 반감기가 8일인 핵종으로 야채, 목초 등을 오염시킬 경우에 문제가 된다.

④ 흙속의 기름을 분해하는 유용한 미생물은 Arthrobacter, Corynbacterium, Flavobacterium, Nocadia속, Pseudomonas속이다.

⑤ Zn등량계수(Zinc equivalent factor)는 토양에 슬러지를 처리할 경우 각종 중금속이 식물에 영향을 미치는데 아연을 1.0으로 했을 때에 다른 중금속의 상대적인 독성을 나타낸 수치이다.
- 일반적으로 Cu는 Zn보다 약 2배정도로 강하고, Ni은 약 8배이다.
- Zn계수(ppm) = 1 × Zn농도(ppm) + 2 × Cu농도(ppm) + 8 × Ni농도(ppm)

⑥ 프탈산에스테르(Phthalic acid ester)는 PVC프라스틱에 유연성과 실용성을 부여하기 위해 가소제로 사용하는 물질로 새로운 토양오염물질로 대두되고 있다.

(2) 농작물의 피해형태와 잔류성

① 황백화현상(chlorosis)

흙속에 구리(Cu)가 많이 함유될 경우에 식물이 다른 미량요소를 흡수하는데 많은 영향을 받게 된다. 철의 흡수가 저해되는 경우는 그 결핍증상이 전형적인 황백화현상을 야기시킨다.

② 감자껍질에 존재하는 비소(As)영향

저농도의 비소는 사람과 가축에 독성은 없지만 비소농도가 일정한도를 넘으면 식물에 먼저 고사한다.(왜냐하면 동물보다 식물이 먼저 비소와 접촉하기 때문) 흙속에 인산(H_3PO_4)과 같이 비소(As)도 흙에 강하게 고정되기 때문에 인산과 비소가 흙과 결합해 서로 경합관계를 갖는다. Hg(수은)이 지방조직에 축적되는 이유는 메틸수은(CH_3Hg)의 용해도가 지방에서 훨씬 높기 때문인 것처럼 디메틸비소($(CH_3)_2As$)도 먹이 연쇄과정에서 생체내에 축적된다.

③ 인의 잔류성

- 흙은 인(P)을 강력히 흡착하며, 무기성인일지라도 소량의 Al과 Fe의 산화물 및 수산화물의 표면 및 점토광물의 표면에 흡착해 식물들은 토양에 인산이 과잉으로 존재하여도 그 기능이 저해받지 않는다. 특히 알칼리토양에서는 Ca^{2+}과 Mg^{2+} 등이 함께 고정되나 산성토양에서는 Fe^{3+}과 Al^{3+}에 의해서 $H_2FePO_4^{2+}$, $HFePO_4^{+}$, $AlH_2PO_4^{2+}$, $AlHPO_4^{+}$의 난용성형태로 된다.
- 조류(Algae)가 출현할 수 있는 인(P)의 최저 한계농도는 10ppb이며, 인산은 중성 및 약산성일 때 유리상태로 되어서 식물에 잘흡수된다.

④ 식물의 아연(Zn)중독 억제작용

동물에 비해 식물은 독성에 매우 민감하며, 먹이연쇄과정에서 동물의 Zn의 축적에 의한 중독을 자동적으로 억제한다. Zn(아연)에 의한 식물의 독성을 일으키는 Zn농도는 400mg/kg이며, 이보다 높으면 고사된다. 사람과 가축의 허용농도는 1,000mg/kg이다. Zn은 식물의 생육에 탈수소효소 및 펩티드 가수분해효소 등에 필수원소이며, Zn결핍시 이들 효소의 활성이 저하된다.

제5장 연습문제

문 1. 다음 중 지각을 구성하는 주요광물이 아닌 것은?

ㄱ. FeO_2, FeO ㄴ. CaO, MgO ㄷ. K_2O, Na_2O ㄹ. SiO_2, Al_2O_3 ㅁ. NiO, NaCl

해설 ① 지각은 95%가 화성암, 5%가 침전암이다.
② 토양은 SiO_2가 50~60%, Al_2O_3가 20%, Fe_2O_3와 FeO가 10%이다. 그리고 5%가 유기물, 95%가 무기물이다.

문 2. 지표수가 토양 침투시 1년에 몇 m정도로 침하되는가?

ㄱ. 0.5m ㄴ. 1m ㄷ. 1.5m ㄹ. 2m ㅁ. 5m

해설 지표수는 1년에 2cm씩 지하 토양에 침투된다.

문 3. 토양이 보유한 힘인 토양수분장력값(pF)은 얼마 정도인가?

ㄱ. 2 ㄴ. 3 ㄷ. 4 ㄹ. 5 ㅁ. 7

해설 pF＝logH(물기둥 높이(cm)에 상용대수를 취한 값)로서 보통 4의값을 갖는다.

문 4. 토양 중의 주요 유기화합물원이 아닌 것은?

ㄱ. 부식토 ㄴ. 유기물에서 추출된 기름 ㄷ. 셀룰로오스 등의 당류
ㄹ. 유기물 ㅁ. 공정슬러지, 지정슬러지

해설 공정슬러지, 지정슬러지는 공장폐수처리장에서 발생하는 것이다.

문 5. 토양속에서 일어나는 화학반응이 아닌 것은?

ㄱ. 토양속의 교환성 염기크기순서는 Ca, Mg, K, Na의 순이다.
ㄴ. 이온교환성염을 토양입자에 흡착된다.
ㄷ. 토양은 pH 7~8.3으로 약알칼리성이어서 양이온 교환성염기이다.
ㄹ. 토양의 교질입자는 개별 양전하되어 전체적으로 식물에 영향이 있다.
ㅁ. 토양교질입자의 양이온교환용량(CEC)값은 10~30meq/100g로 일정하다.

해설 토양 교질입자는 음전하띠어 식물에 영향을 준다.
① 토양에서 식물이 부식되면 C/N비는 1/100에서 1/10로 된다.
② 부식토를 humic acid 또는 fulvic acid라고 하며, C, H, O로 구성되었다.

문 6. 다음 중 식물의 동화작용을 하는데 필요한 원소는 어느 것인가?

ㄱ. 탄소 ㄴ. 수소 ㄷ. 칼륨 ㄹ. 인 ㅁ. 질소

정 답 | 1. ㅁ 2. ㄹ 3. ㄷ 4. ㅁ 5. ㅁ 6. ㄷ

해설 ① N는 단백질, 효소, 클로로필을 구성,
② P는 에너지전달과 지방의 이화작용(씨앗존재),
③ Ca는 세포막구성한다.
④ 산성토양은 Ca결핍, 알칼리성 토양은 Na, Mg, K결핍증상을 나타낸다.

문 7. 다음 중 식물의 필수 영양소가 아닌 것은?

ㄱ. 탄소, 수소　ㄴ. 질소, 인　ㄷ. 칼륨, 칼슘
ㄹ. 마그네슘, 황　ㅁ. 니켈, 크로뮴, 사이아나이드

해설 이 외에도 필수영양소로는 Fe, Mn, B, Mo, Cu, Zn, Cl 등이 있다.

문 8. 다음 토양 속의 질소기능에 관한 설명 중 잘못된 것은?

ㄱ. 토양속에서 질소의 90%이상이 유기형태로 존재한다.
ㄴ. 유기질소는 죽은 나무와 동물의 사체가 분해되면서 생성된 초기산물이다.
ㄷ. 질소가 풍부한 토양에서 자란 식물은 단백질이 풍부한 좋은 열매를 맺는다.
ㄹ. 질산성질소가 풍부한 먹이를 먹으면 blue baby를 낳는다.
ㅁ. 토양의 형태, 수분, 유기물질농도에 따라 가축폐수는 암모니아와 질산염이온 생성에 영향을 미친다.

해설 blue baby는 아질산 과다섭취시 나타나며, 질산성질소가 풍부한 먹이(food)를 먹으면 소·양의 반추동물에 특성을 나타낸다.

문 9. 질소의 탈질시 방출되어 오존층 파괴정도가 가장 큰 질소산화물은?

ㄱ. N_2O　ㄴ. NO　ㄷ. NO_2　ㄹ. N_2O_3　ㅁ. N_2O_5

해설 탈질가스 중 오존구멍 유발물질은 N_2O이다.

문 10. 토양 속의 무기원소기능에 관한 설명 중 잘못된 것은?

ㄱ. 인은 식물에 의해 흡수되기 전에 무기질로 존재한다.
ㄴ. 오르토인산염은 pH가 중성일 때 식물에게 잘 이용된다.
ㄷ. 칼륨은 식물의 성장과 효소활동, 물의 양을 조절하는 작용을 한다.
ㄹ. 콩과 식물의 뿌리나 헤모글로빈이 형성되는데 질소고정반응이 일어난다.
ㅁ. 토양에서 인은 유기인으로 존재한다.

해설 인은 주로 오르토인산염($H_2PO_4^-$, HPO_4^{2-})형태로 존재한다.

문 11. 다음 중 질소화합물에 관한 내용이 잘못된 것은?

ㄱ. 수질에서 부영양화의 원인이 된다.
ㄴ. 지하수와 지표수의 질산함량을 증가시킨다.

정 답 | 7. ㅁ 8. ㄹ 9. ㄱ 10. ㅁ 11. ㄹ

ㄷ. 지표수에 있는 물고기의 암모니아 독성을 일으킨다.

ㄹ. 암모니아로 인한 염소소독효과를 높인다.

ㅁ. 질소성 산소요구량을 증가시킨다.

✓해설 NH_3에 의해 Cl_2와 반응한 결합잔류염소(NCl_3, $NHCl_2$, NH_2Cl)를 형성해 소독효과를 저하시킨다.

문 12. 오랫동안 침수된 토양에서 나타나는 현상이 아닌 것은?

ㄱ. NO_3^-생성이 증가한다.

ㄴ. Mn^{2+}농도가 증가한다.

ㄷ. Fe^{2+}농도가 증가한다.

ㄹ. NO_3^-에서 NH_4^+생산이 증가한다.

ㅁ. 대부분의 식물에 유해한 영향을 끼친다.

✓해설 침수되면 산소가 부족해 혐기화된다.

문 13. 다음 내용 중 토양을 더 염기성으로 만드는 것은?

ㄱ. 뿌리에 의해 금속양이온제거

ㄴ. KNO_3거름주기

ㄷ. $(NH_4)_2SO_4$거름주기

ㄹ. 황석철광토양의 산화

ㅁ. CO_2가 포화된 물이 토양에 유출

✓해설 CO_2가 H_2O에 포화되면 $H_2(CO_3)$가 된다.

∴ 탄산염이 많은 토양은 약 알칼리성이다.

$Ca^{2+} + CO_3^{2-} \rightarrow CaCO_3$

$CaCO_3 + 2H_2O \rightarrow Ca(OH)_2 + H_2CO_3$

문 14. 다음 환경독성에 관한 내용 중 잘못된 것은?

ㄱ. 유기체에 필수적인 산소가 혐기성 박테리아에는 강한 독성작용을 나타낸다.

ㄴ. PCB, PBB, 염소계 농약, 각종 합성화학물은 독성물질이다.

ㄷ. CO, SO_2, NO_2, CN^-, NO_3^-, Hg, Cd은 고농도시 독성이 있다.

ㄹ. 고등동물, 박테리아, 효소, 조류는 단세포 생물체에서 독성이 없다.

ㅁ. 독성물질에 의한 생식계가 손상되면 기형아와 생식기능의 상실된다.

✓해설 고등동물은 다세포, 박테리아, 효소, 조류는 단세포이나 기능이 저하된다.

문 15. 진딧물, 파리 등의 방제용으로 사용되는 농약은?

ㄱ. 카바메이트계 ㄴ. 유기염소계 ㄷ. 유기황계

정 답 | 12. ㄱ 13. ㅁ 14. ㄹ 15. ㄱ

ㄹ. 유기인계　　　　　　　ㅁ. 유기플루오린계

✓해설 카바메이트계 농약은 진딧물, 파리 등의 방제약이다.

문 16. 다음 중 농약의 물리적인 성질로 볼 수 없는 것은?

ㄱ. 습윤성과 확전성　　　ㄴ. 부착성과 고착성　　　ㄷ. 현수성과 유화성
ㄹ. 침투성과 분산성　　　ㅁ. 고화성과 반응성

✓해설 고화성과 반응성의 농약의 화학적인 성질이다.

문 17. 다음 중 토양오염의 주요원인이 아닌 것은?

ㄱ. 대기오염물질　　　ㄴ. 수질오염물질　　　ㄷ. 폐기물
ㄹ. 농약 및 화학비료　　　ㅁ. 악취

✓해설 이 외에도 금속광선이나 제련소이다. 그리고 토양은 축적성오염이다.

문 18. 토양오염의 격년제로 조사해야 하는 오염 항목이 아닌 것은?

ㄱ. Cd　　　ㄴ. Cu　　　ㄷ. Hg　　　ㄹ. Zn　　　ㅁ. Cr

✓해설 중금속은 6개 항목으로 Cu, Cd, As, Zn, Pb, Hg이다.

문 19. 사람과 동물의 배설물에 의한 오염으로 식중독과 위장염을 일으키는 장내에 기생하는 세균은?

ㄱ. 살모넬라균　　　ㄴ. 레지오넬라　　　ㄷ. 비브리오콜레라
ㄹ. 병원성 대장균(O-157)　　　ㅁ. 햅타 바이러스

✓해설 병원성대장균(O-157)은 복통·설사 등) 혈변증상 있고 5세이하 어린이와 노인은 혈소판파괴로 신장기능장애 의해 요독증야기, 햅타 바이러스는 고열·신장장애와 출혈하며, 레지오넬라는 냉방병(설사, 구토, 두통), 비브리오 콜레라는 괴저병(어패류에 의한 감염 : 패혈증)을 일으킨다.

문 20. 다음 중 정상적인 하천 속에서 철(Ⅲ)이 이용될 때 나타나는 반응을 가장 가깝게 설명하고 있는 것은?

ㄱ. 부유된 부식질과 결합하고 있다.
ㄴ. 양이온 교환반응에 의해 진흙입자와 결합하려고 한다.
ㄷ. Fe_2O_3로 부유된다.
ㄹ. Fe^{3+}이온으로 용해되어 있다.
ㅁ. 콜로이드성 진흙-부식질에 결합된다.

✓해설 철(3+)이온은 진흙(SiO_2)에 흡착되어 그 표면의 음전하를 중화시키면서 응결된다.

정 답 | 16. ㅁ　17. ㅁ　18. ㅁ　19. ㄱ　20. ㅁ

문 21. 침전물 속에 가장 많이 함유되어 있는 물은?

ㄱ. 간극수 ㄴ. 결합수 ㄷ. 결정수 ㄹ. 공극수 ㅁ. 모세관수

✓**해설** 토양 퇴적물 속에 가장 많이 함유된 물은 간극수이다.

문 22. 다음 중 진흙의 성질을 나타낸 것이 아닌 것은?

ㄱ. 층화된 구조이다.

ㄴ. 이온치환에 의해 표면이 하전된다.

ㄷ. 알루미늄과 산화실리콘 등으로 구성되어 있다.

ㄹ. Si^{4+} 또는 Al^{3+} 이온들이 이들과 비슷한 크기의 이온에 의해 치환되지만 아주 작게 하전된다.

ㅁ. 첫 단계 형성물질은 바위와 광물질이다.

✓**해설** 공유결합에 의해 금속이온과 치환해 음이온을 띤다.

문 23. 다음 중 농약사용시 환경화학적 문제점으로 볼 수 없는 것은?

ㄱ. 새로운 해충의 출현 ㄴ. 해충의 내성증가 ㄷ. 농약의 잔류성

ㄹ. 먹이연쇄적 축적 ㅁ. 농약의 독성

✓**해설** 농약의 독성은 농약의 반드시 갖추어야 할 제품적 특성이다.

문 24. 다음 중 살충제가 아닌 것은?

ㄱ. 소화중독제(식독제) ㄴ. 접촉독제 ㄷ. 침투성 살충제

ㄹ. 생물농약 ㅁ. 과일 방부제

✓**해설** 방부제는 살균제이고, 살충제는 이외에도 훈증제, 훈연제, 유인제, 기피제, 접착제, 불임제 등이 있다.

문 25. 다음 병해충과 잡초를 방제하는데 사용되는 농약이 아닌 것은?

ㄱ. 유기인계 농약 ㄴ. 카바메이트계 농약 ㄷ. 유기염소계 농약

ㄹ. 유기황계 농약 ㅁ. 동물성 농약

✓**해설** 동물성 농약은 식물성 농약이어야 하며 이 외에도 식물성 농약, 유기비소계, 유기 플루오린계 등이 있다.

문 26. 농약의 제제기술로 볼 수 없는 것은?

ㄱ. 유제, 분제 ㄴ. 액제, 입제 ㄷ. 수화제, 수용제

ㄹ. 훈증제, 정제 ㅁ. 고화제, 케이크제

✓**해설** "ㅁ"은 sludge의 처리약품이다.

정 답 | 21. ㄱ 22. ㄴ 23. ㅁ 24. ㅁ 25. ㅁ 26. ㅁ

문 27. 다음 중 유기인계 농약특징과 거리가 먼 것은?

ㄱ. 살충력이 강하고 적용해충범위가 넓다.
ㄴ. 동·식물체내에서 분해가 빠르다.
ㄷ. 야외살포시 잔류성이 높다.
ㄹ. 인축에 대한 독성이 강하다.
ㅁ. 알칼리에 잘 분해된다.

✓**해설** 잔류성이 높은 농약은 주로 유기염소계이며 유기인계는 보통 야외살포시 광선, 수분에 분해가 잘되어 잔효성이 짧다(예 : parathion).

문 28. 다음 생화학에 관한 설명 중 잘못된 내용은?

ㄱ. 생체내에서 일어나는 화학적 활동을 다루는 것이다.
ㄴ. 세포벽은 식물세포이며, 셀룰로오스로서 단단하다.
ㄷ. 광합성작용은 식물세포내에 엽록소가 존재해 빛에너지흡수로 화학에너지가 형성된다.
ㄹ. 동물세포는 독립영양체이다.
ㅁ. 세포의 생화학물질은 반응·생성·촉매 물질로 되어 있다.

✓**해설** 동물세포는 영양물질을 식물이 만들어 놓은 유기물질에 의존한 종속영양체이다.

문 29. 독성물질이 인체에 미치는 영양 중 잘못 설명된 것은?

ㄱ. 염소, 산화질소는 호흡기계통을 손상시킨다.
ㄴ. 유기인계 농약은 중추신경계통의 기능을 마비시킨다.
ㄷ. 이온화복사선에 노출되면 빈혈을 유발시킨다.
ㄹ. 메탄올은 눈을 멀게 한다.
ㅁ. 수은은 신장과 간장을 손상시킨다.

✓**해설** Cd, Pd가 신장·간장기능 저하로 조혈작용을 억제시킨다.

문 30. 생체세포에서 생물학적 촉매작용을 하는 대사작용물질은?

ㄱ. 효소　ㄴ. 박테리아　ㄷ. 조류　ㄹ. 원생동물　ㅁ. 균류

✓**해설** 효소는 중금속이온(Hg^{2+}, Pb^{2+}, Cd^{2+} 등)에 의해 대사작용에 영향을 받는다.

문 31. 다음 중 피부를 통해 생체조직에 흡수되어 건강피해를 일으키는 물질이 아닌 것은?

ㄱ. CS_2　ㄴ. $(C_2H_5)_4Pb$　ㄷ. Nitro Benzene
ㄹ. Aniline　ㅁ. SO_2

✓**해설** SO_2는 호흡기를 통해 생체조직에 흡수되어 호흡기 질환 등의 질병을 유발한다.

정 답 | 27. ㄷ　28. ㄹ　29. ㅁ　30. ㄱ　31. ㅁ

문 32. 다음 환경미생물 중 그 크기가 가장 작은 미생물은?

ㄱ. 박테리아 ㄴ. 균류 ㄷ. 조류 ㄹ. 원생동물 ㅁ. 바이러스

해설 바이러스는 그 크기가 0.1μm 이하로 미생물 중 가장 작기 때문에 정수처리시 여과 등으로 쉽게 제거가 되지 않아, 반드시 소독처리과정을 거쳐야만 한다.

문 33. 말라치온 같은 농약을 가수분해할 수 있는 미생물은?

ㄱ. Pseudomonas ㄴ. Desulfovibrio ㄷ. Flavobacterium
ㄹ. Nocardia ㅁ. Gallionella

해설 Desulfovibrio는 황박테리아, Nocardia는 2,4-D농약분해 박테리아, Flavobacterium은 염화방향족과 Gallionella는 철박테리아이다.

문 34. 토양의 화학적 특성으로 부적합한 것은?

ㄱ. 광물입자와 유기물질이 양이온을 교환시킨다.
ㄴ. 점토광물은 음전하를 가진 부위가 많아서 양이온을 교환할 수가 있다.
ㄷ. 부식토는 아주 작은 양이온교환능력을 갖고 있다.
ㄹ. 토양속에 유기물질이 풍부하면 이온교환능력이 증대된다.
ㅁ. 점토성토양이 장기간 물에 침수되어 있으면 철, 망가니즈가 증가한다.

해설 부식토는 음이온교환능력(AEC : anion exchange capacity)을 갖고 있다.

정 답 | 32. ㅁ 33. ㄱ 34. ㄷ

06

환경호르몬

6.1 환경호르몬 개요

우리 주변의 "환경"에 노출된 화학물질이 몸 안으로 들어와 마치 "호르몬"처럼 작용한다는 의미에서 만들어진 합성어라고 말할 수 있다.

오늘날 우리 인간이 살아가고 있는 환경중에는 많은 화학물질이 존재하고 있는데, 최근 내분비장애물질, 일명 환경호르몬이라고 불리는 물질이 생식과 생육이라고 하는 생물생존의 기본적 조건에 영향을 미친다는 사실이 밝혀지면서 새로운 환경문제로 세계적 관심이 집중되고 있다.

현재까지 알려진 환경호르몬은 약 100여종에 달하나, 앞으로 그 수는 계속 증가될 것이다. 환경호르몬은 광범위한 합성화학물질, 의약품 및 일부 천연물질 등을 포함하는 것으로 거론되고 있으며, 이러한 물질들은 생체내의 섬세한 호르몬계에 영향을 주기 때문에 극미량으로도 생식기능에 이상을 가져올 수 있고, 급・만성 독성과는 달리 차세대에 영향을 미친다고 볼 수 있다. 또한 유기염소계 살충제 및 PCB와 같은 잔류성이 큰 물질일 경우 자연의 먹이사슬을 통해 동물이나 사람의 체내에 축적되어 야생동물이나 인간에게 생식기능저하와 기형 등을 유발하는 것으로 알려져 있다.

이러한 내분비장애물질은 자기보존 및 종의 존속을 위협하기 때문에 이들에 의한 환경오염은 심각한 영향을 미칠 가능성이 있으며, 현재 내분비장애물질의 환경중 분포나 다양한 생물에의 영향에 관한 연구가 국내・외적으로 절대 부족한 실정이다.

6.1.1 내분비계의 정의

내분비계(호르몬계)란 생체의 항상성, 생식, 발생, 행동 등에 관여하는 각종 호르몬을 생산, 방출하는 기관으로서 선(gland), 호르몬(hormones), 표적세포(target-cell)등 3가지 부분으로 나누어진다. 내분비선(內分泌線)으로부터 생산된 화학적신호인 호르몬은 마치 통신네트워크와 같이 혈액을 통해 체내를 순환하며 표적이 되는 각 세포, 조직에 정보 및 지령을 전달한다.

호르몬은 내분비선으로부터 생산, 방출되어 혈액을 통해 순환되며 표적세포에 도달하여 신호를 전달한다. 이러한 일련의 과정은 외부자극에 대한 반응과 같이 수초이내에 이루어지기도 하며, 성장 및 발육, 암수분화 등과 같이 장시간에 걸쳐, 이루어지기도 한다. 모든 척추동물(어류에서 포유류까지)은 같은 내분비계를 가지고 있으며, 이들은 각기 유사한 호르몬을 분비하고 있다.

내분비계의 활동은 신경계와의 협력을 통해 이루어지며, 내분비계의 기능을 요약하면 다음과 같다.

1) 체내의 항상성 유지(영양, 대사, 분비활동, 수분과 염의 균형유지)
2) 외부 자극에 대한 반응
3) 성장, 발육, 생식에 대한 조절
4) 체내에너지 생산, 이용, 저장

호르몬은 정소, 난소, 췌장, 부신, 갑상선, 부갑상선, 흉선 등의 내분비샘 기관에서 생산된다. 내분비계는 통신네트워크와 같이 구성되어 호르몬을 통해 체내 각 세포, 조직에 정보를 전달한다.

정소는 출생 한주전부터 수컷에게서 남성호르몬인 안드로겐을 분비하며, 이는 남성적 발달을 유도하고, 난소에서는 임신이 가능하게끔 자궁내벽을 발육시키는 여성호르몬인 에스트로겐을 분비한다.

갑상선은 목젖부근에 있는 샘으로 신체의 대사를 활성화시키고 열을 내게 자극하는 기능을 수행한다.

호르몬 농도의 조절은 뇌의 바닥에 있는 시상하부(Hypothalamus)라는 곳에서 시작되며, 각종 내분비기관은 서로 유기적으로 연결되어 적절한 양의 호르몬이 분비되도록 조절한다. 만일, 이러한 시스템에 고장이 일어나 호르몬이 과잉 또는 결핍될시에는 우리 몸에 이상을 초래하게 되며, 여러 가지 질병을 나타낸다.

주요 호르몬의 과잉 및 결핍에 의한 질환은 다음과 같다.

표 6.1 주요호르몬의 과분비 및 결핍에 의해 일어나는 질환

호르몬명	부위	대표적인 질환	
		분비과잉	분비부족/수용체 이상
에스트로겐 (여성호르몬)	난소	자궁내막증, 질암, 유방암 부정출혈	여성성기의 발육이상, 월경불순
안드로겐 (남성호르몬)	정소	이차성징의 조기출현	남성성기의 발육이상, 부정자증, 여성화증후군
성장호르몬	하수체	거인증, 말단비대증	소인증
갑상선호르몬	갑상선	갑상선기능항진증 (바세도우씨병)	갑성선기능저하증
인슐린	비장	저혈당증	고혈당증(당뇨병)
부신피질호르몬	부신	부신피질기능항진증 (쿠싱증후군)	부신피질분비부전증 (아디슨씨병)

6.2 내분비장애물질

6.2.1 용어의 정의 및 개요

"내분비장애물질"이란 용어는 1997년 5월 일본학자들에 의해 처음 사용되었으나. 학술적으로 널리 사용되는 용어는 내분비교란물질(Endocrine Disrupter)이다.

내분비 장애물질의 종류는 광범위한데, 1990년대 들어 본격적으로 내분비장애물질의 위해성을 지적한 세계야생보호기금(WWF)은 자연에 노출된 내분비장애물질의 종류를 67종으로 선정했다. 이를 크게 농약류(43종)와 합성화합물류(24종) 두 종류로 구분할 수 있다. 농약류는 대부분 자연계에 오랫동안 잔류하는 특성을 가진 염소(Cl)를 포함한다. 보통 반감기가 2～12년인데, 최대 59년에 이르는 것도 있다.

대표적 사례로 DDT는 1940년대 초 살충제로 사용되어 농업생산을 크게 증가시키고, 모기를 박멸해 학질이나 황열병으로부터 수백만명의 생명을 구했지만, 여기저기서 피해가 속출하자 1970년대에 사용이 금지된 물질이다. 같은 시기에 알드린, 일드린, 클로르단과 같은 농약 역시 비슷한 이유로 사용이 금지됐다.

한편 합성화합물류는 농약류를 제외하고 각종 산업계에서 파생하는 유해화학물질을 일컫는다. 예를 들어 다이옥신은 제초제를 만들 때 부산물로 발생하거나, 소각장에서 피복전선이나 페인트처럼 유기염소계 화합물을 태울 때 생성되는 대표적인 내분비장애물질이다. 또 폴리염화비페닐(PCB)은 전기나 열의 전달을 막는 절연유의 원료인데, 변압기나 콘덴서를 비롯해 거의 전 공업분야에 이용된다. 주로 산업폐수에서 많이 검출된다.

6.2.2 인체에 미치는 영향

1) 환경호르몬의 심각성

남성의 정자수가 줄어들고 있고 불임 판정을 받은 여성은 수가 늘고 있다. 암수가 한몸에 공존하는 동물이 발견되기도 한다. 인간이 만든 화학물질인 내분비장애물질이 성의 구분을 모호하게 만들고 생식능력을 떨어뜨리고 있다.

최근 유럽연합은 폴리염화비닐(PVC)로 만든 장남감 제품이 인체에 유해한지에 대해 본격적인 검토작업에 들어갔다. 유럽연합 산하 "독성 · 생태, 독성 · 환경에 관한 과학위원회"는 3세 이하의 아이가 장남감으로 놀 때 아이에게 좋지 않은 영향을 미칠 수 있다고 판단했다. 아이가 장남감을 빨 때 두가지 유해화학물질(DEHP, DINP)이 PVC로부터 녹아나올 수 있기 때문이다. 사람에게 미치는 영향은 아직 증명되지 않았지만, 쥐의 경우 간과 콩팥에 심한 손상을 입힌다는 점이 실험적으로 밝혀진 물질들이다.

환경호르몬이 생체를 공략하는 부위는 무차별적이라고 말할 수 있다. 호르몬계는 생명체의 거의 모든 생리기능에 관여하는 가장 중요한 조절시스템의 하나이기 때문이다. 1990년대 들어 환경호르몬이 생식기능과 면역기능을 약화시키고, 행동시키고, 행동이상을 일으키며, 암 발생률을 높인다는 점이 밝혀지기 시작했다. 이 가운데 가장 큰 관심거리는 최근 세계 곳곳에서 보고되고 있는 생식기능의 이상현상이라 할 수 있다.

환경호르몬이 생명체에 유입되는 경로 역시 추측하기 어렵다. 우리가 호흡하는 공기나 물은 물론이고 매일 식탁에 오르는 음식, 그리고 음식을 포장하고 담는 용기 등 생활의 모든 구석에서 환경호르몬의 위협에 노출되어 있는 것이 사실이다.

오염원으로부터 지리적으로 먼 거리에 있다 해도 안심할 수 없다. 1970년대에 미국에서 사용이 규제된 DDT가 몇 십년 후 5대호와 워싱턴주 콜롬비아 강에서 발견됐다. 이곳에 서식하는 어류와 흰머리독수리의 몸에 고농도로 농축된 것이다. 조사결과 아시아의 개발도상국에서 사용되는 것이 바람을 타고 날아왔다는 점이 밝혀졌다.

한편 내분비장애물질들은 먹이사슬을 통해 체내 축적량이 대폭 증가된다는 점이다. 한 예로 미국 5대호 생물들의 PCB축적량을 조사한 결과 5대호의 물에서는 PCB의 농도가 너무 낮아 거의 검출되지 않았다. 그러나 식물성 플랑크톤의 경우 이보다 250배 높은 양이 검출되었고, 동물성 플랑크톤은 5백배, 그리고 급기야 빙어를 잡아목는 재갈매기에 이르면 농도가 2,500만배까지 증폭된다고 한다. 물이 깨끗하다고 해서 내분비장애물질에 대해 안정하지 못하다는 것을 일깨워주고 있다.

2) 인체에서 환경호르몬의 작용 및 영향

호르몬은 생물의 성장, 생식 그리고 행동을 비롯한 다양한 생리 작용에 영향을 미친다. 사람의 경우 현재까지 알려진 호르몬 종류는 100여종, 호르몬이 분비되는 장소는 뇌(송과선, 시상하부, 뇌하수체), 갑상선, 부갑상선, 흉선, 부신, 체장, 생식소(정소와 난소)등이다.

호르몬의 분자는 혈액을 타고 목표지점에 도착, 세포에 자극을 가한다. 이때 호르몬이 결합하는 부위는 세포표면에 존재하는 수용체이다. 호르몬과 수용체의 관계는 열쇠와 자물쇠(또는 요철)의 결합관계와 유사하다. 호르몬의 특정부위(열쇠)가 수용체(자물쇠)에 성공적으로 결합하면 이 신호가 세포 내 유전자에 도달해 유전자의 특정부위를 활성화시킨다. 그 결과 몸에 필요한 단백질이 합성돼 생체의 생리작용을 돕는다. 일반적으로 한 세포에서 한 종류의 수용체는 1만개 이상이다. 지금까지 알려진 수용체의 종류는 수백여종에 이른다.

만일 내분비장애물질이 수용체와 결합하면 세포 내 유전자는 비정상적인 활동을 벌인다. 내분비장애물은 어떤 과정을 거쳐 천연호르몬의 작용을 방해하는 것일까. 내분비장애물질의 "방해 공작"은 수많은 경로를 통해 이뤄지는데, 즉 진짜 호르몬인 것처럼 행동하거나 천연 호르몬 활동을 방해한다.

각 물질이 구체적으로 어떤 메카니즘을 통해 영향을 미치는 지는 확실히 밝혀지지 않왔다. 여기서 현재까지 알려진 몇 가지 가설을 살펴보고자 한다. 환경호르몬은 크게 수용체와 붙은 채 영향을 미치는 경우와 분리된 채 작용하는 경우로 구분된다.

(1) 모방설(mimics : 수용체와 붙은 경우)

우선 어떤 이유에서인지 세포 수용체가 내분비장애물을 진짜인 줄 알고 감쪽같이 속는 사례를 들 수 있다. 이런 내분비장애물질의 양이 증가하면 세포 유전자는 평소보다 과도하게 활동을 벌인다.

예를 들어 제노에스트로겐이라는 합성물질은 여성호르몬 에스트라디올과 거의 비슷하게 작용한다. 흔히 여성호르몬의 양이 지나치게 많아지면 유방암이나 자궁암에 걸릴 확률이 높아진다고 알려져 있다. 내분비장애물질이 많아질수록 암에 걸리 가능성이 커진다는 의미이다.

가장 유명한 사례는 한때 유산방지약으로 제조돼 세계적으로 절찬리에 사용되었던 DES이다. 불행하게도 DES를 투여한 산모로부터 출생한 자녀의 경우 생식기의 기형화와 암발생률이 정상인보다 훨씬 높은 것으로 나타났다. 특히 태아의 뇌와 면역계에 평생 악영향을 미쳤다.

(2) 봉쇄설(blockings : 수용체와 결합하긴 하되 세포에 영향을 미치지 않고 단지 천연호르몬의 결합을 방행하는 경우)

예를 들어 남성호르몬 테스토스테론이 붙을 자리에 DDT가 결합하면 남성은 성징이 감소해 여성화된다. 이 때문에 미국 플로리다주 아포프카 호수에 서식하는 악어 수컷의 경우 음경이 위축돼 번식률이 줄어들었다. 또 쓰레기 소각장의 유해잔류물로 알려진 다이옥신의 경우 여성호르몬 에스트로겐의 작용을 억제한다고 알려져 있다. 수용체에 결합한 내분비장애물질이 똑같이 수용체를 세포 표면에 더 많이 만드는 경우도 있다. 세포로서는 무리하게 정상보다 훨씬 많은 자극을 받는 셈이다.

(3) 내분비장애물질이 수용체와 결합하지 않은 채 악영향을 미치는 경우

천연호르몬은 자신의 기능을 다하면 생체에서 분해된다.

만일 이 분해 과정을 촉진시킨다면 천연호르몬은 미처 활동을 마치기 전에 사리지게 될 것이다. 예를 들어 다이옥신이나 폴리염화바이페닐(PCB)은 이런 과정을 거쳐 남성호르몬과 갑상선 호르몬, 그리고 인슐린의 혈중 농도를 떨어뜨린다고 알려져 있다.

(4) 호르몬의 농도를 비정상적으로 높이는 경우로서 천연호르몬을 자연적으로 분해시키는 체내 효소에 영향력을 미쳐 그 기능을 억제시키는 상황이다.

(5) 천연호르몬의 구조를 변형시키거나 체내에서 호르몬의 합성과정을 방해하는 등 다양한 방해 경로가 존재한다.

▌표 6.2 내분비계의 작용과정 및 내분비계장애물질의 작용예

호르몬 작용단계	내분비장애물질의 작용예
가. 호르몬 합성단계 나. 내분비선으로부터의 호르몬 방출단계 다. 표적장기의 세포로 혈액을 통해 수송	스티랜 다이머, 트리머 : 뇌하수체에 작용하여 호르몬 합성을 저해
라. 호르몬 수용체의 인식, 결합 및 활성화	모방작용(mimics) : PCB, 노닐페놀, 비스페놀 A, 프탈레이트 에스테르 등(에스트로겐 유사체로 작용)
마. DNA의 조절부위에 결합하여 유전적 발현 또는 세포 분열을 조절하는 신호발생	다이옥신류(촉발작용 : trigger) 유기주석화합물(TBT, TPT)

6.2.3 피해사례

1999년 4월 일본 국립의약품식품위생연구소 독성부는 자극에서 시판중인 컵라면 용기를 비롯한 25종류의 폴리스타이렌 용기에서 위험한 수준으로 우려되는 독성물질이 검출되었다고 밝힌 바 있으며, 비슷한 시기에 일본의 한 대학교 의학부에서는 20대 남성 34명의 정액을 조사한 결과 정자의 농도와 운동성이 세계보건기구(WHO)의 기준을 충족시킨 사람은 단 1명뿐이라는 충격적인 사실이 전해졌다. 이미 몇 년 전부터 유독성 화학물질 때문에 남성의 정자의 계속 줄고 있다는 점이 세계적으로 인식하게 되었다. 일본 열도는 순식간에 "환경호르몬 공포증"에 휩싸였다. 화학물질 관련제품 판매량이 급감하고, 비닐랩이나 플라스틱컵 사용량이 크게 줄었다.

여성의 경우도 예외가 아니다. 1998년말 미국 버팔로 대학 병역학자들은 온타리오호에 서식하는 오염된 물고기를 먹으면 여성의 월경주기가 짧아진다는 연구결과가 발표됐다. 또 임신기간이 지체될 가능성도 지적했다. 실험대상은 낚시꾼의 부인이나 여성 낚시꾼 2천여 명이었는데, 물고기를 오염시킨 물질은 다이옥신과 PCB로 알려졌다. 발표가 있은 뒤 임신기에 접어든 여성은 절대로 이 호수에서 잡힌 물고기를 먹지 말라는 경고가 내려졌었다.

더 놀라운 점은 생식기능이 단순히 약해지는 현상을 넘어 아예 성자체의 구분이 모호해지는 일이 자연에서 벌어진다는 점이다. 미국 플로리다주에서 가장 큰 호수인 아포프카 호수는 악어의 천국으로 알려진 천혜의 습지대이다. 1980년대 야생동물 연구자들은 악어 사육 산업을 위해 악어 알을 찾기 시작했다. 그런데 놀랍게도 악어알이 태부족이란 점이 밝혀졌다. 그나마 발견된 알의 부화율은 겨우 18%에 불과했다. 더욱 불행한 일은 부화된 새끼 악어중 절반이 10일 이내에 기력을 읽고 죽었다는 점이다. 연구자들이 원인을 찾아낸 결과 호숫가 상류에 수백m 떨어진 화학공장에서 살충제(DDE)가 흘러들었다는 사실을 밝혀냈다. 그리고 이 살충제의 영향으로 악어 수컷의 음경이 눈에 띄게 줄어들었다는 점

을 밝혔다. 그러나 가장 놀라운 사실은 암컷화된 수컷이 발견된 점이다. 남성호르몬인 테스토스테론을 거의 생산하지 못하는 한편 오히려 여성호르몬 에스트로겐의 수치가 정상보다 몇 배 높게 나타났다고 한다.

반대로 여성이 남성화되는 경향도 곳곳에서 발견됐다. 1980년대 초 영국과 프랑스에서 참굴 암컷에 수컷 생식기인 페니스가 달린 기현상이 보고됐다. 원인을 일으킨 주범은 트리부틸주석(TBT)이었다. 선박 밑부분에 생물이 달라붙지 못하도록 페인트에 섞어 사용되는 부착방지제의 원료다. 이후 이 현상은 일본을 비롯한 여러 나라에서 활발히 연구됐으며, 최근에는 국내 남해안에서도 발견되었다는 보고도 있었다.

환경호르몬의 영향은 비단 생식기능에 멈추지 않는다. 캐나다 퀘백주 북부의 이누잇 에스키모족의 경우 현재 어린이들의 면역력이 떨어져 호흡기계 질환과 중이염에 시달리고 있다고 한다. 조사결과 타지역에 비해 모유에 PCB의 농도가 7~10배 높다는 점이 밝혀졌다.

한편 1950년대 미국 플로디다주 서해안에서 대머리 독수리의 3분의 2가 짝짓기에 무관심한 행동을 보였다고 한다. 이들은 어떤 구애의 몸짓도 하지 않으며 그저 "빈둥거렸다". 후에 DDT를 비롯한 여러 오염물질을 먹이를 통해 섭취한 탓에 성행동에 이상이 생긴 것으로 추정됐다.

1990년대에는 DDT와 PCB에 노출된 여성이 유방암에 걸릴 확률이 높다는 연구결과가 학계에 처음 보고되었다. 그래서 의학자들은 생식기와 관련된 각종 암(전립선암, 고환암, 자궁암 등)의 원인 중 하나를 내분비장애물질로 지목하고 있다.

표 6.3 내분비계장애로 의심되는 야생동물의 피해사례

	동 물	장 소	영 향	추정되는 원인물질
패류	고등어	일본해안	웅성화, 개체수 감수	유기주석화합물
어류	옥새송어	영국하천	자성화, 개체수 감소	노닐페놀(*판정되지 않음)
	잉어	영국하천	자웅 동체화	노닐페놀(*판정되지 않음)
	연어	미국오대호	갑상선 비대형상, 개체수 감소	불명
파충류	악어	미국 플로리다주 호수	음경왜소화, 알의 부화율 저하, 개체수 감소	호수에 유입된 DDT 등 유기염소계 농약
조류	갈매기	미국 오대호	자성화, 갑상선종양	DDT, PCBs(*판정되지 않음)
	미국 가마우지	미국 미시간호	알의 부화율 저하	DDT, PCBs(*판정되지 않음)
포유류	바다표범	네덜란드	개체수 감소, 면역기능 저하	PCBs
	흰돌고래	캐나다	개체수 감소, 면역기능 저하	PCBs
	아메리카 표범	미국	정류정소, 정자수 감소	불명
	양	호주(1940년대)	다발성 사산, 기형발생	클로버유래의 식물성에스트로겐

6.3 내분비장애물질의 종류 및 사용처

현재 내분비계 장애를 일으킬 수 있다고 추정되는 물질로는 각종 산업용화학물질(원료물질), 살충제 및 제초제 등의 농약류, 유기중금속류, 소각장의 호르몬 유사물질, DES(Diethyl stilbestrol)과 같은 의약품으로 사용되는 합성 에스트로겐류 및 기타 식품, 식품첨가물 등을 들 수 있다. 세계생태보전기금(WWF : World Wild life Fund) 목록에는 67종의 화학물질이 등재되어 있으며, 일본 후생성에서는 산업용화학물질, 의약품, 식품첨가물 등의 142종의 물질을 내분비계장애물질로 분류하고 있다.

내분비계 장애와 관련해 연구결과 및 그 사례가 보고된 대표적 물질로는 식품이나 음료수캔의 코팅물질 등에 사용되는 비스페놀A와 과거 농약이나 변압기 절연유로 사용되었으나 현재 사용이 금지된 DDT와 PCB, 소각장에서 주로 발생되는 다이옥신류, 합성세제 원료인 알킬페놀, 플라스틱 가소제로 이용되는 프탈레이트 및 그밖에 스티로폴의 성분인 스타이렌다량체 등이 내분비계장애물질로 의심받고 있는 물질들이다.

환경호르몬의 종류를 분류해보면 다음과 같다.

표 6.4 세계 생태보전기금(WWF)분류 내분비계장애물질 목록(67종)

내부비계장애물질루 알려진 물질	내분비장애물질로 의심되는 물질
유기염소물질(Persistent Organohalogens)류 dioxins/furans, PCBs, octachlorostyrene, hexachlorobenzene, pentachlorophenol	
농약(Pesticides)류 2,4,5-T, 2,4-D, alachlor, aldicarb, amitrole, atrazine, benomyl, bata-HCH, carbaryl, chlordane, cypermetrin, DBCP, DDT, DDT metabolites, dicofol, dieldrin, endosulfan, esfenvalerate, ethylparathion, fenvalerate, lindan, heptachlor, h-epoxide, kelthane, keptone, malathion, mancozeb, maneb, methomyl, methoxychlor, metribuzin, mirex, nitrofen, oxichlordane, metiram permetrin, synthetic pyrethroids, toxaphene, transnonachlor, tributyltin oxide, trifluralin, vinclozolin, zineb, ziram	2,4-dichloro phenol
펜타-노닐 페놀류(Penta-to Nonyl Phenols)	Diethylhexyl adipate
비스페놀 A(Bisphenol A)	Benzophenone
프탈레이트(Phthalates)류 DEHP(di-ethylhexyl phthalate), DHP(di-hexyl phthalate), BBP(butyl benzyl phthalate), DprP(di-propyl phthalate), DBP(di-n-butyl phthalate), DCHP(di-cyclohexyl phthalate), DPP(di-n-pentyl phthalate), DEP(di-ethyl phthalate)	N-butylbenzene
스타이렌 다이머 및 트리머(Stylene Dimers and trimers)	
벤조피렌(Benzo(α)pyrene)	
중금속(Heavy metals)류 수은, 납, 카드뮴	

표 6.5 내분비계장애가 우려되는 물질 및 주변 생활용기

세계생태보전기금 (WWF) 분류(67종)	일본 후생성의 분류 (142종)	내분비계장애물질 용출 우려가 있는 생활용품
다이옥신류 등 유기염소물질 6종 DDT 등 농약류 44종 펜타~노닐 페놀 비스페놀 A 디에틸헥실프탈레이트 등 프탈레이트 8종 스타이렌 다이머, 트리머 벤조피렌 수은 등 중금속 3종	프탈레이트류 등 가소제 9종 플라스틱에 존재하는 물질 17종 다이옥신 등 산업장 및 환경오염물질 21종 농약류 75종 수은 등 중금속 3종 DES 등 합성에스트로겐 8종 식품 및 식품첨가물 3종 식물에 존재하는 에스트로겐 유사 호르몬 6종	플라스틱 용기, 음료캔 병마개, 수도관의 내장코팅제, 치과 치료시 이용되는 코팅제 : 비스페놀 A 합성세제 : 알킬페놀 컵라면 용기 : 스타이렌다이머, 트리머 폐건전지 : 수은

표 6.6 일본 후생성 분류 내분비계장애물질 목록(142종)

가소제 9종	
BBP(buthlbenzyl phthalate) DBP(di-butyl phthalate) DCHP(di-cyclohexyl phthalate) DEP(di-ethyl phthalate) DEHP(di-ethylhexyl phthalate)	DEHA(di-ethylhexyl adipate) DHP(di-hexyl phthalate) DPP(di-n-pentyl phthalate) DrpP(di-propyl phthalate)
플라스틱용 화학물질 17종	
alkylphenol ethoxylates nonylphenol ethoxylates octylphenol ethoxylates bisphenol A alkylphenol 2-octylphenol 4-nonylphenol 4-octylphenol *p*-octylphenol, octylphenol	4-propylphenol 4-sec-butylphenol 4-n-butylphenol 2-t-butylphenol 3-t-butylphenol 4-t-pentylphenol 4-t-octylphenol styrene dimers and trimers
산업용화학물질 및 환경오염물질 21종	
alkyphenol ethoxylates PCBs/alachlor benzophenone bezo(α)pyrene 6-bromonaphtol-2 chlorobenzenes chlorophenate dibromoacetic acid 2,4-dichlorophenol 4,4-dihydroxybiphenyl 4-dodecylphenol	hexachlorobenzene tributyltin compound para-nitrotoluene nonylphenol octachlorostylene PBB pentachlorophenol TCDF, PCDF, furan TCDD, PCDD,dioxin tribytyin oxide

농약류 75종
alachlor(Lasso : 제초제), aldicarb(살선충제), aldrin(살충제, 살균제), amitrole(제초제), atrazine(제초제), aminotriazil(제초제), azadirachtin(살충제), benomyl(살균제), carbendazim(살균제), carbaryl(살균제, 살충제), chlordanes(살균제), chlordecon(살충제), chlorpropham(제초제), clofentezine(제초제), cyanazine(제초제), cypermethrin(제초제), dinoceb(제초제), 2,4-D(제초제), DDE(살충제), DDD(살충제), DDT(살충제), 1,2-dibromo-3chloropropane(살선충제), dichlorovos(살충제, 살균제), dicopol(kelthane : 살충제, 살균제), dieldrin(살충제, 살균제), diflubenzuron(살충제), endosulfan(살충제), endrin(살충제), esfenvalerate(살충제), ethiozin(제초제), ethylene dibromide(살균제), ethylenebisdithiocarbamate(mancozeb, manep, metiram, zineb : 살균제), EUT(ethlene thiourea : 살충제), fenoxycarb(살충제), fenvalerate(살충제), fluazifopbutyl(제초제), heptachlor(살충제), heptachlor epoxide(살충제), hexaconazole(살균제), beta-hexachloro cyclohexane(살균제), ioxynil(제초제), iprodion(살균제), kepone, chlorodecon, lindane(살균제), linuron(제초제), malathion(살충제, 살균제), methomyl(tkfcndwp), methoxychlor(살충제, 살균제), methyl parathion(살충제), metribyzin(제초제), mirex(살충제, 살균제), oxydemeton-methyl(살충제), parathion(ethyl phrathion : 살충제), pendimethalin(제초제), PCNB(pentachlornitrobenzene : 살균제), pentachlorophenol(살균제), permethrin(살충제), phenylphenol(살균제), procymidone(살균제), pronamide(제초제), pyrimidine carbionol family(살충제), simazine(제초제), synthetic pyrethroids(살충제), 2,4,5-T(제초제), toxaphene(살균제), camphechlor(살균제), hexachlorobenzene(살균제), trans-nonachlor(살충제), tributyltin compound(살균제), trifluralin(제초제), triforine(살균제), vinclozoline(dicarboximides : 살균제), ziram(살균제)
중금속 3종
카드뮴, 수은, 납
합성 에스드로겐 8종
centchroman, estradiol, ethinylestradiol, DES(diethylstylbestol), hexestol 2-hydroxyestradiol, tamoxifen, raloxifene
음식물 첨가제 3종
BHA(butylated hydroxyanisole), equol, enterolactone
식물에 존재하는 호르몬 유사물질 6종
phytoestrogens, daidzein, coumestrol, biochanin A, formononetin, genistein

6.4 환경호르몬물질의 저감대책

6.4.1 생활환경에서의 저감대책

내분비계장애물질에 대응하기 위한 일차적인 방안은 우리 인간 및 환경에의 노출을 최소화하는 것으로 생활환경중에서 실천가능한 방안은 다음과 같다.

1) 음식물 및 용기

- 지방질이 많은 육류보다는 곡류, 채소, 과일이 풍부한 식단을 선택한다.
- 전자렌지에 플라스틱 또는 랩으로 음식을 씌워 데우는 일을 삼가한다.
- 과일이나 야채는 흐르는 물에 깨끗이 씻고 되도록 껍질을 벗겨 먹는다.

· 1회용 식품용기는 사용자제한다.
· 바퀴벌레를 퇴치(붕산 등과 같은 물질로부터의 예방)한다.

2) 생활주변 관리

· 금연한다.
· 파리, 모기 등 해충 구제를 위한 살충제의 다량 사용을 억제한다.
· 주거지 주변의 정원이나 텃밭에 농약 살포를 자제한다.
· 플라스틱제품을 어린이가 입에 대지 않도록 주의한다.
· 폐건전지, 파손된 수은온도계, 형광등 등과 같은 유해폐기물의 적절한 처리
· 세척력이 지나치게 강한 세제의 사용을 제한한다.
· 손을 청결하게 유지한다.
· 치아 치료시 아말감의 사용을 억제한다.
· PVC가 포함된 어린이용 장난감의 구매를 자제한다.
(가능한 한 목재 또는 천연소재로 된 장난감 선택)

6.4.2 정부 및 산업체의 역할

1) 정부의 역할

· 실제 또는 잠재적 위해성에 따른 관리대상물질의 우선 순위를 정하여 결정한다.
· 내분비계장애물질에 대한 환경 및 인간건강에 영향을 미치는 농도이하의 환경기준치 설정 및 모니터링 실시한다.
· 내분비계장애물질의 환경중 방출을 최소화하기 위한 배출목록 작성 및 보고제도 운영한다.
· 농약의 의존도를 낮추기 위한 대체물질, 품종 및 방법의 개발한다.
· 청정생산기술장려 및 지원한다.
· 대체물질 개발에 지침 마련한다.
· 대상물질의 내분비 장애정도를 측정할 수 있는 방법과 환경 중 규제치를 감시할 수 있는 지표(Biomarker) 설정한다.

2) 산업체의 역할

· 생산 또는 폐기하는 물질에 대한 내분비장애독성 평가 및 시험한다.
· 소비자에게 상품과 위해성에 대한 정보 제공한다.
· 생산에서부터 폐기에 이르기까지의 전 과정(Life-Cycle) 평가를 통한 오염방지 및 청정생산 기술 이행한다.

· 내분비계장애물질에 의한 제품의 오염여부 감시를 위한 측정한다.

6.4.3 생활문화에서의 저감대책

1) 가정에서 섭취할 가능성이 있는 물질

(1) 비스페놀 A(bisphenol A)

폴리카보네이트수지나 에폭시수지를 제조하는데 원료로 사용된다. 그리고 치과용 시란드나 수도용 파이트의 내장이나 joint(이음매)부분의 내장, 철재캔의 코팅재, 계면활성제 등에 함유되어 있다.

인체에 침입경로는 각종 제조작업에 에폭시도료를 취급시 작업자에게 흡입되거나 피부를 통해 흡수된다. 또는 폴리카보네이트수지, 에폭시수지는 식품포장용으로 사용되어져 식품속에 용출되어 있을 가능성도 있다.

(2) 프탈산에스테르(phthalic acid ester)

합성수지용 가소제, 폴리염화비닐의 가소제, 페인트, 잉크, 접착제 등의 가소제, 콘덴서의 절연액 등에 사용된다. 특히 가정에서 사용되는 랩에 프탈산에스테르제품은 종류가 많아 외인성 내분비교란 화학물질이라고도 한다.

호르몬 작용은 동물태(胎)속에서 프탈산 디-2-에틸헥실, 프탈산브틸벤질 등에 폭로한 수컷은 정자수를 감소시키며, 이외에도 갑상선 호르몬교란 작용을 한다.

인체 침입경로는 프탈산에스테르가 기름에 녹는 성질이 있어서 랩에 고기나 치즈, 기름성분이 채내로 들어오기도 하고, 소각로내 온도가 낮으면 배출가스중에 함유되어 있다가 이를 흡입시나 강우시 접촉과 하천수에 함유되어 있을 때 먹이사슬을 통해 체내로 들어온다.

(3) 아디프산 디-2 에틸헥실(adipic acid-di-2-ethyl hexyl)

캐나다에 소재한 세계생태보전기금(WWF)이 내분비계 장애물질로 분류한 환경호르몬 물질이며, 플라스틱의 가소제로 사용되는데 주로 인조가죽, 필름, 쉬트 등에 이용된다.

비닐계 랩의 유연제로도 사용되어, 직접 식품에 접촉시 육류 등의 기름과 화학반응을 해서 식품에 녹아있을 가능성이 있다. 그래서 염화비닐계 랩을 속히 폴리올레핀계로 전환시켜야 한다.

(4) 스타이렌 2량체 및 3량체(styrene dimers, trimers)

WWF가 목록화한 내분비교란 작용하는 물질중 의심되는 하나이다. 스타이렌은 햇빛이나 과산화물에 의해 쉽게 중합을 해서 발포 폴리스타이렌이 된다. 스타이렌의 2량체(dimer), 3량체(trimer)가 부산물로 발포 폴리스타이렌 제조시 생성되게 된다.

발포성용기인 일회용 컵인 컵라면 등은 90℃이상에서 30분간 용출시험시 스타이렌 2,3량체가 함유되어서는 아니된다.

(5) 벤조(a)피렌(benzo-a-pyrene)

콜타르처리, 석유정제, 코크스제조, 등유처리, 발전 등의 제조과정에서 비의도적으로 생성되는 화학물질이다. 이외에도 담배나 연료의 연소시 발생되기도 한다. 벤조(α)피렌은 발암성물질이고, 최기형성도 있다. 그리고 물고기의 성숙암컷은 벤조(a)피렌에 의해 스테로이드 호르몬의 분비이상, 난소의 발달이 억제 및 촉진이 된다.

(6) 벤조페논(benzophenone)

의약품 합성원류, 보향제, 자외선 흡수제로서 사용되고 있다. 물고기는 에스트라디올의 receiptor의 결합을 감소시키며, 잘 분해되기 때문에 농축성은 없다.

(7) 합성 pyrethroid

살충제, 모기향에 함유된 디엘드린과 유사한 구조를 가진 화합물로 가정용으로 널리 사용되고 있다. 합성 pyrethroid는 외인성 내분비교란화학물질로 인체 신경계에 약간의 저해작용을 한다.

인체흡입경로는 모기향 등을 사용할 때 방안에 비산할 때 호흡을 통해 체내로 들어온다.

2) 공업용재료 및 부산물

(1) 알킬페놀류(APs : alkyl phenols)

알킬페놀류는 공업용으로 계면활성제인 알킬페놀, 에트실레이트(APEs)제조시 널리 이용된다. 특히 APEs는 섬유류 제조과정에 사용되는 합성세제에 함유되어 폐수가 방류되면 미생물에 의해 분해된 후 다시 APs로 된다. APEs는 호르몬에 피해는 없으나 APs는 약간 여성 호르몬인 에스트로겐 작용을 한다.

(2) 노닐페놀(nonyl phenol)

비이온계면활성제로 사용되는 노닐 페놀 에트킬레이트가 분해하여 생성되는 합성화학물질이다. 지방과 결합하기가 쉽고 유동성이어서 세제의 원료나 플라스틱의 산화방지제 원료로 사용된다. 그리고 살균제나 농약의 기포제 원료, 염화비닐의 안정제원료 등의 공업용 및 가정용제품에 널리 사용되고 있다.

독성은 수서동물에 강하며, 생물농축성도 가능하다. 노닐페놀의 에스트로겐작용은 유방암세포를 증식시키며, 하천의 암컷물고기 생식기능에 이상을 일으킨다.

(3) 옥틸페놀(octyl phenol)

인쇄잉크나 바니스 등의 유용성 페놀지수 및 섬유 오일제, 폴리머용, 농약용 등의 계면활성제로 사용되고 있다. 노닐페놀처럼 포유동물에 대한 급성중독은 거의 적고, 수생생물에 독성을 일으킨다. 물고기, 조류(Algae), 무척추동물에는 독성이 있으며, 생물농축 우려도 있다.

여성호르몬인 에스트로겐 작용은 노닐페놀보다도 강하고 난소와 난자수에 영향을 주며 유방암세포의 증식에 활성을 일으킨다.

(4) 2,4,D 염화페놀(2,4-di-chlorophenol)

염료중간체로 사용되고 있으며, 호르몬작용에 대해서는 물고기에 의한 실험에서 에스트라디올의 receiptor의 결합을 감소시켰다.

(5) 폴리브로민화 바이페닐(PBB)류(polybrominated-biphenyls)

플라스틱용 난연제로 첨가하는 물질이며, TV나 라디오 등의 전자 · 전기제품에 사용되며, 300℃~600℃로 소각할 때 다이옥신이 생성된다. 주로 갑상선호르몬의 교란작용을 하며, 저질토에서 검출되고 있다.

(6) 옥타클로로스타이렌(octa-chloro-styrene)

유기염소화합물제조시 부산물로 생성되는 바 비의도적인 생성물이다. 주로 핵사클로로핵세인이나 다이옥신, 후란과 똑같은 조건에서 형성된다.

(7) n-부틸헥세인(n-butyl hexene)

스타이렌 monmer의 제조시 미량(PPb)으로 생성되는 부산물이며, WWF(세계야생보호기금)에 등록된 내분비교란작용물질이다.

(8) 수은(Hg)

은색으로 상온에서는 액체인 금속이며, 주로 건전지, 수은등, 형광등, 인주, 계량기, 전기기기, 치과용 및 합금용의 아말감, 합성화학용의 촉매로 가성소다 등에 사용된다.

독성은 피부나 눈을 자극하며, 수은증기를 흡입하면 폐수종을 일으키고 중추신경계에 악영향을 준다. 그래서 사지마비나 언어장해 등이 있게 된다.

3) 환경호르몬정책

(1) 내분비계 추정물질의 대응정책

환경호르몬물질은 국내외적으로 이슈가 되는 유해성 화학물질이며, 급성 및 만성 독성물질이나 발암성물질과는 다른 물질이다. 내분비계 장애물질인 환경호르몬은 세계야생보

호기금(WWF)가 67종, 미국의 일리노이환경청이 73종을 추정물질로 규정하고 있다. 우리나라도 내분비계 추정물질로 DDT 등의 농약, PCB인 변압기절연유, 비스페놀 A의 에폭시 수지, 플라시틱 가소제인 프탈레이트류 등이 환경중에 잔류했다가 생물체내에 흡수되며 생화학반응을 일으켜서 호르몬과 비슷한 구조의 물질로 변화되어 정상 호르몬작용을 방해한다. 방해는 주로 정자수 감소, 기형유발 등을 일으킨다.

우리나라도 페틸~노닐페놀류, 비스페놀 A, DEHP, DBP 등은 환경호르몬의 관찰물질로 유해화학물질관리법상에 지정되었고, 위해성평가 및 한계농도치를 설정하고 있다.

제6장 연습문제

문 1. 가정내에서 섭취가능한 환경호르몬물질과 거리가 먼 것은?

ㄱ. 비스페놀 A ㄴ. 프탈산에스테르 ㄷ. 알킬페놀류
ㄹ. 스타이렌 2 및 3량체 ㅁ. 아디핀산 디-α-에틸헥실

해설 알킬페놀류는 주로 공업적으로 계면활성제인 알킬페놀에트키실트(APEs)의 제조에 이용되어 생산량이 제일 많다.

문 2. 환경호르몬 물질인 비스페놀 A와 거리가 먼 것은?

ㄱ. 폴리카보네이트수지나 에폭시수지를 제조하는 원료로 사용된다.
ㄴ. 수도파이프의 내장에 이용되기도 한다.
ㄷ. 철제캔의 코팅에 이용된다.
ㄹ. 치과용 시란트에 이용된다.
ㅁ. 합성수지용의 가소제에 이용된다.

해설 합성수지용의 가소제, PVC가소제, 접착제 등의 가소제는 프탈산에스테르이다.

문 3. 비스페놀 A에 관한 설명 중 잘못된 것은?

ㄱ. 고온의 강산이나 알칼리에서 분해하여 용출된다.
ㄴ. 체내에서 대사성이 있어 2~5ppb로 유방암세포를 증식시킨다.
ㄷ. 내열성과 강도가 우수해 전자기기, 기계부품, 젖병, 유아용식기, 급식용식기, 콤팩드디스크 등에 사용된다.
ㄹ. 페놀과 비스므스(Bi)를 반응시켜 만들며 폴리카보네이트, 에폭시수지, 페놀수지, 살균제, 고무산화방지제의 원료로 사용된다.
ㅁ. 에폭시수지는 젓가락, 통조림캔에 사용되고, 페놀수지는 밥그릇, 도시락통의 소재이고, 폴리카보네이트는 젖병과 식기에 사용된다.

해설 비스페놀 A는 페놀과 아세톤을 반응시켜서 만든다.

문 4. 환경호르몬에 관한 설명 중 잘못된 것은?

ㄱ. PCB, DDT와 같은 화학물질이 내분비를 교란시켜서 생식장애를 일으킨다.
ㄴ. 외부에서 체내로 들어와 본래 몸안에서 필요에 따라 만들어지는 호르몬처럼 작용해 호르몬작용을 방해 및 정상 호르몬을 교란시킨다.
ㄷ. 생체 호르몬중 가장 크게 영향을 미치는 것은 난소·정소에 분비되는 성호르몬이다.
ㄹ. 어류, 곤충류, 패류, 파충류의 생태계에는 영향이 없다.

정 답 | 1. ㄷ 2. ㅁ 3. ㄹ 4. ㄹ

ㅁ. 포유류의 생식장애와 면역력이 저하한다.

√해설 조류 · 악어 · 패류 · 어류의 생식 장해로 생태계가 파괴된다.

문 5. 세계 각지에서 야생 동 · 식물의 주요생식이변을 일으키는 원인물질이 아닌 것은?

ㄱ. 트라이뷰틸 주석　　ㄴ. 트라이페닐 주석　　ㄷ. 노닐페놀
ㄹ. 디디티, 디디이　　ㅁ. 피시비, 티씨이

√해설 TCE(trichloro ethylene)은 VOC(휘발성물질)이고 환경호르몬물질은 아니다.

문 6. 환경호르몬으로 의심받는 화학물질의 특징이 아닌 것은?

ㄱ. 과거에 사용했으나 현재는 사용금지된 공업용물질은 PCB이다.
ㄴ. 플락스틱관련제품의 원료, 가소제, 보류제는 비스페놀A, 노닐페놀, 프탈산에스테르류이다.
ㄷ. 과거에 사용했으나 현재는 사용금지된 농약류는 시마딘, 켈센, 아트리딘, DDT, BHC, 디엘드린, 엘드린이다.
ㄹ. 어업용방부제는 유기주석이다.
ㅁ. 현재도 사용하는 공업용물질은 PBB, 알킬페놀, 계면활성제, 난연제이다.

√해설 현재도 사용되는 농약류는 시마딘, 켈센, 아트리딘이다.

문 7. 환경호르몬물질이 몸에 들어오는 경로가 아닌 것은?

ㄱ. 음식물이나 대기를 통하여　　ㄴ. 물이나 토양을 통하여
ㄷ. 플라스틱제품에서 용해하여　　ㄹ. 농약류나 복용한 약을 통하여
ㅁ. 동 · 식물 통하여

√해설 식물이 만드는 천연호르몬인 에스트로겐이 환경호르몬물질이고, 시금치, 옥수수, 마늘, 보리, 쌀, 감자, 콩, 강낭콩, 팥 등에 함유되어 있다.

문 8. 태반을 통해 태아에게 이상을 일으키는 환경호르몬물질이 아닌 것은?

ㄱ. 다이에틸 스틸베스테롤　　ㄴ. 합성황체호르몬, 트라이메타딘
ㄷ. 페니토인, 사리드마이드　　ㄹ. 아미노프티린, 메소토렉서트
ㅁ. 크로람프실, 에스트로겐

√해설 에스트로겐은 피임, 유산 촉진약이다.

문 9. 환경호르몬물질에 관한 설명 중 잘못된 것은?

ㄱ. 플라스틱제품의 원료와 가소제로 사용되는 물질은 비스페놀 A와 프탈산에스테르류이다.
ㄴ. 합성세제원료로 사용되는 음이온계 계면활성제는 알칼페놀류이다.

정 답 | 5. ㅁ　6. ㄷ　7. ㅁ　8. ㅁ　9. ㄴ

ㄷ. 선박부패방지제로 사용되는 물질은 유기주석이다.

ㄹ. 폐기물 소각시 배출되는 물질은 다이옥신류이다.

ㅁ. 전기제품, 변압기의 절연유로 사용되는 물질은 PCB이다.

✓해설 비이온계 계면활성제인 알킬페놀류가 환경호르몬물질이다.

문 10. 비스페놀 A에 관한 설명 중 잘못된 것은?

ㄱ. 플라스틱제품인 폴리카보네이트와 에폭시수지의 원재료이다.

ㄴ. 의료용주사기, 급식용 식기, 젖병, 치과용 섬유계 충전제, 통조림 캔의 내벽코팅제이다.

ㄷ. 남성호르몬인 에스트로겐과 비슷하게 호르몬 교란작용을 한다.

ㄹ. 분유캔, 젖병, 장난감 등에 함유되어 있다.

ㅁ. 인체에 흡입 및 경피의 피폭시 영향을 일으킨다.

✓해설 에스트로겐은 여성호르몬이다(참고 : 남성호르몬은 테스토스테론).

문 11. 프탈산 에스테트류 관한 설명 중 잘못된 것은?

ㄱ. 플라스틱의 가소제중 다이에틸헥실프탈레이트(DEHP)가 환경호르몬물질이다.

ㄴ. 폴리염화비닐, 인공피혁, 호스, 기계기구부품, 일회용 랩, 컵라면에 사용된다.

ㄷ. 신경장애, 혈소판감소, 정자형성능력 억제, 돌연변이원성, 최기형성된다.

ㄹ. 플라스틱제품의 고온 소각시 발생된다.

ㅁ. 기름을 많이 함유한 식품을 랩이나 팩으로 포장시 기름에 녹아 나온다.

✓해설 고온이 아니라 저온소각시 발생된다.

문 12. 노닐페놀에 관한 설명 중 잘못된 것은?

ㄱ. 비이온계 합성세제의 계면활성제로 쓰인다.

ㄴ. 플라스틱의 산화방지제 원료이다.

ㄷ. 살균제, 살충제의 원료이다.

ㄹ. 석유류의 방부제, 산화방지제로 쓰인다.

ㅁ. 해양생물의 산란을 감소시킨다.

✓해설 유방암세포의 증식을 촉진시킨다.

문 13. 유기주석에 관한 설명 중 잘못된 것은?

ㄱ. 살균제, 방부제, 농약, 배밑부분 도료, 어망 방부제로 사용된다.

ㄴ. 해양생물의 유영활동장애, 섭식장애, 성장탈피장애, 산란감소, 수정장애를 일으킨다.

ㄷ. 고등어 임포섹스는 단순 기형이 아닌 산란불능 등의 생식부전을 말한다.

ㄹ. 어류의 생식수증가와 더불어 종을 멸종시킨다.

정 답 | 10. ㄷ 11. ㄹ 12. ㅁ 13. ㄹ

ㅁ. 숭어에 1mg/L이상의 TBT존재시 임포섹스가 발생한다.

√해설 어류는 TBT(tributyl tin)에 의해서 임포섹스를 발생한다.

문 14. 환경호르몬이 건강에 미치는 영향으로 볼 수가 없는 것은?

ㄱ. 모유를 통한 수유아의 아토피성피부염　　ㄴ. 유산방시제인 DES의 질암발증
ㄷ. 정자수 감소　　ㄹ. 자궁내막증 호소
ㅁ. 소화계 장애

√해설 환경호르몬물질은 신경계, 호르몬계, 면역계에 악영향을 일으킨다.

문 15. 호르몬에 관한 설명 중 잘못된 것은?

ㄱ. 생체내의 하수체 · 갑상선 · 부신 · 췌장 · 성선 등 내분비기관에서 생산되는 생리활성 물질이다.
ㄴ. 내분비기관, 신경세포, 소화관, 간장, 신장 등에서도 분비된다.
ㄷ. 생체가능조절에 관여하는 물질이다.
ㄹ. 저장되지 않고 생성 동시에 분비된다.
ㅁ. 사람의 스트레스, 성장, 성생활, 식욕, 수면, 의욕, 질병, 대응, 성성숙 등에 관여한다.

√해설 스테로이드계 · 단백질계 호르몬은 저장되지 않으나 아드레날린 호르몬은 분비과립속에 저장된다.

문 16. 갑상선, 난소, 고환 등의 내분비기관에서 만들어진 후 혈액 속으로 분비되는 인체의 호르몬이 아닌 것은?

ㄱ. 뇌시상하부호르몬　　ㄴ. 뇌하수체호르몬　　ㄷ. 갑상선호르몬
ㄹ. 생식선호르몬　　ㅁ. 환경호르몬

√해설 ㄱ~ㄹ외에도 부신 수질호르몬, 부신피질호르몬이 있다.

문 17. 우리생활에서 환경호르몬 노출과 가장 관계가 적은 것은?

ㄱ. 일회용컵용기　ㄴ. 젖병　　ㄷ. 살충제　　ㄹ. 제초제　　ㅁ. 유리병

√해설 일회용컵용기에서 스타이렌 모노머(트리머), 젖병에서 비스페놀 A, 살충제에서 페르메트린, 제초제에서 시마딘의 환경호르몬물질이 검출된다.

문 18. 태아에 미치는 환경호르몬물질의 영향과 거리가 먼 것은?

ㄱ. 선천성장애　　ㄴ. 유산과 조산　　ㄷ. 뇌발달저하
ㄹ. 기형발생　　ㅁ. 정자수감소 및 생식기이상

√해설 "ㅁ"항은 출생아의 영향이다.

정 답 | 14. ㅁ　15. ㄹ　16. ㅁ　17. ㅁ　18. ㅁ

문 19. 환경호르몬을 피하기 위한 생활과 거리가 먼 것은?

ㄱ. 오존살균된 위생용품을 사용하지 말자 ㄴ. 플라스틱용기사용을 말자
ㄷ. 플라스틱용기를 전자렌지에 사용말자 ㄹ. 유기농산물을 먹자
ㅁ. 플라스틱제품을 소각시키지 말자

✓**해설** 염소표백된 위생용품의 사용을 말아야 한다.

문 20. 환경호르몬에 관한 기술내용중 잘못된 것은?

ㄱ. 아주 작은 약인 1ppt일지라도 악영향을 일으킬수 있다.
ㄴ. 내분비계통의 생리기능을 교란시킨다.
ㄷ. 수컷의 생식능력이 떨어진다.
ㄹ. 면역력을 저하시킨다.
ㅁ. 행동이 남성화된다.

✓**해설** 여성화되고, 건강에 장해를 일으킨다.

문 21. 내분비계 장애물질인 환경호르몬의 피해가 아닌 것은?

ㄱ. 생물의 여성화 ㄴ. 번식행동방해 ㄷ. 암축진
ㄹ. 생식과 내분기계를 교란 ㅁ. 과잉성장

✓**해설** 환경호르몬물질은 사람을 포함한 동물의 생식, 대사, 분화, 발달을 조절하고 통제하는 기능을 방해한다.

문 22. 생식과 내분비계를 교란시키는 장애물질이 아닌 것은?

ㄱ. 비스페놀 A ㄴ. 다이옥신 ㄷ. 알킬페놀에톡실레이트
ㄹ. 프탈레이트 ㅁ. 4-니트로페놀

✓**해설** "ㅁ"은 호르몬 수용체와 결합해 내분비계를 교란할 가능성있다.

문 23. 내분비계 장애물질의 장애현상이 잘못 설명된 것은?

ㄱ. DES는 식욕부진, 공포증같은 신경질환을 일으킨다.
ㄴ. PCB는 면역기능이 감소된다.
ㄷ. 다이옥신은 자궁내막증식증, 발암, 면역, 생식기발육에 독성 등을 일으킨다.
ㄹ. DDT는 대사기능을 저하시킨다.
ㅁ. TBT는 임포섹스(imposex)를 일으킨다.

✓**해설** DDT는 생식능력을 저하시킨다.

문 24. 식품용기에 함유된 내분비계 장애물질이 아닌 것은?

정 답 | 19. ㄱ 20. ㅁ 21. ㅁ 22. ㅁ 23. ㄹ

ㄱ. 비스페놀 A　　ㄴ. 프탈레이트　　ㄷ. 스타이렌 다이머
ㄹ. 에틸렌　　ㅁ. 아디페이트

✓해설 "ㄱ,ㄴ,ㄷ,ㅁ"외에 스타이렌 트리머이다.

문 25. 여성에게 자기면역질환 및 여성호르몬과 관계가 있는 내분비계 장애물질이 아닌 것은?

ㄱ. DES(diethylstilbestrol)　　ㄴ. carbamate
ㄷ. TCDD(2,3,7,8-tetrachloro dibenzo-*p*-dioxin)　　ㄹ. TCE(trichloro ethylene)
ㅁ. PCB(polychlorinated biphenyl)

✓해설 TCE는 내분비교란 화학물질(EDC : endocrine disrupting chemicals)이 아니다.

문 26. 환경호르몬물질이 생태계에 악영향을 주는데 이에 관한 내용이 잘못된 것은?

ㄱ. 비스페놀 A는 페놀수지의 원료이다.
ㄴ. Di-2-ethyl hexyl phthalate(DEHP)는 플라스틱의 가소제, 염화비닐제품(시트, 전선 피복제, 필름)에 사용된다.
ㄷ. Butyl benzyl phthalate(BBP)는 플라스틱의 가소제, 도료용, 인조피혁, 실낼장식품, 벽체 라일에 사용된다.
ㄹ. Di-n-butyl phthalate(DBP)는 플라스틱의 가소제로 사용되고, 락카, 접착제, 레저, 인쇄 잉크, 안전유리, 세로판, 염료, 살충제, 직물용 윤활제, 잡화에 이용된다.
ㅁ. Diethyl phthalate(DEP)는 플라스틱의 가소제로 사용되고, 초산셀룰로오스, 초산비닐, 폴리스타이렌수지에 사용성이다.

✓해설 비스페놀 A는 폴리카보네이트수지, 에폭시 수지의 원료이고 용기의 기준은 재질에 500mg/kg, 용출시 2.5mg/L이하임.

문 27. 환경호르몬물질은 생체에 악영향을 주는 작용과 거리가 먼 것은?

ㄱ. 항상성　　ㄴ. 생식　　ㄷ. 면역　　ㄹ. 발생　　ㅁ. 행동

✓해설 생체내호르몬의 합성, 저장, 분비, 결합, 체내수송을 한다.

문 28. 현시점에서 내분비교란화학물질의 문제와 거리가 먼 것은?

ㄱ. 생식기관, 신경기구, 생식행동의 내분비작용이다.
ㄴ. 내분비교란화학물질은 내분비기능에 대한 장해성을 가진 화학물질이다.
ㄷ. 악영향은 정자수 감소 등을 생식영향이나 발생과정에서 다음 세대에 미친다.
ㄹ. 갑성선의 기능이상, 임신력의 저하, 생식행동이상, 생식기의 기형 등을 일으킨다.
ㅁ. 호흡기계통에 피해를 일으킨다.

✓해설 "ㅁ"은 대기환경오염물질에 의한 피해이다.

정 답 | 24. ㄹ 25. ㄹ 26. ㄱ 27. ㄷ 28. ㅁ

문 29. 내분비계 장애물질인 환경호르몬의 피해가 아닌 것은?

ㄱ. 생물의 여성화　　ㄴ.웅성화　　ㄷ. 기형촉진
ㄹ. 암촉진　　ㅁ. 번식행동방해

해설 환경호르몬물질은 생물의 항상성, 생식, 발달, 행동을 조절한다.

문 30. 내분비계 장애물질의 작용이 아닌 것은?

ㄱ. 호르몬합성　　ㄴ. 저장 · 분비　　ㄷ. 운반 · 제거능력
ㄹ. 호르몬과 수용체 결합　　ㅁ. 세포합성

해설 "ㄱ,ㄴ,ㄷ,ㄹ"이와 인식기능, 신호전달과정 등의 간섭이 이루어진다.

문 31. 다음 환경호르몬에 관한 설명 중 잘못된 것은?

ㄱ. 우리 주변환경에 노출시 화학물질이 몸안에 들어와 마치 호르몬처럼 작용한다.
ㄴ. 화학물질에 의한 내분비교란작용을 한다.
ㄷ. 야생생물의 면역기능을 저하시킨다.
ㄹ. 생식과 생육기능에 악영향을 미친다.
ㅁ. 급 · 만성 독성을 일으킨다.

해설 독성과는 달리 다음에 태어날 세대에 생식기능저하와 기형 등의 악영향을 일으킨다.

문 32. 다음중 내분비계통의 기관이 아닌 것은?

ㄱ. 생체의 항상성, 생식, 발생, 행동 등에 관여하는 호르몬계이다.
ㄴ. 각종 호르몬을 생산, 방출하는 기관이다.
ㄷ. 선(gland), 호르몬(hormone), 표적세포로 나누어진다.
ㄹ. 세포와 조직에 정보나 지령을 전달한다.
ㅁ. 호르몬은 혈액을 통해 전달되며 단시간에 성장, 발육에 기여한다.

해설 호르몬은 내분비선으로부터 생산, 방출되어 혈액을 통해서 체내에 순환해 표적세포에 도달해 신호를 전달하고, 외부자극은 수초에 반응하지만 발육 · 성장 · 암수분화는 장시간에 걸쳐서 이루어진다.

문 33. 내분비계의 기능과 거리가 먼 것은?

ㄱ. 순환계와 협력해 활동　　ㄴ. 체내의 항상성 유지
ㄷ. 외부 자극에 대한 반응　　ㄹ. 성장, 발육, 생식에 대한 조절
ㅁ. 체내에너지의 생산, 이용, 저장

해설 내분비계는 신경계와 협력해서 활동한다.

정 답 | 29. ㄷ　30. ㅁ　31. ㅁ　32. ㅁ　33. ㄱ

문 34. 호르몬을 생산하는 내분비샘기관이 아닌 곳은?

ㄱ. 정소 ㄴ. 난소 ㄷ. 췌장 ㄹ. 간 ㅁ. 갑상선

✓**해설** 이외에도 부갑상선, 흉선 등이다(참고로 남성호르몬은 안드로겐, 여성호르몬은 에스트로겐임).

문 35. 다음 중에서 내분비장애물질이 아닌 것은?

ㄱ. DDT, 알드린, 일드린, 클로르단
ㄴ. PCB, dioxine, DES
ㄷ. TBT, PVC, DES, TPT
ㄹ. 비스페놀 A, 노닐페놀
ㅁ. TCE, PCE, TEL, TML

✓**해설** TCE와 PCE는 VOC이고, TEL과 TML은 휘발유자동차의 안티녹킹제이다.

문 36. 호르몬이 분비되는 장소가 아닌 곳은?

ㄱ. 뇌, 생식소
ㄴ. 갑상선, 부갑상선
ㄷ. 흉선, 부신
ㄹ. 췌장, 뇌하수체
ㅁ. 간, 허파, 소장

✓**해설** 호르몬은 혈액을 타고 목표지점에 도착해서 세포에 자극을 준다.

문 37. DNA의 조절부위에 결합해서 유전적발현이나 세포분열을 조절하는 신호발생을 장애하는 호르몬은?

ㄱ. 다이옥신류, TPT, TBT
ㄴ. Styrene dimer, Styrene trimer
ㄷ. nonyl phenol, PCB
ㄹ. Bisphenol A
ㅁ. phthalate ester

✓**해설** Styrene dimer(trimer)는 호르몬 합성·방출·수송단계에 장해를 일으킨다.

문 38. 내분비계 장애로 의심되는 야생동물의 피해로 잘못된 것은?

ㄱ. 유기주석화합물(TBT, TPT)-고등어의 웅성화
ㄴ. 노닐페놀-잉어의 자웅동체화, 송어의 자성화
ㄷ. 디디티(DDT)류-악어의 음경왜소화, 갈매기의 자성화
ㄹ. 피시비(PCB)류-바다표범과 흰돌고래의 개체수감소, 면역기능저하
ㅁ. 에스트로겐(Estrogen)류-양의 기형발생, 다발성 사산

문 39. 내분비계 장애물질에 관한 설명 중에서 잘못된 것은?

ㄱ. 식품이나 음료수용 캔의 코팅물로 사용되는 비스페놀A
ㄴ. 농약이나 변압기의 절연유로 사용되는 DDT와 PCB
ㄷ. 소각장에서 발생되는 다이옥신류
ㄹ. 합성세제원료인 알킬페놀

정 답 | 34. ㄹ 35. ㅁ 36. ㅁ 37. ㄱ 38. ㅁ 39. ㅁ

ㅁ. 플라스틱 가소제로 사용되는 스타이렌 다량체

√해설 플라스틱 가소제 성분은 phthalate이고, Styrene dimer 또는 trimer는 Styropol성분이다.

문 40. 내분비계 장애물질의 용출이 우려되는 생활용품과 거리가 먼 것은?

ㄱ. 플라스틱용기　　ㄴ. 병마개　　ㄷ. 수도관 내장코팅제
ㄹ. 일회용컵용기　　ㅁ. 외과치료제

√해설 이외에 치과치료시 이용되는 코팅제, 합성세제, 폐수은건전지, 농약류, 식품첨가물 등이다.

문 41. 생활환경에서의 환경호르몬물질저감에 관한 내용중 잘못된 것은?

ㄱ. 금연한다.　　ㄴ. 일회용품 식기용기를 사용하지 않는다.
ㄷ. 손의 청결을 유지한다.　　ㄹ. 생활주변에 농약을 살포하지 않는다.
ㅁ. 전자렌지에 음식물을 데우지 않는다.

√해설 전자렌지에 플라스틱이나 랩으로 씌워서 음식물은 데우지 말아야 함

문 42. 환경호르몬인 내분비교란화학물질의 정량분석방법이 잘못된 것은?

ㄱ. 1염화물에서 10염화물의 PCB는 헥세인에 추출한 후 탈수·농축시켜서 GC/MS로 측정한다.
ㄴ. 4탄소에서 9탄소의 알킬페놀류는 pH 3전후로 조정한 후 NaCl을 첨가해 DCM으로 추출해 덜수·농축시켜서 측징한다.
ㄷ. 비스페놀 A와 클로로 페놀류는 DCM으로 추출해 탈수·농축시켜서 트리메틸실란화를 한 후 GC/MS로 측정한다.
ㄹ. 프탈산에스테르류, 아티핀산 디-2-에틸헥실은 NaCl을 가해 헥세인으로 추출한 후 GC/MS 측정한다.
ㅁ. 1브로민화물에서 6브로민화물의 폴리브로민화 비페닐(PBB)은 NaCl을 가해 헥세인으로 추출한 후 GC/MS

√해설 PBB는 PCB측정분석방법과 동일하며, "ㅁ"은 방향족탄화수소류 분석방법임

문 43. 다음 중 환경호르몬물질인 플라스틱의 가소제가 아닌 것은?

ㄱ. 프탈산 디-2-에틸헥실　　ㄴ. 비스페놀A
ㄷ. 프탈산부틸벤질　　ㄹ. 프탈산 디 시크로헥실
ㅁ. 아디핀산 디-2-에틸헥실

√해설 비스페놀 A는 수지(resin)의 원료이다.

문 44. 환경호르몬물질의 분석시 시료채취량이 3.5L가 아닌 것은?

정 답 | 40. ㅁ　41. ㅁ　42. ㅁ　43. ㄴ

ㄱ. PCB, PBB
ㄴ. 비스페놀 A, 클로로페놀류
ㄷ. 노말 부틸벤젠, 스타이렌모노머
ㄹ. 알킬페놀류, 방향족화합물
ㅁ. 폴리브로민화 비페닐류(PBB)

✓해설 "ㄷ"는 VOC용 유리병에 250mL를 채수해 완전 차광해야 함

문 45. 수돗물에서 내분비교란화학물질을 분석시 고려할 필요가 없는 것은?

ㄱ. 먹는 물 속에 저농도가 함유되어 있다.
ㄴ. 저농도 영역에서 측정되기 때문에 분석조작과정시 오염의 영향을 받기가 쉽다.
ㄷ. 프탈산류 및 아디핀산류는 헥세인으로 추출한 후 농축해서 GC/MS-SIM법으로 측정해야 한다.
ㄹ. 알킬페놀류는 pH 3전후로 시료를 조정하여 다이클로로메탄으로 추출한 추 농축・탈수해서 TMS화한 후 다이클로로메탄으로 다시 추출한 다음 농축해서 GC/MS-SIM법으로 측정해야 한다.
ㅁ. 휘발성 탄화수소류는 고상추출하여 산처리한 후 TMS화해서 GC/MS-SIM법으로 측정해야 한다.

✓해설 VOC류는 염화비닐모노머, 스타이렌모노머, 에피글로르히드린이며, 주로 purge와 drop・GC/MS-SIM법으로 측정하며, "ㅁ"은 17β-에스트라디올(인・축의 호르몬)의 측정방법

문 46. 다음 중에서 내분비교란화학물질인 프탈산류가 아닌 것은?

ㄱ. 프탈산 다이-2-에테르 헥실
ㄴ. 3-tert-뷰틸페놀
ㄷ. 프탈산 다이에테르
ㄹ. 프탈산다이벤질
ㅁ. 프탈산 다이-2-에틸 헥실

✓해설 "ㄴ"은 알킬페놀류임

문 47. 내분비교란물질의 악영향이 잘못된 것은?

ㄱ. DDT, PCB, Dioxin, Alkyl phenol 등은 어류의 내분비계, 면역계, 신경계, 성장과 발생을 교란한다.
ㄴ. 기형, 기능변화, 생물학적과 분자적인 변화로 유생이 성체보다 감수성을 예민하게 나타낸다.
ㄷ. 해산물과 담수어류의 수가 감소한다.
ㄹ. 어류의 생식・생리・약리에 변화를 일으킨다.
ㅁ. 생농축되어서 급・만성 질환을 일으킨다.

✓해설 "ㅁ"는 환경오염물질의 피해이지 환경호르몬물질의 피해는 아님

문 48. UNEP 등에서 지구환경처럼 세계적인 환경호르몬 연구의 필요성을 강조하는 이유로서 타당성이 적은 것은?

정 답 | 44. ㄷ 45. ㅁ 46. ㄴ 47. ㅁ

ㄱ. 국제적인 공동연구의 필요성
ㄴ. 농도와 반응관계의 확립
ㄷ. 스크리닝평가의 필요성
ㄹ. 지구온난화로 기상이변
ㅁ. 기능독성학, 발생중의 반응, 갑상선 호르몬의 작용기구, 형태형성인자 필요

✓해설 "ㄹ"는 지구환경문제임(주로 오존층파괴, 지구기상이변, 산성비, 생물다양성감소 등임)

문 49. 내분비교란물질에 의한 야생동물의 악영향과 거리가 먼 것은?

ㄱ. 무척추동물은 트리부틸주석(TBT)화합물에 의한 자(雌)에서 웅(雄)으로 생식기가 변한다.
ㄴ. 어류는 자웅동체가 된다.
ㄷ. 파충류는 농약에 의해 탈웅성이 된다.
ㄹ. 조류는 생농축에 의해 부화율이 감소한다.
ㅁ. 식물성 에스트로겐에 의해서 갑상선 기능에 이상을 준다.

✓해설 식물성 에스트로겐은 생식이 감소하며, 갑상선 기능이상은 PCB, 다이옥신, 유기염소계 화학물질에 의한 피해

문 50. 다음중 내분비교란작용에 관한 설명 중 잘못된 것은?

ㄱ. 생식기능에 이상을 일으키는 독성물질이다.
ㄴ. 조직에서 생성 및 분비되는 전달물질인 호르몬이 혈액・체액의 전달경로를 경유해 다른 기관, 조직에 작용해서 생리적기능을 조절한다.
ㄷ. 갑상선 호르몬인 아미노산유도체 호르몬은 주로 내부환경의 항상성유지, 에너지대시, 발육과 성장, 성(性)의 분화와 생식을 조절한다.
ㄹ. 독성은 생식기능을 장해, 신경계・면역계・발암성을 일으킨다.
ㅁ. 뇌에 작용해 정신적인 피해를 일으킨다.

✓해설 "ㅁ"는 전자파 및 소음의 피해임

문 51. 환경호르몬인 내분비교란물질의 특징이 아닌 것은?

ㄱ. 급성독성과 발암성 작용을 한다.
ㄴ. 동물의 호르몬활성과 정보전달을 혼란시킨다.
ㄷ. 비스페놀 A는 유방암세포를 비대시키거나 생식이상을 일으킨다.
ㄹ. 외인성 내분비교란화학물질은 농약, 계면활성제, 플라스틱의 원재료이다.
ㅁ. 환경호르몬은 여성호르몬수용체에만 결합하는 내분비장해물질이다.

✓해설 환경호르몬은 여성호르몬과 비슷하게 작용하는 남성호르몬과 갑상선호르몬활동을 저해하는 물질이다.

문 52. 다음 중 환경호르몬에 관한 내용이 잘못된 것은?

정 답 | 48. ㄹ 49. ㅁ 50. ㅁ 51. ㅁ

ㄱ. 자성화(雌性化)한 뱀장어

ㄴ. 물고기의 생식기 이상

ㄷ. 부리가 엇갈리어 있는 새

ㄹ. 야생동물의 성기 이상

ㅁ. 알껍질이 견고해진 새

√해설 조류의 알 껍질이 얇아져서 죽어있거나, 야행성동물의 생식기 이상을 초래함

문 53. 환경호르몬의 물질별 생식장해를 잘못 나타낸 것은?

ㄱ. 유기주석은 고등동물의 인포색스화

ㄴ. 노닐페놀은 무지게송어의 정소발육지연

ㄷ. DDT는 독수리 등의 산란수 감소

ㄹ. PCB는 흰돌고래의 난소이상, 불임을 유발

ㅁ. 다이옥신은 갈매기의 번식격감과 생식기 축소

√해설 다이옥신은 부화율저하, 생식물저하, 개체균격감 등임

문 54. 기상이변에 의한 생식호르몬영향이 잘못 설명된 것은?

ㄱ. 섬계암은 36℃ 이하에서는 암컷, 33℃ 이상에서는 수컷된다.

ㄴ. PCB, DDT에 노출되면 수컷이 암컷으로 변한다.

ㄷ. 거북은 26℃ 이하에서는 수컷, 32℃ 이상에서는 암컷이 된다.

ㄹ. 32℃에서 개구리알을 거의 수컷화된다.

ㅁ. 거북은 여성호르몬이 있으면 60～80%가 수컷이 된다.

√해설 거북은 여성호르몬작용물질에 의해 60～80%가 수컷이 암컷이 된다.

문 55. 다음 호르몬에 관한 설명 중 잘못된 것은?

ㄱ. 정보전달물질　　ㄴ. 화학전달물질　　ㄷ. 콜레스테롤

ㄹ. 비가역적 반응　　ㅁ. 항상성(homeostasis)

√해설 호르몬은 가역반응과 비가역반응을 한다.

문 56. 다음중 환경호르몬물질이 아닌 것은?

ㄱ. DES(diethylstilbesterol)

ㄴ. PCB(polychlorinated biphenyl)

ㄷ. DDT(dichloro diphenyl trichloro ethane)

ㄹ. PAN(peroxy acetic nitrate)

ㅁ. BHC(benzene hexachloride)

√해설 PAN은 광화학스모그 물질임

정 답 | 52. ㅁ　53. ㅁ　54. ㅁ　55. ㄹ　56. ㄹ

문 57. 정자감소 등의 생식장해를 일으키는 물질이 아닌 것은?

ㄱ. 컵라면 용기의 Styrene　ㄴ. 식기의 polycarbonate　ㄷ. 복사지의 PCB

ㄹ. Pb, Hg, Cd　ㅁ. 캔의 Bisphenol A

√ **해설** PCB피해는 학습장해, IQ저하, 신경계발육저하이다.

문 58. 다음 인포섹스에 관한 설명 중 잘못된 것은?

ㄱ. 외인성내분비교란화학물질은 야생동물에 이변을 일으키는 화학물질이다.

ㄴ. 인포섹스는 암컷의 고등에 수컷의 생식기관이 형성되어 발달하는 기형현상이다.

ㄷ. Pb, Hg, Cd에 의해서 인포섹스를 유발하는 물질이다.

ㄹ. 난소 내에 정소가 발달해 생식기능을 저해시킨다.

ㅁ. 종의 존속을 위협한다.

√ **해설** 인포섹스유발물질은 TBT(tributyl stannum)과 TPT(tirphenyls tannum) 등의 유기주석화합물이다.

문 59. 환경호르몬이 인체의 건강에 악영향주는 내용으로 볼 수 없는 것은?

ㄱ. 정자수와 정자운동능력의 저하, 정자기형율의 상승

ㄴ. 정소암과 전립선암의 증가, 자종암·난소암과 유방암의 증가

ㄷ. 자궁내막과 불임증

ㄹ. 미나마타병, 이따이 이따이 병

ㅁ. 외부생식기의 발육무전, 파킨슨 병

√ **해설** "ㄹ"는 환경공해병이고 환경호르몬병은 신경·면역·생식계임

문 60. 스틸캔과 알루미늄캔의 내측에 도료로 코팅된 환경호르몬우려가 있는 물질이 아닌 것은?

ㄱ. 가소제　ㄴ. 에폭시수지　ㄷ. 페놀수지　ㄹ. 비스페놀　ㅁ. 스타이렌

√ **해설** Styrene은 컵라면용기에서 검출되며 발암성물질임

문 61. 독성이 확인된 환경호르몬물질로서 잘못된 것은?

ㄱ. 비스페놀 A는 에폭시수지 등의 원료이다.

ㄴ. 프탈산에스테르는 플라스틱의 가소제이다.

ㄷ. 알킬페놀은 비이온성 계면활성제이다.

ㄹ. 클로로덴은 유기염소계 살충제이다.

ㅁ. 발포스티롤제 컵은 TBT가 원료이다.

√ **해설** 1회용 라면 컵용기재질은 스타이렌임

문 62. 학교 등의 급식용 식기중에서 환경호르몬이 검출되는 것은?

정 답 | 57. ㄷ　58. ㄷ　59. ㄹ　60. ㅁ　61. ㅁ

ㄱ. 알루미늄식기　　ㄴ. 폴리카보네이트 식기　　ㄷ. 사기식기
ㄹ. 스텐레스식기　　ㅁ. 목재식기

해설 "ㄴ"는 플라스틱제품이다.

문 63. 어린이용 완구에서 프탈산에스테르가 발생되는데 이들과 관계가 아주 적은 물질은?

ㄱ. DBP(프탈산 다이부틸)　　ㄴ. DEHP(프탈산 다이에틸헥실)
ㄷ. DINP(프탈산 다이 이소노닐)　　ㄹ. HDPE(고밀도 폴리에틸렌)
ㅁ. EP(프탈산 에스테르)

해설 DBP는 호르몬 교란물질, DEHP, DINP는 교란가능물질, DEHP는 발암성물질임

문 64. 어떤 화합물에 대한 정량분석한 결과는 H=2.5%, C=40.5%, O=57.8%일 때 실험식은?

ㄱ. HCO_2　　ㄴ. HCO_3　　ㄷ. H_2CO_2　　ㄹ. $H_2C_2O_3$　　ㅁ. $H_2C_3O_3$

해설 $H: C: O = \frac{2.5}{1} : \frac{40.5}{12} : \frac{57.0}{16} = 2.5: 3.4: 3.56 \fallingdotseq 2: 3: 3$

문 65. 화학반응이 A+B→C+D일 경우에서 A와 B의 농도가 각각 1mole/L일 때 생성물인 C와 D가 각각 0.2mole/L 이라면 평형상수값은?

ㄱ. 0.06　　ㄴ. 2.23　　ㄷ. 0.43　　ㄹ. 0.68　　ㅁ. 1.23

해설 $K = \frac{[C][D]}{[A][B]} = \frac{(0.2)(0.2)}{(1-0.2)(1-0.2)} \fallingdotseq 0.06$

문 66. 공기공급으로 상수처리시 제거할 수가 없는 물질은?

ㄱ. CO_2　　ㄴ. H_2S　　ㄷ. Fe　　ㄹ. 세균　　ㅁ. 알칼리도

해설 공기공급(aeration)에 의해 $CaCO_3$가 침전안된다면 알칼리도는 제거안된다.

문 67. 정체수역의 부영양화 주원인 영양원소는?

ㄱ. 유기물질　　ㄴ. 유분　　ㄷ. N, P, K
ㄹ. PCB　　ㅁ. 환경호르몬물질

해설 ① 질소, 인, 칼륨은 비료, 합성세제와 같은 인위적인 물질속에 함유되어 있다.
② 식물성장 3대 영양소는 N, P, K이고 미소영양소는 B, V, Cu, Mo 등이다.

문 68. 다음중 PCB(polychlorinated biphenyl)의 특성이 아닌 것은?

ㄱ. 절연성　　ㄴ. 열에 안정　　ㄷ. 지방에 축적　　ㄹ. 증발안됨　　ㅁ. 증기압 높음

해설 PCB는 증기압이 낮아서 증발안됨.

정 답 | 62. ㄴ　63. ㄹ　64. ㅁ　65. ㄱ　66. ㅁ　67. ㄷ　68. ㅁ

문 69. 다음 유해폐기물을 열적처리방식인 소각처리시 달성할 수가 없는 것은?

ㄱ. 휘발성유기화합물　ㄴ. 중금속　ㄷ. 가연성유기물
ㄹ. 독성물질　ㅁ. 병원균물질

✓**해설** 중금속은 연소가 안된다.

문 70. 14.8g의 소석회를 물에 용해시켜서 용액을 400mL로 조제했다면 이 용액의 노르말 농도는?

ㄱ. 0.1N　ㄴ. 0.5N　ㄷ. 1N　ㄹ. 2.5N　ㅁ. 3.5N

✓**해설** ① $Ca(OH)_2$ 당량 $= \frac{14.8}{74/2} = 0.4$ 당량

② 1N : 1당량/L = x : 0.4당량/0.4L　∴ 1N

문 71. 공기공급(aeration)시킨 후에 석회를 넣으면 pH가 상승돼 제거가능한 물질은?

ㄱ. Ca^{2+}, Mg^{2+}　ㄴ. Fe^{2+}　ㄷ. P^{3+}　ㄹ. NH_3　ㅁ. Al^{3+}

✓**해설** NH_3제거는 공기공급하면서 NaOH 주입한다.

문 72. 석단 등의 광산수가 산성이 된 이유는 어떤 물질이 환원되었기 때문인가?

ㄱ. FeS_2　ㄴ. CaO　ㄷ. $CaCO_3$　ㄹ. $CaCl_2$　ㅁ. NH_3-N

✓**해설** 황철석(FeS_2)이 산화되어서 H_2SO_4로 변했다.

문 73. 다음 수질화학에 관한 설명 중 잘못된 것은?

ㄱ. 정수처리시 알칼리도는 30～50mg/L 이다.
ㄴ. 염기성이 강한 물은 알칼리도가 높다.
ㄷ. 물의 알칼리도가 떨어지면 식수나 농업용수로 사용 불가능하다.
ㄹ. 염소이온은 물에 가정하수여부를 판별하는 간접지표이다.
ㅁ. 탄산경도는 물 속에 있는 음이온(OH^-, HCO_3^-, CO_3^{2-})에 의한 알칼리도의 화학적 상당량을 $CaCO_3$로 환산한 값이다.

✓**해설** 염기성이 강한 물은 알칼리도가 낮다.

문 74. 어떤 수용액에서 물의 분압이 0.0313기압, 25℃일 때 이 온도에서 1기압의 공기로 포화된 물 속에 용해된 산소의 용해도는? (단, 산소헨리정수는 1.28×10^{-3} mole/atm · L이고 건조공기중의 산소부피비율은 21%임)

ㄱ. 1.2×10^{-3}mole/L　ㄴ. 1.8×10^{-3}mole/L　ㄷ. 2.6×10^{-4}mole/L
ㄹ. 1.3×10^{-4}mole/L　ㅁ. 4.2×10^{-5}mole/L

✓**해설** ① $[O_2] = k \cdot P_{O_2}$

정 답 | 69. ㄴ　70. ㄷ　71. ㄱ　72. ㄱ　73. ㄴ　74. ㄷ

② $P_{O_2} = (1-0.0313)(0.21) \fallingdotseq 0.203\,atm$

③ $[O_2] = 1.28\times10^{-3}\times0.203 \fallingdotseq 2.6\times19^{-4}$ mole/L

문 75. 다음 지구온난화가스(GHG) 중 가장 기여율이 높은 물질은?

ㄱ. CO_2 ㄴ. CH_4 ㄷ. N_2O ㄹ. CFC ㅁ. HCFC

해설 ① Green House Gas 중 CO_2가 제일 높다.
② 온실가스는 인위적보다 자연적 활동에 의해서도 발생된다.

문 76. 일반적으로 성층권 중간부근부터는 기온이 상승하게 하는 물질은 ?

ㄱ. CO_2 ㄴ. O_3 ㄷ. H_2O ㄹ. CH_4 ㅁ. CFC

해설 ① 2~10ppm(10^{-6})의 오존이 자외선을 흡수해서 온도가 증대한다.
② 대류권에서는 고도가 높아질수록 기온이 떨어진다.

문 77. 주방용기중 테플론 후라이팬의 유해화학물질은?

ㄱ. PFOA ㄴ. PPCP ㄷ. DBP ㄹ. HAA ㅁ. HAN

해설 PFOA(Perfluoro octanoic acid)는 유해성 과플루오린화 화합물로 간독성, 기형유발과 성기능을 저하시킨다.

정 답 | 75. ㄱ 76. ㄴ 77. ㄱ

07

환경화학과목 기출문제 분석

저자의 당부 메시지

우리가 치루어야 하는 국가고사 및 대부분의 국가시험이 공식적으로 시험문제지가 공개되지 않기 때문에 참가했던 수험생의 기억력에 의해서 구전될 수밖에 없습니다. 그러므로 본서에 수록된 내용도 정확히 일치하지는 않더라도 거의 大同小異한 바 이 문제들을 통해 환경화학을 공부하는 기틀의 계기가 되었으면 합니다.

본 저자는 수험생들이 초기에 환경화학을 어떻게 공부해야 하는 지, 주로 어떤 방향으로 출제되는지, 어떤 문제들이 출제되었는 지를 알려주고 특히 어디에 중점을 두어 점검해야하는지 등을 검토하는데 중요한 자료로 활용되었으면 합니다.

그리고 기출문제들의 경향성을 분석하고 공부영역을 좀더 넓혀가는 계기로 활용하여 소기의 성과를 달성함은 물론 수험생들에게는 합격의 영광을 누리시길 바랍니다.

환경화학 과년도 출제문제

1. 1991년도부터 실시된 환경직 기술고시 환경화학

(1) 제27회 문제 (1991년도)

1) 농약으로 인한 환경오염문제는 어떤 것이며, 이들 농약의 종류, 잔류성, 환경피해, 대책 등을 논하시오.
2) 광화학 스모그의 생산기질과 피해를 논하시오.
3) 용존산소를 결정하는 물리적, 화학적 및 생물학적 요인은 무엇이고, 용존산소량의 부족시 수질 환경의 영향을 논하시오.

(2) 제28회 문제(1992년)

1) 부영양화의 원인과 우리나라에서의 피해와 관리대책을 논하시오.
2) 산성비의 생성, 이동과 그 피해를 논하시오.
3) 증식 원자로에서의 반응(반응식포함)과 장단점을 논하시오.

(3) 제29회 문제(1993년)

1) 오존층파괴(반응식포함)와 생태계에 미치는 영향을 논하시오.
2) Beer-Lambert's Law를 이용하여 시료를 분석하는 방법에 대해 설명하시오.
3) Freundlich의 등온흡착식을 이용하여 계산하시오.
4) 다음 용어를 설명하시오.
   ㄱ) pH
   ㄴ) pKs
   ㄷ) Common Ion Effect(공통이온효과)

(4) 제30회 문제(1994년도)

1) 골프장건설관리로 인한 환경에 미치는 영향 및 환경보전대책에 대해 논하시오.
2) 상수 염소소독시 일어날 수 있는 반응 및 암모니아의 화학반응과 잔류염소량의 중요성을 설명하시오.
3) 유기화합물의 구성요소, 일반적인 성질, 유기화합물이 생성되는 3가지 원천(source)에 대해 설명하시오.
4) 어떤 상수원의 pH가 7.32이고, $[Ca^{2+}]$이 101.06mg/L이며, $[HCO_3^-]$가 6.475×10^{-10}mole/L이었다. 이 경우에 Langelier 지수는 얼마이며, 이때 각각 어떤 성질을 갖고 있는가? (단, 모든 이온활동

계수는 1.0으로 가정한다.)

$$K=\frac{[Ca^{2+}][HCO_3^-]}{[H^+]}=10^{1.93}$$

2. 내무부 시행(1996. 9. 22과 1997. 4. 2)과 총무처 시행(1996. 11. 24) 환경과학 사무관 승진 시험문제

【 5급 환경사무관 승진시험문제들은 5지 선택형인데, 문제들 중 문항은 거의 기억하나 문제 내용은 자세하게 알 수가 없어 공부하는데 문항만이라도 크게 도움될 것으로 판단하고 수록했음을 양지하시기 바랍니다 】

1) pH 계산문제
2) 토양오염 기초문제
3) 수질환경오염공정시험방법중 BOD와 COD에 영향을 주는 화학물질에 관련한 문제
4) 기체크로마토그래피법으로 분석가능한 환경오염물질이 아닌 것을 찾는 문제
5) 수질환경화학분야에서 경도를 계산하는 문제
6) $(C_1 \cdot Q_1 + C_2 \cdot Q_2)/(Q_1 + Q_2)$를 이용한 합류지점의 BOD농도계산 문제
7) 인(P)를 침전시키는 침전제가 아닌 것을 선택하는 문제
8) 정수처리시 응집제로 사용되지 않는 것을 묻는 문제
9) SVI(Sludge Volume Index)계산 문제
10) 열역학, 반응열 등의 설명 중 틀린 문항을 선택하는 문제
11) 화학반응속도론 중에서 1차반응 그래프의 이해정도를 묻는 문제
12) 부영양화를 일으키는 원인 중 가장 영향이 적은 것이 무엇인지를 묻는 문제
13) 갈색가스로 가시도(visibility)에 영향을 주는 대기오염물질은 무엇인 지를 묻는 문제
14) 최근에 각광받는 연료전지를 묻는 문제
15) 물의 물성, 즉 비중, 비열 등의 기초를 알고 있는지를 묻는 문제
16) Ci, Rem, Rep, Rad 등 방사선 단위를 묻는 문제
17) HCO_3^-이온의 수중 pH분포그래프에 대한 이해를 묻는 문제
18) 알루미늄(Al)정제 방법을 묻는 문제
19) 다음 중 온난화물질이 아닌 것은? (답 : ㄹ)

ㄱ. CO_2 ㄴ. CFCs ㄷ. N_2O ㄹ. H_2S ㅁ. CH_4

20) 르샤트리에(Le chatelier)원리를 이해하는 문제

21) pH(수소이온농도)원리의 이해정도를 묻는 문제
22) 탄화소수(HC)오염물질처리법의 이해정도를 묻는 문제
23) Pb(납), Zn(아연), Cu(구리) 제련시 발생되는 대기오염물질을 묻는 문제
24) 정수처리시 경수연화방법의 이해도를 묻는 문제
25) 급수관에서 용출되는 오염물질에 대한 이해도를 묻는 문제
26) 지하우물을 퍼올릴 때 생성되는 청색 또는 적색 침전물의 생성 원인이 무엇인지를 묻는 문제
27) 산화와 환원 반응이론을 이해하고 있는지를 묻는 문제
28) 수질오염공정시험방법에서 중금속, 오염물질과 분석시약 및 발색시약과 올바르게 연결된 것을 묻는 문제
29) 복숭아, 소나무 잎끝 가장자리를 말려죽이는 자극성 대기오염물질이 무엇인지를 묻는 문제
30) Henry(헨리)법칙의 이해도를 묻는 문제
31) 1차 대기오염물질과 2차 대기오염물질을 구분하는 능력이 있는지에 대한 문제
32) 지하수로 농사를 지을 때 식물을 말라죽게 하는 원인을 묻는 문제
33) 매연 후처리장치에서 처리되지 않는 물질에 대한 문제
34) 도시폐기물소각시 발암물질로 알려지고 있는 물질에 대한 문제
35) 98% 황산의 비중이 1.84일 때 몇 몰인지를 묻는 계산문제
36) $Al_2(SO_4)_3 \cdot xH_2O$로 정수처리시 알칼리를 가하는 목적이 무엇인지에 대한 문제
37) 염소에 의한 정수처리 악취원인을 제공하는 물질은? (답 : ㄱ)

ㄱ. phenol　　ㄴ. NH_3　　ㄷ. DO　　ㄹ. BOD　　ㅁ. COD

39) 다음중 유기물분석과 관련이 없는 항목은? (답 : ㅁ)

ㄱ. BOD　　ㄴ. COD　　ㄷ. TOD　　ㄹ. TOC　　ㅁ. A.A

3. 행자부시행('99. 9) 사무관 승진시험 문제

[환경화학]

문 1. 방사능의 단위인 것은?

ㄱ. REM　　ㄴ. RAD　　ㄷ. CI　　ㄹ. REN　　ㅁ. SY

⊙ ㄷ

문 2. 오존의 산화반응 속도식은?

▶ 오존 + M ↔ 산소 + 산소원자 + M
오존 + 산소원자 → 2산소

문 3. VOC물질에 대한 설명 중 잘못된 것은?

▶ 주유소에서 가장 많이 발생하는 물질은 톨루엔이다.
* 참고 : 주유소에서 가장 많이 발생되는 VOC물질은 벤젠임

문 4. pH 2인 물질 100리터를 중화하는데 필요한 가성소다 당량은?

▶ 40그램

문 5. pH 2와 pH 5인 물질을 동일한 비율로 합하였을 때는 수소이온농도는?

▶ 2.3

문 6. NO 448ppm의 배출가스 10,000m^3/시간을 선택적 환원법으로 처리할 때 필요한 암모니아 양은?

▶ 2.26kg, 2.98Sm^3(유해물질 처리관련 반응식을 익혀둘 것)

문 7. 반감기가 30일일 때 반응속도 상수는?

▶ 0.0231

문 8. 수산화마그네슘의 용해도가 1.2×10^{-5}이다. 가성소다 0.01몰 농도에서의 마그네슘의 용해도는 얼마인가?

▶ $Ksp = 1.2 \times 10^{-5} \times \{2.4 \times 10^{-5}\}$의 제곱 $= 6.9 \times 10^{-15} = X \times (0.01)$의 제곱
그러므로 답 X는 6.9×10^{-11}

문 9. 다음 부식에 관한 설명 중 틀린 것은?

▶ LI지수가 높을수록 부식을 활성화시킨다.
* 참고 : 전식(연결부위는 이온화 경향이 큰 금속으로 보호), 미생물관련, 산화환원 등폭 넓게 알고 있는지를 측정하는 문제임.(즉, 환경화학의 범위가 그 만큼 넓다는 의미로 보아야 할 것임)

문 10. 생물학적 2차처리 효율이 95% 일 때 1차처리 효율이 몇 %이어야 전체 처리효율이 99% 이겠는가?

▶ 80%

문 11. 유입수 농도가 250mg/L이고, 2차처리 효율이 80%이다. 방류수 수질이 30mg/L이라면 1차처리 효율은 몇 % 이겠는가?

▶ 40%

문 12. 질산성 질소의 농도가 10그램일 때 질산성 질소의 농도는?

▶ 44그램

문 13. 암모니아성 질소 → 아질산성질소 → 질산성 질소의 생물학적 질산화 과정에 단계별 미생물의 이름은(순서대로)?

▶ Nitrosomonas, Nitrobacter

문 14. 난분해성 유기화학물질의 처리 공정으로 타당한 것은?

▶ 스크린 → 응집 → 침전 → 활성탄 흡착 → 방류

문 15. 다음 중 하수처리장에서 호기성 생물학적 처리공정으로 사용하는 않는 것은?

ㄱ. 활성오니법　　ㄴ. 장기공기공급법　　ㄷ. 살수여상법
ㄹ. 회전원판법　　ㅁ. 소화법

▶ ㅁ

문 16. 스칸디나비아 반도의 호수들이 산성화된 이유는?

ㄱ. 산성우에 의한 영향
ㄴ. 지형학적으로 산성물질이 축적될 수밖에 없는 지역이다.
ㄷ. 토양 표층이 빙하로 얇아졌기 때문이다.
ㄹ. 지질학적 요인에 의해서이다.
ㅁ. 광산 폐수처리를 제대로 하지 않았기 때문이다.

▶ ㄱ

문 17. 라돈이 지하실 및 지상에 많이 분포하는 이유는?

ㄱ. 산소와 반응성이 좋기 때문이다.
ㄴ. 다른 방사선 물질에 비해서 가볍기 때문이다.
ㄷ. 불활성이기 때문이다.
ㄹ. 물에 용해성이 좋아서 이동이 잘되기 때문이다.
ㅁ. 물에 대한 표면장력이 낮아서 밖으로 배출이 잘된다.

▶ ㄷ

문 18. 환경기준항목에 대한 설명 중 틀린 것은?

ㄱ. pH　ㄴ. BOD　ㄷ. SS　ㄹ. n-Hexan추출물　ㅁ. 대장균균

▶ 하천, 호수의 기준항목으로 COD를 측정한다.

문 19. 다음 먹는물 수질기준을 알고 있는지를 측정하는 문제?

▶ 건강한 사람이 70년 동안 복용시 질병 일으키지 않을 정도의 값이다.

문 20. 이따이 이따이병 및 미나미타병과 관계있는 중금속은?

▶ 카드뮴, 수은

문 21. 명반으로 응집침전하는 반응기작에 대한 설명 중 틀린 것은?

ㄱ. 가교작용　ㄴ. 표면전하 감쇄

ㄷ. 미생물이 플럭을 형성하도록 함　ㄹ. 전자 이중층을 얇게한다.

▶ ㄷ

문 22. 토양점토에 대한 특징을 기술하시오.

▶ 점토가 산성화 되면 양이온 교환능력이 증진된다.

문 23. 알칼리도에 관련된 설명 중 잘못된 것은?

▶ 중탄산칼슘을 냉각시키면 OH이온이 증가하므로 pH가 올라간다.

문 24. 대기오염물질을 청소하는 물질인 것은?

▶ OH · radical

문 25. 대기가 평형상태에 있을 때 어떤 물질의 분자량이 120g이고, 증기 분압이 170mmHg 이라고 할 때, 이물질의 농도 g/l는?

▶ 1.2g/l, 풀이 : 120×170/22.4×760

* 참고 : 공기에 대한 비중을 생각하면 도움이 됨.

[환경공학개론 중 환경화학과 관련된 문항]

문 1. 다음중 오존 소독에 대하여 설명한 내용 중 틀린 것은?

ㄱ. 오존과 반응하면 생성물에 알데하이드 등의 부산물이 발생한다.

ㄴ. 오존소독 후에는 잔류오존을 제거하기 위하여 활성탄 처리 등의 후속처리 공정이 필요하다.

ㄷ. 오존은 염소에 비해 잔류소독효과과 없기 때문에 산화력이 떨어진다.

▶ ㄷ

문 2. 아침에 조깅을 하면 건강을 해친다고 하는 이유는?

▶ 표면 역전

APPENDIX

부 록

[부록 1] 대기 중 VOCs성분의 발암성

	환경농도 ($\mu g/m^3$)	실험방법	발암위험	인체위험 (U.S.EPA)
벤젠	대표값 16.35 최대값 68.71	흡입	130.8 549.7	8.0 ×
클로로폼	대표값 0.30 최대값 3.37 (도시지역 0.79)	경구	10.2 114.6 (26.9)	2.3×10^{-6}
트라이클로로에틸렌	대표값 0.50 최대값 8.81 (도시지역 2.43)	흡입	0.4 7.8 (2.1)	1.3×10^{-5}
테트라클로로 에틸렌	대표값 0.07 최대값 4.18 (도시지역 2.68)	흡입	0.7 41.8 (26.8)	4.8×10^{-7}
사염화탄소	대표값 0.17 최대값 0.97 (도시지역 0.88)	경구	3.7 21.3 (19.4)	1.5×10^{-5}
1,2-다이클로로에탄 벤조피렌	대표값 0.001 최대값 0.008 (도시지역 0.25)	경구	3.3 26.4 (4.8)	3.3×10^{-3} 2.6×10^{-5}

[Source : 도장공학(일본),Vol.27, No.7, 276-287(1992)]
1. (도시지역)은 인구 백만 이상의 도시의 평균치
2. 백만명당 발생가능한 위험성

[부록 2] HCl의 물에 대한 용해도

kg-HCl	×	P(atm)					
100kg-H_2O	(몰분율)	0℃	10℃	20℃	30℃	50℃	80℃
78.6	28.0	6.71×10^{-1}	1.11				
66.7	24.8	1.71×10^{-1}	3.07×10^{-1}	5.25×10^{-1}	8.25×10^{-1}		
56.3	21.8	3.82×10^{-2}	7.42×10^{-2}	1.39×10^{-1}	2.47×10^{-1}	7.04×10^{-1}	
47.0	18.9	7.50×10^{-3}	1.55×10^{-2}	3.09×10^{-2}	5.86×10^{-2}	1.86×10^{-1}	8.19×10^{-1}
38.9	16.1	1.32×10^{-3}	2.99×10^{-3}	6.45×10^{-2}	1.30×10^{-2}	4.70×10^{-2}	2.47×10^{-1}
31.6	13.5	2.30×10^{-4}	5.66×10^{-4}	1.32×10^{-3}	2.86×10^{-3}	1.17×10^{-2}	7.17×10^{-2}
25.0	11.0	4.16×10^{-5}	1.11×10^{-4}	2.70×10^{-4}	6.32×10^{-4}	2.91×10^{-3}	2.05×10^{-2}
19.05	8.60	7.37×10^{-6}	2.11×10^{-5}	5.63×10^{-5}	1.39×10^{-4}	7.24×10^{-4}	6.13×10^{-3}
13.64	6.31	1.30×10^{-6}	4.01×10^{-6}	1.16×10^{-5}	3.08×10^{-5}	1.79×10^{-4}	1.76×10^{-3}
8.70	4.12	1.55×10^{-7}	7.07×10^{-7}	2.34×10^{-6}	6.78×10^{-6}	4.53×10^{-5}	5.13×10^{-4}
4.17	2.02	2.37×10^{-8}	9.08×10^{-8}	3.10×10^{-7}	1.01×10^{-6}	8.42×10^{-6}	1.25×10^{-4}
2.04	0.998		1.54×10^{-8}	5.79×10^{-7}	1.99×10^{-7}	1.84×10^{-6}	3.22×10^{-5}

[부록 3] 배출가스의 공기희석에 따른 실제 대기오염물질농도 확산

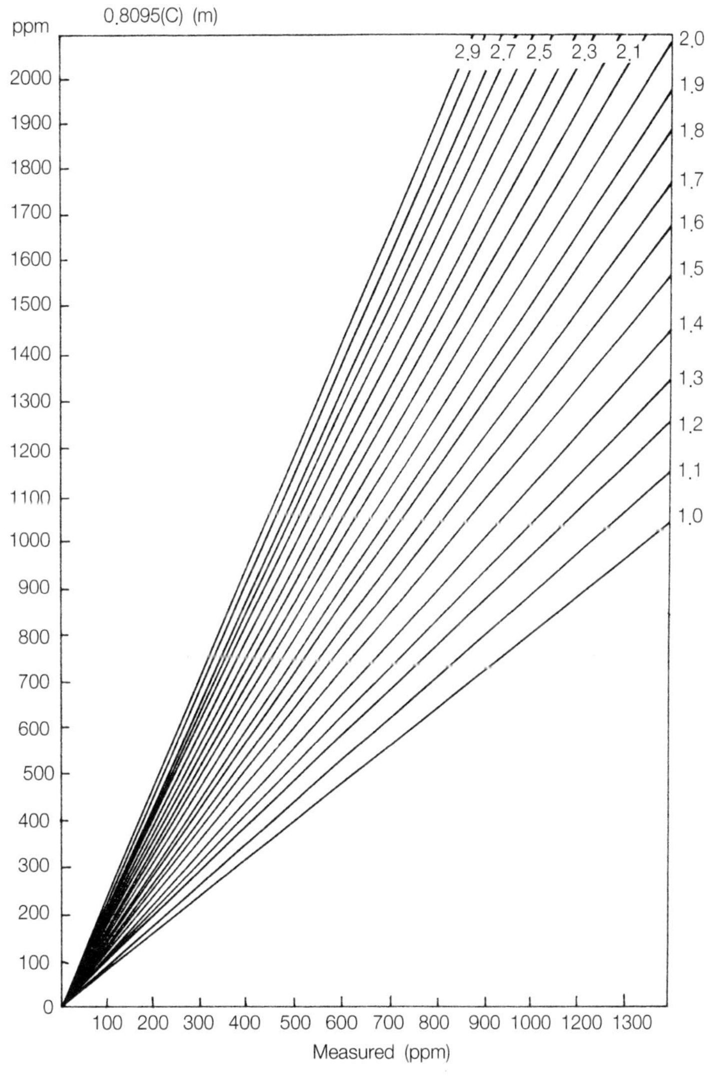

[부록 4] GHG 특성

구분	CO_2	CH_4	O_2	N_2O	CFC-12	CFC-11
수명(년)	50~200	5~10	0.1~0.3	120	110	65

[부록 5] Freon Gas 특성

구분	구조식	b.p(℃)	ODP	GHP
HCFC-22	$CHClF_2$	-40.8 27.5	0.05 0.05	0.07 0.1
HCFC-123	$CHCl_2CF_3$	-12	0.05	0.1
HCFC-225	$CF_3CF_2CHCl_2$	46.8	0.05	0.1
HCFC-124	$CHClFCF_3$	6.1	0.05	0.1
HCFC-132b	$CH_2ClCClF_2$	-26.3	0	0.3
HCFC-133a	$CH_2ClCClF_3$	32	0.05	0.1
HCFC-141a	CH_3CCl_2F	-9.2	0.05	0.2
HCFC-142b	CH_2CClF_2	-24.9	0	0.1
HFC-134a	CH_2FCF_3	51.1	0.1	-
HFC-152a	CH_3CHF_2	56.1	0.1	-
HFC-225	$CF_3CF_2CH_2OH$	80.1	0	-

[부록 6] 과린산석회 제조장치 배출가스처리 현황

흡수장치	단위	분무탑	충진탑	젯트스크러버
시리즈	기	2	3	2
SiF_4 입구농도	ppm	5400	1700	8800
SiF_4 출구농도	ppm	50	11	200
배가스량	m^3/hr	2040	5100	5100
분무수량	m^3/hr	2.3	6.6	68.1
가스속도	m/sec	0.7	1.9	-
F-제거율	%	99.1	93.1	97.8
유효높이	m	10.7	13.7	14.9
탑용적	m^3	30.3	10.2	3.4
세정액순환	L/m^3	1.07	1.3	13.4
가스접촉시간	sec	56	7.1	0.2
N_{OG}	-	4.7	2.7	3.8
K_{GO}	$\frac{kmole}{m^3 \cdot hr \cdot atm}$	16.64	58.89	249.6

[부록 7] 활성탄 특성

구분	진밀도(g/m³)	충전밀도(g/m³)	비표면적(m²/g)	평균공경(Å)	공간율(%)
압상탄	2~2.2	0.35~0.6	700~1500	12~40	33~45
분말탄	1.9~2.2	0.15~0.6	700~1600	15~40	45~75

[부록 8] 활성오니조 운전조건

구분	운용관리	단위
DO	#1 : 2~3, #2 : 1.5~2, #3 : 1~1.5, #4 : 0.2~0.5	mg/L
ORP	DO : +180(200 유지), 고 DO : +240(200유지) (최적값 : +180~240, 벌킹시 : -200)	mV

[부록 9] A/O와 A^2/O운전조건

구분	제어인자	F/W	MLVSS	O_2	R	DO	Sludge	T
A/O	BOD, N	0.2~0.6	2~4	1	0.1~0.3	2	0.5~0.8	1~3
A^2/O	BO, N, P	0.15~0.25	3~5	1.2	0.2~0.5	2	0.3~0.6	3.5~6

[부록 10] 고도처리 설계

구분	면적(m²)	UF(m²)	약품반응조(m³)	전력(KWh/m²)
100	45	34.7	6.3	3.5
200	65	69.4	12.5	3.2
300	85	101.2	18.8	3.2
500	125	173.6	31.3	3.1
1000	200	347.2	62.5	3.1
1500	270	520.8	93.8	3.0
2000	300	694.4	125	3.0

[부록 11] 이온교환수지의 재생약품

구분	양이온 교환수지		음이온 교환수지	
	강산성	약·중산성	강염기성	약·중 염기성
H형식	HCl, H_2SO_4	HCl, H_2SO_4 H_2CO_3, H_2SO_4	-	-
OH형식	-	-	NaOH	NaOH, NH_4OH $Ca(OH)_2$, Na_2CO_3
SALT형식	NaCl, 해수	HCl + NaOH	NaCl, 해수, 물	NaOH + HCl

[부록 12] 중수도(재사용수도) 용도별 수질기준

구분	수세식 변소 용수	조경용수	살수용수
대장균군(mL)	10개 이하	불검출	불검출
결합잔류염소(L)	불검출	-	0.2mg 이상
외관(불쾌감)	무감지	무감지	무감지
탁도	5℃ 이하	10℃ 이하	5℃ 이하
유기물질(L)	10mg 이하	10mg 이하	10mg 이하
냄새	무감지	무감지	무감지
수소이온농도	5.8 이상 8.5 이하		

[부록 13] 농업용수기준

구분	기준값(mg/L 이하)
수소이온농도	6~7.5
화학적산소 요구량	6 이하
부유고형물질	100 이하
용존산소	5 이하
총질소	1 이하
비소	0.05 이하
아연	0.5 이하
구리	0.02 이하
전기전도도	0.3MΩ/cm 이하(염농도)

[부록 14] 폐기물의 부패기간

종 류	섞는 기간	종 류	섞는 종류
종이	2~5 개월	칫솔	100년 이상
종이컵	20년 이상	가죽구두	25~40년
우유팩	5년	음료수병	100년 이상
오렌지껍질	6개월	종이귀저기	500년 이상
나무젓가락	20년 이상	스치로폴용기	50년 이상
나일론천	30~40년	플라스틱용기	50~80년
담배필터	10~12개월	알루미늄캔	80~100년

[부록 15] 먹는물의 수질기준(제2조제1항관련)

1. 미생물에 관한 기준(4개 항목)

가. 일반세균(표준한천 배지내에서 성장하여 집락을 형성할 수 있는 중온성균을 말한다)은 1mL중 100CFU(Colony Forming Unit)를 넘지 아닌할 것

나. 대장균, 분원성대장균군, 총대장균군(젖당을 분해하여 산과 가스를 발생하는 그람음성, 무포아성 간균으로 호기성 또는 통성혐기성균을 말한다)은 각각 100mL에서 검출되지 아니할 것

2. 건강상 유해영향 무기물질에 관한 기준(11개 항목)

가. 납은 0.05mg/L를 넘지 아니할 것
나. 플루오린은 1.5mg/L를 넘지 아니할 것
다. 비소는 0.05mg/L를 넘지 아니할 것
라. 셀레늄은 0.01mg/L를 넘지 아니할 것
마. 수은은 0.001mg/L를 넘지 아니할 것
바. 사이아나이드은 0.01mg/L를 넘지 아니할 것
사. 6가크로뮴은 0.05mg/L를 넘지 아니할 것
아. 암모니아성질소는 0.5mg/L를 넘지 아니할 것
자. 질산성질소는 10mg/L를 넘지 아니할 것
차. 카드뮴은 0.005mg/L를 넘지 아니할 것
카. 보론은 0.3mg/L를 넘지 아니할 것

3. 휘발성 유기물질에 관한 기준

가. 페놀은 0.005mg/L를 넘지 아니할 것
나. 1.1.1-트라이클로로에탄은 0.1mg/L를 넘지 아니할 것
다. 테트라클로로에틸렌은 0.01mg/L를 넘지 아니할 것
라. 트라이클로로에틸렌은 0.03mg/L를 넘지 아니할 것
마. 다이클로로메탄은 0.02mg/L를 넘지 아니할 것
바. 벤젠은 0.01mg/L를 넘지 아니할 것
사. 톨루엔은 0.7mg/L를 넘지 아니할 것
아. 에틸벤젠은 0.3mg/L를 넘지 아니할 것
자. 자일렌은 0.5mg/L를 넘지 아니할 것
차. 1,1 다이클로로에틸렌은 0.03mg/L를 넘지 아니할 것
카. 사염화탄소는 0.002mg/L를 넘지 아니할 것
타. 다이아지논은 0.02mg/L를 넘지 아니할 것
파. 파라티온은 0.06mg/L를 넘지 아니할 것

하. 페니트로티온은 0.04mg/L를 넘지 아니할 것
거. 카바릴은 0.07mg/L를 넘지 아니할 것
너. 1,2-디브로모-3-클로로프로판은 0.003mg/L를 넘지 아니할 것

4. 소독부산물질(8개 항목)

가. 유리잔류염소는 4mg/L를 넘지 아니할 것
나. 총트라이할로메탄은 0.1mg/L를 넘지 아니할 것
다. 클로로폼은 0.08mg/L를 넘지 아니할 것
라. 클로랄하이드레트는 0.03mg/L를 넘지 아니할 것
마. 디브로모 아세토니트릴은 0.1mg/L를 넘지 아니할 것
바. 디클로로 아세토니트릴은 0.09mg/L를 넘지 아니할 것
사. 할로 아세틱에시드는 0.1mg/L를 넘지 아니할 것

5. 심미적 영향물질에 관한 기준(16개 항목)

가. 경도는 300mg/L를 넘지 아니할 것
나. 과망가니즈산칼륨소비량은 10mg/L를 넘지 아니할 것
다. 냄새와 맛은 소독으로 인한 냄새와 맛 이외의 냄새와 맛이 있어서는 아니될 것
라. 구리는 1mg/L를 넘지 아니할 것
마. 색도는 5도를 넘지 아니할 것
바. 세제(음이온계면활성제)는 0.5mg/L를 넘지 아니할 것
사. 수소이온농도는 pH 5.8～8.5 이어야 할 것
아. 아연은 1mg/L를 넘지 아니할 것
자. 염소이온은 250mg/L를 넘지 아니할 것
차. 증발잔류물은 500mg/L를 넘지 아니할 것
카. 철 및 망가니즈는 각각 0.3mg/L를 넘지 아니할 것
타. 탁도는 0.5NTU를 넘지 아니할 것
파. 황산이온은 200mg/L를 넘지 아니할 것
하. 알루미늄은 0.2mg/L를 넘지 아니할 것

찾아보기

【기타】

환경인을 위한 **환경화학** 정가 15,000원

인 쇄 2000년 8월 10일 초판 1쇄
발 행 2012년 9월 10일 4 판 3쇄
저 자 김세진 · 김동욱 · 신현상 · 박흥재 · 안준수
이규성 · 임학상 · 장인성 · 조웅현 · 홍종순
발행인 전귀연
발행처 **신 광 문 화 사**
경기도 파주시 문발동 파주출판도시 500-13(광인사길 201)
Tel (031)955-4211~6 donghwae@kornet.net
Fax (031)955-4217 www.donghwapub.co.kr
(등록) 1991년 6월 26일/6-130호

Printed in Korea

ISBN 978-89-7432-276-2

공급처 도서출판 **동화기술**